生命科学导论

主　编　张　兴

中国矿业大学出版社

内容提要

本教材主要立足于加强非生物本科生的生命科学素质教育，拓宽知识领域。本教材包括十章，主要内容有：生物多样性及其分类、生命的物质组成、生态学基本原理、生物工程基础、生命科学与新能源技术、生命科学与环境技术、生命科学与矿业技术、生命科学与信息技术、生命科学与食品技术、生命科学与材料技术。全书体系新颖，层次明显，不仅系统扼要地介绍了当代生命科学的基本知识，还展示了生命科学与其他学科相互交叉的基本理论和发展趋势。本书可作为高等学校非生物专业本科生公共课程的教学用书，也可作为生物学爱好者的学习参考书。

图书在版编目(CIP)数据

生命科学导论/张兴主编. —徐州：中国矿业大学出版社，2006.9

ISBN 7-81107-422-2

Ⅰ.生… Ⅱ.张… Ⅲ.生命科学—高等学校—教材 Ⅳ.Q1-0

中国版本图书馆 CIP 数据核字(2006)第 116282 号

书　　名　生命科学导论
主　　编　张　兴
责任编辑　褚建萍
责任校对　徐　玮
出版发行　中国矿业大学出版社
（江苏省徐州市中国矿业大学内　邮编 221008）
网　　址　http://www.cumtp.com　**E-mail**　cumtpvip@cumtp.com
排　　版　中国矿业大学出版社排版中心
印　　刷　徐州中矿大印发科技有限公司
经　　销　新华书店
开　　本　787×1092 1/16　**印张** 18　**字数** 438千字
版次印次　2006年9月第1版　2006年9月第1次印刷
定　　价　22.50元

前　言

21世纪是生命科学快速发展的世纪，因此开展生命科学素质教育的高校也不断增多。然而，如何使生命科学导论这门公共课程更好地满足大学生素质教育的要求，一直是教育工作者思考的问题。生命科学不是一个孤立的知识体系，面对21世纪这个强调多学科相互交叉、渗透的时代，生命科学更加注重与其他自然科学、工程技术的结合。人类已面临人口、粮食、环境、能源、资源等诸多重大问题，这些问题的解决也必须依靠生命科学与其他学科的融合。在我们进行生命科学导论教学实践过程中，许多同学迫切想了解生命科学的主要理论知识、生命科学与其他学科结合的发展趋势、新世纪生命科学研究热点，对涉及人类生存与发展的相关问题比较感兴趣；尤其是希望通过对生命科学的学习，能够与自己所学的专业知识结合起来，提高素质，不断创新。基于这些考虑，我们在多年教学实践的基础上，以目前的讲义为蓝本，以生命科学基本理论、相关知识为主体内容，编写了这本教材，以期能适应非生物专业本科生或研究生的不同需求。

全书共分十章，主要内容包括生物多样性及其分类、生命的物质组成、生态学基本原理、生物工程基础、生命科学与新能源技术、生命科学与环境技术、生命科学与矿业技术、生命科学与信息技术、生命科学与食品技术、生命科学与材料技术。在编写中，本书的基本理论部分没有按照高中阶段学习的生命科学相关知识体系进行延伸编排，而是强调了知识的独立性，即主要把生命科学中的基本理论知识独立设置，这些理论知识主要涉及微生物学、动物学、植物学、生物化学、生态学、生物工程学的有关内容；力求把生命科学基本原理和相关知识结合起来，以科学的思维方法为主线，积极反映生命科学基本理论与研究前沿，叙述深入浅出；着力体现生命科学知识与其他学科的相互交融，介绍目前的研究热点和发展趋势；使得非生物专业本科生从中了解现代生命科学的基本知识点，能够联系自己专业知识并发现结合点，增强创新能力和科学素养，为培养21世纪高等复合型人才奠定基础。本书由张兴任主编。编写分工如下：张兴、丁玉、王少丽负责编写绪论、第一章、第六章、第八章、第十章，朱红威负责编写第二章，刘海臣负责编写第三章、第五章、第九章，肖雷负责编写第四章、第七章。全书由张兴修改、总纂和定稿。中国矿业大学出版社解京选社长为本书的出版给予了许多的帮助和支持，在此表示诚挚的感谢。

虽然在本书的编写过程中，作者做出了极大的努力，但仍难免存在不足和错误之处，恳请读者批评指正。

编　者

2006年7月

目　录

绪　论

【学习目标】

1. 熟悉生命的基本特征。
2. 认识生命科学的研究内容和发展历程。
3. 了解生命科学的研究方法。

第一节　生命的基本特征

关于生命的确切含义，人们一直在不断地寻找着。就目前的认识水平而言，一般把生命的基本特征归结为如下五点。

一、生长

生长主要是指体积和质量的增加，但与其他物质的生长所不同的是，生物的生长是一个内在过程，包含了各种结构的复制与合成。生物体的一生，从生殖细胞形成、卵受精、受精卵分裂，再经过一系列形态、结构和功能的变化，才能形成一个新的个体，再经性成熟，然后经衰老而死亡。这一总的转变过程叫做发育。

二、繁殖

当生物生长发育到一定大小和一定程度的时候，就能产生后代，使个体数目增多，种族得以延续，这种生命功能叫做繁殖。繁殖可以是很简单的一分为二过程，例如细菌繁殖；也可以很复杂，包括求偶、交配、受精、排卵、结子或生下幼仔等过程。不管是简单还是复杂，生物通过繁殖产生了一个像自己一样的生物，这就是遗传。遗传指繁殖的忠实性，是由所有生物都有的遗传物质决定的。每个生物都有自己的遗传信息，它们通过复制遗传给子代并规定了子代的发育与生长。变异是遗传的一个基本特征，它指出后代不是亲代的复制品，后代总是以各种方式表现出与亲代的不同。有遗传，才能保持物种特性的相对稳定；又因为生物有变异的能力，才能产生物种的新的性状，导致物种的发展变化。遗传、变异，加上自然选择的长期作用，导致了整个生物界的向上发展，即由低等到高等、由简单到复杂的逐渐演变，这就是生物的进化。在进化过程中，形成了生物的适应性和多种多样的类型。

三、新陈代谢

新陈代谢指生物活体与外界不断进行物质的交换过程，包括消化、吸收、中间代谢及排泄等作用过程，主要分为合成代谢和分解代谢。活细胞从内外环境中取得原料合成自身的结构物质、储存物质和生理活性物质及各种次生物质的过程是合成代谢，这是需要供应能量的过程；有机物质在细胞内发生分解的作用过程，称为分解代谢，分解过程中的许多中间产物可供作生物合成的原料，伴随分解代谢释放出化学能并转化为细胞能够利用的生物能(ATP)。合成代谢和分解代谢相辅相成，有机地联系在一起，构成代谢的统一整体。

四、调节

调节主要是指对生命活动过程的调整和修正，例如新陈代谢是在高度自动、非常精细的调节下进行的。生物体内中间产物的种类和数量，都是通过反馈调节机制精密控制，影响着生物的代谢过程。

五、应激能力

生物对外界刺激都能做出一定的反应，即所谓的应激能力。生物在与环境的相互作用中表现出其对环境因素的高度适应性，即表现出其结构和功能对环境的和谐一致，如鸟类有适于飞翔的翅膀，鱼类有适于水中呼吸的鳃，而植物有发达的吸收水分和营养的根系和有利于光合作用的充分展开的枝叶结构。但是，生物对环境的适应又不是一个可以随意应变的现象，外界的环境可能有很大的波动，而生物仍能维持自身相对稳定，称为生物的稳态性。生物的稳态性表现在细胞、个体、群落和生态系统的各个层次上。

虽然通过生物的这些基本特征，我们表面上可以把生物与非生物区别开来，把死的生物与活的生物区别开来，但是它们还不能完全地解释什么是生命，例如风干的种子或病毒粒子是有生命的还是无生命的。

20 世纪以来，尤其是 50 年代后，生理学、遗传学和生物化学迅速发展，生物学已上升到分子水平，它以分子为基础，借助物理、化学和数学，从生物体的不同层次上揭示生命活动的基本规律，把生物作为能量、信息和物质流的有机整合，使人类更深刻地理解了生命。现代生物学家们认为生命是由有序的物质所产生的一套特殊的过程，换句话说，生命不是游离于生物的有序过程和有序结构之外的某种东西，而是这些过程和这些结构的总和。

第二节　生命科学发展历程

一、生命科学研究对象

生命科学(life science)是研究生物体及其运动规律的科学，它研究的对象是整个生物界及其与环境的相互作用。它的基本任务是认识和揭示生物界存在的各层次生命活动的客观规律，包括从原子、分子、质膜、细胞、器官到个体及群体水平的结构与功能、生长发育的规律、物质与能量代谢的规律、分布与进化的规律以及与环境相互作用的规律等。目前的生命科学已扩大到包括生物技术、医学、农学、生物与环境、生物学与其他学科交叉的领域。

19 世纪以来，自然科学和技术科学的理论以及成就，为人们提供了认识生命活动规律的许多新技术和新手段，极大地促进了生命科学的发展。它充分利用各门学科的成就去了解我们居住的地球，并且力求阐明其他行星上有机体的起源、进化、分布、生长和发育、物种繁衍和消失的规律。同时生命科学是自然科学的一个重要组成部分，生命科学的发展又深刻地影响到当代自然科学和技术的进步。生命科学的规律，可以概括为非生物体系物质运动的规律在生物体内复杂系统的综合表现。生物界生命现象本质的阐明，使物质运动规律具有更普遍和深刻的意义。因此，生命科学的发展，将导致自然科学进入复杂性研究的新领域。生命科学的进步，也向自然科学与技术科学提出了许多新问题、新概念和新的研究领域。

二、生命科学发展概况

生命科学的发展经历了一个从不自觉到自觉，由浅入深，从表及里，乃至今天多方位发展的历程。

16世纪以前生命科学通常采用直观描述、分类、解剖等方法，使形态分类、解剖学知识得到迅速发展。但是由于中世纪长期黑暗的统治，生命科学的发展较为缓慢。

在此期间，我国古代和古希腊对生命科学的发展作出了突出的贡献。我国在5 000～6 000年前已发展原始畜牧业，3 000多年前已开始室内养蚕，牛痘的应用比西方早800多年；在春秋战国，《诗经》就记有260多种动物和350多种植物；在西汉，《尔雅》载有1 000多种动、植物，并作了初步分类；在秦汉，《黄帝内经》较系统地论述了人体的结构和生理，介绍了疾病有关的知识；在汉代，《神农本草经》记载了365种药物；在北魏，《齐民要求》系统全面地总结了公元6世纪前我国农业技术上的成就，是我国古代的一部农业百科全书；在宋元时期，《梦溪笔谈》除了介绍生物分类、形态地理分布、驯养等生物学知识外，还记有许多关于解剖学、生理学及医药方面的资料；在明代，著名学者李时珍的《本草纲目》共记载药物1 892种，李时珍的分类和进化思想使之成为林奈和达尔文之前生物学界的巨人。

古希腊在生物学方面贡献最突出的就是亚里士多德(Aristotle)和希波克拉底(Hippocrates)。亚里士多德在大量观察和解剖动物的基础上，对540种动物进行了分类；希波克拉底已认识到疾病是由环境和生活条件引起的，而不是灵魂所致。

16世纪以后，随着欧洲文艺复兴运动和资本主义的迅速发展，真正的实验自然科学开始出现，生命科学得到了系统的发展。例如维萨里(Vesalius，1514～1564)用科学方法解剖人体，为解剖学奠定了基础；哈维(Harvey，1578～1657)发现了血液循环，奠定了生理学基础；胡克(R. Hooke，1635～1702)用自制显微镜观察并首次使用了"细胞"(cell)一词，打开了微观生物世界的大门；林奈(Linnaeus，1707～1778)创立了生物命名的双名法，为分类学成为一门独立的学科奠定了基础；沃尔弗(Wolff，1733～1794)通过研究植物叶、花的发生，为渐成论提供了依据，建立了科学的胚胎学；拉马克(Lamarck，1744～1829)提出了物种进化的思想等。

19世纪是科学的世纪，生命科学也得到全面发展，它的基本特征是人们对生命现象的研究完全以观察和实验为基础，以生命为对象的生物分支学科相继建立。施莱登(Schleiden，1804～1881)和施旺(Schwann，1810～1882)创立细胞学说，指出细胞是一切生物体构造和功能的基本单位。达尔文(Darwin，1809～1882)于1859年发表了《物种起源》，阐明了生物进化的机制，推翻了唯心主义形而上学的"特创论"、"物种不变论"等对生物学的长期统治。孟德尔(Mendel，1822～1884)与摩尔根(Morgen，1866～1945)确立了经典遗传学的分离、连锁和交换三大定律，推动了生物学朝着精密化方向发展。所以人们通常称以上三个理论为现代生命科学的三大基石。巴斯德(Pasteur，1822～1895)应用独特的巴斯德烧瓶驳斥了生命的自然发生学说，创立了微生物学，推动了生物化学的建立和发展，为分子生物学的发展奠定了基础。

进入20世纪以后，由于现代物理、现代化学、数学、计算机理论和方法与生命科学的相互渗透，使得生命科学有了巨大的变革和发展。生命科学已从静态的、定性描述性学科向动态的、精确定量学科转化，实验生物学走向了全面发展的新阶段。

1902年加罗德(Garrod，1857～1936)得出黑尿症患者不能完全代谢酪氨酸的研究结果，说明了基因和酶之间的某种联系。1941年比德尔(Beadle，1903～1989)同塔特姆(Tatum，1909～1975)合作，把生物化学引进了遗传学，推导出"一个基因一种酶"的新概念。1944年艾弗里(Avery，1877～1955)等用肺炎双球菌进行转化实验，1952年赫尔希

(Hershey ,1908～1998)等进行噬菌体侵染细菌实验，证明了DNA是遗传信息的载体。1944年奥地利物理学家、量子力学的奠基人之一薛定谔(Schroedinger，1887～1961)在英国出版了《生命是什么?》，该书用量子力学的观点论证基因的稳定性和突变发生的可能性。1953年4月25日在英国的《自然》杂志上刊登了美国的沃森(Watson，1928)和英国的克里克(Crick，1916～2004)在英国剑桥大学合作的结果——DNA双螺旋结构的分子模型，这一成就后来被誉为20世纪以来生物学方面最伟大的发现，也被认为是分子生物学诞生的标志。此后“中心法则”的提出、生物界统一遗传密码的破译等，从分子水平上证实了生物界统一的发展联系，于是生命科学进入了分子生物学新时代。

生命科学以分子生物学作为增长点，学科体系不断细化，产生了一系列新兴学科，如分子细胞生物学、分子神经生物学、分子结构生物学、分子分类学、分子发育生物学、分子病毒学等，把各个层次的生命活动有机联系起来，多学科综合地从本质上探讨生命活动的规律，从而开辟了现代生命科学的全新局面。1973年重组DNA获得成功，开创了基因工程。20世纪80年代后，以基因工程为主体的生物技术作为高技术产业在世界范围内兴起，生物技术转化为强大生产力已展示出广阔的应用前景。1990年开始的现代生命科学中最宏伟的研究项目“人类基因组计划”，已于2000年6月胜利完成了工作草图的绘制，目前进展顺利，令人振奋。在宏观生物学方面，现代生态学已发展成以人类为研究主体的、多层次的综合性学科，在解决影响人类发展的全球问题上，正发挥着越来越重要的作用。

生命科学经过不断的发展，尤其是在20世纪取得的巨大进展，在跨入21世纪后进入大发展时代。生命科学正朝着从定性到定量，从实验到理论，从描述到数理模拟，从分析逐渐回归到综合的方向前进，所有以生物为研究对象的学科或交叉学科已在形成综合的“大生命科学”。因此生命科学正以领先自然科学的态势，向着前所未有的深度和广度迅速地发展。

三、生命科学发展展望

纵观20世纪生命科学发展的历史，生命科学的发展趋势已经初现端倪，主要表现在以下四个方面。

(一)以分子生物学为代表的微观生命科学将继续深入发展

例如：生物大分子结构与功能、生物大分子的构象在生命体系中的动态变化、核酸与蛋白质的分子操作等仍将是分子生物学研究的重要内容；从分子水平上建立遗传、发育和进化的统一理论，也将是包括分子生物学在内的未来生命科学的重大理论任务之一。

(二)生命科学的基本原理与工程技术科学紧密结合，迅速转变为强劲的生产力

生命科学的基本原理与工程技术紧密结合的深远意义，在于用生命科学的原理来创造新技术和改造传统技术。其直接结果是迅速形成现实的生产力，并对人类的经济与社会生活产生广泛而深远的影响。自1973年重组DNA技术创建至今，不过30余年的时间，生物技术的应用已经遍及农业、食品、医药、卫生、化工、环保、能源、海洋开发等各个领域，显示了它在解决人类所面临的重大问题方面的巨大作用与潜力。一个全球性的现代生物技术产业正在蓬勃发展，并被公认为是21世纪最重要的产业之一。

(三)以生态学为代表的宏观生命科学将在人类可持续发展过程中发挥关键作用

地球上所有的生物与其生活环境共同组成全球最大的生态系统——生物圈。生物圈是“自然—经济—社会”复合生态系统，其运行遵循生态系统的基本规律。因此生态学的基本原理在国土利用与规划、生态系统的恢复与重建、环境污染治理、全球变化的应对等方面都是

具有指导性的重要原则。未来生态科学的发展与人类探索可持续发展模式的过程，将是一个相互促进、共同发展的过程，生态学将在这个过程中发挥关键性的作用。

（四）生命科学进入高度分化与高度综合的未来生命科学

生命现象是极其复杂多样的。一方面，随着研究对象的进一步具体化以及研究内容的深入，生命科学相应产生了越来越多的分支学科，造成了现代生物学的高度分化。另一方面，生命现象的复杂性又决定了几乎完成任何一项研究任务，都要采用其他学科的理论和实验方法，进而促进了各分支学科之间以及生物学与物理学、化学、数学等学科之间的相互渗透而走向融合，这又构成了现代生命科学的高度综合。现代生命科学发展历程中高度分化与高度综合的趋势，又共同表现为大量的分支学科、交叉学科与边缘学科的形成，同时也反映了生命科学研究内容的丰富多彩与蓬勃生机。

总之，现代生命科学发展的大趋势是对生命现象的研究不断深入与扩大，向微观和宏观、最基本的和最复杂的两极发展，特别是复杂系统的研究都将引起整个自然科学界的关注，未来生命科学将进入一个大综合与大发展的时期。

第三节 生命科学的研究方法

研究手段和方法对生命科学的发展一直起到非常重要的促进作用。新技术的发明和应用甚至使生命科学产生飞跃的发展，如显微技术和基因工程技术导致了现代生物学的产生。同时生命科学发展的需要又对研究技术和方法提出了更高的要求，进一步促进研究技术和方法的进步。因此，我们不仅要学习生命科学的现象和理论，还要对其研究手段和方法有所了解。

一般可将生命科学的研究方法大致分为两种层次或水平：细胞层次之上的宏观研究方法，如组织学和解剖学技术、数学模型等；细胞及细胞层次以下的微观研究方法，如显微技术、细胞工程、分子生物学技术等。

一、宏观研究方法

宏观研究方法是生命科学发展过程中最早发展起来的，它不仅是生命科学最基本的研究技术和方法，也是微观研究方法的基础。目前宏观研究方法主要包括形态研究方法、解剖学研究方法、组织学和组织化学方法、生理学研究方法等。

二、微观研究方法

随着显微技术和现代分析技术的发展，研究生命微观现象的领域不断深入，微观生命现象已经是现代生命科学的热点，如分子生物学。微观研究方法主要分为细胞水平和分子水平两个层次。

（一）细胞水平

细胞虽小，但其结构较为复杂，要想了解细微的内部结构需要借助于显微技术，而其化学组成则要用不同的分析方法才能弄清。

显微技术的发展起始于显微镜，主要包括光学显微镜、电子显微镜、扫描隧道显微镜，显微技术的发展使得生物微观结构的观察从细胞到纳米结构都能够实现。细胞化学成分的分析一般采用细胞组分的分离分析法、细胞原位成分分析法、DNA与蛋白质的体外吸附技术(southwestern 杂交)、显微放射自显影等。

具体生物成分分析中常用的检测技术有基于化学反应的重量法和各种容量法；基于光学或谱学的紫外、可见、红外、荧光、拉曼、核磁共振以及各种计算分光光度法等；基于电化学的各种极谱法，如伏安法、库仑法、离子选择电极及各种传感器、利用电流和电位的各种滴定方法等；各种色谱方法，如纸色谱、薄层色谱、气相色谱、高效液相色谱、离子色谱、排阻谱法、超临界流体色谱等。新兴的毛细管电泳和电色谱法、质谱法的发展也很迅速，除单独使用外，与各种色谱仪的联用也很受重视。生物分析试剂在最近20多年也得到迅速发展，目前在生命分析化学中发挥重要作用的试剂有大环化合物超分子分析试剂、非大环的试剂和探针、酶法分析试剂、免疫分析试剂以及水溶性高分子试剂、螯合吸附剂、离子交换膜等固定化有机试剂、生物活性物质和药物等。

（二）分子水平

目前生命科学中的遗传、蛋白质合成等问题一般可在分子水平进行探索，产生了分子生物学。发展至今，分子生物学已经成为研究生物高分子的结构和功能以阐明生命现象的一门学科，其研究内容主要包括两个方面：分子遗传学和分子生理学。分子遗传学是从分子水平研究遗传规律以及发生、分化、进化、老化和免疫生物学等基本现象；分子生理学是从分子水平研究与剖析生理现象。常用的方法主要包括显色法、层析法、电泳法、光谱法、离心法等。例如人类基因组大规模DNA测序，已普遍采用板凝胶电泳、毛细管电泳、阵列毛细管电泳、芯片毛细管电泳以及质谱法和杂交法。

人们通常说的生物学实验实质上是一种人为条件控制下的生命过程的再现，这是生命科学研究的一个重要方法。例如，将生物的细胞离体培养，观察加入某种药物后对细胞存活、生长的影响；把特定蛋白质表达的抑制物（如抗体、反义RNA）引入生物体，观察对发育的影响等。由于这一方法可以在条件控制的情况下，针对性地再现或阻断特定的生命过程，它的最大优点是可以使人们对生命的机制过程有进一步的了解，因此生物实验设计是一项理论性、技巧性很高的工作。

上述实验方法在当今生命科学研究中占有较高的比例和重要的地位，但是一个好的实验的完成还依赖于许多因素，除了仪器设备、药品、资料的方便获得等条件外，实验者的素质条件也是很重要的。实验者除了应该具有必要的生物学知识、及时掌握有关的研究动态，还要有精密的实验设计和敏锐的观察能力以及良好的动手操作和分析归纳能力，更要有顽强不懈的意志修养。如前所述，在生命科学史上曾出现过许多这样的大师和人才，创造了大量精巧的以至可以直接造福于人类的生物技术和生物工作系统，这些生命科学研究者及其研究历程值得我们认真地加以学习。

思考题与习题

1. 生命的基本特征主要表现在哪些方面？
2. 什么是生命科学？研究任务包括哪些？
3. 人工生命与自然界的生命有什么异同？你对生命的认识是怎样的？
4. 生命科学在未来发展历程中主要的发展方向包括哪些？
5. 请你举出在生命科学发展过程中起到重要作用的代表性人物。

第一章　生物多样性及其分类

【学习目标】

1. 掌握生物多样性的概念，理解生物多样性的价值。
2. 熟悉物种的概念，认识生物界级分类的发展过程。
3. 了解生物六界系统中各大类生物的特点、主要种类等。

自然界的生物是多种多样的，对于生物多样性的研究一直是人类不断的追求。人类的这种追求不仅可以搞清楚现存物种的相对遗传关系，而且可以解释物种形成与灭绝的机制，有利于揭示保持生态系统功能稳定性和弹性的规律，确保制定各种法规、政策的科学性，使经济、社会与自然资源、生态环境得到协调发展。

第一节　生物多样性

生物多样性一词于20世纪80年代首先出现在生物科学论文中，其原因在于随着人口的迅速增长，人类经济活动的不断加剧，作为人类生存重要基础的生物多样性受到了严重的威胁。科学家预测到2050年，地球上将有1/4的物种灭绝，从而威胁到人类生存的基础，所以，自20世纪80年代以来，世界范围内掀起了一股前所未有的生物多样性研究浪潮。各项研究正在逐步深入，认识逐渐深化，从早期的生物多样性保护研究正在向生物多样性利用、评价研究的方向转变。

一、生物多样性的概念

目前对生物多样性的表述较多，如1992年联合国环境与发展大会通过的《生物多样性公约》第2条用语中对生物多样性做出如下的解释："生物多样性是指所有来源的活的生物体中的变异性，这些来源除其他外包括陆地、海洋和其他水生生态系统及其所构成的生态综合体；这包括物种内、物种之间和生态系统的多样性。"1995年联合国环境规划署发表的关于全球生物多样性的巨著《全球生物多样性评估》给出一个较简单的定义："生物多样性是生物和它们组成的系统的总体多样性和变异性。"美国技术监督局给予的定义为"生物多样性是指生命有机体及其赖以生存的生态综合体之间的多样性和变异性。"

综上所述，生物多样性是生物及其与环境形成的生态复合体以及与其相关的各种生态过程的总称。它包括数以万计的动物、植物、微生物和它们所拥有的基因，以及它们与生存环境形成的复杂的生态系统。因此，生物多样性是一个内涵十分广泛的重要概念，包括多个层次或水平。其中，研究较多、意义重大的主要有四个层次：遗传多样性、物种多样性、生态系统多样性和景观多样性。

（一）遗传多样性

广义的遗传多样性是指地球上的所有生物携带的遗传信息的总和；狭义的遗传多样性

主要指种内不同群体之间或一个群体内不同个体的遗传变异的总和。一个物种的遗传变异愈丰富，它对生存环境的适应能力便愈强；而一个物种的适应能力愈强，则它的进化潜力也愈大。遗传多样性的测度，主要包括四个方面：形态多样性、染色体多样性、蛋白质多态性和DNA多态性。

（二）物种多样性

物种多样性是指所有生物种类的丰富性，它是人类生存和发展的基础。一般可以从特定地理区域、特定群落及生态系统单元、一定进化时段或进化支系三方面来研究物种多样性。

物种多样性的测度主要有以下几种：① 物种丰富度，指一个区域内所有物种数目或某些特定类群的物种数目；② 单位面积物种数目或物种密度，有时从物种—面积关系考虑把物种数目和区域面积取对数求比值；③ 特有物种的比例，指在一定区域内特有物种与物种总数的比值；④ 物种多样性的区系成分分析，对研究地区的生物物种，分析其生态地理和生物地理成分，从发生地点与时间角度区分不同组成类别，用定量化的方法对物种多样性的组成进行分析。

（三）生态系统多样性

生态系统多样性是指生物圈内生境、生物群落和生态过程的多样化及生态系统内生境差异、生态过程变化的多样性。此处的生境主要是指无机环境，包括地形、地貌、气候、土壤及水文等，生境多样性是生物群落多样性甚至是整个生物多样性形成的基本条件；生物群落多样性主要指群落的组成、结构和动态方面的多样化；生态过程主要指生态系统的生物组分之间及其与环境之间的相互作用或相互关系，主要表现在系统的能量流动、物质循环和信息传递等方面。

生态系统多样性的测度有以下几种：① α-多样性，即物种的丰富度，指的是一定样区内的物种数目；② β-多样性，用来描述物种组成随环境梯度改变的程度，它与 α-多样性一起构成了群落或生态系统总体多样性或一定地段的生物异质性；③ γ-多样性，它适用于更大的地理尺度，被定义为在不同地点的同一类型生境中，物种的组成随地理区域的延伸而改变的程度。

（四）景观多样性

景观是由一组以相类似方式重复出现的、相互作用的生态系统所组成的异质性陆地区域。现代景观概念强调景观是具有高度空间异质性的区域，是由相互作用的景观元素或生态系统以一定规律组成的。在广泛和一般的意义上，可把景观理解为是地质构造、地貌、气候、土壤、水、植被、动物乃至包括人类活动的完整组合而形成的空间异质性的自然综合体。

景观多样性是指景观在结构、功能及时间变化方面的多样化，它揭示了景观的复杂性，是对景观水平上生物组成多样化程度的表征。景观多样性可区分为景观类型多样性、斑块多样性和格局多样性。

不同层次的生物多样性是相互联系、密不可分的，上一级水平的生物多样性是由下一级生命实体的不同组合方式形成的。由遗传多样性导致物种多样性，而物种不同形式的组合则决定了生物群落、生态系统乃至景观的多样性。在所有层次的生物多样性中，物种多样性是最基本的，这不仅在于物种个体是承载各种生命现象的有机单位，而且在从微观到宏观的多样性带谱中，物种是承前启后的关键环节。

二、生物多样性的价值

生物多样性的重要性体现在其对人类生存和发展不可或缺的有用性或有益性。人类的目标是谋求社会经济的持续发展，要达到这一目标，关键是要保护好人类的生命支持系统，该系统由生物与环境相互作用构成，其核心就是生物多样性。一般情况下，生物资源价值可分为三个类别，即使用价值、选择价值和存在价值。

(一) 使用价值

使用价值是生物多样性被人类作为资源使用的价值，它又可分为直接使用价值和间接使用价值。

1. 直接使用价值

生物为人类提供食物、纤维、建筑和家具材料、药材、农业种质资源及工业原料。以上是生物多样性消费性的价值。生物多样性对于人类还有非消费性的价值，即提供人类作科学研究和观赏的对象。生物资源构成娱乐和旅游业的重要支柱。

2. 间接使用价值

通常又叫生态服务功能，指生物多样性间接地支持和保护经济社会活动和调节生态环境的功能。

(二) 选择价值(或潜在价值)

即为人类后代提供选择机会的价值。许多动物、植物和微生物种的价值目前还不太清楚，如果这些物种遭到破坏，人类后代就再没有机会利用或在各种可能性中加以选择，因此，必须注意保护。

(三) 存在价值

指生物资源可再生持续利用的属性，它们有繁衍更新能力，只要有适宜的环境和合理经营管理，便可永续利用。

生物多样性的有用性就是其价值性的实质。保护生物多样性是为实现社会持续发展服务的。保护是手段，利用是目的，两者是对立统一的，是人类社会实践活动中的一对矛盾，正是这一矛盾运动推动了生物多样性理论和应用的研究。

生物多样性研究涉及到许多学科，具有极强的综合性，遗传学、分子生物学、生物地理学、分类学、种群和生态系统生态学、恢复生态学、保护生物学乃至一些社会学和计算机技术都在生物多样性的研究中发挥着重要作用。总的来讲，生物多样性研究将在以下领域中开展广泛的工作：① 物种、群落、生态系统、景观多样性的调查及编目；② 生物多样性在维持生态系统结构、功能中的作用；③ 主要农作物、经济动植物及其野生亲缘种的种质资源及遗传多样性研究；④ 濒危种、稀有种、特有种、关键种、优势种的种群生物学研究；⑤ 人类活动对生物多样性的影响及预测；⑥ 生物多样性长期监测及信息系统的建立；⑦ 生物多样性保护及恢复的研究。

第二节　生物的分类

生命科学研究的前提是需要对多种多样的生物进行分门别类，这也是人们认识、保护和利用生物多样性的基础。

一、物种的概念及其命名

(一) 物种的概念和划分

在生物学中物种(species)的定义一直是个争论不休的问题,至今没有定论,其根本原因在于生物的极端多样性,以及人们认识角度的不同。就物种一词来看,它包含了静止与变化、连续与间断正反两方面的含义。而且不同专业的生物学家对物种的概念有不同的理解。

传统分类学把物种定义为具有相同表型特征的生物基本单位。而现代遗传学则把物种定义为具有共同基因库并与其他类群有生殖隔离的群体。生态学家认为,物种是生态系统中的功能单位,不同物种占有不同的生态位(ecological niche);如果两个物种以相似的方式利用同一有限的资源和能源,它们必定会发生竞争和相互排斥,其中必有一个获得相对的胜利;如果一个物种的种内发生变异,占据了多个生态位,那么从生态角度来看,就意味着新物种的形成。

综上所述,物种的概念应从以下三个方面来认识:一是物种作为客观存在的实体,从发展的继承性来看,种与种间是连续的;从发展的一定阶段来看,种与种间又是间断的。因此,物种既是相对稳定的客观存在,同时又是不断变化发展的。二是物种作为繁殖种群,对于有性生殖的物种其种群内个体间都有彼此交流繁殖的可能性。因此,物种是由占有一定地理空间与生境、具有实际或潜在繁殖能力的种群所组成的,它既是统一的繁殖种群,又与其他繁殖种群在生殖上是隔离的。也就是物种是既连续又间断的生殖单元。三是物种作为进化链索上的基本环节,是连续性与间断性统一发展过程中的基本间断形式。因此,物种是既变又不变的进化单元,自然也是分类的基本单元。

那么如何划分物种?简单而言,物种划分的标准主要有:① 形态学标准,包括外部形态及内部形态(解剖)两方面;② 生殖隔离标准;③ 地理与生态学标准;④ 生化及生理学标准,包括血清反应、电泳、纸色层析、核酸等;⑤ 细胞学标准。

物种的划分不容易,而物种以下的类别划分更为困难,常见的划分有亚种(subspecies)、变种(variety)。亚种是物种以下的分类阶元,是指同一种由于地理隔离彼此分化而形成的个体群,如虎是一个物种,全球的虎都包括在这个物种内。但虎有 8 个亚种,我国有 2 个:一个是东北虎,体大,毛色较浅,分布在东北一带;一个是华南虎,体稍小,毛色深浓,分布在长江流域及以南地区。变种不是物种以下的分类阶元,是指种内的种型或个体变异。

(二) 种的命名

生物种类繁多,不同国家不同民族对同一种可有不同的叫法(名称),或者名称相同却是不同生物,即所谓异名同物或同名异物,这样势必阻碍科学文化的交流。林奈在他的《自然系统》(1768 年)中制定了生物学名二命名法(binomial nomenclature),即属名加种名。属名在前,种名在后。属名是名词,第一个字需大写;种名是形容词,是限制属名的,故小写;在种名之后还应加上定名者的姓氏或其缩写,例如狼的学名应是 Canis lupus Linnaeus;人的学名:Homo sapiens Linnaeus,最后这个单词即为命名人林奈的拉丁化的姓。生物学名是用拉丁文书写的,因为拉丁文是当时欧洲文化界流行的书面文字,文字较固定,变化较小。对于亚种一般采用三名法(trinomial nomenclature),即在种名之后再加上一个亚种名,如尖音库蚊淡色亚种(淡色库蚊)为 Culex pipieus pallens Coquillet(1898)。

随着人们对种及其所在属认识的加深,若发现种的命名欠妥,按规定允许更正,重新命名。

二、分类等级

在自然分类系统中，分类学家将生物划分为自高而低的7个阶元，它们的顺序是：界(kingdom)、门(phylum)、纲(class)、目(order)、科(family)、属(genus)和种(species)。上述7个阶元是最基本的，必要时还可以在某一等级之前增设一个“超级”(super-)或在之后增加一个“亚级”(sub-)，如超纲(superclass)、亚纲(subclass)等。

每一种生物都可以通过分类系统，依不同的分类阶元，表示出它在生物界的分类地位，反映该种生物的分类属性以及与其他种生物之间的亲缘关系。如人(Homo sapiens Linnaues)：

动物界(Animalia)

脊索动物门(Chordata)

脊椎动物亚门(Vertebrata)

哺乳动物纲(Mammalia)

真兽亚纲(Eutheria)

灵长目(Primates)

类人猿亚目(Anthropoidea)

人科(Homonidae)

人属(Homo)

人种(sapiens)

三、生物的分界

(一) 生物的界级分类进展

对生物究竟分几界的问题，在人类发展历史上存在着一个由浅入深、由简至繁、由低级至高级的认识过程。总的说来，在人类发现微生物并对它们进行深入研究之前，只能把一切生物分成截然不同的两大界——动物界和植物界，随着人们对生物认识的逐步深化，近100多年来，从两界系统经历过三界系统、四界系统、五界系统甚至六界系统，最后又出现了“三大界”学说。

1. 二界系统

瑞典生物学家林奈注意到周围的生物有固着不动和自养型的植物，也有自由行动和异养型的动物。因此，他把整个生物分成相应的两大类：植物界和动物界，即所谓的二界分类系统。该系统把细菌类、藻类和真菌类归入植物界，把原生动物类归入动物界。在分类上，这个系统自问世以来，一直沿用到20世纪50年代。

2. 三界系统

在二界分类系统，对于原生动物，如我们熟悉的草履虫、变形虫和疟原虫等，因它们能自由运动和属异养型，归入动物界；一些藻类，如裸藻和甲藻，因它们不能自由行动和属自养型，归入植物界。但它们有一共同的基本特点：单细胞生物，在结构上远比多细胞的动物和植物简单。所以，1866年德国生物学家海克尔(Haeckel)从进化观点，在二界分类系统的基础上又增加一个原生生物界，包括单细胞动物和其他一些难以归入动物界或植物界的单细胞生物，作为植物界和动物界的祖先。这个三界(原生生物界、植物界和动物界)分类系统，初步地反映了生物进化的途径。

3. 四界系统

在三界分类系统,只因真菌类(如蘑菇以及遗传上常用的实验材料粗糙脉孢菌和面包酵母)固着生活和有细胞壁而归入植物界。但真菌细胞壁的化学组成是几丁质(而不是纤维素),储存的是糖原(而不是淀粉),这些都有别于其他植物。真菌虽为异养型,但主要为腐生或寄生,有别于动物的异养摄食;真菌为细胞外消化,即把其消化酶分泌到食物上,在胞外把食物分解后再吸收到胞内供利用,也有别于动物的细胞内消化。由于真菌与植物和动物的上述明显差异,所以在 1959 年魏塔克(Whittaker) 提出了另立一个真菌界的四界(原生生物界、真菌界、植物界和动物界)分类系统。

4. 五界系统

随着显微镜技术的发展,把细胞分成两大类:原核细胞和真核细胞。原核细胞很小,其体积约为真核细胞的千分之一;原核细胞染色体为裸露 DNA (即没有与蛋白质结合),其周围也没有膜与细胞其他部分隔开(即为原核),真核细胞染色体为 DNA 和蛋白质的结合物,且有核膜与细胞其他部分隔开(即为真核)。这两大类细胞的差异,反映了生物进化的不同水平,所以魏塔克于 1969 年在《Science》提出了五界分类系统:原核生物界,包括细菌和其他原核生物;原生生物界,包括单细胞真核生物,如原生动物和多数藻类;真菌界;植物界;动物界。这是目前应用最为广泛的分类系统,它基本上反映了地球细胞生物的进化历程。在结构上,从原核生物界进化到单细胞的真核生物(原生生物界),再进化到多细胞的真核生物;在营养上,从自养生物进化到自养和异养共存,构成了一个完善的物质和能量循环体系,见图 1-1。

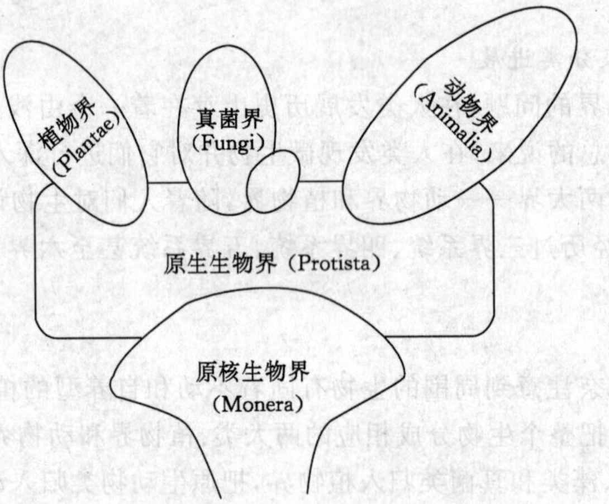

图 1-1 魏塔克的五界分类系统

5. 六界系统

我国学者王大耜等人(1977)在五界系统的基础上,曾提出过应增加一个病毒界的六界系统。

6. 三大界学说

上述的分类系统如果抛开非细胞形态的病毒,那么不论是两界系统、五界系统,还是六界系统,实质上可归入两大界,即原核和真核两大界。随着对原核生物各类群的深入研究,发现许多生活在极端环境(高盐、高温、高压、极端 pH 值)的古细菌在生理生化诸多方面与一般我们熟知的真细菌,如大肠杆菌之间存在巨大差异,其分子机制也相当独特。因此,许多学者对两大界学说的合理性提出质疑。

沃斯(Woese)选择高度保守的ssrRNA(small subunit rRNA,原核16S,真核18S)取代传统的精度不高的细胞色素C作为绘制系统发生树的标尺,分析现有ssrRNA的序列,结果指出古细菌应当从原核生物中独立出来成为真核、原核两大界以外的第三界,并认为三界生物都来自祖细胞(progenote)。三大界学说由此诞生,三个大界(Erkingdom)或叫做域(Domain),包括真细菌(Eubacteria)、古细菌(Archaeabacteria)和真核生物(Eukaryotes),前两者也称为原核生物(Prokaryotes)。三大界学说认为在生物进化过程的早期,由生物的共同祖先分三条路径进化,即形成了生命的三种形式:真细菌,包括蓝细菌和各种原核生物(没有细胞核);真核生物,包括真菌、动物和植物(有细胞核);古细菌,包括产甲烷菌、极端嗜盐菌和嗜热嗜酸菌。

古细菌通常称为生命的第三形式,对古细菌RNA的研究发现,它们与真核生物的关系比与真细菌的关系更为密切。其原因是由于三大界学说还吸收了关于真核生物是起源于原核细胞间的内共生即"内共生学说"的精髓。系统地提出内共生学说者主要是马古里斯(Margulis)。在《真核细胞的起源》(1970)一书中,马古里斯曾论述了真核细胞进化中的线粒体、叶绿体和鞭毛的共生起源。她认为,在细胞进化过程中,一种细胞捕捉了另一种细胞而未能消化它,结果两者发生了内共生,从而完成了进化历史上质的飞跃。具体地说,最初可能由一种类似支原体的较大型的异养、厌氧原核生物吞进了一种小型的好氧原核生物,从而使后者成了前者的内共生生物,这就是线粒体的起源;后来这种具线粒体的变形虫状细胞又与螺旋体状原核生物发生细胞融合,从而形成具鞭毛、能运动的真核生物,它如果沿着这一方向继续进化,就可演化成原生动物和真菌,而原生动物又可进一步进化到多细胞动物。相反,如果它进一步与原始的蓝细菌发生内共生,则蓝细菌就成了细胞内的叶绿体,最终它就可演化成各种绿色植物。

现将三大界生物的主要特点的比较列于表1-1中。

表1-1　真细菌、古细菌与真核生物重要特性比较

比较项目	真细菌	古细菌	真核生物
核膜	无	无	有
膜脂结构	由酯键连接	由醚键连接	由酯键连接
核糖体	70S	70S	80S
起始子tRNA	甲酰甲硫氨酸	甲硫氨酸	甲硫氨酸
质粒	有	有	罕见
核糖体对白喉毒素	不敏感	敏感	敏感
RNA聚合酶	1种(含4亚基)	几种	3种
对氯霉素、链霉素等	敏感	不敏感	不敏感
对多烯类抗生素	不敏感	不敏感	敏感
产甲烷	不能	能	不能
S^0 还原成 H_2S	能	能	不能
生物固氮	能	能	不能
叶绿素光合作用	有	无	有

（二）原核生物与真核生物的区别

1. 原核生物

典型的原核生物的细胞一般有下列主要结构：细胞壁、细胞质膜、核糖体、内含物和核区。

细胞质膜是重要的渗透性屏障，将细胞内部与外界隔开。细胞壁是包在细胞质膜外的一层坚韧结构，具有支持和防止渗透裂解的作用。原核生物有时会含有内含物，由贮藏物质组成，这些物质是由碳、氮、硫或磷组成的复合物。当营养物质在环境中过剩时，就形成了内含物，当营养物质缺乏时，其营养物质贮存的功能得以发挥。原核细胞的核区与真核细胞有很大不同，它没有真正的核，核的功能由单一的DNA分子来行使。原核细胞的DNA以或多或少的松弛状态存在，但在电子显微镜下常常看到的是聚集形式，称为拟核。与真核生物相类似，原核生物的DNA被称为染色体。

2. 真核生物

真核生物的细胞在结构上比原核生物更大更复杂，而且关键的区别在于真核生物有真正的核。这种核是一种由特殊膜包围的结构，里面含DNA。核中的DNA组成染色体，这种结构在细胞分裂时期以外都是不可见的。在细胞分裂前，染色体复制、压缩、变厚，然后随着核分裂而分裂。真核生物中核分裂过程称为有丝分裂，有丝分裂是一个复杂的但高度有序的过程。母细胞分裂产生两个相同的子细胞，每一个子细胞各接受一套具有相同染色体的核。真核生物的细胞还含有称为细胞器的结构，细胞器具有重要的细胞功能。原核生物的细胞缺少细胞器，虽然一些主要的生理过程如呼吸和光合作用发生在细胞器内，但这些过程也可以发生在原核细胞内。在大多数真核生物的细胞中发现的一种细胞器叫线粒体，线粒体是具有产能功能的细胞器，产生的能量可供整个细胞使用。藻类是可进行光合作用的真核微生物，在这些生物体中，如同绿色植物一样，存在另一种细胞器，即叶绿体。叶绿体是绿色的，是叶绿素存在的地方，也是光合作用中接受光能、产生光合作用的细胞器。

第三节　微　生　物

一、微生物概述

（一）微生物定义

微生物(microorganism，microbe)是一切肉眼看不见或看不清楚的微小生物的总称。它们是一些个体微小(<0.1 mm)、构造简单的低等生物，包括属于原核类的细菌、放线菌、支原体、立克次氏体、衣原体和蓝细菌(过去称蓝藻或蓝绿藻)，属于真核类的真菌(酵母菌、霉菌和蕈菌)、原生动物和显微藻类，以及属于非细胞类的病毒和亚病毒(类病毒、拟病毒和朊病毒)等。

（二）微生物特点

微生物的体形都极其微小，因而具有五个共性，即体积微小，比表面大；吸收量大，代谢迅速；生长旺盛，繁殖快速；适应性强，容易变异；分布较广，种类较多。

1. 体积微小，比表面大

一个典型的球菌，其体积仅1 μm^3左右，可是，其比表面却极大，这样一个小体积大面积的系统，就是微生物与一切大型生物相区别的关键所在，也是赋予微生物具有五大共性的本质所在。

体积微小、比表面大是微生物五大共性的基础，由它可发展出一系列其他共性，因为一个小体积、大比表面系统必然有一个巨大的营养物吸收面、代谢废物的排泄面和环境信息的接受面。

2. 吸收量大，代谢迅速

例如，发酵乳糖的细菌在 1 h 内可分解其自重 1 000～10 000 倍的乳糖，产朊假丝酵母合成蛋白质的能力比大豆强 100 倍，比食用公牛强 10 万倍，一些微生物在呼吸速率方面比高等动植物组织也强得多。

微生物的这个特性为它们的高速生长繁殖和产生大量代谢产物提供了充分的物质基础，从而使微生物有可能更好地发挥“活的化工厂”的作用。人类对微生物的利用，主要体现在它们的生物化学转化能力上。

3. 生长旺盛，繁殖快速

微生物具有较高的生长和繁殖速度。一种至今被人们研究得最透彻的生物——大肠埃希氏菌，其细胞在合适的生长条件下，细胞代时(generation time，分裂 1 次所需时间)是 12.5～20.0 min。如按 20 min 分裂 1 次计，则每小时可分裂 3 次，每昼夜可分裂 72 次，后代数约为 4.7×10^{21}个(重约 4 722 t)，48 h 约为 2.2×10^{43}个(约等于 4 000 个地球之重)。

事实上，由于种种客观条件的限制，细菌的指数分裂速度只能维持数小时，因而在液体培养基中，细菌细胞的浓度一般仅能达到每毫升 10^8～10^9 个左右。

微生物的这一特性在发酵工业上具有重要的实践意义，主要体现在它的生产效率高、发酵周期短上。例如，生产用做发面鲜酵母的酿酒酵母，其繁殖速度不算太高(2 h 分裂 1 次)，但在单罐发酵时，几乎每 12 h 即可“收获”1 次，每年可“收获”数百次，这是其他任何农作物所不可能达到的。

4. 适应性强，容易变异

(1) 适应性

微生物对环境条件尤其是恶劣的极端环境具有惊人的适应力，如抗热、抗寒、抗干燥、抗酸、抗碱、抗高盐、抗高压、抗辐射、抗有毒物质毒害等。例如一些嗜盐菌能在 32%的饱和盐水中正常生活，许多微生物尤其是产芽孢的细菌可在干燥条件下保藏几十年、几百年甚至上千年，氧化硫硫杆菌是耐酸菌的典型，它的一些菌株能生长在 5%～10%的 H_2SO_4 中，有些耐碱的微生物如脱氮硫杆菌的生长最高 pH 值为 10.7。

(2) 变异性

由于微生物繁殖快、数量多、与外界直接接触等原因，即使其变异的频率十分低(一般为 10^{-10}～10^{-5})，也可在短时间内产生大量变异的后代，最常见的变异形式是基因突变。这种变异，我们可利用并为人类造福。

例如：青霉素产生菌产黄青霉的产量在 1943 年时，每毫升青霉素发酵液中该菌只分泌约 20 单位的青霉素，通过世界各国微生物遗传育种工作者的不懈努力，使该菌产量变异逐渐累积，加上其他条件的改进，目前国际上先进水平每毫升青霉素含量已超过 5 万单位，甚至接近 10 万单位。利用变异和育种使产量获得如此大幅度的提高，在动植物育种工作中简直是不可思议的。

当然实践中也会出现有害变异，如医疗中最常见的致病菌对抗生素所产生的抗药性变异。1943年青霉素刚问世时，对金黄色葡萄球菌的最低制菌浓度为0.02 μg/mL，过了几年，制菌浓度不断提高，有的菌株耐药性竟比原始菌株提高1万倍，因此需要慎重对待。

5. 分布较广，种类较多

(1) 分布较广

微生物则因其体积小、重量轻，因此可以到处传播，只要生活条件合适，它们就可大大繁殖起来。地球上除了火山的中心区域外，从土壤圈、水圈、大气圈直至岩石圈，到处都有微生物家族的踪迹。可以认为，微生物将永远是生物圈上下限的开拓者和各种记录的保持者。在动植物体内外、土壤、河流、空气、平原、高山、深海、冰川、海底淤泥、盐湖、沙漠、油井、地层下以及酸性矿水中，都有大量与其相适应的微生物在活动着。

(2) 种类较多

微生物的种类多主要表现在三方面：生理代谢类型多，代谢产物种类多，微生物的种数多。首先微生物有着多种代谢方式，如细菌光合作用，嗜盐菌紫膜的光合作用，自养细菌的化能合成作用，各种厌氧产能途径，生物固氮作用，微生物合成各种复杂次生代谢产物的能力，对复杂有机物分子的生物转化能力，抵抗热、冷、酸、碱、高渗、高压、高辐射剂量等极端环境的能力，以及独特的繁殖方式(病毒的复制增殖)等。从微生物的代谢产物来看，其种类也较为多样，如已发现的5 000多种抗生素中，来自微生物的有4 973种。从微生物种数来看，随着分离、培养方法的改进和研究工作的深入，微生物的新种、新属、新科甚至新目、新纲屡见不鲜。这不但在生理类型独特、进化地位较低的种类中常见，就是最早发现的较大型的微生物——真菌，至今还以每年约1 500个新种不断地递增着。可见，随着人类的认识和研究工作的深入，微生物的总数终究会超过动、植物数的总和。

二、病毒界

病毒界中的病毒(virus)是一类超显微的非细胞生物，每一种病毒只含有一种核酸；它们只能在活细胞内营专性寄生，靠其宿主代谢系统的协助来复制核酸、合成蛋白质等组分，然后再进行装配而得以增殖；在离体条件下，它们能以无生命的化学大分子状态长期存在并保持其侵染活性。

病毒一般分为真病毒(euvirus)和亚病毒(subvirus)(见图1-2)。

- 病毒
  - 真病毒：至少含有核酸和蛋白质两种组分
  - 亚病毒
    - 类病毒：只含具单独侵染性的RNA组分
    - 拟病毒：只含不具单独侵染性的RNA组分
    - 朊病毒：只含蛋白质一种组分

图1-2　病毒的分类

(一) 真病毒的特征和形态

真病毒通常也叫做病毒，在自然界中病毒种类很多，已知1 000多种，形态多种多样。

1. 病毒特征

具体地说，病毒有以下几个特征：① 形体极其微小，必须在电子显微镜下才能观察，一般都可通过细菌滤器；② 没有细胞构造，故也称分子生物；③ 其主要成分仅是核酸和蛋白质两种；④ 每一种病毒只含有一种核酸，不是DNA就是RNA；⑤ 既无产能酶系也无蛋白质合成系统；⑥ 在宿主细胞协助下，通过核酸的复制和核酸蛋白装配的形式进行增殖，不存在个体的生长和二均分裂等细胞繁殖方式；⑦ 在宿主的活细胞内营专性寄生；⑧ 在离体条件下，能以无生命的化学大分子状态存在，并可形成结晶；⑨ 对一般抗生素不敏感，但对干扰素敏感。

2. 病毒结构

病毒粒子(virion)主要是指尚未侵染宿主且结构完整的病毒，主要由蛋白质的外壳和中央的核酸构成。病毒的蛋白质衣壳(capsid)由数量不等、相同或不相同的亚单位构成，每个亚单位即为衣壳粒或粒子(capsomere)，衣壳粒按一定规律排列，使各种病毒具有不同的形态。结构复杂的病毒如番茄斑萎病毒、痘病毒和人免疫缺陷病毒(human immunodeficiency virus，HIV)等病毒在衣壳之外有一层脂膜(包膜，envelope)包被，包膜在结构和功能上与细胞膜都有很大差异。有包膜的病毒对有机溶剂很敏感，在有机溶剂作用下容易灭活。

病毒中的核酸只含有一种，要么 DNA 分子，要么 RNA 分子(基因组)。DNA 和 RNA 分子或为单链，或为双链。双链 DNA 的有疱疹病毒、痘病毒等；单链 DNA 的有细小病毒等；双链 RNA 的有呼肠弧病毒等；单链 RNA 的有烟草花叶病病毒、脊髓灰质炎病毒等。根据所含核酸不同，可将病毒分为 DNA 病毒和 RNA 病毒两类。

根据病毒所寄生的宿主不同，可将病毒分为动物病毒、植物病毒和噬菌体三类，三类病毒的结构各有不同。其中较为复杂的是寄生于细菌中的病毒，叫噬菌体(phages)。噬菌体形态一般比寄生于真核细胞的病毒复杂，如大肠杆菌噬菌体(coliphages，T1～T10)(见图1-3)，其结构分为头尾两部分，头部衣壳呈多角形或螺旋形，核酸位于头部中心。

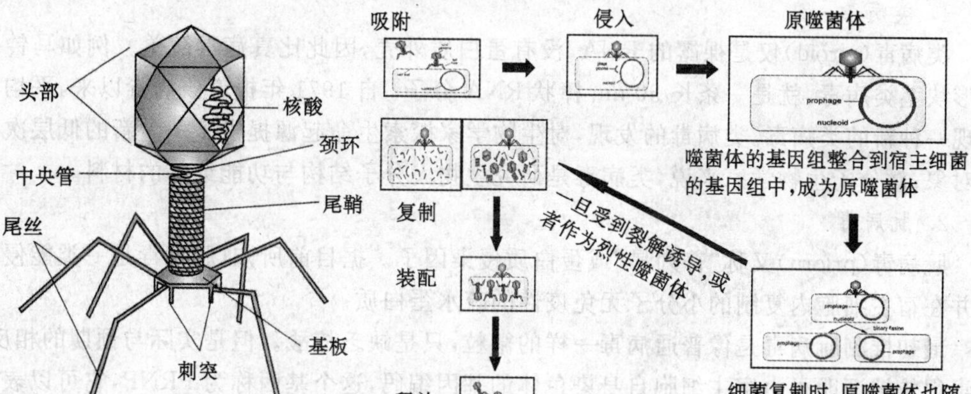

图 1-3　大肠杆菌 T 系噬菌体结构和繁殖过程模式

3. 病毒繁殖

动物病毒、植物病毒、噬菌体的繁殖过程基本相同，在此以噬菌体为例说明病毒繁殖的过程(图 1-3)。

根据噬菌体与宿主细胞的关系可分为烈性噬菌体和温和噬菌体两类。烈性噬菌体进入菌体后就会改变宿主的性质，使之成为制造噬菌体的“工厂”，大量产生新的噬菌体，最后导致菌体裂解死亡。温和噬菌体进入菌体后，因生长条件不同，可具有两条截然不同的、可选择的生长途径。一条是与烈性噬菌体相同的生长路线，引起宿主细胞裂解死亡；另一条是将其核整合到细菌染色体上，这种掺入到宿主 DNA 中的噬菌体 DNA 称为原病毒或原噬菌体(provirus 或 prophage)。该细菌细胞继续生长繁殖，并被溶原化。烈性噬菌体的繁殖过程主要包括吸附、侵入、复制、装配和释放等。

① 吸附：与其他病毒一样，噬菌体对宿主细胞的吸附具有高度的特异性。

② 侵入：噬菌体侵入方式较其他病毒复杂。大肠杆菌 T4 噬菌体以其尾部吸附到敏感菌表面后，将尾丝展开，通过尾部刺突固着在细胞上。尾部的酶水解细胞壁的肽聚糖，使细胞壁产生一小孔，然后尾鞘收缩，将头部的核酸通过中空的尾髓压入细胞内，而蛋白质外壳则留在细胞外。

③ 复制：噬菌体 DNA 注入细菌细胞后，因种类不同而表现出两种情况：一种是 DNA 进入宿主细胞后，细菌的细胞核立即破坏，细菌的合成作用停止。而以噬菌体 DNA 的一部分为模板，由宿主 RNA 聚合酶所催化，首先产生噬菌体的 mRNA。再利用宿主的核糖体，通过 mRNA 来形成复制噬菌体 DNA 所需的酶类。另一些噬菌体的 DNA 侵入宿主后，需要依赖宿主细胞供给某些酶类，因而它并不摧毁宿主细胞的 DNA，使其能继续合成某些蛋白质。

④ 装配和释放：病毒的核酸与蛋白质是分开合成的。由合成好的核酸与蛋白质合成完整的病毒粒子。例如大肠杆菌 T4 噬菌体，当分开合成的噬菌体 DNA、头部蛋白质亚单位、尾鞘、尾髓、基板、尾丝等部件完成后，DNA 收缩聚集，被头部外壳蛋白质包围，形成廿面体的噬菌体头部。尾部部件也装配起来，再与头部连接，最后装上尾丝，整个噬菌体装配完毕，成为新的子代噬菌体。成熟的噬菌体粒子均借宿主细胞裂解而释放。

(二) 亚病毒

1. 类病毒

类病毒(viroid)仅是裸露的 RNA，没有蛋白质外壳，因此比真病毒简单。例如马铃薯纺锤形块茎类病毒，就是一条长 50 nm 棒状 RNA 分子。自 1971 年报道该病毒以来，平均每年发现一种新的类病毒。类病毒的发现，对生物学家探索生命起源提供了一个新的低层次的研究对象；对分子生物学家来说，类病毒是研究生物大分子结构与功能绝好的材料。

2. 朊病毒

朊病毒(priorn)又称"普列昂"或蛋白质侵染因子。据目前所知，朊病毒是一类能侵染动物并在宿主细胞内复制的小分子无免疫性的疏水蛋白质。

最初推测朊病毒是像普通病毒一样的微粒，只是缺乏核酸。但是实际与预期的相反，朊病毒很快被证明可由宿主细胞自身染色体的基因编码，这个基因称为 PRNP，它可以表达正常的脑组织并且编码一种命名为 PrP^{c} 的蛋白质，存在于神经细胞的表面。PrP^{c} 精确的功能到现在仍未发现，其空间结构主要由 α-螺旋构成，为水溶性蛋白质，能被蛋白酶水解，不具有感染性。一旦 PrP^{c} 的空间结构由 α-螺旋转变为 β-折叠，PrP^{c} 就变为致病型蛋白粒子(PrP^{sc})。PrP^{sc} 既不能自发地再转变成 PrP^{c}，同时也不易被蛋白酶水解，而在细胞内沉积，最后导致细胞破裂，造成组织出现无数空洞，状如筛子，故称海绵状脑病，破裂细胞释放出的 PrP^{sc} 又使邻近的 PrP^{c} 变成 PrP^{sc}，PrP^{c} 与 PrP^{sc} 的特性列于表 1-2。目前对感染性蛋白粒子学说尚有争议。

PrP^{sc} 如何导致 PrP^{c} 向 PrP^{sc} 转变？科学家认为很可能存在一种未知蛋白质帮助 PrP^{c} 进行结构转换。同时已知羊的 PrP^{sc} 可使牛患疯牛病，但不感染人，而牛的 PrP^{sc} 却可感染人，这是为什么呢？有人认为这可能与种间 PrP 的氨基酸差异数有关。人患克-雅氏病(人海绵状脑病)被怀疑是吃了患疯牛病牛的肉所致,其最直接证据是两位养有疯牛病牛的农场主死于此病。在欧洲三十几位克-雅氏病死亡者中多为年轻人,平均仅 29 岁,患者表现出狂躁不安,站立不稳,最后倒地死亡。据估计克-雅氏病潜伏期可达数十年,感染者的血液输给他人会造成此病传播。此外,还有一些动物也得海绵状脑病,如传染性水貂脑病,关养鹿的慢性消瘦病,猫海绵状脑病等。

表 1-2　PrP^c 与 PrP^{sc} 的比较

比较项目	PrP^c	PrP^{sc}
分子状态	单体分子	集合成纤维状态
溶解性	可溶	不溶
对蛋白酶抗性	弱,极易被破坏	很强
蛋白质稳定性	稳定	不稳定
蛋白质三级结构	几乎全部由 α-螺旋组成	大约 45% 为 β-折叠片层
致病性	正常	致病

3. 拟病毒

拟病毒(virusoids)又称类类病毒(viroid-like),可认为是一类包裹在植物病毒粒子中的类病毒。该病毒首次在绒毛烟的斑驳病毒中分离出来。

关于拟病毒的复制机制,目前还只有很少的研究结果。据推测,拟病毒的复制是以自身侵染性 RNA 分子为模板,借助宿主细胞内依赖于 RNA 的 RNA 聚合酶进行复制。

三、原核生物界

(一) 真细菌

1. 主要形态

真细菌通常也叫做细菌,其形态大致上可分为球状、杆状和螺旋状(弧菌及螺菌)三种(见图 1-4)。一般球状细菌的直径约 0.5 μm,杆状长约 0.5~5 μm。

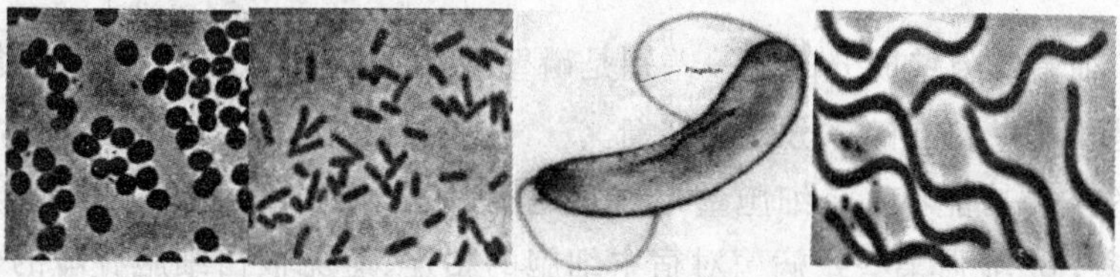

图 1-4　细菌的形态

2. 细胞结构

细菌细胞结构主要由共有的一般结构和特殊结构组成,一般结构包括细胞壁、细胞膜(包括内含物)、细胞质、核区等;特殊结构包括鞭毛、菌毛、荚膜、芽孢等(见图 1-5)。

(1) 细菌的细胞壁

细菌细胞壁的特有成分为肽聚糖,每一肽聚糖单体由双糖单位(*N*-乙酰葡糖胺与 *N*-乙酰胞壁酸组成,后者是原核生物所特有的已糖)组成。G^+(革蓝氏阳性)细菌细胞壁结构以金

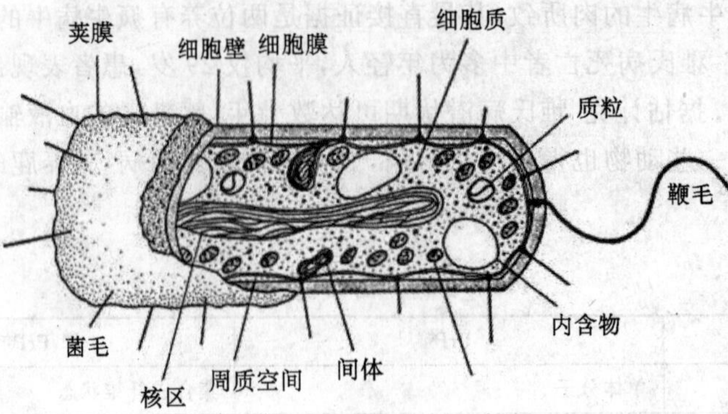

图 1-5 真细菌的细胞结构

黄色葡萄球菌为代表，其肽聚糖层厚约 20～80 nm，约 40 层。G^-（革蓝氏阴性）细菌细胞壁的结构以大肠杆菌为代表，它的肽聚糖含量占细胞壁的 10%，一般由 1～2 层构成，在细胞壁上的厚度仅有 2～3 nm，并且在肽聚糖层的外面具有外膜结构。G^+ 和 G^- 细胞壁结构的区别见图 1-6。古细菌的细胞壁不含肽聚糖。

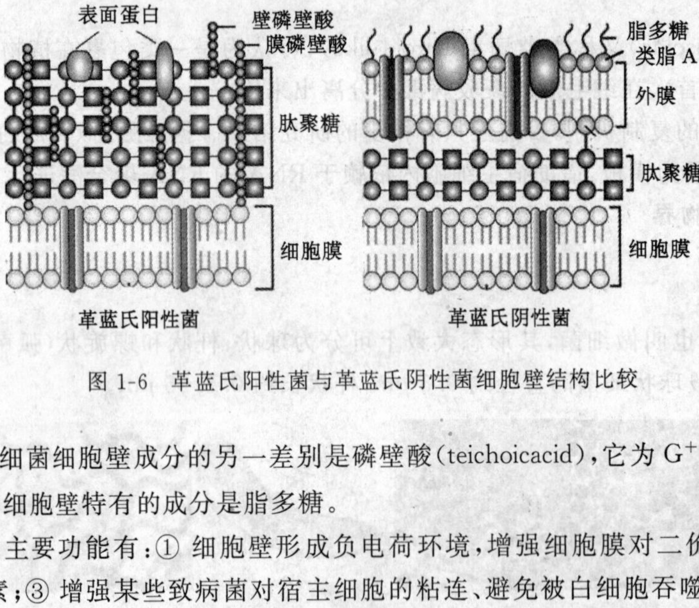

图 1-6 革蓝氏阳性菌与革蓝氏阴性菌细胞壁结构比较

G^+ 和 G^- 细菌细胞壁成分的另一差别是磷壁酸（teichoicacid），它为 G^+ 细菌细胞壁所特有，而 G^- 细菌细胞壁特有的成分是脂多糖。

细胞壁的主要功能有：① 细胞壁形成负电荷环境，增强细胞膜对二价阳离子的吸收；② 贮藏磷元素；③ 增强某些致病菌对宿主细胞的粘连、避免被白细胞吞噬的作用；④ 革蓝氏阳性细菌特异表面抗原的物质基础；⑤ 噬菌体的特异性吸附受体；⑥ 能调节细胞内自溶素的活力，防止细胞因自溶而死亡。

(2) 细菌的细胞膜

细菌的细胞膜是紧贴在细胞壁内侧的一层由磷脂和蛋白质组成的柔软、富有弹性的半透性薄膜，厚约 7～8 nm，由磷脂（占 20%～30%）和蛋白质（占 50%～70%）组成。

细胞膜的主要功能有：① 是细胞生命的最后一道屏障，具有保护作用；② 控制细胞内外物质的运送和交换；③ 合成细胞壁各种组分（LPS、肽聚糖、磷壁酸）和荚膜等大分子的场所；④ 进行氧化磷酸化或光合磷酸化的产能基地；⑤ 许多酶和电子传递链组分的所在部位；⑥ 鞭毛着生点和运动能量的供给部位。

(3) 细菌细胞的特殊结构

① 荚膜(capsule)

荚膜是某些细菌细胞壁外存在着的一层厚度不定的胶状物质(见图 1-7),其主要成分为多糖,包括纯多糖(葡萄糖、纤维素)、杂多糖、肽多糖、多肽和蛋白质,具体组分因细菌种类而有差异。荚膜的主要功能是:保护细菌免受严重缺水的损害;对某些致病菌而言,可保护自身免受寄主白细胞吞噬;贮藏营养物,以备营养缺乏时利用;通过荚膜或有关构造可使菌体附着于适当的物体表面。

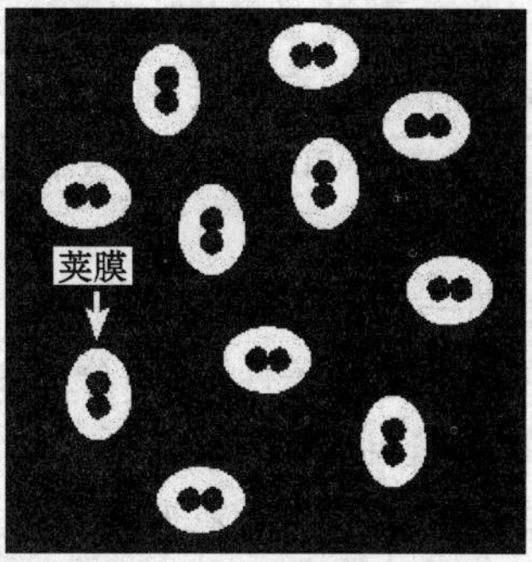

图 1-7　暗视野下的细菌荚膜

② 鞭毛(flegellum)

鞭毛是细胞质膜的衍生物,其数目从一根到多根不等;鞭毛具有运动功能。G^+和G^-菌鞭毛结构不同,主要表现在鞭毛基体(basal body)结构上,如大肠杆菌(G^-菌)的鞭毛基体是由四个盘状物构成,分别为 L 环、P 环、S 环和 M 环;而G^+菌却只有 S 环和 M 环(见图1-8)。

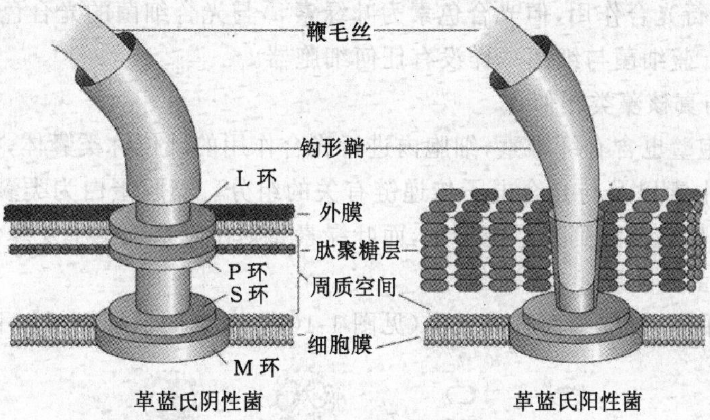

图 1-8　革蓝氏阳性菌和革蓝氏阴性菌鞭毛结构

③ 菌毛(pillus)

G^-菌细胞外菌毛较多,G^+菌中仅少数有之。菌毛可分为普通菌毛(fimbria)和性菌毛(sex pilus)两种。普通菌毛长约 0.3～1.0 μm,细菌通过菌毛可牢固地粘附在宿主器官细胞的受体上,如呼吸道、消化道、泌尿生殖道的粘膜上皮细胞,然后再侵入粘膜。G^-菌有菌毛者颇多为致病菌,如淋病奈氏球菌是淋病的病原菌。性菌毛即 F 菌毛,F^+菌可与F^-菌结合,通过性菌毛F^+菌携带的性因子(F 质粒)复制的副本可以进入F^-菌中。

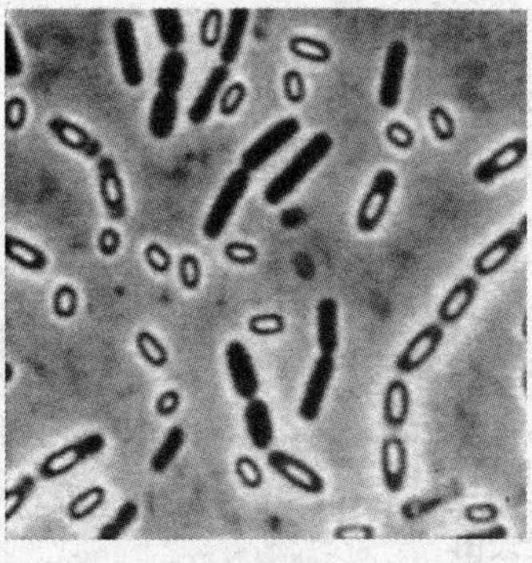
图 1-9　细菌的芽孢

④ 芽孢(endospore)

某些细菌在其生长发育后期,可在细胞内形成一个圆形或椭圆形的抗逆性休眠体称为芽孢(见图 1-9)。芽孢有极强的抗热、抗辐射、抗化学药物和抗压的能力,例如肉毒梭菌的孢子在 100 ℃沸水中,经过 5.0～9.5 h 才被杀死；到 121 ℃时，平均要经过 10 min 才能被杀死。少数芽孢杆菌，如苏云金芽孢杆菌在形成芽孢过程中同时形成伴孢晶体，伴孢晶体是碱溶性蛋白晶体，为 δ-内毒素，该毒素对 200 多种昆虫有毒杀作用。

3. 细菌的繁殖

细菌一般以无性二分裂方式进行繁殖。在适宜的条件下，大部分细菌繁殖迅速，如大肠杆菌在最合适的条件下，每分裂 1 次，只约需 12.5～20 min。

（二）蓝细菌

蓝细菌是一类含有叶绿素 a、无鞭毛、具有产氧性光合作用的大型原核生物。蓝细菌广泛分布于河流、湖泊、海洋等各种水体及各类植物（红萍等）叶腔中，具有固氮能力和对不良环境的抵抗能力，因此可在沙质海滩及荒漠上找到，并有"先锋生物"的美称。

1. 蓝细菌特点

(1) 蓝细菌与细菌相似点

蓝细菌没有核膜，核物质只是一个环状双链 DNA 分子。蓝细菌的细胞结构与 G^- 细菌十分相似，细胞壁分为内外两层，外层为脂多糖；内层为肽聚糖。在细胞内含有与细菌相同的 70S 核糖体。能进行光合作用，但光合色素为叶绿素 a，与光合细菌的光合色素不同。蓝细菌体内没有叶绿体。蓝细菌与细菌一样没有任何细胞器。

(2) 蓝细菌与真核藻类相似点

蓝细菌的细胞壁也含有纤维素，细胞内进行光合作用的部位称类囊体，类囊体膜上含有叶绿素 a、β-胡萝卜素以及与光合电子传递链有关的组分。藻胆蛋白为类囊体所特有，其功能是吸收光能，并把它转移到光系统Ⅱ中，而叶绿素 a 则在光系统Ⅰ中发挥作用。

2. 蓝细菌的主要类群

根据伯杰氏手册，将蓝细菌分成五群（见图 1-10）。各群的特征概括如下。

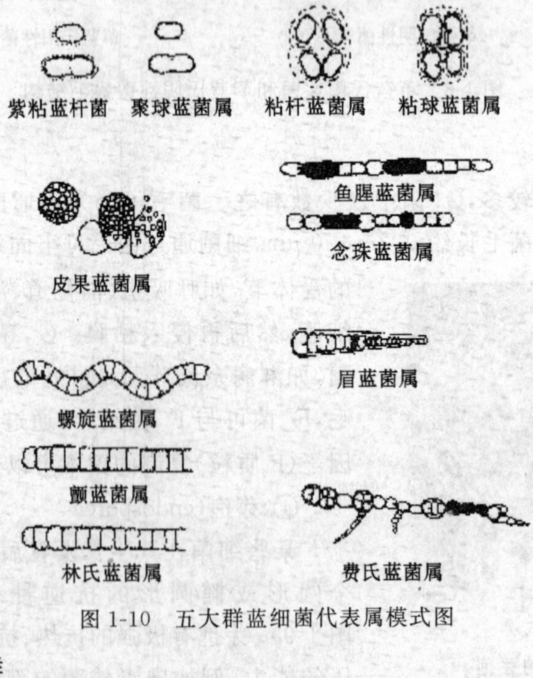

图 1-10　五大群蓝细菌代表属模式图

(1) 色球蓝细菌群

细胞呈球状或杆状，可单生或长成聚合体；细胞间有荚膜或粘液；通过二等分裂或出芽方式进行繁殖。本群的代表如聚球蓝菌属、粘球蓝菌属、粘杆蓝菌属和紫粘蓝杆菌等。

（2）厚球蓝细菌群

包括一些仅通过复分割来进行繁殖的单细胞蓝细菌。当母细胞发生复分割时，其内可产生许多小球状具有繁殖能力的细胞。本群的代表有皮果蓝菌属等。

（3）无异形胞丝状蓝细菌群

细胞链单纯由营养细胞组成，例如螺旋蓝菌属、林氏蓝菌属、颤蓝菌属等。

（4）有异形胞丝状蓝细菌群

当细胞链存在于只有游离氮作氮源的条件时，它们会分化出异形胞，有时还会产生静息孢子。例如念珠蓝菌属、眉蓝菌属、鱼腥蓝菌属等。

（5）细胞能多平面方向分裂的有异形胞的丝状蓝细菌群

本群代表与第四群的不同处在于其细胞可以进行多平面方向分裂。代表属如费氏蓝菌属。

（三）古细菌

古细菌是一群具有独特的基因结构或系统发育生物大分子序列的单细胞生物，多生活在各种极端的自然环境中，如海洋底部的高压热溢口、热泉、盐碱湖等。事实上，在地球上，古细菌代表着生命的极限，它确定了生物圈的范围。例如，一种叫热网菌的古细菌能够在高达113 ℃的温度下生长，这是迄今为止发现的具最高生长温度的生物。近年来，人们发现古细菌还广泛分布于各种自然环境中。目前，可在实验室培养的古细菌主要包括三大类：产甲烷菌、极端嗜热菌和极端嗜盐菌。

产甲烷菌生活于富含有机质且严格的无氧环境中，参与地球上的碳素循环，是能合成甲烷的生物；极端嗜盐菌生活于盐湖、盐田及盐腌制品表面，能够在盐饱和的环境中生长；极端嗜热菌通常分布于含硫或硫化物的陆相或水相地质热点，它们中绝大多数严格厌氧，在获得能量时完成硫的转化。

目前的研究发现，尽管古细菌在细胞大小、结构及基因组结构方面与细菌相似，但在DNA 复制、转录、翻译等方面，古细菌却具有明显的真核生物特征，如采用非甲酰化甲硫氨酰 tRNA 作为起始 tRNA，启动子、转录因子、DNA 聚合酶、RNA 聚合酶等均与真核生物相似。所有这些表明，古细菌与真细菌有着本质的区别，这种区别与两者表现在系统发育方面亲缘关系疏远是一致的。

目前，古细菌的研究正在全世界范围内升温，这不仅是由于古细菌中蕴藏着许多未知的生理过程和功能以及有助于阐明生物进化规律的线索，更是由于古细菌有着不可估量的生物技术开发前景。

四、原生生物界

原生生物种类较为庞杂，包括简单的真核生物，多为单细胞生物，亦有部分是多细胞生物，但不具组织分化。原生生物在自然界中分布广泛，海水、河水、湖水、土壤、动物粪便和其他生物体内都能生存。

原生生物在营养方式和细胞结构上与动物、植物或真菌有许多相似之处。有的为光合自养，具有细胞壁，是类植物原生生物，如衣藻、甲藻、硅藻等真核单细胞（或群体）的藻类；有的为异养，能够运动，无细胞壁，是类动物原生生物，如草履虫、变形虫等；有的种类在其生活史中，既有像真菌的时期，又有似变形虫的阶段，如粘菌，是类真菌原生生物；还有些种类既可自养，又可异养，无细胞壁，能运动，兼有动物和植物的特性。因此，原生生物界是很庞杂的一界。

这种现象，正说明植物、动物、真菌都是生物长期进化的产物，它们彼此间都有亲缘关系。这些同时具有植物、真菌或动物特征的生物说明生物在低级阶段是没有清楚界限的。所以，将这些保存了低等特征的生物并为一个原生生物界是合理的，说明在真核生物的起源和进化发展中，经历了由单细胞真核生物到多细胞真核生物的发展阶段。在这以后的发展过程中，自养功能加强的一支进化成了多细胞、光合自养、有较复杂的个体发育序列的植物界；异养功能加强、以腐生吸收方式异养营养的一支发展成多细胞的真菌界；主要以吞噬方式异养营养的一支发展成多细胞的动物界。

但有不少人反对这样分类，而主张把原生生物分别放到植物界、动物界或真菌界中。

（一）原生生物的主要特征

原生生物的基本特征主要包括三个方面：① 原生生物都是真核生物；② 大多数原生生物是单细胞，部分种类为多细胞；③ 有些原生生物细胞内具有色素体，利用这些色素体，通过光合作用制造自己的营养物质；另有一些原生生物如同动物一样通过捕获食物并将其在细胞内消化；还有一些原生生物通过吸收的方式获取营养物质。原生生物与植物、动物及真菌的最大区别在于原生生物没有组织分化。例如，原生生物不能形成胚胎，不会发育出像高等动、植物所具有的多细胞且复杂的性器官。具体来说，原生生物具有以下主要特征。

1. 最低等的真核生物

在全部原生生物中，大多种类是单细胞的。在细胞中，有些种类具有一个细胞核，如大多数的鞭毛虫、肉足虫和单胞藻类；有些种类为多核的，如多核变形虫、蛙片虫和纤毛虫等。这些多细胞核的种类中，有些种类的每个核并没有产生功能上的差异；有些多核种类中的不同核在生物学功能上也有差异，如纤毛虫细胞内有大核和小核之分，大核负责营养，小核负责繁殖。

虽然大多数原生生物是单细胞的，但也有一部分种类是多细胞组成的。例如，盘藻由4～16个细胞组成，空球藻由16或32个细胞组成，而团藻则由上万个细胞组成。

2. 细胞结构复杂化

虽然原生生物没有组织和细胞的分化，但是许多单细胞原生生物同其他真核生物一样需具有行使各种生物学功能的能力，它们的细胞在功能上具有全能性，因而它们在细胞结构上就显得较为复杂，相应的细胞器也较有特殊性。例如，原生生物是通过鞭毛、伪足或纤毛行使运动功能的。在营养方式上原生生物有多种类型，有通过自身的色素体或共生体营自养；有通过胞口捕食；有采用伪足进行吞噬；有通过胞饮获取营养。原生生物的排泄功能多是通过伸缩泡的伸缩完成的。为了保持生物体固有的形态，原生生物也具有多种支持保护系统，如藻类的细胞壁、放射虫的内骨骼、有孔虫的外壳以及纤毛虫的皮下纤维系统。作为感觉胞器，许多植物性鞭毛虫和藻类具有眼点。有些原生生物为了防御的需要，细胞内还有专门的防御性胞器，如纤毛虫体内的刺丝泡。综合起来，原生生物细胞在组成结构和功能上都较其他真核生物细胞复杂。

3. 生活环境和营养方式多样化

原生生物的生活方式分为两大类：寄生生活和自由生活。寄生生活的原生生物既可寄生在单细胞生物体中，也可寄生在各种高等动、植物体内。自由生活的原生生物主要分布在各种水体或含水分较高的土壤、凋落物或青苔丛中。由于原生生物对环境的耐受性广，故在多种极端环境中仍有原生生物生存，如尖毛虫可生活在 41 ℃～56 ℃的温泉中；斜管虫可生存在 68 ℃的温泉中；而游仆虫可生活在零下 2 ℃的海水中。在绝对厌氧的水环境中同样可以找到原生生物的踪迹。在生存环境巨变特别是水分损失过大时，许多原生生物可通过形成胞囊的方式保护自己。

原生生物的营养方式可分为自养和异养两大类。自养是光合自养(photoautotrophic)，其能量源为太阳光，营此营养方式的原生生物主要是体内含有各种色素体的鞭毛虫、藻类等。异养又可分为光合异养和化学异养，光合异养(photoheterotrophic)需太阳能和环境中的有机碳水化合物；化学异养(chemoheterotrophic)需化学能和环境中的有机碳水化合物。原生生物中大部分自由生活的原生生物是异养的。但许多原生生物在营养方式上具兼性，它们在一种条件下营自养，在另一种条件下营异养。例如，纤细裸藻有光时进行光合作用，无光时利用水中的有机物作为能源来合成营养物。

许多异养型原生生物在进行营养时采用吞噬或胞饮摄食的方式获取环境中的颗粒性食物。环境中的颗粒性食包括有机物碎屑、细菌、藻类、原生动物、小型后生动物等。

（二）原生生物的主要类群

按照波斯尔·思韦特(Postlethwait)编写的《生命的本质》，将原生生物界主要分为三大类：类动物原生生物、类植物原生生物、类真菌原生生物等，其中类真菌原生生物归于菌物界。

1. 类动物原生生物

现存的类动物原生生物(原生生物)有 25 000～30 000 种。主要类群有：鞭毛虫类、变形虫类、纤毛虫类和孢子虫类等(见图 1-11)。也有学者将这几类划分为纲或亚门和门。

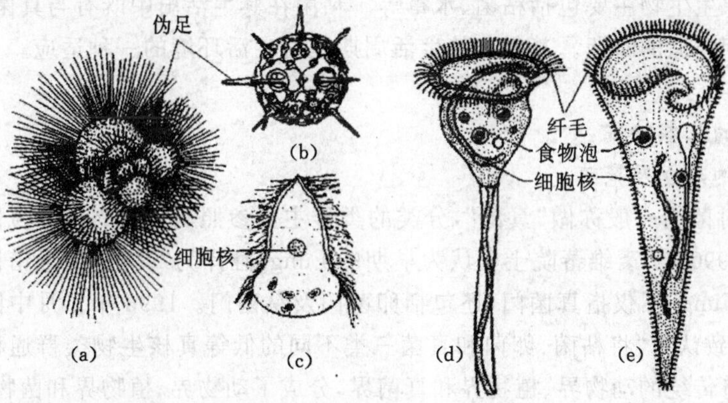

图 1-11　类动物原生生物的不同类型

(a) 有孔虫；(b) 放射虫；(c) 披发虫；(d) 钟形虫；(e) 喇叭虫

(1) 肉足鞭毛门

虫体多为单细胞，运动胞器为鞭毛(flagella)或伪足(pseudopodia)。根据虫体的运动胞器又可分为鞭毛亚门、肉足虫亚门等。

① 鞭毛亚门

单细胞，身体具有鞭毛（一根、几根或许多），以鞭毛来运动。营养方式有自养和异养。常见种类有利什曼原虫、锥虫、披发虫等。

② 肉足虫亚门

又称变形虫类。它们靠伸出的伪足运动和摄食，伪足形状多样，有叶片状、丝状、胶状和轴心形。伪足运动靠细胞质流动，在显微镜下可以看到流动现象。体表没有坚韧的表膜，仅有极薄的细胞质膜。

肉足虫类通常为自由生活，多数种类分布于海水、淡水、淤泥或土壤中，少数种类营寄生生活。常见种类有大变形虫，为研究生命科学的好材料；痢疾内变形虫是人类的重要病原菌，寄生在人的肠道内，能溶解肠壁组织引起痢疾病害。

(2) 纤毛门

纤毛虫类靠纤毛运动和搜集食物。纤毛的结构与鞭毛相同，不同之处在于纤毛较短，数目较多，运动时节律性强。草履虫是此类的一个重要属，多数种类结构比较复杂，细胞核一般分化出大核和小核，多具有摄食的细胞器。常见种类有大草履虫、喇叭虫、钟形虫等。

(3) 顶复体门

又称孢子虫，营寄生生活，它们寄生于人类、黑猩猩、长臂猿、猴、鸡和鼠等的细胞、体液、血细胞或各种器官内。成体无运动细胞器，生活史复杂。蚊类常作为它们的中间寄主。常见种类有粘孢子虫、间日疟原虫等。

2. 类植物原生生物（单细胞的真核藻类）

原生生物界的藻类分布广泛，可进行光合作用，具有叶绿素及多种色素，是一群同时具有植物和动物特性的单细胞（或群体）真核生物。在植物界中又作为低等藻类植物分为一类，它们主要有以下几种类型：裸藻门、绿藻门、金藻门、褐藻门、红藻门、甲藻门等。

3. 类真菌原生生物

类真菌的原生生物主要包括粘菌、水霉等。粘菌在其生活史中既有与真菌相似的阶段，又有与变形虫相类似的时期。其复杂的生活周期是对生活环境的一种适应。

五、菌物界

（一）菌物的基本特征

1. 菌物界的建立及范畴

过去国内对菌物一般称做“真菌”，分类的类群主要参照马丁（Martin）为代表的4纲真菌分类系统。1990年，裘维蕃院士等认为早期的Fungi翻译为“真菌”是个错误，应译为“菌物”，其原因是Fungi不仅指真菌门，还包括卵菌门及粘菌门。1993年5月中国菌物学会成立，与会代表一致认可“将粘菌、卵菌和真菌三类不同的低等真核生物类群通称为‘菌物’的建议”。这样，将传统的动物界、植物界和真菌界，分成了动物界、植物界和菌物界。

目前，国际上菌物研究者多趋向于参照安斯沃斯（Ainsworth）等建立的分类系统《真菌词典》，1983年其第七版的分类系统就将菌物分为两个门，其中卵菌纲目前已单独作为卵菌门（见图1-12）。

2. 菌物的基本特征

缺乏叶绿素，营异养生长；具有明确的细胞壁，缺乏游动能力（少数几个种可以产生能动的繁殖孢子），大部分以孢子进行繁殖；菌物既不具有根、茎或叶，也不具有复杂的维管束系统；碳水化合物在菌物中的基本储存形式是糖原而不是淀粉；菌物通常是丝状和多细胞的；

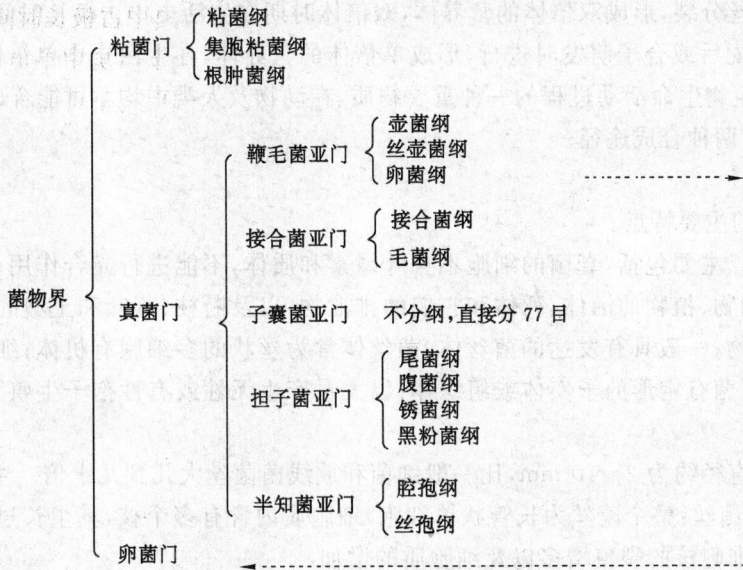

- 菌物界
  - 粘菌门
    - 粘菌纲
    - 集胞粘菌纲
    - 根肿菌纲
  - 真菌门
    - 鞭毛菌亚门
      - 壶菌纲
      - 丝壶菌纲
      - 卵菌纲
    - 接合菌亚门
      - 接合菌纲
      - 毛菌纲
    - 子囊菌亚门　不分纲，直接分 77 目
    - 担子菌亚门
      - 尾菌纲
      - 腹菌纲
      - 锈菌纲
      - 黑粉菌纲
    - 半知菌亚门
      - 腔孢纲
      - 丝孢纲
  - 卵菌门

图 1-12　菌物界

由吸收作用摄取营养；菌体在培养基物内外呈变形虫状原生质团或假原生质团状，或在培养基物内外呈单细胞或菌丝状；典型地进行有性生殖和无性生殖。

菌物具有巨大的食用和药用价值。食用菌如香菇、冬菇、草菇、猴头、木耳、银耳等；药用菌如茯苓、猪苓、雷丸、灵芝、马勃、虫草、蝉花、青霉菌等。但是菌物也是造成人类疾病和财物损失的重要来源，如黄曲霉毒素在 20 世纪 60 年代使得苏格兰 10 万只火鸡在短时期内突然死亡。

（二）菌物界的主要类群

1. 粘菌门

粘菌在生长期或营养期为裸露的无细胞壁多核的原生质团，称变形体。营养体构造、运动或摄食方式与原生动物中的变形虫相似，但在繁殖时期产生具纤维质细胞壁的孢子，又具有真菌的性状。因此，粘菌是介于动物和真菌之间的一群生物，大多数生于森林中阴暗和潮湿的地方，在腐木、落叶或其他湿润的有机物上生长。

从粘菌的特性看，是属于动物和真菌之间的类群；就其结构和生理特征看，好像巨大的变形虫动物；而从繁殖看，产生具细胞壁的孢子，又是植物或菌物的性质。因此，施罗特(Schrooter)在 1889 年，就把细菌、粘菌、真菌分开，粘菌门列入植物界。安斯沃斯等人于 1973 年将粘菌门归入菌物界。1949 年，粘菌学家马丁认为粘菌是一种从与原生动物相类似的祖先进化而来的。1950 年，贝西(Bessey)认为粘菌是动物，称菌形动物，并正式把粘菌归入动物界的原生动物门。

2. 卵菌门

卵菌原属于真菌门，但在“形态学、生理学、生物化学、细胞学、分子生物学及生活史类型”等方面不同，其特殊性主要有：① 细胞壁多含纤维素、半纤维素，真菌门多含几丁质。② 无性生殖产生游动孢子，鞭毛两条。③ 有性生殖为卵式生殖，产生合子称卵孢子，卵菌因而得名。减数分裂在精囊（雄器）产生雄核（雄器核）和卵囊（藏卵器）产生卵球时进行，卵孢子萌发时进行有丝分裂，形成双倍体的营养体，双倍体时期在生活史中占极长时间。而真菌减数分裂常在核配后或合子萌发时进行，形成单倍体的营养体，在生活史中单倍体时期极长。④ 赖氨酸，是生物生命活动过程的一种重要物质，在动物及人类中均不可能合成。而卵菌与植物界相似，有两种合成途径。

3. 真菌门

(1) 真菌的主要特点

真菌的特点主要包括：真菌的细胞不含叶绿素和质体，不能进行光合作用；主要营寄生和腐生，即从动物、植物的活体、死体和它们的排泄物，以及断枝、落叶和土壤的腐殖质中分解和吸收有机物；一般具有发达的菌丝体，菌丝体常为丝状的多细胞有机体；细胞壁多含有几丁质；高等真菌有定形的子实体或组织体；以大量产生无性或有性孢子生殖为主；陆生性较强。

真菌菌丝直径约为 2～10 mm，比一般细菌和放线菌菌丝大几到几十倍。主要分为：

① 无隔膜菌丝：整个菌丝为长管状单细胞，细胞质内含有多个核，其生长过程只表现为菌丝的延长和细胞核的裂殖增多以及细胞质的增加。

② 有隔膜菌丝：菌丝由横隔膜分隔成成串多细胞，每个细胞内含有一个或多个细胞核；有些菌丝，从外观看虽然像多细胞，但横隔膜上有小孔，使细胞质和细胞核可以自由流通，而且每个细胞的功能也都相同。

生长在培养基内的营养菌丝和伸在空气中的气生菌丝对于不同的真菌来说，在它们的长期进化过程中，对于相应的环境条件已有了高度的适应性，并明显地表现在产生各种形态和功能不同的特化结构上，也称菌丝的变态。变态的形式主要包括：菌环、菌网、匍匐菌丝、假根、附着枝、吸器、附着胞、菌核、子座等。

真菌的繁殖方式主要包括：

① 无性孢子繁殖：不经两性细胞配合，只是营养细胞的分裂或营养菌丝的分化（切割）而形成新个体的过程。无性孢子有厚垣孢子(chlamydospore)、节孢子(arthrospore)、分生孢子(conidiospora)、孢囊孢子(sporangiospore)、游动孢子(zoospore)等。

② 有性孢子繁殖：两个性细胞结合产生新个体的过程。需经过：a. 质配：两个性细胞结合，细胞质融合，成为双核细胞，每个核均含单倍染色体($n+n$)；b. 核配：两个核融合，成为二倍体接合子核，此时核的染色体数是二倍体($2n$)；c. 减数分裂：具有双倍体的细胞核经过减数分裂，核中的染色体数目又恢复到单倍体状态。有性孢子包括接合孢子(zygospore)、卵孢子(oospore)、担孢子(basidiospore)、子囊孢子(ascospore)等。

真菌门常分为：鞭毛菌、接合菌、子囊菌、担子菌、半知菌等 5 个亚门。

(2) 鞭毛菌亚门

鞭毛菌大都水生，菌丝无隔膜多核，产生的孢子为游动孢子。游动孢子的一端或腰部形成一根或两根鞭毛。有性孢子是卵孢子，由藏卵器和雄器结合后发育而成。如绵霉属的分枝菌丝多核，无隔膜，菌丝很宽，一般宽度为 15～30 μm，最宽的达到 270 μm。无性繁殖时，菌丝顶端的原生质和细胞核聚集起来，并形成一个横隔膜与菌丝其他部位隔开，隔离开的部分逐渐膨大形成棒状孢子囊。孢子囊成熟时，顶端开口，游动孢子自开口处放出并在孔口聚集，呈休止状态，休止后，再萌发产生次生游动孢子。游动孢子和次生游动孢子都能形成菌丝体。有性繁殖时雄器和藏卵器进行异型交配，产生卵孢子。

(3) 接合菌亚门

接合菌的菌丝无隔膜多核，无性繁殖产生不能游动的孢囊孢子，还有分生孢子、节孢子等；有性繁殖产生接合孢子，是由菌丝生出形态略有不同的配子囊接合而成的。根据菌丝来源的不同可分为同宗接合和异宗接合，同宗接合是指雌雄配子囊来源同一菌丝体，异宗接合主要由性状不同菌丝体上的菌丝形成的配子囊接合。

代表性的如毛霉属、根霉属(见图 1-13)等。

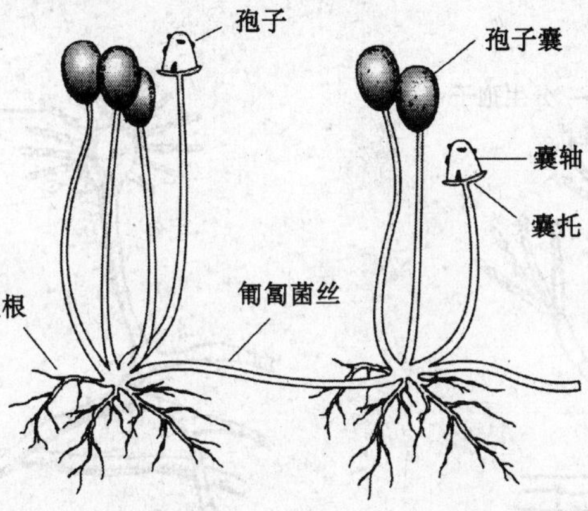

图 1-13　根霉的形态和孢子囊

根霉属俗称面包霉，在自然界中分布广泛，土壤、空气中都有很多，是一种可引起谷物、果蔬霉腐的霉菌，常在馒头、甘薯等腐败的食物上出现，发酵工业用做糖化菌。该属菌丝体呈棉絮状，气生性强，大部分菌丝为匍匐于营养基质表面的气生菌丝，称为蔓丝。蔓丝生节，从节向下分枝形成假根状的营养菌丝，假根伸入营养基质中吸收养料，靠孢子囊梗和孢子囊进行无性繁殖。有性繁殖主要产生接合孢子。

(4) 子囊菌亚门

子囊菌种类繁多，类型复杂。除酵母菌类为单细胞外，大多数种类形成菌丝，菌丝有隔膜。子囊菌的无性繁殖，主要是在分生孢子梗上形成各种分生孢子，有性繁殖产生子囊和子囊孢子，子囊孢子形成于子囊中。

子囊菌亚门种类极多，分类繁杂，代表性的有酵母属、青霉属、曲霉属等。

① 酵母属(见图 1-14)

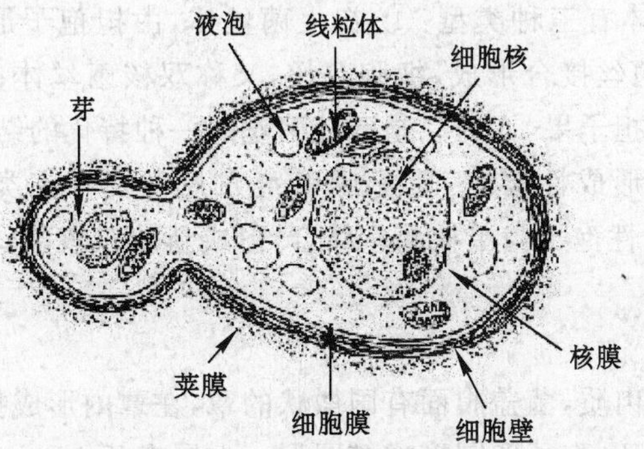

图 1-14　酵母菌细胞结构

属于半子囊菌纲，子囊裸露，无产囊丝、子囊果和菌丝体。酵母属是子囊菌亚门中最低级的类群，单细胞，有明显的细胞壁和细胞核。细胞内常有一大液泡。单细胞有时连成串似假菌丝。营养繁殖以出芽为主，出芽的位置可以是一端、二端或多边芽殖。有性生殖时两个营养细胞接合，质配后核配，合子以芽殖法形成营养细胞，再转变为子囊，再经减数分裂、有丝分裂后产生8个子囊孢子，子囊孢子构造与营养细胞相同而略小。酵母属多存在于如牛奶、动物排泄物、植物营养体等富有糖分的基质中。酿酒酵母是最常见的酿造啤酒的发酵菌。

② 青霉属(见图1-15)

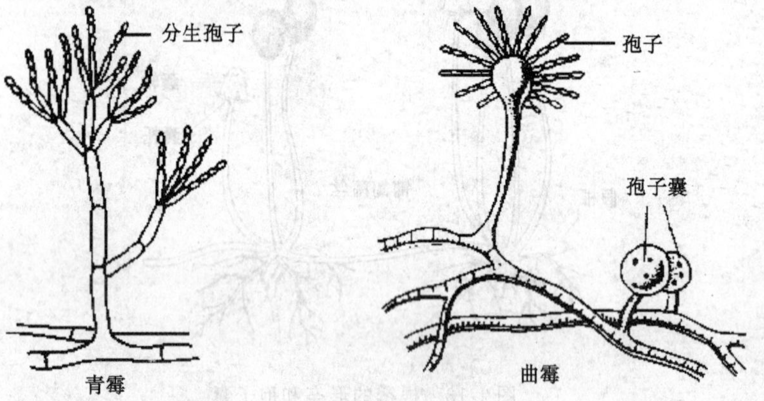

图1-15 青霉和曲霉形态简图

属于不整囊菌纲，有产囊丝，子囊果为闭囊壳，子囊不规则散生，无子实层。如青霉多生于橘子、梨和苹果上。青霉属菌丝体呈淡绿色，无性生殖发达，分生孢子梗顶端数级分枝；有性生殖很少见。青霉属分布极为普遍，常使水果、番茄等致烂，并侵害皮革、农物和纺织品。青霉属应用很广，药用青霉素又称盘尼西林(penicillin)，是在产黄青霉、点青霉中提取出来的。

③ 曲霉属(见图1-13)

属于不整囊菌纲，产生大量分生孢子梗，称泡囊，表面布满放射状排列的瓶形结构，依次为梗基、初生小梗、次生小梗等，分生孢子球形，旺盛。

(5) 担子菌亚门

担子菌亚门有三个主要特征，即担孢子、典型双核菌丝及具特殊的锁状联合现象。

营养性孢子或无性生殖孢子不发生或不发达，以芽殖、分生孢子、节孢子、粉孢子和厚壁孢子等方式为主。菌丝体有三种类型：① 初生菌丝体，由担孢子形成，细胞单核，单倍体；② 次生菌丝体，由单核菌丝接合形成，细胞双核，又称双核菌丝体；③ 三生菌丝体，是次生菌丝体形成的子实体，称担子果，亦即只是双核菌丝的一种特化的结构，存在锁状联合现象。

担子菌有性生殖不形成性器官，质配或生殖方式主要有三类：① 菌丝与菌丝结合；② 形成担子、担孢子；③ 性孢子与单核菌丝结合，形成新的双核菌丝细胞(仅少数种出现)。

常见的担子菌有：

① 伞菌属

担子果为蕈子，菌盖肉质，菌盖腹面有国徽状的蕈，在蕈内形成担子、担孢子，蕈柄肉质，容易与菌盖分离开，有菌环，孢子卵圆形或椭圆形。本属有几十种，生于田野和林中土壤上，大部分的种可食，少数有毒，最普通的栽培种是洋蘑菇。

② 灵芝属

担子果一年生或多年生，木质或木栓质，有柄或无柄，菌盖表面有坚硬的皮壳，它的柄或菌盖从下端到上端都覆盖着一层坚硬的像漆一样有光泽的物质，菌盖腹面多管孔，管孔内生担子和担孢子。本属真菌是分解纤维素、木质素能力较强的一类真菌。在各种阔叶树林、针阔叶混交林的腐木上或木桩上可以找到。有的种类是重要药材，如灵芝、紫芝等。

(6) 半知菌亚门

半知菌是一群仅知其生活史的一半阶段，即自然条件下尚未发现其有性生殖阶段的真菌。原因可能是缺乏相对性系的异宗配合的菌丝；或是失去功能性的雄性菌系；或根本不发生有性生殖阶段；或可能发生准性生殖。

准性生殖(parasexuality)是在无性生殖阶段中的一种遗传性状的重新组合的机制，它是与有性生殖殊途同归的。主要过程为：① 异核菌丝体形成；② 质配，核融合，形成5类核，即：纯核N、N、2N、2N、杂核NN；③ 各类核进行有丝分裂，重组；④ 二倍体单倍化，不是经过均等的减数分裂方式产生新的单倍菌株。准性生殖与有性生殖的主要区别是：① 准性生殖，质配，核配，单倍体化；② 有性生殖，质配，核配，减数分裂。

半知菌绝大多数腐生，约1/3是寄生在人、动物和植物体内，可引起疾病，如人的头癣、灰指甲、脚癣(香港脚)等均是由半知菌类的菌株引起的。典型的代表属如木霉属，其菌落为棉絮状或致密丛束状，产孢丛常排列成同心轮纹；表面的颜色呈不同程度的绿色，厚垣孢子有或无，分生孢子梗从菌丝的短侧枝发生，侧枝上对生或互生分枝，分枝上又可继续分枝，形成二级、三级分枝，最后形成的分枝称为小梗，小梗先端着生成簇而不成串的孢子；广泛分布于自然界，在腐烂的木料、种籽、植物残体、有机肥料、土壤和空气中都能分离到它，有些种寄生于某些真菌上，对多种大型真菌的子实体的寄生力很强，因此是食用菌栽培的致病菌，但有些木霉含有很强的纤维素酶，有着较广阔的应用前景。

第四节　植　物　界

绿色植物在地球上分布广泛，它们的共同特点是：真核细胞，具有以纤维素为主要成分的细胞壁，叶绿体或类囊体上富有叶绿素a、叶绿素b(硅藻、褐藻除外)、类胡萝卜素等光合作用色素，行光合自养生活。作为生态系统的生产者，绿色植物通过光合作用，最大规模地合成了有机物，贮藏了能量，不仅直接或间接地为人类和其他生物提供了食物、能源以及某些工业原料，而且推动了生物圈的物质循环；光合产氧维持空气中氧的含量，并在大气上层形成臭氧层，使需氧生物和其他所有生物得以在地球生存、繁衍。植物还具有净化环境、监测环境、水土保持和固沙等作用。

伴随着地球的演变史，植物经历了由单细胞到多细胞、由简单到复杂、由水生到陆生、由低等到高等的发展历程，形成了现今由约50万余物种构成的五彩缤纷的植物世界。植物界的发展推动了其他生命的发展，使得整个生命界成为芸芸众生的大千世界。

依据形态结构、生殖方式、生态特性等方面反映出的植物在系统演化上的相互关系，通常将植物分为四大类群：藻类植物、苔藓植物、蕨类植物和种子植物(见图1-16)。其中藻类植物发生最早，进化上处于较低地位，称为低等植物。苔藓植物、蕨类植物、种子植物合称为高等植物，它们的生活史中都有世代交替现象，即有性生殖(配子体时代)和无性生殖(孢子体世代)交替出现的现象。

- 植物界
  - 藻类植物(无胚植物)
    - 裸藻门(如眼虫等)
    - 绿藻门(如衣藻、团藻等)
    - 金藻门(如硅藻、金黄滴虫等)
    - 褐藻门(如海带、裙带菜等)
    - 红藻门(如紫菜、石花菜等)
    - 甲藻门(如多甲藻、角藻等)
  - 高等植物(有胚植物)
    - 苔藓植物门(过渡性陆地植物)
      - 苔纲
      - 藓纲
    - 维管植物门(陆地植物)
      - 蕨类植物
      - 种子植物
        - 裸子植物
        - 被子植物
          - 双子叶植物
          - 单子叶植物

图 1-16　植物分类

一、藻类植物门

藻类植物是一群比较原始的低等植物，据统计有 25 000 多种。生殖器官为单细胞构造，植物体结构简单，有单细胞、群体和多细胞三类，没有根、茎、叶分化。具有同高等植物一样的叶绿素、胡萝卜素、叶黄素，另含有藻蓝素、藻红素、藻褐素等其他色素。

藻类植物的繁殖方式主要包括：① 营养繁殖：藻体的一部分由母体分离出去而长成一个新的个体。② 无性生殖：产生孢子，产生孢子的囊状结构称为孢子囊，孢子不需结合就可以长成一个新的个体。③ 有性生殖：产生配子，产生配子的母细胞(囊状结构)称为配子囊。一般情况下，配子必须结合成合子，由合子萌发长成新的个体，或由合子产生孢子长成新的个体。

藻类植物的生活环境主要为水中和潮湿的地方，耐高温也耐严寒，某些藻类在南北极的冰雪中以及 85 ℃的温泉中都能生长。地球上 90%的光合作用是由海洋和淡水中的藻类植物完成的。藻类植物不仅为水生植物提供食物，而且也是水和大气中氧气的重要来源。

在植物学中，一般根据光合色素的种类、个体的形态、细胞结构、生殖方式和生活史等将藻类分为 10 门：蓝藻门、裸藻门、绿藻门、轮藻门、金藻门、黄藻门、硅藻门、甲藻门、褐藻门及红藻门。蓝藻门属于原核生物，因此归于原核生物界。以下仅介绍部分门类。

(一) 裸藻

多数裸藻为单细胞，具鞭毛的运动个体，仅少数种类具胶质柄，营固着生活。细胞呈纺锤形、圆柱形、卵圆形等。细胞裸露，无细胞壁。细胞质外层特化为表质，表质较坚硬的种类，细胞可保持一定形态；表质柔软的种类，细胞常会变形。裸藻细胞构造较复杂。细胞前端由胞口(cytostome)与外界相通，胞口下狭形颈部为胞咽(cytopharynx)，胞咽下方膨大为贮蓄泡(reservoir)，贮蓄泡周围有 1 至几个伸缩泡。有些无色素的种类，胞咽附近有呈棒状的杆状器，鞭毛 1 条或 2 条，罕为三条，有的种类细胞前端具一桔红色眼点，多数种类无眼点。细胞内有许多载色体，内含叶绿素(a、b)、β-胡萝卜素和三种叶黄素，如裸藻属是最常见的属(见图 1-17)，能进行光合作用，细胞内贮存物为裸藻淀粉。裸藻的无色类型营腐生生活，或为动物营养方式，吞食固体食物。眼虫的某些种类在休眠期分泌大量多糖形成“包囊”。

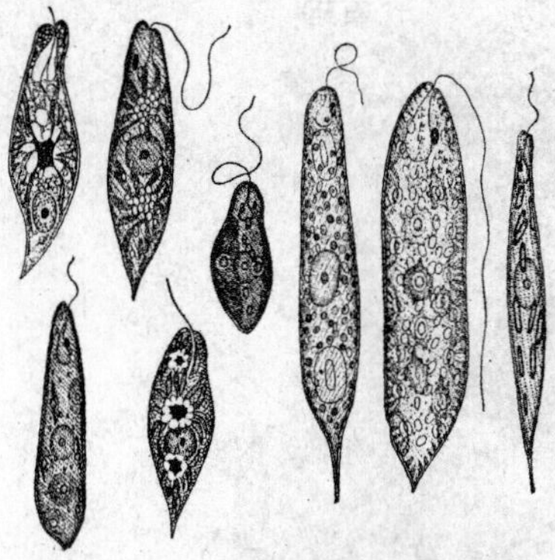

图 1-17 裸藻属不同种类的形态多样性

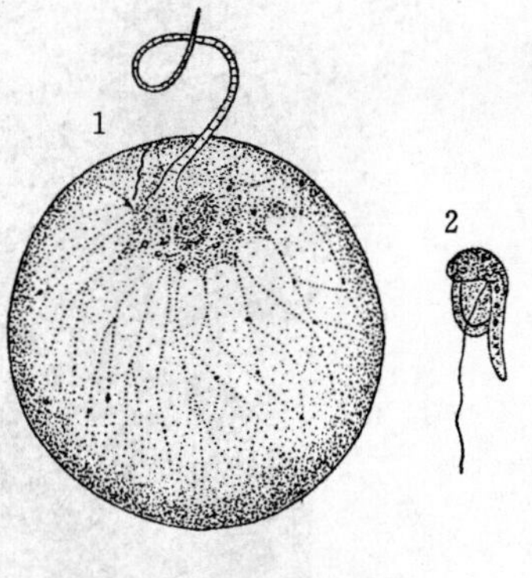

图 1-18 夜光藻属

1——营养细胞；2——游动孢子

（二）甲藻

甲藻为单细胞，少数为丝状体或单细胞连成的各种群体。具 2 条鞭毛，可运动，细胞呈球形、卵形、针形至多角形等。大多有纤维素外壳，有背腹之分，背腹扁平或左右侧扁。细胞前后端有的具角状突起。有些种类细胞可连成群体。光合作用产物为淀粉，染色体上有组蛋白。主要代表有翅甲藻属、原甲藻属、夜光藻属（见图1-18）、裸甲藻属等。

甲藻大量繁殖后，集中于海平面，使大面积海水变成红色或灰褐色，造成“赤潮”。由于甲藻数量庞大，不仅与海洋生物争夺氧气，并分泌毒素使海洋生物中毒，故赤潮危害严重。

（三）褐藻和红藻

褐藻和红藻因色素体是褐色和红色而得名。除淡水中有少数红藻外，褐藻和红藻均是海生。它们的体型、生殖方式均类似。细胞壁分两层：外层为特有的果胶类化合物，能使藻体保持润滑；内层坚固，为纤维素。红藻生殖细胞无鞭毛、有藻胆素，表明红藻和蓝细菌的亲缘关系较近；而褐藻和绿藻生殖细胞都有鞭毛。褐藻中的海带、鹿角藻、裙带菜、马尾藻以及红藻中的紫菜、石花菜都可食用（见图 1-19）。

（四）绿藻

绿藻分布范围很广，大多数生于淡水，海生种类较少。藻体有单细胞、群体、丝状体和叶状体等多种类型。具叶绿体，光合色素为叶绿素（a、b）、叶黄素和 β-胡萝卜素。贮藏物主要为淀粉，细胞壁的主要成分为纤维素。游动细胞通常有 2 或 4 条顶生等长的尾鞭型鞭毛。绿藻约有 8 000 种、350 个属。主要代表有单细胞类型的衣藻，群体类型有团藻、小球藻、石莼等（见图 1-19）。

二、苔藓植物门

苔藓植物是一群小型的陆生高等植物，约有 23 000 种，我国约有 2 100 种。它们虽已登陆，但大多数仍需生长在阴湿的环境中，是从水生到陆生过渡的代表类型。植物体矮小，构造简单。较低等的苔藓植物常为扁平的叶状体（thallus）；较高等的有茎、叶的分化，但无真正的根。植物体中尚未分化出维管组织，属于非维管植物，这是它们和其他高等植物的最大区别。生活史属配子体占优势的异形世代交替，且孢子体不能独立生活，寄生在配子体上，由配子体供给营养，这是它们和其他高等植物的又一明显区别。但它们的有性生殖器官是多细胞

图 1-19　几种大型藻类

的，形成颈卵器(archegonium)和精子器(antheridium)，受精卵在母体内发育成多细胞的胚，由胚发育成孢子体。这些特征对适应陆生生活具有十分重要的生物学意义。苔藓植物尽管是陆地的征服者之一，但由于它们体内没有维管组织，受精作用尚离不开水，致使其在陆生生活的发展中受到一定的限制。因此，它们从未在陆地上发展为优势类群，也没能演化出更高级的类群，其生活史的类型也特殊，所以苔藓植物是植物界系统进化中的一个侧枝或盲枝。

根据苔藓植物配子体的形态构造及其他特征的不同，常将其分为苔纲和藓纲两个纲。苔纲的配子体多为叶状体，少为茎叶体，具背腹性，两侧对称，假根为单细胞，孢子体结构简单；藓纲的配子体均为茎叶体，辐射对称，假根为单列细胞且具分枝，孢子体结构较苔纲复杂。

（一）苔纲

苔类植物的代表是地钱。地钱是雌雄异株，叶状配子体，绿色。有性生殖时，在雄配子体上产生出多细胞的雄生殖托(antheridiophore)，托内有许多精子器，成熟的精子器内有众多精子，精子顶端有两根等长的鞭毛。在雌配子体上长有多细胞的雌生殖托(archegoniophore)，托内有颈卵器，颈卵器内有卵子。雌雄生殖器官成熟后，精子器内的精子逸出，以水为媒介，游入成熟颈卵器内与卵子受精形成合子。合子在颈卵器内不经休眠，即发育成胚，胚是二倍体，由胚发育成孢子体($2n$)。地钱孢子体顶端的孢子囊(孢蒴)基部为蒴柄及深入组织中的足，孢子囊内有子母细胞($2n$)经减数分裂形成单倍体的孢子，孢子落入土中，发育成为原丝体，并进一步发育成叶状配子体(见图 1-20)。

（二）藓纲

藓类植物最常见的是葫芦藓，为雌雄同株，雌雄生殖器官分别生长在不同的枝上。产生精子器的枝，顶端叶形较大，外展形似一朵小花，为雄器苞，雄苞中含有许多精子器和侧丝，精子器内有精子，精子具有两条鞭毛。精子器成熟后，逸出的精子顶端裂开，精子逸出体外，侧丝的作用是保护精子器。产生颈卵器的枝，枝顶端如顶芽，其中有颈卵器数个。颈卵器瓶状，颈部细长，腹部膨大。精子器成熟后，精子借助水游到颈卵器附近，并进入成熟的颈卵器内，卵受精形成合子($2n$)。合子不经休眠，在颈卵器内发育成胚($2n$)，胚逐渐分化出基足、蒴柄和孢蒴，成为孢子体($2n$)。孢子囊(孢蒴)中有孢子母细胞($2n$)经减数分裂形成单倍体的孢子，孢子成熟后散射出，在适宜条件下萌发为原丝体，再进一步发育成配子体(n)(见图1-21)。

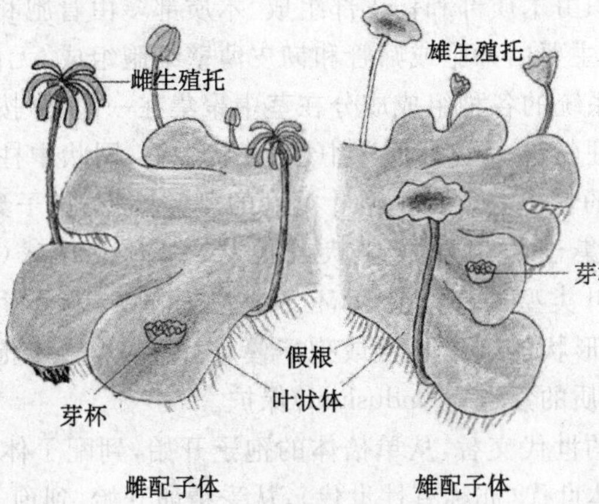

图 1-20　地钱的雌雄生殖器官

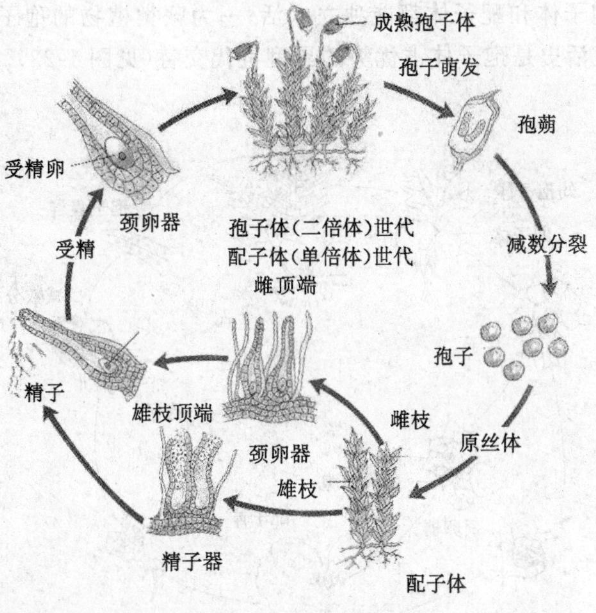

图 1-21　葫芦藓生活史

三、蕨类植物门

蕨类植物又称羊齿植物，是进化水平最高的孢子植物，也是最原始的维管植物。其生活史为孢子体发达的异形世代交替。蕨类植物的孢子体和配子体均能独立生活，这是其他几门高等植物都没有的特征。

现存的蕨类植物大都是多年生草本，其孢子体一般都有根、茎、叶的分化。根为不定根，茎为根状茎，低等的种类也具地上气生茎。叶有小型叶和大型叶之分，低等的类群均为小型叶，进化的类群多为大型叶。小型叶没有叶隙和叶柄，只有1条不分枝的叶脉；大型叶有叶隙和叶柄，叶脉多分枝，常为一至多回羽状分裂的叶或为一至多回羽状复叶。有些蕨类还有孢子叶和营养叶之分。

蕨类植物的维管组织由木质部和韧皮部组成。木质部多由管胞和木薄壁细胞组成，仅有少数种类具导管；韧皮部主要由筛胞或筛管和韧皮薄壁细胞组成，无伴胞。没有维管形成层，所以无次生结构。维管系统的各种组成成分在茎中聚集在一起，并按不同的方式排列，从而形成各种不同类型的中柱(stele)，包括原生中柱、管状中柱、网状中柱、具节中柱等。不同蕨类植物的孢子囊有不同的着生方式。小型叶类型的蕨类植物，孢子囊多单生于孢子叶的叶腋，且由许多孢子叶密集于枝顶形成球状或穗状，称孢子叶球(strobilus)或孢子叶穗(sporophyll spike)；大型叶类型的真蕨植物，不形成孢子叶穗，孢子囊也不单生叶腋处，而是多个孢子囊聚集成不同形状的孢子囊群或孢子囊堆(sorus)，生于孢子叶的背面或背面边缘，多数种类的囊群有膜质的囊群盖(indusium)保护。

蕨类植物具有明显的世代交替，从单倍体的孢子开始，到配子体上产生出精子和卵，这一阶段为单倍体的配子体世代(亦称有性世代)；从受精卵开始，到孢子体上产生的孢子囊中孢子母细胞在减数分裂之前，这一阶段为二倍体的孢子体世代(亦称无性世代)。这两个世代有规律地交替完成其生活史。蕨类植物生活史不同于苔藓植物生活史的最大不同之处有两点：一为蕨类植物的孢子体和配子体都能独立生活；一为蕨类植物的孢子体发达，配子体弱小，所以蕨类植物的生活史是孢子体占优势的异型世代交替(见图1-22)。

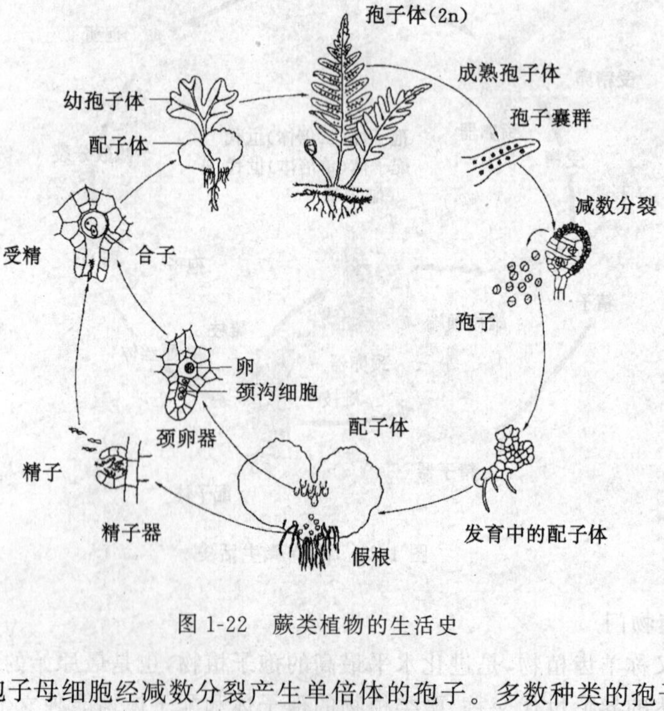

图1-22　蕨类植物的生活史

孢子囊中的孢子母细胞经减数分裂产生单倍体的孢子。多数种类的孢子形态和大小一致，称为孢子同型(isospory)或同形孢子；少数种类的孢子囊有大小两种类型，分别产生大孢子和小孢子，称为孢子异型(heterospory)或异形孢子。大孢子萌发成雌配子体，小孢子萌发成雄配子体。

蕨类植物的配子体又称原叶体，形体微小，结构简单，生活期短，无根、茎、叶的分化，具单细胞假根，但多含叶绿素，能独立生活。不含叶绿素的配子体则与真菌共生而脱离孢子体生活。配子体一般只有几毫米，呈心形、垫状、圆柱体或块状。

蕨类植物的有性生殖器官为精子器和颈卵器。颈卵器的腹部埋入配子体组织中。精子均具鞭毛，多条或两条。受精在有水的条件下进行，合子不经休眠，分裂形成胚，而后发育成孢子体。

蕨类约有 12 000 种，我国有 2 000 多种，分为如下几种。

① 裸蕨纲：没有真正的根、茎、叶，被认为是最原始的陆地植物，现存的只有松叶兰遗一属，其他种类均已灭绝。

② 石松纲：或称石松亚门，该类植物也比较古老，几乎和裸蕨同时出现，在石炭纪最为繁茂，既有草本又有高大的乔木，到二叠纪，绝大多数石松类植物相继灭绝，现生存的仅有草本类型。

孢子体有根、茎、叶的分化。叶是小型叶片。茎多数为二叉分枝。孢子同型或异型。石松类植物的常见种有石松属，如石松；卷柏属，如卷柏。

③ 楔叶纲：或称楔叶亚门。孢子体有根、茎、叶分化，茎有明显的节与节间之分，节间中空，节上轮生小叶成鞘状，孢子囊生在盾状孢囊柄下方，孢囊柄聚生成孢子叶球。该类植物在古生代石炭纪曾盛极一时，有高大的木本也有矮小的草本，现大多数已灭绝。现存的仅有木贼科木贼属，如节节草。木贼可入药，茎含硅质可用于磨光金属，是田间的重要杂草。

④ 真蕨纲：或称真蕨亚门。真蕨类是现存蕨类植物中最发达的一个类群。孢子体发达，有根、茎、叶的分化，根为不定根，多数种类的茎为根状茎。茎的维管系统复杂。茎的表皮上往往具有保护作用的鳞片或毛鳞片等。真蕨植物的叶，无论是单叶还是复叶，都是大型叶，孢子囊多生于叶背或背面边缘，集聚成囊群。当孢子成熟后，由孢子囊散出，落在地上，萌发生原叶体(prothallium)即配子体。其腹面着生精子器和颈卵器，以水为媒介，受精后成合子，合子发育成胚，胚发育成为孢子体。

真蕨类约有 2 500 种，常见且有经济价值的有很多种，如贯众的根状茎可入药，能驱虫、解毒、治流感，亦可作农药；海金沙全草可入药；紫萁的根状茎可入药，幼叶可食；满江红是水稻的优良肥料，可作饲料并可药用。

四、种子植物门

种子植物的结构已经完全适应了陆地干旱的生活环境。种子植物的进化特征主要包括：① 孢子体发达；② 精子通过花粉管输送到卵子附近，即受精过程已完全摆脱了对外界水环境的依赖；③ 都有种子；④ 都有胚乳，贮藏着供胚发育的营养。这些特征使种子可以渡过各种不良环境，保证了种族的繁衍。

(一) 裸子植物亚门

裸子植物是介于蕨类植物和被子植物之间的一群高等植物。它们既是最进化的颈卵器植物，又是较原始的种子植物。因其种子外面没有果皮包被，是裸露的，故称为裸子植物。

1. 裸子植物的主要特征

与蕨类植物相比，其主要特征有如下几点：

(1) 孢子体发达

裸子植物均为木本植物，大多数为单轴分枝的高大乔木，有强大的根系。茎的基本结构和被子植物双子叶木本茎大致相同，初生结构由表皮、皮层和维管柱三部分组成。

(2) 具胚珠，产生种子

裸子植物的孢子叶大多聚生成球果状，称孢子叶球，孢子叶球单生或多个聚生成各种球序，单性同株或异株。小孢子叶(雄蕊)聚生成小孢子叶球(雄球花)，每个小孢子叶下面生有小孢子囊(花粉囊)。大孢子叶(心皮)丛生或聚生成大孢子叶球(雌球花)，大孢子叶的近轴面(腹面)或边缘生有胚珠，因大孢子叶(心皮)边缘不相互接触闭合，即不形成子房，所以胚珠是裸露的。

(3) 配子体进一步退化，不能独立生活

裸子植物的小孢子(单核花粉粒)在小孢子囊(花粉囊)里发育成仅有 4 个细胞的雄配子体(成熟的花粉粒)；被风吹送到胚珠上，经珠孔直接进入珠被内，在珠心(大孢子囊)上方萌发产生花粉管，吸取珠心的营养，继续发育为成熟的雄配子体；即雄配子体前一时期寄生在花粉囊里，后一时期寄生在胚珠中，而不能独立生活。大孢子囊(珠心)里产生的大孢子(单核胚囊)，在珠心里发育成雌配子体(成熟胚囊)；成熟的雌配子体由数千个细胞组成，近珠孔端产生 2～7 个颈部露在胚囊外面的颈卵器；颈卵器内无颈沟细胞，仅有 1 个卵细胞和 1 个腹沟细胞；雌配子体(胚囊)全期寄生在孢子体的大孢子囊(珠心)中，而不能独立生活。

(4) 形成花粉管，受精作用不再受水的限制

裸子植物的雄配子体(花粉粒)在珠心上方萌发，形成花粉管，进入胚囊，将 2 个精子直接送入颈卵器内。1 个具功能的精子使卵受精，另 1 个被消化。受精作用不再受水的限制，能更好地在陆生环境中繁衍后代。

(5) 具多胚现象

裸子植物中普遍存在两种多胚现象(polyembryony)：一种为简单多胚现象，即由 1 个雌配子体上的几个颈卵器的卵细胞同时受精，形成多个胚；另一种是裂生多胚现象，即由 1 个受精卵，在发育过程中，胚原组织分裂为几个胚的现象。在发育过程中，两种多胚现象可以同时存在，但通常只有 1 个能正常发育，成为种子中的有效胚。

2. 裸子植物的类群及代表种

裸子植物是比较古老的植物类群，出现在 34.5 亿～39.5 亿年前，历经地史气候的重大变化，裸子植物随之发生变化和更替，老的种类相继灭绝，新的种类陆续演化出来。现有 800 多种，我国约有 236 种。

(1) 苏铁纲：常绿木本植物，茎干粗壮不分枝。有鳞叶及营养叶之分，二者相互成环状着生；鳞叶小，营养叶大，羽状深裂，集生于主干顶部，孢子叶球生于茎顶，雌雄异株。游动精子有多根鞭毛，如铁树。

(2) 银杏纲：落叶乔木，枝条有长、短枝之分。叶扇形，先端有 2 裂或波状缺刻，具分叉的脉序，在长枝上螺旋状散生，在短枝上簇生；花单性，雌雄异株，精子多鞭毛，种子核果状，有 3 层种皮，胚乳丰富，如银杏。银杏是著名的孑遗植物，为我国特产，现广泛栽种于世界各地，木材优良，种可食及药用，有润肺作用，叶提取物可治心脏病。

(3) 松柏纲：常绿或落叶乔木，少灌木。茎多分枝，有长、短枝之分。叶单生或成束，叶为

针形、鳞形、钻形、条形或刺形，螺旋着生或交互对生或轮生，叶的表皮有较厚的角质层及下降的气孔。孢子叶球单性，同株或异株；孢子叶常排列成球果状，小孢子叶有气囊或无气囊，精子无鞭毛。球果的种鳞与苞鳞离生（基部合生）、半合生（顶端分离）或完全合生。种子有翅或无翅，胚乳丰富，子叶 2～10 枚。松柏纲因子叶多为针形或称真叶植物；又因孢子叶常排成球果状而称球果植物。松柏纲分为 3 个科：松科、杉科、柏科。

(4) 紫杉纲：常绿乔木或灌木，多分枝。叶为条形、披针形等，孢子叶球单性异株，少同株。传统把此类放在松柏纲，现单列一纲，主要代表种是罗汉松、红豆杉，为我国特有树种。

(5) 买麻藤纲：进化地位较高，特征类似被子植物，常见的有草麻黄等。

（二）被子植物亚门

被子植物是现代植物界中最高级、最完善、最繁茂和分布最广的一个类群。自其从中生代出现以来，迅速发展，现已知有近 30 万种，占植物界的半数以上。被子植物能有如此众多的种类和极其广泛的适应性，这与它们的结构复杂和完善是分不开的，尤其是它们的生殖器官的结构和生殖过程，提供了它们适应、抵御各种环境的内在条件，使它们在生存竞争、自然选择的矛盾斗争中，不断产生新的变异和新的物种。

1. 被子植物的进化特征

被子植物与裸子植物比较，有如下五个进化特征。

(1) 具有真正的花

典型的被子植物的花由花萼、花冠、雄蕊和雌蕊等四个部分组成。被子植物花的各部分在数量和形态上变化多样，这些变化是在进化过程中，适应于虫媒、鸟媒、风媒或水媒的传粉条件，被自然界选择，得以保留，并不断加强形成的。

(2) 具有雌蕊

雌蕊由心皮组成，包括子房、花柱和柱头三部分。胚珠包藏在子房内，得到子房的保护，避免昆虫的咬噬和水分的丧失。子房在受精后发育成果实，果实具有不同的色、香、味；多种开裂方式；果皮上常有各种钩、刺、翅、毛。果实所有这些特点，对于保护种子成熟、帮助种子散布有着十分重要的作用。

(3) 具有双受精现象

双受精现象是指两个精细胞进入胚囊后，一个与卵细胞结合形成合子，另一个与两个极核结合，形成三倍体的初生胚乳核，再发育成胚乳；幼胚以三倍体的胚乳为营养，使新植物体具有更强的生活力和适应性。

(4) 孢子体高度发达，配子体寄生在孢子体上

被子植物的孢子体，在形态、结构、生活型方面，比其他各类植物更完善、更具多样性。被子植物的输导组织更完善，木质部有导管，韧皮部有筛管和伴胞，使得体内物质运输更畅通。

(5) 配子体进一步简化

被子植物的小孢子（单核花粉粒）发育为雄配子体，大部分雄配子体仅具两个细胞（两核花粉粒），其中一个是营养细胞，一个是生殖细胞，少数植物在传粉前生殖细胞分裂一次，产生两个精子，这类植物（如油菜、玉米、小麦等）的雄配子体为三核花粉粒。被子植物的大孢子发育的雌配子体称为胚囊，通常是八核或七核细胞胚囊，即三个反足细胞、两个极核（或一个中央细胞）、两个助细胞和一个卵细胞。被子植物的雌雄配子体无独立生活的能力，终生寄生在孢子体上，结构比裸子植物更简化、更进化。

同蕨类植物和裸子植物相比，被子植物的上述特征，使它具备了在生存竞争中优越于其他各类植物的内部条件。在植物进化史上，被子植物产生后，大地才变得郁郁葱葱，绚丽多彩，生机盎然。被子植物的出现和发展，不仅大大改变了植物界的面貌，而且促进了动物，特别是以被子植物为食的昆虫和相关哺乳类动物的发展，使整个生物界发生了巨大的变化。

2. 被子植物的分类及代表种

被子植物分为两个纲：双子叶植物纲和单子叶植物纲。单子叶和双子叶植物的主要区别见表 1-3。

表 1-3　单子叶和双子叶植物某些重要特征的差别

双子叶植物	单子叶植物
胚有 2(极少有 1 或 3 或 4)片子叶	胚内仅有 1 片子叶
主根发达多为直根系	根多为须根系
茎内维管束作环状排列有形成层，可加粗	茎内维管束作散生，常无形成层，不能加粗
叶具有网状球	叶常具有平行脉或弧形脉
花部通常为 5 或 4 基数，极少为 3 基数	花部常为 3 基数，极少 4～5 基数
花粉具有 3 个萌发孔	花粉具有单个萌发孔

被子植物约有 300 多科、8 000 多属，如桃、猕猴桃、山楂、枫杨、枣等（见图 1-23）。形态特征是被子植物分类的主要原则，花果的形态学特征相对最重要，根、茎、叶以及附属物（如毛被、鳞片等）也常常作为分类标准。此外，解剖学方面的特征也常用作辅助性的分类标准，如木材构造、脉序、花粉形态、染色体形态和数量等，化学成分也运用于植物分类学上。近年来植物分子系统学方法发展较快，研究较为集中的为对植物的核基因组以及叶绿素基因组的研究。

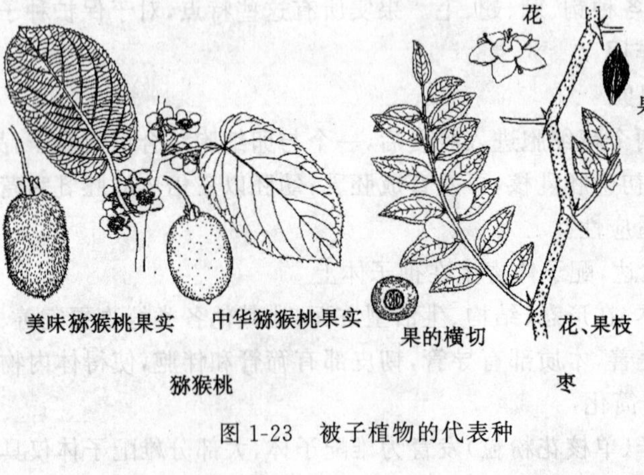

图 1-23　被子植物的代表种

第五节　动　物　界

动物界主要是指真核、营异养吞噬营养、没有细胞壁的一大类生物。动物界进化曲折，经历了由简单到复杂、由低级到高级的演变历程，分支繁多。生活在今天地球上的动物大约有

150 万种，是人类极为宝贵的基因资源。

对动物的分门别类主要是根据细胞数量、胚层、体形、体腔、体节、附肢、脊索以及内部器官的系统发生发展，但是由于动物种类繁多，动物分类学者的观点尚不统一，动物分类系统也在不断发生变化，如约翰逊(Johnson)1977 年把动物界分为 28 门，韦伯(Webb)1978 年将动物界分为 33 门，亚历山大(Alexender)1979 年将动物界分为 30 门，近年来许多学者又将动物界分为 34 门。相信随着认识的深入，对动物界的分类将会日臻完善。

对动物界系统研究较多、较详细的主要有 12 门，这也是本节主要介绍的内容(见图 1-24)。

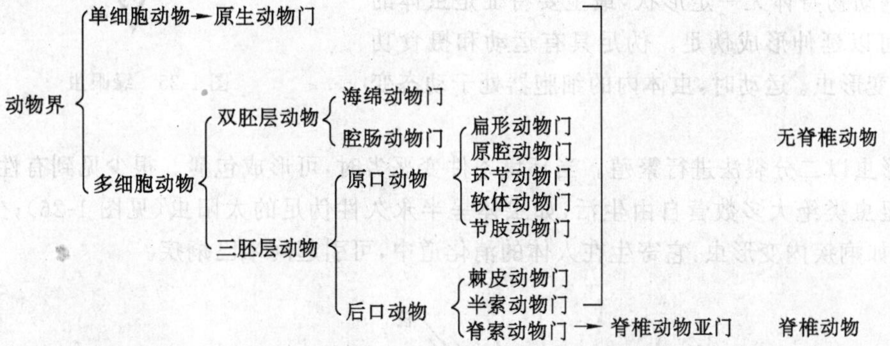

图 1-24　动物界的分类

一、原生动物门

原生动物是动物进化史上最原始、最低等的类群。大部分个体都很小，需要借助显微镜才能观察到。最小的仅有 2～3 μm。生活的种类大约有 31 000 种。原生动物的分布很广，海洋、湖泊、河流、沟渠和雨后的积水以及潮湿的土壤里都有存在。

原生动物多数是单细胞生物，极少数是由几个或多个细胞构成群体。尽管原生动物仅由一个细胞组成，但是它们具有多细胞动物所必有的生命现象，如营养代谢、呼吸与排泄、应激性与运动、生殖与发育以及环境的适应。

营养有自养与异养，自养就是虫体内有色素，内含叶绿素，能进行光合作用；呼吸主要是通过虫体质膜扩散进行气体交换；排泄可以通过质膜或者更高级的伸缩泡完成；运动形式可以有鞭毛运动、纤毛运动等；生殖的方式有无性的二体分裂、出芽生殖、孢子生殖以及有性的同配生殖、异配生殖、接合生殖等。

根据国际原生动物协会修订的分类系统，原生动物划分为原生生物界、原生动物亚界，下设 7 个门，但是为了简便起见，这里仍将原生动物分为 4 个纲：鞭毛虫纲、肉足虫纲、孢子虫纲、纤毛虫纲。

(一) 鞭毛虫纲

本纲动物通常有一根或多根鞭毛作为运动器官，根据营养方式分为两个亚纲。

1. 植鞭亚纲

绝大多数动物是自养有机体，鞭毛 1～2 根，多数营自养生活，体表有被膜或细胞壁，由于体内含有叶绿素，身体呈绿色，又称绿色鞭毛虫。代表性动物有绿眼虫(见图 1-25)、小眼虫等。

2. 动鞭亚纲

本亚纲动物均为异养型有机体，不具光合色素，体表只有细胞膜，寄生（少数寄生类对人和家畜有害），共生，少数种类营自由生活。代表动物有非洲锥虫，寄生在人和其他脊椎动物血液中，会导致人或动物患嗜睡症、昏迷直至死亡；另一种代表动物是利什曼原虫，能引起黑热病。

（二）肉足虫纲

此纲动物身体无一定形状，最主要特征是虫体的细胞质可以延伸形成伪足。伪足具有运动和摄食功能，如大变形虫。运动时，虫体内的细胞器处于动态变化中。

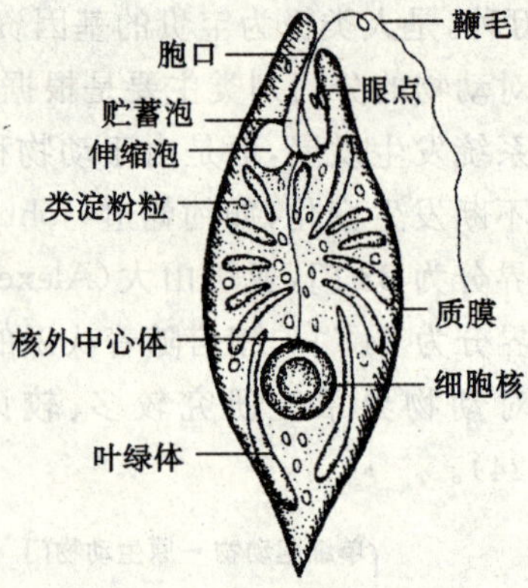

图 1-25　绿眼虫

变形虫以二分裂法进行繁殖。当环境条件变恶劣时，可形成包囊。很少见到有性生殖。

肉足虫类绝大多数营自由生活，如虫体呈半永久性伪足的太阳虫（见图 1-26）；少数可营寄生，如痢疾内变形虫，它寄生在人体的消化道中，可引起阿米巴痢疾。

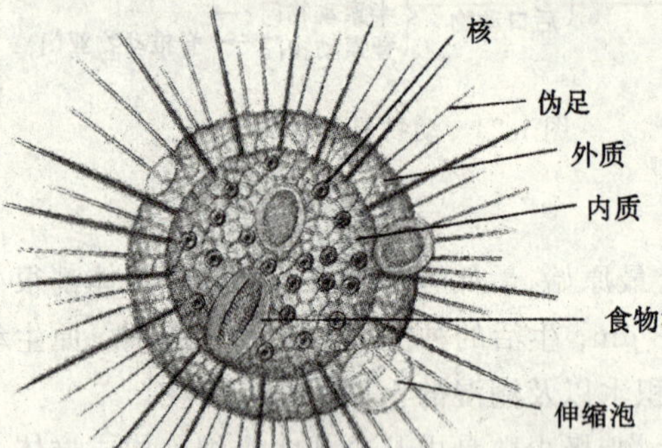

图 1-26　太阳虫

（三）孢子虫纲

全部营寄生生活，广泛寄生在人、脊椎动物、无脊椎动物体内，一般用体表吸收寄主的有机物质为营养。身体构造极为简单。生活史非常复杂，包括无性世代和有性世代，两种世代可以交替进行，一般分为裂体生殖、配子生殖和孢子生殖几个阶段。如间日疟原虫，它是通过按蚊传播给人的，故按蚊是间日疟原虫的中间寄主。在感染疟原虫的按蚊唾液中常有大量的疟原虫子孢子，在蚊子叮人时进入人体，随血液循环到达肝脏，侵入肝细胞，并摄取肝细胞的营养物质，发育为滋养体。再进行裂体生殖，核首先分裂，称为裂殖体，然后细胞质分裂形成多个裂殖子，裂殖子成熟和肝细胞破裂，裂殖子释放到血液中去。这一时期称为红细胞外期。这一时期给抗疟药物是不起作用的，在病理上叫潜伏期。潜伏期时间最短大约为 8～9 天（早发型）；有些亚种可以潜伏一两年（迟发型）后才发育（见图 1-27）。

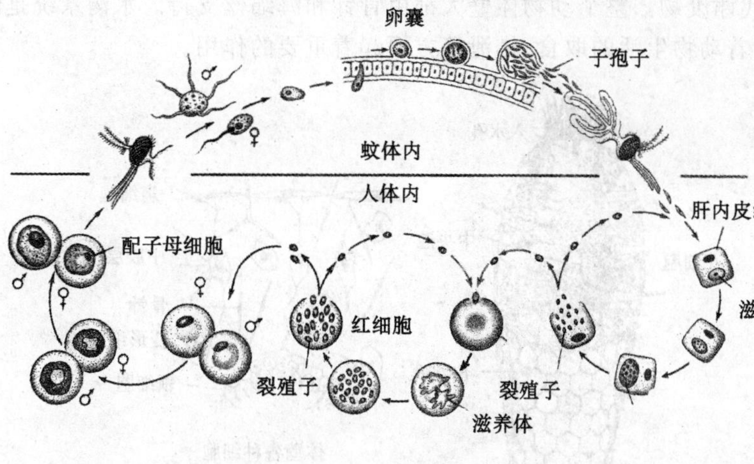

图 1-27　疟原虫的生活史

（四）纤毛虫纲

以纤毛为运动胞器，纤毛和鞭毛在结构上相同，只是纤毛较多、较短，运动起来协调而有规律，纤毛有分散存在的，还有位于某一部位密集排列成带状的，还有位于身体下腹面粘合成棘毛的。因此纤毛虫是原生动物中最高级最复杂的一类，如草履虫(见图 1-28)。

在纤毛虫的表膜下有刺丝泡(trichocyst)，受刺激时，可以从表膜上开孔处放出很长的刺丝。纤毛虫细胞中细胞核分化为一个大核，一个或多个小核。大核对营养物质代谢具有重要作用；小核则与生殖有关。生殖有无性生殖的横二分裂生殖和有性生殖的接合生殖。

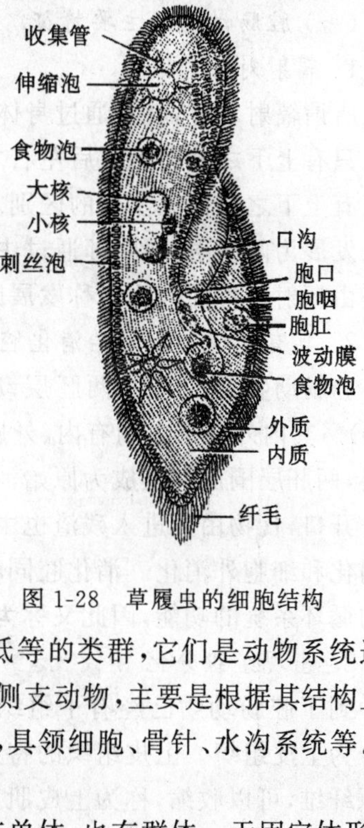

图 1-28　草履虫的细胞结构

纤毛虫约有 6 000 种，分为四个亚纲。绝大多数营自由生活，广泛分布于淡水、海水中，少数种类为寄生或共生。有些纤毛虫生活在反刍动物牛、羊的瘤胃中，与宿主互利共生，通过利用其中的可溶性碳水化合物而生长；有的种类含纤维素酶，帮助宿主消化植物纤维，并给宿主提供大量蛋白，宿主为这些纤毛虫提供生活场所。

二、海绵动物门

海绵动物又称多孔动物，是多细胞动物中最原始、最低等的类群，它们是动物系统进化的一个侧支，因此又叫“侧支动物”。之所以说海绵动物是侧支动物，主要是根据其结构上的原始性和特殊性：无对称体制、无器官分化、无明确的组织，具领细胞、骨针、水沟系统等。这些与其适应水中固着生活有关。

海绵动物在水中附着在岩石、水草等上营固着生活，有单体，也有群体。无固定体形，只有细胞分化，没有真正的组织，如白枝海绵(见图 1-29)。海绵动物的体壁由内、外两层细胞和其间的中胶层(mesoglea)组成，有许多入水孔与体内特有的水沟系统相通。体壁内层主要是具鞭毛的领细胞(choanocyte)，由于鞭毛的摆动，使水随着入水孔进入体内，以获取食物和由入水孔排出代谢废物。整个动物体壁大都由骨针和海绵丝支持。水沟系统是海绵动物所特有的,它在固着动物生活的取食、排泄等方面起着重要的作用。

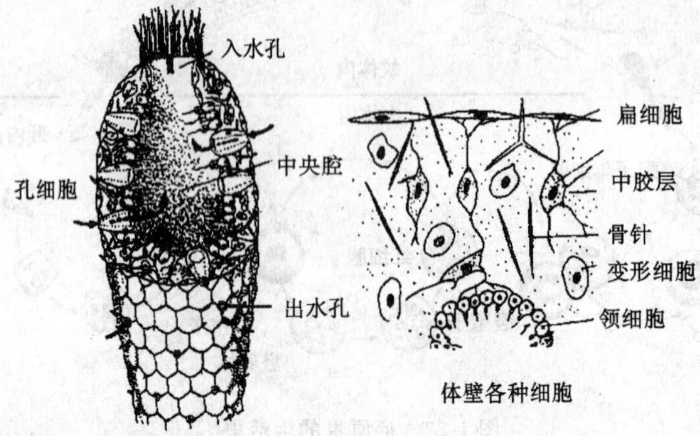

图 1-29　白枝海绵体壁结构图

三、腔肠动物门

腔肠动物是真正多细胞动物的开始,其他所有多细胞动物都是在此基础之上发展起来的,在进化上有重要地位。

(一) 腔肠动物的主要特征

1. 辐射对称的体制

所谓辐射对称,就是通过身体的中央有无数个切面可以将其切为对称的两部分(如圆锥体),只有上下之分而无前后左右之区别。这是由于腔肠动物营固着或漂浮生活,其所处的环境只有上下之分而无左右的区别。这种体制有利于其摄食和对刺激作出反应。辐射对称到后来发展为两辐射对称,即通过中央只有两个切面可以把身体分为相等的两部分(如海葵),这是由辐射对称向两侧对称发展的中间类型。

2. 具有两胚层和原始消化腔

腔肠动物是真正的两胚层动物,如水螅(见图1-30)。其内外胚层中间有内、外胚层分泌形成的中胶层,两胚层围成的腔成为原始消化腔,因为它只有一个开口,食物由此进入残渣也由此排出,进行细胞内消化和细胞外消化。消化腔同时具有运输营养物质的循环系统的功能,因此又称为消化循环腔。

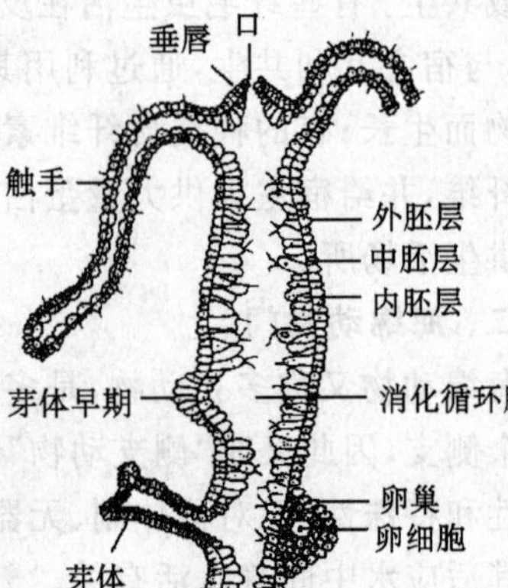

图 1-30　水螅纵剖面图

3. 出现组织分化

到了腔肠动物已经有了组织的分化。其中,大部分为上皮组织。上皮组织的特点是在细胞内含有肌原纤维,可以收缩,称为上皮肌肉细胞。同时上皮肌肉细胞具有神经传导功能。这说明腔肠动物组织分化还处于原始阶段。腔肠动物出现了最原始的神经组织——网状神经组织,这种神经网是由许多二极或多极神经细胞连接形成的网状结构，位于外胚层基部。这种神经细胞不分树突和轴突，神经传导慢，而且是弥散的。有的种类有一个神经网，有的种类具有两个神经网(内胚层基部)，有的种类具有三个神经网(中胶层亦有)。

(二) 腔肠动物的生殖方式

主要有无性生殖和有性生殖。无性生殖最普通的是出芽生殖。有性生殖在其生殖期产生精巢和卵巢，雌雄同体。此外，再生能力也是其生殖方式。薮枝螅有明显的世代交替，这是动物中少有的特征(见图 1-31)。

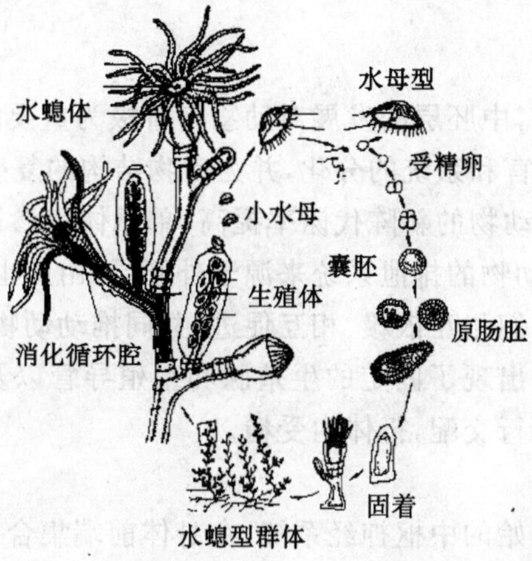

图 1-31 薮枝螅的生活史

(三) 腔肠动物的分类

腔肠动物约 9 000 种以上，分为 3 个纲：① 水螅纲，单个或群体，生活史中多有水螅型和水母型，如水螅和薮枝螅；② 钵水母纲，多为大型水母，如海月水母、海蜇；③ 珊瑚纲，只有水螅型世代，大多数具有发达的石灰质骨骼，如海葵、各种石珊瑚。

四、扁形动物门

扁形动物是由于它们的身体背腹扁平，故有其名，主要包括各种涡虫(见图 1-32)、吸虫、绦虫等。

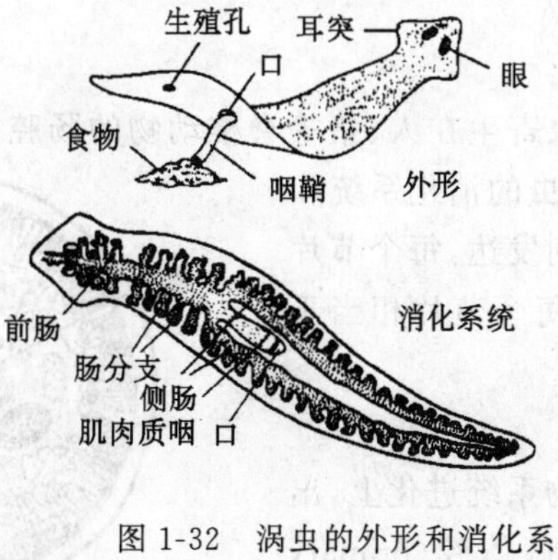

图 1-32 涡虫的外形和消化系统

(一) 扁形动物的主要特征

1. 两侧对称

由于两侧对称的出现，扁形动物的身体明显地出现了左右和背腹，这种体制的出现也使得其由营漂浮生活过渡到水底爬行生活，同时出现定向运动。身体也出现了进一步的分工：头部司感觉和摄食，腹部司运动，背部司保护。由于分工又促进了身体、机能的复杂化和代谢效能的提高，使动物对外界环境的反应更迅速、准确，行动也更敏捷。

由此可见，两侧对称体制的出现，不仅使动物的生活由漂浮或固着过渡为海底爬行，而且为动物由海底爬行向陆地爬行的发展打下了基础。因此，两侧对称体制的出现是动物发展的一个重要条件。

2. 出现三胚层

扁形动物出现了中胚层，中胚层的发展对动物有着极为重要的意义：

① 引起一系列组织、器官和系统的分化，并为动物结构的复杂化打下了物质基础。

② 由于中胚层的出现，动物的新陈代谢率提高，单靠体表渗透是不够的，因此相应地产生了原始的排泄系统。扁形动物的排泄系统来源于外胚层，由此也可以看到动物的进化是器官系统协调进化的结果。它们相互依赖、相互促进，共同推动动物的发展。

③ 由于中胚层的出现，出现了固定的生殖腺和生殖导管以及附属腺，生殖细胞可由生殖导管输送到体外受精或进行交配，行体内受精。

3. 神经系统趋于集中

扁形动物出现了较为原始的中枢神经系统，在身体前端集合成一对较大的神经节，称之为"脑"，整个神经系统形成了阶梯形状。

(二) 扁形动物的分类

扁形动物包括自由生活的和寄生的两种类型，共分 3 个纲。

1. 涡虫纲

如涡虫，体表有纤毛，营自由生活，有消化系统，但无肛门。

2. 吸虫纲

约 3 000 多种，营体内、外寄生，成虫体表无纤毛而有角质膜(cuticle)覆盖，以抵抗宿主消化酶的作用。通常有两个吸盘，虫前端者称口吸盘(oral sucker)，在腹面稍后称腹吸盘。吸盘的肌肉发达，有很强的吸附能力，是专用以吸附于宿主的器官。对人类危害最大的有日本血吸虫、华枝 吸虫等。

3. 绦虫纲

是营内寄生的扁形动物，成虫寄生在人、猪等脊椎动物的肠腔中。成虫扁平带状，有头节、颈部和节片，如猪带绦虫。绦虫的消化系统和神经系统均退化，而生殖器官特别发达，每个节片通常都有一套雌雄生殖器官，即每个节片相当于一个成虫。绦虫的生活史较复杂。

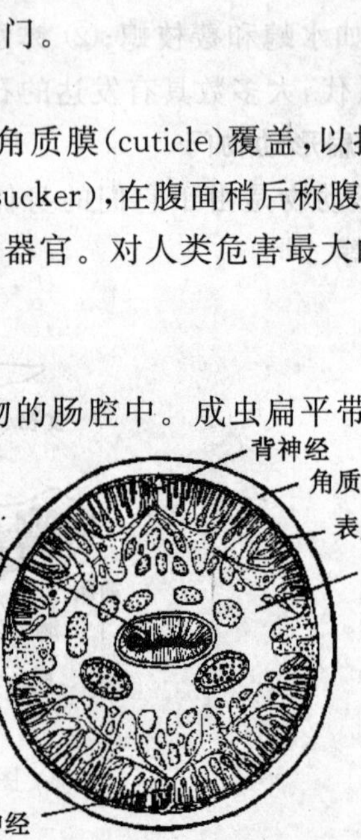

图 1-33 人蛔虫的横切面

五、原腔动物门

原腔动物是一大类群，在动物系统进化上，出现了一个进步性的特征，即具有假体腔(primary coelom)，如人蛔虫(见图 1-33)。原腔动物数目多(10 000～15 000 种)，分布广(海洋、淡水、土壤等各种环境)，同时是重要的寄生虫(在动植物体内均有)，与人类关系密切。

(一) 原腔动物的主要特征

1. 具有假体腔

假体腔由囊胚发育而来，一直保留到成体，又称做原体腔、初生体腔。假体腔只具有体壁中胚层，不具有体腔膜。

2. 具有完全的消化管

消化管具有口和肛门(由外胚层于身体后端内陷形成)两个开口，使食物和残渣分开。肠分为前、中、后三部分。

3. 具有角质膜

由表皮分泌形成，光滑具有弹性，利于保护。角质膜的存在限制了虫体的运动。发育中有蜕皮现象。

4. 没有无性生殖

雌雄异体，没有无性生殖方式，有些种类进行孤雌生殖。

(二) 原腔动物的分类

根据原腔动物各类群形态和结构上的差别，可以分为 5 个纲，主要包括线虫纲、线形纲、腹毛纲、轮虫纲和棘头虫纲，但各纲差异大，亲缘关系不密切。

较典型的为线虫纲的人蛔虫，人蛔虫营肠内寄生，身体表面覆盖着角质层，体内器官退化，生殖器官特别发达，雌雄异体。

六、环节动物门

环节动物包括各种蚯蚓、沙蚕、蚂蟥等。环节动物的形态结构和生理机能，都有着明显的进步和发展。

(一) 环节动物的主要特征

1. 身体出现分节现象

这是高等无脊椎动物的一个重要标志。然而环节动物的分节仍属原始分节现象，这种分节特点是除头部和尾部肛门节外，其他各体节基本上是相同的，故称同律分节(homonomous metamerism)。这种体节不但外表相似，而且内部的神经、排泄、循环、生殖等器官，也按体节重复排列。体节的出现促进形态构造和生理功能向高一级水平分化和发展。

2. 出现真体腔

真体腔(coelom)是由中胚层分化出来的、由壁体腔膜和脏体膜围绕而成，因而体壁和肠壁都有发达的肌肉(见图 1-34)。

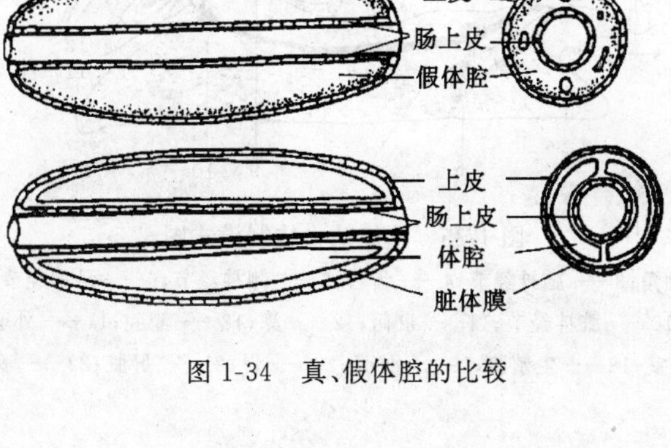

图 1-34　真、假体腔的比较

3. 器官系统较完善

环节动物开始出现了由血管组成的循环系统，环节动物的血循环方式是闭管式循环系统(closed vascular system)。排泄器官是后肾管(metanephridium)。神经系统更为集中，每个体节上都有一个神经节，整个神经系统成链状，故称链状神经系统(nerve chain system)，并分化出中枢神经系统，即咽上神经节(脑)和周围神经系统(包括感觉神经和运动神经)。

环节动物雌雄同体，但异体受精。受精卵的发育经过担轮幼虫期才可发育为成虫。

(二) 环节动物的分类

1. 多毛纲

如沙蚕、海产，有发达的头部和疣足，雌雄异体，发育经过担轮幼虫期。

2. 寡毛纲

如环毛蚓，无疣足而有刚毛，有生殖带，雌雄同体，发育经过担轮幼虫期。

3. 蛭纲

如蛭，亦叫蚂蟥，无疣足无刚毛，体节数目固定，身体前后端有吸盘，营寄生或半寄生生活。

七、软体动物门

软体动物数量仅次于节肢动物，约有10万种，为动物界中第二大类群，包括各种螺类、蚌类、乌贼、章鱼等。

因为大多数软体动物具有贝壳，通常又称为"贝类"，专门研究贝类的形态、生态、生理、发生和分类等方面的科学，称为"贝类学"。

软体动物虽然在外形上差别甚大，但主要形态结构基本相同。内脏结构虽较环节动物复杂，但在进化特征上没有明显的进步。从胚胎发育角度分析，软体动物也经过担轮幼虫期，说明软体动物和环节动物两者亲缘关系极为密切。

(一) 软体动物的主要特征

1. 体制为左右对称

体制为左右对称，体柔软不分节，身体一般分为头、足、内脏团和外套膜四部分(见图1-35)。

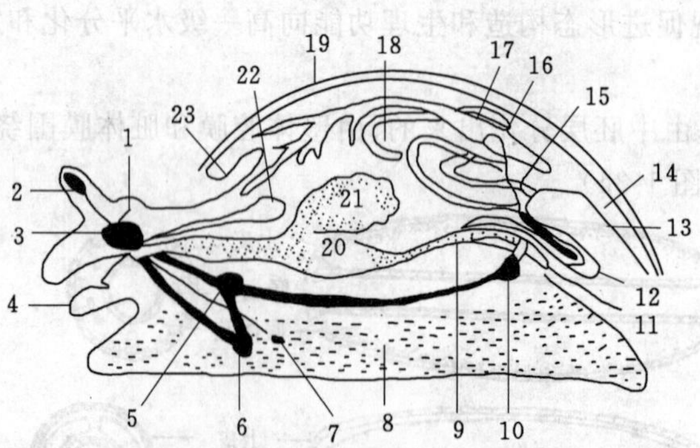

图1-35　软体动物体制模式图

1——眼；2——触角；3——脑神经节；4——齿舌；5——侧神经节；6——足神经节；7——平衡胞；8——足；9——肠；10——脏神经节；11——肛门；12——鳃；13——鳃腔；14——外套膜；15——肾脏；16——心耳；17——心室；18——生殖腺；19——贝壳；20——胃；21——肝脏；22——唾液腺；23——外套腔

2. 具有石灰质的外壳

多数种类具有石灰质外壳，如珍珠的形成是因外物进入贝壳和外套膜之间，刺激外套膜局部分泌加快而将异物包裹起来(珍珠贝、河蚌等)。由于内层为整个外套膜分泌的，它能随动物的生长而不断加厚加大。而外层和中层是由外套膜的边缘分泌形成的，随着贝壳的生长它能不断增加面积而不加厚。贝壳上的生长就是由于贝壳随外套膜的生长而增加形成的。

3. 出现了专有器官

水生种类出现了鳃，陆生种类出现了肺，鳃和肺为外套膜的衍生物。

4. 部分结构退化

真体腔退化，仅剩下了围心腔、生殖腔和肾管。

(二) 软体动物的分类

软体动物按照体制是否对称，贝壳、鳃、外套膜、行动器官等方面的特点进行分类，分为5个纲：双神经纲、腹足纲、掘足纲、瓣鳃纲、头足纲。

软体动物经济意义较大，绝大多数种类可供食用。有的软体动物可以作药用，如鲍鱼的贝壳是中药石决明、乌贼的内骨筋是海螵蛸。珍珠既可入药，又是名贵装饰品。有些软体动物对人类有害，如凿船贝严重危害海中木船和木质建筑；蜗牛是田园、果树和农作物害虫；钉螺等是寄生虫的中间寄主。

八、节肢动物门

节肢动物是动物界中最大的一门，已定名的有110万种，至少占动物总数目的75％。节肢动物不仅数量多，而且分布很广，在海洋、湖泊、土壤、地面、空中以及动植物体内均有分布，适应各种各样的生活环境和气候。节肢动物的大小差异也很悬殊，小到几微米，大到几米。大多数节肢动物是营自由生活的，与人类关系十分密切。

节肢动物之所以种类多、数量大，这与它们的形态结构特征是分不开的。

(一) 节肢动物的主要特征

1. 异律分节的高度发展

节肢动物的体节在形态和功能上都有较高的分化，有些节高度愈合，形成了节肢动物的头、胸、腹三部分。头、胸、腹的形态和功能各不相同，分工精细，有利于对外界环境的适应，故节肢动物属异律分节(heteronomous metamerism)。昆虫的头部司感觉、摄食，胸部司运动，腹部司营养和生殖。

2. 体被几丁质蛋白质复合体的外骨骼

有两个功能：① 保护身体，抵抗化学伤害、机械损伤，防止体内水分蒸发和外部水分进入体内；② 供肌肉附着，当肌肉收缩时，外骨骼起着杠杆的作用，增强了节肢动物的运动能力。但几丁质的外骨骼也限制了节肢动物的生长，因而节肢动物到一定时期，必须蜕皮才能继续生长和发育。

3. 附肢分节并有关节

外骨骼在有关节处变成膜状，而肌肉又把相邻两关节的外骨骼联系起来。有了关节使附肢活动更加灵活。

4. 横纹肌发达，能迅速收缩

5. 开管式血液循环

血液由心脏流出后，到血窦，再由血窦流回心脏，这并非是节肢动物的退化而是适应环境的需要，和节肢动物的呼吸特征相关。

6. 体壁内陷形成气管作为呼吸器官

7. 排泄系统由肠壁向外突起而形成

8. 神经系统和感觉器官发达

神经系统仍为链状神经系统，但神经节明显愈合，因而机能更为集中。感觉器官复杂化，有平衡、触觉、视觉、嗅觉、味觉、听觉等专门器官。

9. 绝大多数属雌雄异体，体内受精

有些节肢动物可以孤雌生殖。节肢动物的发育有变态现象。

（二）节肢动物的分类

节肢动物分 3 个亚门 7 纲。

鳃亚门，大部分水生、少部分陆生，用鳃呼吸。包括三叶虫纲和甲壳纲，其中，三叶虫纲已灭绝。

螯亚门，大部分陆生，少数水生。包括蛛形纲、肢口纲，海产，现存一种鲎，产于我国福建沿海。

气管亚门，大部分陆生，少数水生。主要包括原气管纲、多足纲和昆虫纲。

下面主要介绍甲壳纲、蛛形纲、多足纲和昆虫纲。

1. 甲壳纲

多数生活在水中或潮湿的陆地上，极少部分寄生。身体一般分头、胸和腹部，但虾类头部和胸部愈合形成头胸部。每个体节通常都有 1 对附肢，但因各附肢功能不同变化较大，如虾和水蚤（见图 1-36）。

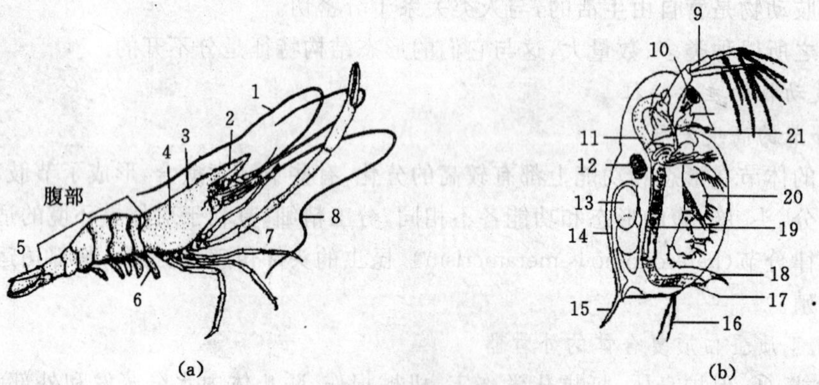

图 1-36 虾与水蚤的形态

(a) 日本沼虾的外形；(b) 水蚤的外形

1——小触角；2——额剑；3——胃上刺；4——头胸甲；5——尾刺；6——游泳足；7——步足；8——大触角；9——第二触角；10——复眼；11——肠；12——心脏；13——卵；14——孵育室；15——壳刺；16——尾刚毛；17——肛门；18——尾爪；19——卵巢；20——胸肢；21——单眼

虾的头部除 1 对有柄的复眼外，还有 5 对附肢即 2 对触角和 3 对口器（1 对粗壮的大腭和 2 对薄片状的小腭），用于摄食，胸部有 8 对附足，前面 3 对辅助摄食，后面 5 对主要为步行。腹部的附肢一般呈扁平状，与游泳有关。尾节特别宽大愈合成扇形，可使身体急剧升降或后退。甲壳动物一般为雌雄异体。甲壳类经济意义大，虾、蟹是珍贵食品，但有些又是寄生虫的中间寄主。

2. 蛛形纲

常见的有蜘蛛、蜱、螨和钳蝎等。一般分头胸部和腹部，头胸部共有6对附肢，无触角和复眼，无真正的腭。第一对附肢为螯肢，相当于腭；第二对为脚须，有触角和复眼；其余4对为步行足。腹部附肢几乎全部退化。

蛛形类除常见的蜘蛛外，蜱、螨为寄生型，对人类有害可使人畜患疥疮、传染斑疹伤寒。蝎类为肉食性动物，后尾部有一个尾刺，内有毒腺，分泌毒液。

3. 多足纲

身体均延长成扁平或圆筒状，分为头和躯干两部分，躯干部由多数体节组成，各节基本同律，每节有1～2对同型附肢(见图1-37)。

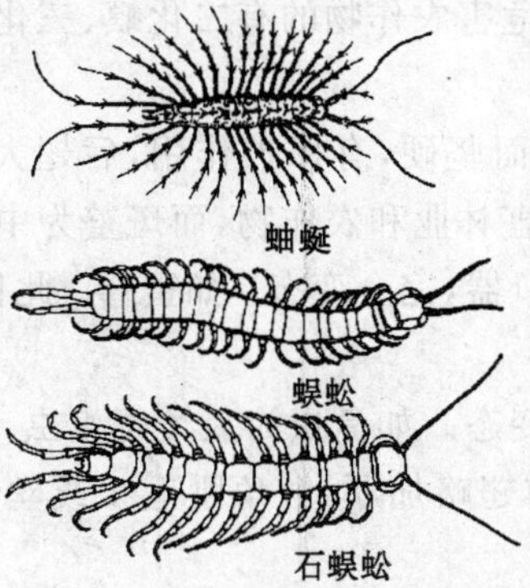

图1-37　多足纲的代表

它们常栖息于阴暗潮湿的地方，以腐植或腐败食物为食。巨蜈蚣腭足的末端有毒爪，内藏毒腺，分泌毒液，可伤人。毒液驱风止痉、解毒散瘀，常入中药。

4. 昆虫纲

昆虫是地球上分布最广、数量最多的动物，在无脊椎动物中占绝对优势。昆虫的主要特征是身体分头、胸和腹三部分。胸部有三对分节的足，多数种类胸部有两对翅(见图1-38)。

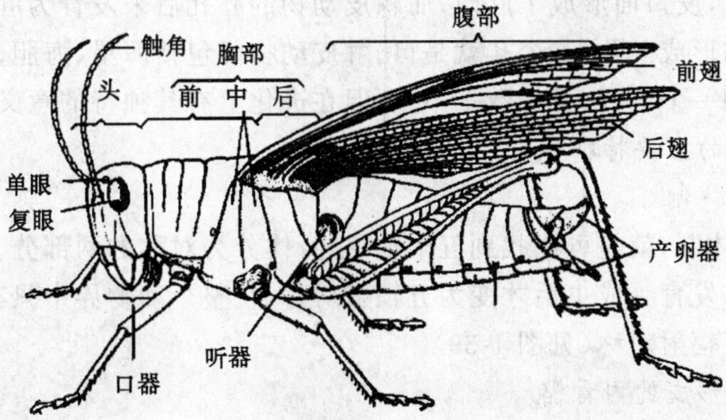

图1-38　东亚飞蝗的外形

昆虫头部是感觉和取食部分，有一对复眼及不同数目的单眼，在两复眼间有一对触角。

触角因功能不同，形态差异甚大。口周围有口器，不同类型的昆虫，因吸取食物类型不同故口器不同。

胸部分前、中、后胸，每个胸节有足一对。不同类型的昆虫，足的功能不同，形状差异很大，但都有分节和关节。大多数昆虫有两对翅，用于飞翔。昆虫腹部因功能特化，附肢多退化。

昆虫是自然界中与人类关系最为密切的一个类群。有些类群对人有益，如蜜蜂、白蜡虫、蚕等，而绝大多数是农作物和林业的害虫，还有相当一些种类昆虫能传播疾病，或为病原体的中间寄主。

昆虫分类依据主要是它们有无翅、口器的构造、发育过程中有无变态等特征，以下是几个主要的目。

① 鳞翅目：翅两对，口器为虹吸式，适于吸吮植物的液汗或花蜜，完全变态（卵—幼虫—蛹—成虫），包括各种蛾、蝶类。危害农作物的有二化螟、三化螟、粘虫等；而对人类有益的有家蚕、柞蚕等。

② 鞘翅目：翅两对，前翅厚而坚硬，有保护作用，后翅大，善飞翔，咀嚼式口器，完全变态。如桑天牛、二十八星瓢虫危害林业和农作物，而斑蝥为中药。

③ 膜翅目：翅两对，咀嚼式口器，完全变态。如蜜蜂。此目昆虫多为有益昆虫，多数可用于生物防治，如赤眼蜂、姬蜂等。

④ 半翅目：刺吸式口器，渐变态。如臭虫为人类寄生虫。

⑤ 同翅目：翅两对，膜质，前翅略加厚，触角刚毛状或丝状，口器刺吸式，渐变态。如蚜虫、蝉等。

⑥ 双翅目：前一对翅发达，后一对翅退化成平衡棒。口器为刺吸式或舔吸式，完全变态。如蚊、家蝇等。

⑦ 直翅目：翅两对，咀嚼式口器，不完全变态。如飞蝗，飞翔能力很强，此类昆虫大多危害农作物。

此外还有虱目、蚤目、食毛目，多为人畜寄生虫，且传播多种疾病。

九、棘皮动物门

棘皮动物为后口动物，不同于前面的无脊椎动物。前面讲到的无脊椎动物在胚胎发育过程中，胚孔发育为口，反口面形成了肛门；而棘皮动物的胚孔后来发育为肛门，在胚孔的相对一侧内、外胚层相贴形成一孔，这个孔就是口。棘皮动物门包括海星、海胆、海参、海百合等动物，这是相当特殊的一个类群，虽然数量不多，但在进化上有其独特的意义。

（一）棘皮动物的主要特征

1. 五辐射对称体制

五辐射对称的体制，就是可以找到五个轴，把身体分为对称的两部分。棘皮动物的幼虫时期是左右对称的，发育为成虫后才变为五辐射对称。在整个动物界中只有棘皮动物幼虫是两侧对称，成体是五辐射对称（见图 1-39）。

2. 具有中胚层形成的内骨骼

棘皮动物的骨骼是由胚层来源的，包在外表皮下面，并且常向外突形成棘，因此称为棘皮动物。这一来源和脊椎动物骨骼的来源相同，而和无脊椎动物所具有的“骨骼”不同。

3. 形成特有的水管系统

棘皮动物的水管系统是由体腔形成的一系列管道组成的，这一系统包括围在口周围和

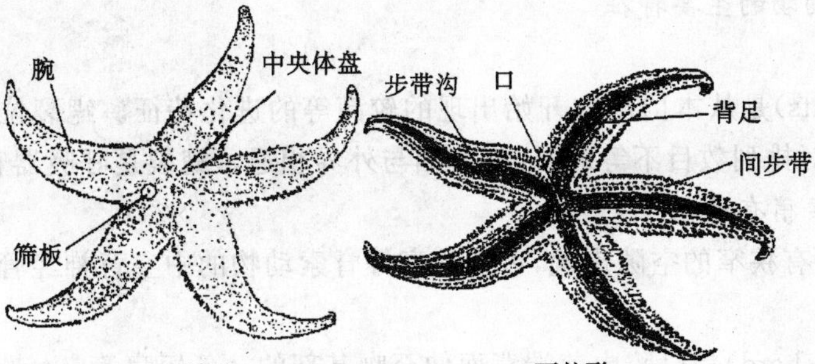

图 1-39　海盘车的外形

作辐射对称排列的管和这些管上分出的管足，司运动。

4. 具有后口

在胚胎发育过程中，胚胎期的胚孔形成肛门，在胚孔的另一端形成口，故称后口。从棘皮动物起，都是后口动物，在此之前的所有多细胞无脊椎动物都是原口动物。

5. 生殖多为雌雄异体

多数为雌雄异体，少数为雌雄同体。胚胎发育过程中经过的幼虫阶段与半索动物的幼虫相似，表明棘皮动物是向着脊索动物进化过程中的无脊椎动物。

（二）棘皮动物的分类

主要分属于5纲，全部为海中底栖生物，包括：① 海星纲，腕细长，如阳遂足；② 海胆纲，无腕，骨骼形成坚固的球形，如马粪海胆等；③ 海百合纲，以柄固着营永久性或暂时固着生活，有5或5倍数的辐射羽状腕，如小羽枝；④ 海参纲，没有互相关联的骨板，骨片小，分散在皮肤内，长筒形，口周围管足变成触手，我国常见的有刺参，其肌肉发达，是珍贵的食品；⑤ 蛇尾纲，多为扁平星状，管足退化，有细长的腕，可像蛇尾样蜿蜒运动。

十、半索动物门

半索动物是种类仅几十种的小门，全为海产，包括体呈蠕虫状的肠鳃纲和形似苔藓植物的羽鳃纲两大类群。代表动物为柱头虫（见图 1-40）。它是动物系统上一个独特的门类。

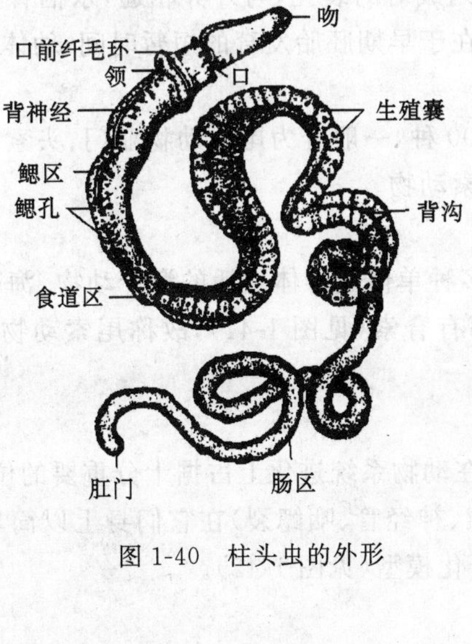

图 1-40　柱头虫的外形

(一) 半索动物的主要特征

1. 有鳃裂

腮裂(gill slits)是从本门动物开始出现的较高等的进化特征。鳃裂位于消化管的前段，咽的两侧，是成对排列数目不等的裂缝，使咽与外界相通。鳃裂是呼吸器官。

2. 背神经索稍有进化

背神经索中有狭窄的空隙出现，可能与高等脊索动物的中空背神经管同源。

3. 有口索

口索(stomochord)是口腔中前端背面伸至吻基部的一条短盲管。大量研究表明，口索和脊索既不同功也不同源，故此类动物为半索动物。

(二) 半索动物的分类地位

虽然柱头虫有许多脊索动物的特征，但它仍是无脊索动物，且通过对生化成分测定，与棘皮动物亲缘关系更近，故它是无脊椎动物向脊索动物过渡的半索动物。

十一、脊索动物门

(一) 脊索动物的主要特征

脊索动物是动物界中最高等的一类动物，它们的身体结构复杂，机能完善，生活方式多样，大多数种类仅在胚胎时期具有脊索，故称脊索动物。脊索动物门的各类动物差异很大，但它们有共同的三个主要特征。

1. 有脊索

脊索(notochord)是动物身体背部起支持作用的一条棒状支柱，位于消化道背面，神经管的腹面，有弹性而不分节。脊索内部含富有液泡的细胞，外面围有厚的、由结缔组织构成的脊索鞘。但高等的脊索动物只是胚胎时期出现脊索，成体被脊柱所代替。

2. 有神经管

神经管是原始的中枢神经，中空的背神经管位于脊索的背面，起源于外胚层。脊椎动物的神经管前部膨大形成脑，脑以后的神经管发育成脊髓。神经管内腔在成体脑中形成脑室，在脊髓中成为中央管。

3. 有咽鳃裂

咽鳃裂是咽部两侧一系列成对的裂孔，与外界相通，水栖脊索动物的咽鳃裂终生存在，陆生脊索动物的咽鳃裂仅存在于早期胚胎发育的短暂时间，幼体出生后以肺进行呼吸。

(二) 脊索动物的分类

脊索动物现在约有 70 000 种，一般分为尾索动物亚门、头索动物亚门和脊椎动物亚门。尾索动物和头索动物通称原索动物。

1. 尾索动物亚门

本亚门动物约有 2 000 多种单体成群体生活的海产动物。海鞘为本类动物的代表种。这类动物只是幼体阶段在尾部有脊索(见图 1-41)，故称尾索动物，变态为成体后，营固着生活，脊索随之消失。

2. 头索动物亚门

本亚门动物有 30 多种，在动物系统进化上占据十分重要的位置。它们的结构虽然简单，但脊索动物的三大特征(脊索、神经管、咽鳃裂)在它们身上以简单的形式终生保留着，如文昌鱼，是一个典型脊索动物简化模型(见图 1-42)。

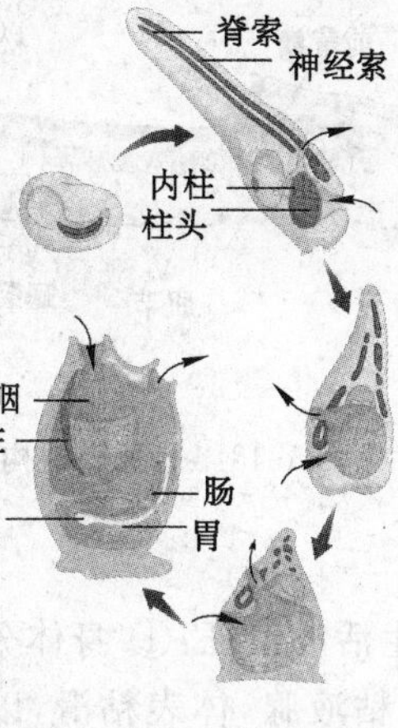

图 1-41　海鞘的变态过程

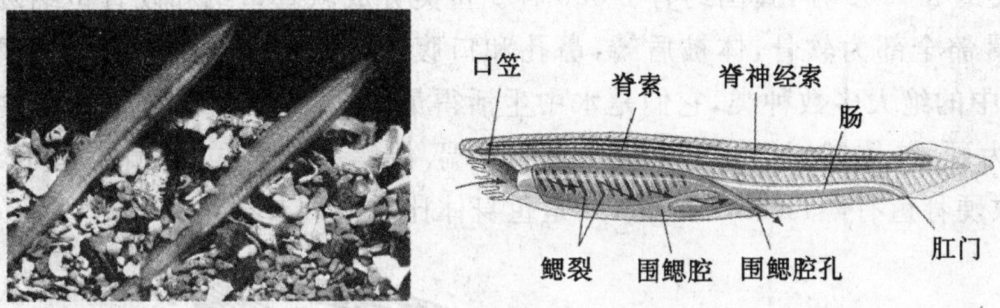

图 1-42　文昌鱼结构

文昌鱼产于我国的厦门、烟台，体形两端尖，是原始无头类，具有口须的一端为前端。文昌鱼无偶鳍只有奇鳍，故游泳能力差，常栖息于海沙中。

3. 脊椎动物亚门

脊椎动物是脊索动物中最高级的类群，它在生活方式、动物体的结构和机能等方面与原索动物有着极显著的不同。它们有着共同的特点：① 神经系统发达，脑分化为大脑、间脑、中脑、小脑和延脑五部分。头部出现嗅、视、听等集中的感觉器官。② 脊柱(vertebral column)代替了脊索，成为新的支持身体的中轴，脊柱是由一块块的脊椎骨组成的，脊椎动物因此而得名。③ 出现完善的口器。除圆口动物外，脊椎动物都具有能动的上、下颌，消化道进一步分化，并有独立的消化腺，如唾液腺、胰腺、肝脏等。④ 附肢成对，并专司运动，扩大了脊椎动物的生活范围，提高了摄食、求偶和避敌的能力。⑤ 脊椎动物的内脏器官系统均很发达完善。

脊椎动物根据进化地位分为圆口纲、鱼纲、两栖纲、爬行纲、鸟纲、哺乳动物纲。

(1) 圆口纲

圆口纲是现存脊椎动物最原始的一个纲，包括七鳃鳗(见图 1-43)等 50 多种。

圆口类有下列原始特征：① 出现了明显的头但没有真正的上下颌；② 没有成对的附肢(偶鳍)；③ 终生保留脊索，刚刚出现脊椎骨的雏形(长在脊索鞘背面的一些软骨弧片)。

(2) 鱼纲

鱼类是适应水栖生活的低等有颌脊椎动物。其进步性特征包括：① 出现了能活动的上、下颌；② 鱼类出现了成对的附肢，即一对胸鳍和一对腹鳍，增强了运动能力；③ 脊柱代替了

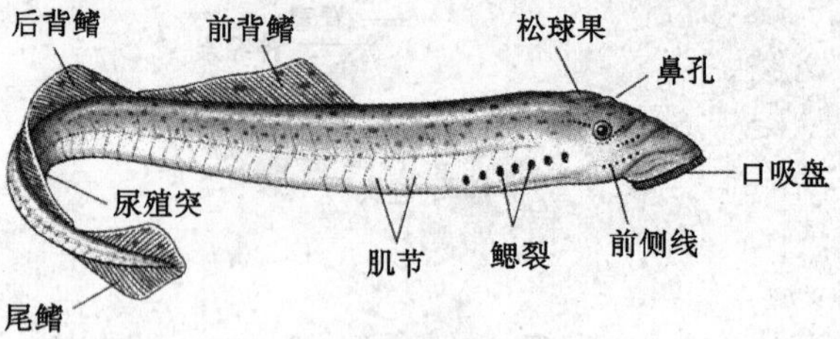

图 1-43　七鳃鳗结构

脊索。

此外鱼类还具备了适应水栖生活的特征：① 身体分为头、躯干和尾部，头部尚不能灵活转动；② 体多呈纺锤形，且身体有粘液腺，体表粘滑，以减少在水中游泳时的阻力；③ 用鳃呼吸。

现存鱼类约 22 000 种，我国约有 2 000 种。鱼类分成软骨鱼纲和硬骨鱼纲两类。其中，软骨鱼纲内骨骼全部为软骨，体被盾鳞，鼻孔和口腹位等，如白斑星鲨；硬骨鱼纲是一大类群，包括鱼类中的绝大多数种类，它们是水中生活得最成功、最繁盛的脊椎动物。主要特征是骨骼大多数为硬骨；体被团鳞或栉鳞；口位于吻端，偶鳍呈垂直位，尾鳍多呈正尾型（见图 1-44）；大多数硬骨鱼有鳔（swim bladder），是鱼身体比重的调节器。

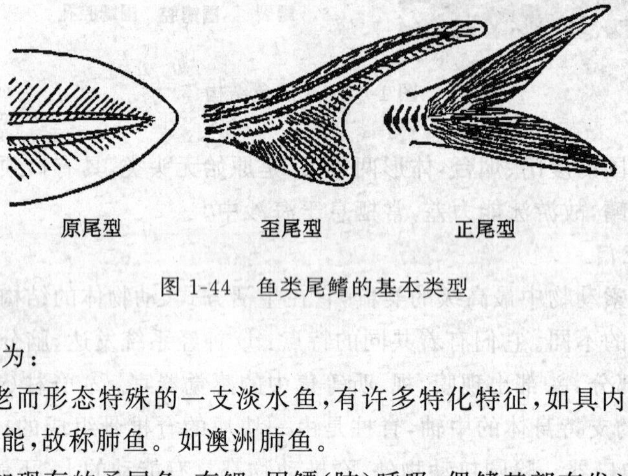

图 1-44　鱼类尾鳍的基本类型

硬骨鱼又可分为：

肺鱼亚纲，古老而形态特殊的一支淡水鱼，有许多特化特征，如具内鼻孔，双列式偶鳍。因鳔能执行肺的功能，故称肺鱼。如澳洲肺鱼。

总鳍鱼亚纲，如现存的矛尾鱼，有鳃，用鳔（肺）呼吸，偶鳍基部有发达的肌肉，鳍内的骨骼构造和陆栖脊椎动物的四肢骨骼构造相似。

辐鳍鱼亚纲，占现代鱼总数的 90%，分布很广。我们常见的硬骨鱼几乎均属此类。如大黄鱼、小黄鱼、带鱼、鲐鱼、青鱼、带鱼、链鱼、鳙鱼等。

（3）两栖纲

两栖纲是由水生到陆生的过渡类群，包括大鲵（娃娃鱼）、蝾螈等有尾两栖类和青蛙、蟾蜍等无尾两栖类。从机能结构上看，现存的两栖类既保留着水栖祖先的许多特征，同时又获得一系列陆栖脊椎动物的特征，承前启后；从个体发育上看，蛙类的幼体（蝌蚪）生活在水中，经变态发育为成体，能在陆上生活，也反映出它们所处的中间过渡类型。

两栖动物对水陆两栖生活的适应性特征包括：① 身体分为头、躯干、尾部和典型的五趾型四肢，颈部不明显；② 皮肤裸露无鳞片，表皮内有丰富的皮肤腺，能分泌粘液，使皮肤经常保持湿润，有协助呼吸之功能；③ 肌肉分化，一般不再分节，增强了肌体的运动功能；④ 成体首次出现了肺，但仅是一对结构简单的薄壁盲囊，呼吸功能较差，需皮肤协助；⑤ 循环系统出现一心室二心房不完全的双循环，提高了输送氧气的能力。

两栖动物现存种类约有 2 800 余种，我国约有 200 余种。根据它的体形、四肢和尾的有无，可分为三个目。

有尾目：体呈圆形；尾部发达，终生存在；四肢细小。如中国大鲵，是现存最大的两栖动物。

无尾目：是现存两栖类中结构最复杂、种类最多、分布最广的一类，体短而宽；成体无尾；有发达的四肢，后肢强大、善跳跃。如大蟾蜍等。

无足目：是原始且特化的一类，为地下穴居，如双带鱼螈。

(4) 爬行纲

爬行纲在两栖类的基础上进一步适应陆地生活，完全摆脱了对水生环境的依赖。爬行动物不仅成体结构能适应陆地生活，而且繁殖方式也摆脱了水的束缚。从爬行动物开始出现羊膜卵(见图 1-45)，羊膜卵中有羊膜腔，胎儿在腔内的羊水中发育，使胚胎发育脱离了对外界水环境的依赖，故爬行动物是真正适应陆地生活的类群。

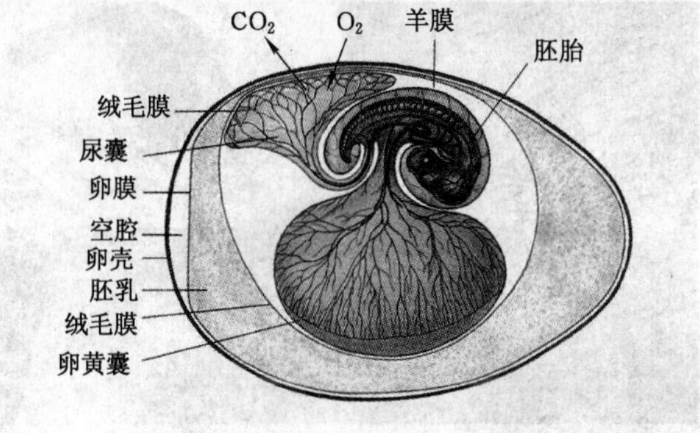

图 1-45 羊膜卵

爬行动物适应陆地生活的特征包括：① 皮肤角质化并被有角质鳞，可防止体内水分蒸发，且皮肤内缺少腺体，因而皮肤干燥；② 骨骼坚硬，骨化程度高，脊柱分化完善，出现肋骨、胸廓。

现存的爬行动物约有 5 700 余种，我国约有 370 余种，可分为 3 个目。

龟鳖目：为爬行动物特化的一支，身体宽、短，背腹具甲和骨板，如乌龟。

有鳞目：体被角质鳞片，种类和数量最多，生活方式多样，如壁虎、蟒、蝮蛇等。

鳄目：半水生，种类较少，身体背腹扁平，体表有角质甲，甲下有骨板，趾上有蹼膜相连，如中国的一级保护动物扬子鳄(见图 1-46)。

古代爬行动物，如海生爬行动物蛇颈龙、飞翔爬行动物翼龙、陆生爬行动物霸王龙等，它们都曾是中生代的优势种。

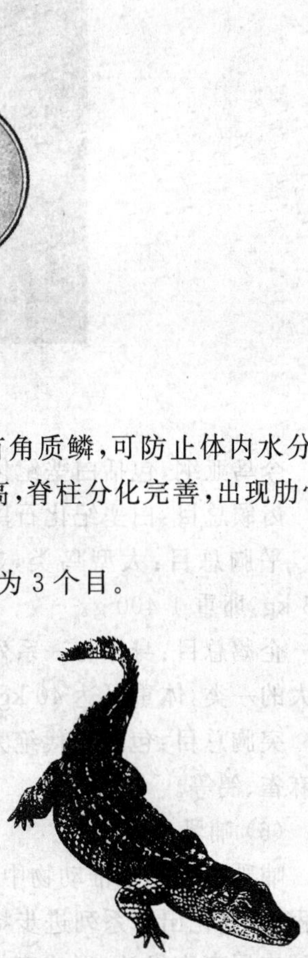

图 1-46 扬子鳄

随着中生代的结束，爬行动物的黄金时代也一去不复返，到白垩纪(距今 6 500 万年前)全部灭绝。至于古代爬行动物恐龙灭绝的原因仍未搞清楚，有各种学说予以解释，如彗星与地球碰撞，使恐龙灭绝。

(5) 鸟纲

鸟类是在爬行类动物的基础上适应飞翔生活的一支特化的高级脊椎动物。其进化特征有：① 鸟类具有高而恒定的体温，动物界只有鸟类和哺乳类是恒温动物，恒温的出现标志着动物体的结构与功能已进入更高一级的水平；② 心脏由二心房二心室构成，血液循环系统演化为完全的双循环，多氧血与缺氧血完全分开，并与完善的呼吸系统相配合，保证了血液中含有充分的氧，适应于高代谢水平和恒温的需要；③ 鸟类的呼吸为双重呼吸，肺与九个气囊相连，吸气和呼气时都可进行气体交换，呼吸效率甚高，保证鸟类飞翔对氧的需求。

此外，鸟类适应飞翔生活还出现了一系列独有的特征：① 身体呈流线型，部分体表被羽毛；② 骨骼高度愈合，气质骨，胸骨具有龙骨突，供发达的胸肌附着，前肢变为翼。

鸟分为古鸟亚纲和今鸟亚纲。

古鸟亚纲只有始祖鸟目，为化石种类。始祖鸟(见图 1-47)先后在德国、美国和中国辽宁发现多只，它既具有爬行动物的特征也具有鸟类的特征，现代鸟类可能由始祖鸟演化而来。

图 1-47　始祖鸟化石和复原图

今鸟亚纲，包括白垩纪化石鸟类和现存的所有鸟类，它可分为以下四个总目。

齿颌总目：白垩纪化石鸟类，如黄昏鸟。

平胸总目：大型鸟类，翅退化，无龙骨突起，善奔走，如非洲鸵鸟，体高 2.5 m，体重 135 kg，卵重 1 400 g。

企鹅总目：身体有一系列潜水特征，前肢变为鳍，后肢短，趾间有蹼，如王企鹅，是企鹅中最大的一类，体重可达 40 kg，体长 1.2 m。

突胸总目：包括现代绝大多数鸟类，善飞翔，翅发达，胸骨有龙骨突，气质骨，正羽发达，如麻雀、鸽等。

(6) 哺乳动物纲

哺乳动物是脊椎动物中最高等的类群，它们起源于中生代爬行动物。在长期的进化发展过程中，演化出一系列进步特征：① 神经系统、感觉器官高度发达，尤其是大脑，体积大而且大脑皮层高度发达，形成高级神经活动中枢，加上发达的感觉器官，因而哺乳动物的行为极其复杂，对外界环境适应能力甚强，在生存竞争中占据优势地位；② 运动装置完善，运动能力强，活动范围极宽，空中、陆地、水中等各种生存环境中都有其生存种类；③ 内脏器官系统十分完善，适应恒温和高代谢水平的需要；④ 具有胎生和哺乳的特征，胚胎发育时通过胎盘吸取母体血液中的营养物质，同时把代谢废物送入母体，保证了胎儿的发育。

现存的哺乳动物约 4 180 种，我国约有 509 种，分为：

原兽亚纲，较原始，有许多近似爬行动物的特征，卵生，如鸭嘴兽(见图 1-48)。

图 1-48　鸭嘴兽和大袋鼠

后兽亚纲，又称有袋亚纲，胎生，但无真正胎盘，母兽有育儿袋，如大袋鼠(见图 1-48)。

真兽亚纲，又称有胎盘亚纲，进化地位高，有真正的胎盘，恒温，齿式固定，现存有 18 个目，我国有 13 个目 509 种，如狗、象等。

思考题与习题

1. 你是如何认识生物多样性这个概念的？你认为生物多样性的价值体现在哪些方面？
2. 什么是物种？如何去划分物种？
3. 试举一例说明怎样对一个物种命名。
4. 当时把生物划分为四界、五界的依据是什么？
5. 请说明三大界分类的由来，并比较三大界生物的主要异同。
6. 什么是微生物？它们有什么特点？
7. 什么是病毒？它们的特征是怎样的？
8. 病毒是如何复制自己的？
9. 蓝细菌归属于原核生物的依据是什么？
10. 根据目前原生生物界的生物特征，你认为该界生物处于怎样的进化地位，并提出自己的分类看法。
11. 请说明菌物的主要特征，菌物包含三个门的主要特征。
12. 细菌的特殊结构主要包括哪些？各有什么特点？
13. 为什么说苔藓植物是植物界系统进化中的一个侧枝？
14. 试述蕨类植物世代交替的主要过程。
15. 种子植物有哪些主要特征？
16. 请比较单子叶植物与双子叶植物的差别。

17. 为什么说多细胞动物都是在腔肠动物基础上发展起来的？

18. 扁形动物和原腔动物的结构发生了哪些变化？

19. 环节动物的体构有了哪些进化？

20. 为什么节肢动物的种类多、数量大？

21. 什么叫后口动物？后口动物是从哪一门开始的？

22. 脊索动物的主要特征是什么？

23. 脊椎动物具备哪些条件才能真正在陆地生活？

第二章　生命的物质组成

【学习目标】

1. 认识组成生命的元素及其功能。
2. 熟悉构成生命的重要有机化合物种类。
3. 了解重要有机化合物的化学成分、性质以及功能等。

自简单、原始的生命出现以来，随着生物的演化和分支，形成了今天丰富多彩、形式多样的生命世界。尽管目前对生命的起源、发生发展的规律尚缺乏详尽的了解，但人类对生命共性问题的探索一直没有停止过。细胞学说的提出使得人类清楚地认识到生命的共有结构单位是细胞(病毒、类病毒等除外)。虽然细胞的形态变化多样，但是其中的原生质在化学组成上却表现出了高度的相似性；所有生物大分子的构筑都是以非生命的元素和化学规律为基础的，反映了在生命和非生命之间并不存在截然不同的界限；生物大分子结构与其功能紧密相关，即生命的各种生物学功能正是起始于化学水平。人们从细胞、亚细胞、分子的现有三个层次上研究生命现象的基本规律，以阐明生命的共有本质，其最终点都要落脚在分子上。因此对生命的物质组成的深入了解，是揭示生命本质的基础。

第一节　生命的构成元素

一、元素周期表的启示

19 世纪俄国化学家门捷列夫(Dmitri Mendeleev)对已知的化学元素按照原子量的大小进行排列时，发现一个惊人的规律，那就是原子有使其最外层能级上的电子数饱和的趋势。据此人们可以非常准确地预测原子的某些化学性质，例如原子在化学反应中是得电子还是失电子。

现代物理和化学指出：所有物质都是由元素组成的，不同的物质由不同的元素组成，这样也就赋予相应的物质以特有的理化特性。那么生命中的元素是哪些？这些元素有着怎样的特点呢？根据已经了解的生物元素组成，对照元素周期表，目前在自然界中已知的元素共有 103 种，而生命只选择了其中大约 25 种元素来构成其物质组成，这些元素分为：① 常量元素，包括 C、H、O、N、S、P、Cl、Ca、K、Na、Mg 等 11 种元素；② 微量元素(含量少于0.01%)，包括 Fe、Cu、Zn、Mn、Co、Mo、Se、Cr、Ni、V、Sn、Si、I、F 等 14 种元素。

从生物的元素成分可以看出，生物体内各种元素含量相对百分比存在“反自然”现象：自然界中 C、H、N 三种元素的总和还不到元素总量的 1%，然而生物体中 C、H、N 和 O 四种元素竟占了 96%以上，它们是构成糖、脂肪、蛋白质和核酸四种生物大分子的主要成分；余下不足 4%的元素包括 Ca、P、K、S 以及众多的微量元素，它们当中有许多成员在生命活动过程中主要起调节代谢反应的作用。这种“反自然”现象与生命具有浓集自然界中稀少元素的能力有关，而这种能力也正是生命的一种突出的特征。

目前生物学家还不能确切回答生物体的元素组成何以与非生物的环境如此不同。但是有一点是肯定的，即原子的结构和性质对生命的这种选择起了决定作用。

二、生命的摇篮——水

水是地球上最丰富的物质之一，地球表面积的四分之三被水覆盖。在水溶液中分子由于不受共价键和离子键的束缚，因而彼此间可以自由发生作用，这种作用的结果导致了生命的产生。所以说水是生命的摇篮，今天生命依然无法离开水而生存。

水分子的结构非常简单，化学性质也非常稳定。但水分子有一个非常奇特的性质，那就是水分子中的共价键强度是普通共价键的 5%～10%，它是由水分子的特殊结构决定的，与生物体的许多化学特性密切相关。

水分子的化学键中电子分布不均匀，造成两端带电不等，因此又称为极性分子。水分子的极性是生命化学及水分子化学性质的基础。

极性的分子间由于正负电荷间的吸引作用，彼此相互吸引聚集在一起。由于这种相互作用一般有氢原子参与，因而被称为氢键。每个氢键的作用力非常小，而且也不稳定，平均持续的时间只有 10^{-11} s。然而当数量庞大的氢键累积在一起，则表现出较强的作用。水分子许多重要的物理性质都与水分子的氢键相关（表 2-1）。

表 2-1　　水的特性

特　性	原　　理	对生命的益处
粘附性	氢键形成水分子结构	植物叶对水的提升，种子膨胀，萌发
高比热	氢键的断裂和形成能放热和吸热，故减少温度的变化	稳定了生物体和环境的温度
高汽化热	水由液态转化为气态必须破坏大量氢键	水的蒸发可使体表降温
冰的低密度	冰晶中的水分子由于氢键而相隔较大	密度低于液态水的冰使得湖泊不会完全冻实
高极性	极性分子吸引离子、极性分子，使物质溶解于水	细胞内任意分布的分子使得化学反应多样化

另外水分子的表面张力也与水分子的极性密切相关，这种张力足以支持体型微小的昆虫在水面上行走（见图 2-1）。水能与任何极性分子形成氢键，因此当把一个由极性分子组成的物质浸入水中时，极性分子与水分子发生作用，而使该物质被湿润。如果由非极性分子组成的物质则不会。

图 2-1　水上行走的昆虫

水也是一种极好的溶剂。无论是带电荷的离子，还是带部分电荷的极性分子，都可以与水分子形成氢键，从而在其表面形成一层水膜。比如，蔗糖的分子中含有弱极性的 OH^- 基团，它能与水分子形成氢键，因此当把蔗糖晶体放入水中它会很快地溶解。当蔗糖溶解在水中时，每个蔗糖分子的外层都会形成一层水膜，这层水膜可以阻止蔗糖分子重新形成晶体结构，从而使得体系非常地稳定。同样在离子（如 Na^+ 和 Cl^-）的表面也会形成这种结构。

几乎所有活性细胞的内部，以及多细胞生物细胞周围的溶液，其 pH 值都在 7 左右。生物体中大部分的生物催化剂(酶)对 pH 值都极为敏感,当 pH 值发生微小的改变,都有可能改变它们的形状,从而导致其活性降低或丧失。因此,对于细胞而言保持一个稳定的 pH 值就显得极为重要。

然而在细胞中发生的化学反应,会不断地产生酸和碱。此外,动物有时也会摄取一些酸性或碱性的食物,比如我们经常喝的可乐就是一种强酸性的溶液。尽管 H^+ 和 OH^- 会发生如此剧烈的变化,但是生物肌体在缓冲物的作用下,体内 pH 值始终保持在一个相对恒定的水平。

二氧化碳(CO_2)与水形成碳酸的反应,导致碳元素从空气进入水中,这一反应对于生命而言极为重要。因为生物学家们相信生命起源于原始的海洋,而二氧化碳(CO_2)与水形成碳酸的反应,使得原始的海洋中含有丰富的碳元素。

三、生命的构成元素

(一) 常量元素与生命

碳、氢、氧、氮为糖、脂肪、蛋白质、核酸四大类生命物质的组成元素,硫、氯、磷、钙、钾、钠、镁则对生命组成和生理起到重要作用。

硫(S):是蛋氨酸、胱氨酸、牛磺酸、谷胱甘肽的成分,一切细胞中都含有硫。

氯(Cl):存在于胃液中,是唾液淀粉酶的激活剂。氯化物有吸水作用,可调节细胞的水平衡。

磷(P):是齿骨的主要成分,也是磷脂、酪蛋白及 ATP 的成分,磷酸盐是血液酸碱平衡的重要缓冲剂。

钙(Ca):是齿骨的主要成分,也是钙调蛋白的组分,钙离子还是促血凝固及使肌肉收缩的因子。

钾、钠(K、Na):是肌肉及血液的主要成分,其磷酸盐是维持血液酸碱平衡的缓冲剂,作为 Na—K—ATP 酶的组分参加细胞膜内外物质交换。钠盐可促进水在细胞内储存,钾盐有利尿作用,钾、钠两元素协调可维持细胞的水平衡。钾、钠离子还能使肌纤维松弛,这一作用与钙离子的使肌纤维收缩呈相反作用,从而调节肌肉的伸缩。

镁(Mg):是骨质及多种酶的成分,镁离子还与肌肉的敏感性有关,缺镁会引起肌肉痉挛和萎缩。

(二) 微量元素与生命

微量元素在人体中存在的数量虽少但对人类生命的重要性则与维生素极相似。它们有的是作为酶的组成成分,有的是作为酶的激活因子,对人体的代谢调控、保健和抗衰都各有其重要作用。

铁(Fe):人体的铁总含量为 4～5 g,其中约 65%与卟啉(Porphyrin)结合成复合体,其余与蛋白质结合成铁蛋白(Ferritin)。铁是血红蛋白、细胞色素及含铁酶类(某些氧化酶)的成分。动物体内的铁来自食物,铁被肠粘膜吸收后,一部分与清蛋白结合,另一部分则用来合成血红蛋白及含铁酶类。铁在体内的转运是靠血流运输的。铁还是哺乳动物血液中运输氧及细胞中氧化还原反应的必需元素。

人体铁缺乏可引起贫血病和与铁有关的代谢病,除使淋巴细胞内 DNA 的合成及抗体产生受阻外还可导致脑及其他器官各种缺氧性疾病;摄入铁过多,则可引起血色素沉着,肝、脾肿大,胰腺受损等病症。

铜(Cu):人体中的铜含量甚微(约100 mg),主要分布于心、肝、肾、胰、脑等器官中。铜是细胞色素C氧化酶、多巴胺、β-羟化酶及超氧化物歧化酶的组成成分。血浆中的铜几乎全部与蛋白质结合成铜兰蛋白,铜兰蛋白具有亚铁氧化酶的功能,在铁代谢中起重要作用,能促进血红素的合成,从而参加细胞的氧化过程。缺乏铜也会间接导致贫血;铜离子过多会伤害细胞膜。

锌(Zn):锌存在于人和动植物组织中,成人体中的锌含量为1～2 g。人和动物的一切组织和血液中都有锌。肝和视网膜、睾丸、毛发、骨骼的锌含量特别高。锌作为多种酶的成分或激活剂参与糖、脂、蛋白质和核酸的代谢。二肽酶、DNA聚合酶、RNA聚合酶、碳酸酐酶、醛缩酶、醇脱氢酶、超氧化物歧化酶等多种酶的合成都需要锌参加。锌与胰岛素的合成也有关系,因为从组织中分离出来的胰岛素晶体都含有锌。锌还是保持性机能正常所必需的元素,精液中含大量的锌(0.2%),成人长期缺锌可引起性功能衰退。一般来说,缺锌还会引起含锌及需锌作激活的酶活性及DNA和RNA含量降低,肌体的代谢下降,生理、生长、免疫、智力、发育等均受干扰,从而多病、早衰。锌可从尿、粪排出体外,无毒性。

锰(Mn):锰在自然界分布相当广,植物含锰较多,动物及人体含锰较少,成人体内约含锰10～20 mg,分布于一切组织内,肝、肾、胰、脑、垂体、骨骼内含量较高。锰是多种酶活性中心的组成成分,或酶的激活因子。新近发现锰是过氧化物歧化酶的组成成分,可防止自由基对细胞的损害。锰还能促进性激素及抗毒素的生成和促进骨髓的造血机能。儿童缺锰会引起生长停滞、骨骼畸形;成人缺锰,则出现食欲不振、体重下降、性功能障碍;妇女缺锰可导致不育;孕妇缺锰可引起胎儿死亡。锰摄入过多,会妨碍肌体的氧化还原作用,从而导致一系列的锰中毒症状,如头痛、头晕、疲乏无力、语言障碍、活动笨拙、肌肉痉挛、心悸、心动过速、多汗、流涎等症状。

钴(Co):钴在正常人体中的含量甚微(<5 mg),是维生素B_{12}的成分。维生素B_{12}是红细胞形成及成熟的必需因素。缺少钴即表示缺乏维生素B_{12},可引起恶性贫血。人体不能利用钴离子合成维生素B_{12},必须从食物或药物中取得。钴是有毒的,长期接触钴尘和钴盐的人,可能发生气管及肺部病变。

钼(Mo):人体中的钼总量约为9 mg,分布于肝、肾、心及血液中,一般食物都含有钼。钼是黄嘌呤氧化酶、醛氧化酶、亚硝酸还原酶及亚硫酸氧化酶等的重要成分。黄嘌呤氧化酶参与细胞内氧化还原链中的电子传递,使心肌不致缺氧,它还能催化肝脏的铁蛋白释放出铁,加速铁进入血浆,并能使释放出来的二价铁在血浆内很快氧化成三价铁与β-球蛋白结合成铁蛋白,顺利送给肝脏、骨髓及其他细胞。醛氧化酶能清除体内的有毒醛。植物亚硝酸还原酶能使亚硝酸还原成氨,减少农作物及水源中的亚硝酸含量,减少亚硝酸的致癌作用。钼还可限制铜的吸收和利用。钼盐的毒性低,肌体对钼的排泄快,一般不易产生钼中毒。

硒(Se):硒被证明为人体必需的微量元素之一,地方性水土缺硒可导致居民发生心肌坏死的克山病及大骨节病。硒的生理、生化作用机理尚未完全了解。有实验指出,硒是谷胱甘肽过氧化酶活性中心的成分,有捕获自由电子、分解活性氧、清除自由基,从而防止过氧化物及自由基对细胞的损害。硒还参与辅酶A及辅酶Q的合成,加强α-酮戊二酸氧化酶的活性。硒对防治克山病、大骨节病有效,对抗衰老、抗癌、免疫及治疗心血管病和肝坏死等都可能有重要功用。硒的毒性极强,中国营养学会建议,其生理安全量为成人每人每日50 μg,过量可引起中毒、死亡。动物吃含硒过多的饲料,会发生脱毛、脱蹄、角变形、四肢僵硬等症状。

铬(Cr):人体内含铬甚少(<6 mg),只有三价铬有生理功用。铬是胰岛素的辅助因子,胰岛素参与的糖代谢、脂代谢都需要铬参加。铬还能抑制胆固醇和脂肪酸的合成,有防止动脉硬化及粥样化的功用。铬对视力及生长、发育也有影响。人体缺铬会引起糖脂代谢紊乱,从而发生糖尿病、视力降低和血管硬化。过量摄入铬对人体有害,由于铬容易在肺中累积,因此长期从事铬工业的人易引发肺癌。一般粗制粮、油、糖、肉和鱼、蔬菜都含有多少不等的铬,膳食结构平衡的人不致缺铬。

镍(Ni):镍在人体中的含量很少(约 10 mg),是血纤维蛋白溶酶的组成成分,具有刺激造血机能、促进红细胞增生的作用,与钴的生血活性相似。镍还是一些蛋白质代谢酶和核酸代谢酶的激活剂,对人体代谢有重要功用。但注射镍化合物或镍元素入肌体,均能使细胞恶变致癌,十分有害。长期吸入金属镍或镍化物粉尘的工人,易患呼吸道疾病,例如鼻咽癌,其原因主要是因为镍引起 RNA 及 DNA 的突变。不锈钢虽然含镍,但它与铁的结合坚固,在不接触强酸强碱时,在通常的烹调温度下,镍不会溶于食物中。

钒(V):成人体内的钒含量约为 30 mg,钒有促进造血的作用,也有降血压及抑制胆固醇的生物合成作用。成年人缺乏钒可引起体内胆固醇及血甘油三酯增加,幼年人缺钒会导致生长迟缓、骨骼异常。钒的化合物都有毒,长期吸入钒尘会导致肺水肿,使呼吸系统、消化系统、神经系统以及心肾受到伤害。大剂量维生素 B 可加速钒的排泄,缓解其毒性。

锡(Sn):人体含锡甚少,新近才认为是人体的必需元素,但其生理功能还不清楚,可能与黄素酶的活性有关。口服金属锡无显著毒性作用产生,但过多摄取即可使人中毒。中毒症状可以是呕吐、痉挛和中枢神经功能紊乱。食品金属容器的锡衬和食品、药物包装的锡箔,存放时间过久都可能被食物吸收,应加以注意。

硅(Si):硅在植物组织内含量较多,但在人体及动物组织内含量甚少,每 100 g 正常成人组织中约含硅 5~100 mg。硅是牙釉的成分,采石及石粉工人(如水泥厂工人)肺内的硅含量都高,常引起硅肺(矽肺)。硅的其他生理功用不明。

碘(I):成人体中的碘总量为 20~50 mg,分布于每一个细胞中,但大部分(约 20%~40%)集中在甲状腺内,皆为有机型,存在于甲状腺素及 3,5-二碘酪氨酸中。碘主要由海产食物取得。体内的碘以无机碘化合物形式由肝、肾、肠及皮肤排出体外。碘缺乏会引起甲状腺肿大,患者一般会出现基础代谢降低、行动迟缓、精神萎靡现象。儿童缺碘会导致呆小症和智力下降,孕妇缺碘还将导致婴儿智力缺陷。碘过多,如甲状腺机能亢进,则可能发生突眼性甲状腺肿症,其症状为眼球突出、基础代谢增高、身体消瘦、精神紧张、心跳加快等。

氟(F):氟为齿骨的正常成分,常人骨骼中含氟 0.01%~0.03%,牙釉中含氟 0.01%~0.02%,它与硅同样是牙釉的主要成分。齿骨中的氟为 CaF 形式,少量氟可预防龋齿,饮水中氟含量超过 2×10^{-6},会损坏牙釉,形成斑牙,最后发展成龋齿。

第二节 糖类和脂类化合物

一、糖类

糖类是自然界分布最广的物质之一,从细菌到高等动物的肌体内都含有糖类物质。生物体生存活动所需的能量,主要是由糖类物质分解代谢提供的,1 g 葡萄糖经彻底氧化分解可释放约 16.74 kJ 的能量。糖类代谢的中间产物还为氨基酸、核苷酸、脂肪酸、甘油的合成提供碳原子或碳骨架，进而合成蛋白质、核酸、脂类等生物大分子。糖也是生物体中重要的储能物质，植物中主要以淀粉形式存在，动物中则是糖原。

糖类物质的定义是：多羟基醛、多羟基酮或其衍生物，或水解时能产生这些化合物的物质。在过去很长一段时间，人们称这类物质为碳水化合物，但是这一名称并不是很恰当。此外，有一些糖的元素组成中，除了碳、氢、氧三种元素外，还含有氮、磷、硫等元素。

糖类物质根据其分子量的大小，可以分为单糖、寡糖和多糖三类。

(一) 单糖

单糖是一类无色的结晶固体物，它们溶于水，但是不溶于非极性溶液，大多数具有甜味。单糖结构比较简单，仅由一个多羟基醛或多羟基酮单位组成，是一类不能水解的最简单糖类。常见的单糖分子的碳骨架一般都没有分支结构，所有的碳原子都通过单个碳—碳键连接。糖分子中与羟基相连的碳原子一般都是手性原子，因此自然界中发现的糖大部分都为立体异构体分子。这里我们主要探讨一些简单的三碳到七碳单糖的结构。

1. 两类单糖——醛糖和酮糖

单糖分子的开链结构中，一个碳原子与一个氧原子通过两个共价键相连形成一个羰基，而其他的碳原子都通过单个共价键与一个羟基相连。如果羰基在碳链的末端，则为醛糖；如果羰基在碳链其他位置，则为酮糖。最简单的单糖是三碳糖，一个是丙醛糖——甘油醛，另一个是丙酮糖——二羟基丙酮(见图 2-2)。

含有 4、5、6、7 个碳原子的糖分别称为四碳糖、五碳糖、六碳糖和七碳糖，每一种糖都有对应的醛糖和酮糖。两种常见的六碳糖是 *D*-葡萄糖和 *D*-果糖。葡萄糖是醛糖，果糖是酮糖。五碳的戊醛糖有 *D*-核糖和 2-脱氧 *D*-核糖，它们都是核苷和核苷酸的结构成分。

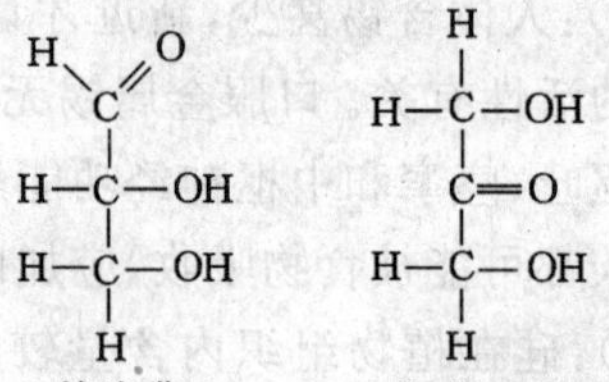

图 2-2 三碳糖结构

2. 单糖的不对称性

同分异构(或称异构)是指存在两个或多个具有相同数目和种类的原子并因而具有相同相对分子量的化合物的现象。同分异构主要有两种类型：一是结构异构，这是由于分子中原子连接的次序不同造成的，包括碳架异构体、位置异构体和功能异构体；二是立体异构，立体异构体具有相同的结构式，但原子在空间的分布不同。原子在空间的相对分布或排列称为分子的构型。区分立体异构体之间的差别必须用立体模型、透视式或投影式。

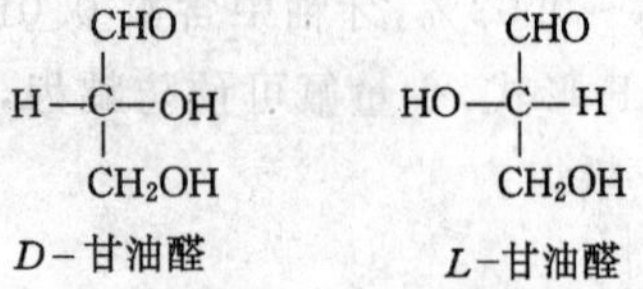

图 2-3 甘油醛的立体异构体

立体异构又可分为几何异构和旋光异构。几何异构也称为顺反异构，是由于分子中双键或环的存在或其他原因限制原子间的自由旋转引起的。旋光异构，也称为光学异构，是由于分子存在手性造成的。旋光异构体是一组至少存在一对不可叠合的镜像体的立体异构体，一般都具有旋光性，除非异构体出现对称元素而失去手性。图 2-3 表示甘油醛的一组立体异构体。

所谓旋光性是指当光波通过尼科尔棱镜时，由于棱镜的结构只允许沿某一平面振动的光通过，其他光波都被阻断，这种光称平面偏振光，当这种光通过旋光物质的溶液时，光的偏振面向右(顺时针方向或正向，符号＋)旋转或向左(逆时针方向或负向，符号－)旋转。使偏振面向右旋的称右旋光物质，使偏振面向左旋的称左旋光物质。

3. 单糖的环状结构

葡萄糖和果糖在溶液中的主要形式并不是如前面所讲的那样是开链式结构，而是环式结构。因为，一般说来，醛会和醇反应形成半缩醛，因此葡萄糖中的 C_1 的醛基与 C_5 的羟基反应，形成分子内的半缩醛，形成的糖环称为吡喃糖，因为它与吡喃相似。葡萄糖环化时产生另一个不对称中心，即 C_1，它是开链式中的羰基碳原子，在环式中变成了一个不对称中心，可以形成两种环式结构：一种是 *α-D*-吡喃葡萄糖，*α* 表示 C_1 上的羟基是在环平面的下边。另一种是 *β-D*-吡喃葡萄糖，*β* 表示 C_1 上的羟基在环平面的上边（见图 2-4）。

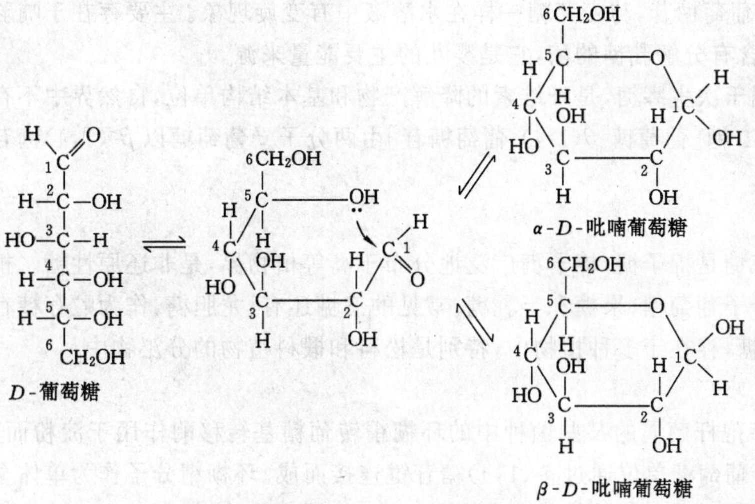

图 2-4　葡萄糖的环状结构

（二）寡糖

寡糖是由 2～20 个单糖通过糖苷链连接而成的糖类物质，有的结构非常复杂。寡糖常常与蛋白质或脂类共价结合，以糖蛋白或糖脂的形式存在。另外还发现在激素、抗体、维生素、生长素和其他各种重要分子中都有寡糖。寡糖也存在于细胞膜中，寡糖链凸出于细胞膜的表面，使整个细胞表面均覆盖有寡糖，可能是细胞间识别的基础。自然界中寡糖的数目非常丰富，据报道目前已知的寡糖有 500 多种（主要存在于植物中）。

1. 二糖（双糖）

二糖（双糖）是最简单的寡糖，由两分子单糖缩合而成，水解后又可形成两分子的单糖。二糖在自然界中含量丰富，是人类饮食中主要的热源之一。食用的二糖主要有植物中的蔗糖、麦芽糖、纤维二糖和乳汁中的乳糖等。在小肠中，二糖必须在酶的作用下水解成单糖才能被人体吸收。如果这些酶有缺陷的话，那么人体摄入二糖后由于不能消化就会出现消化病。未消化的二糖进入大肠，则会在渗透压的作用下从周围组织夺取水分（腹泻），结肠中的细菌消化二糖（发酵）产生气体（气胀和绞痛或痉挛）。

蔗糖俗称食糖，是最重要的二糖。植物的茎、叶都可以产生蔗糖，它可以在整个植物体中进行运输，也是光合产物的运输形式之一。蔗糖的正规名称是葡萄糖-*α*,*β*(1-2)-果糖苷（见图 2-5），无变旋现象。蔗糖是食品和饮料业最常用的原料。

麦芽糖即葡萄糖-*α*,*α*(1-4)-葡萄糖苷和葡萄糖-*α*,*β*(1-4)-葡萄糖苷，是直链淀粉的水解中间物。异麦芽糖[α-(1,6)键型]是支链淀粉和糖原的水解产物。麦芽糖有变旋现象，在水溶液中能形成α、β和开链的混合物。麦芽糖主要存在于植物发芽的种子中，是酿酒工业的主要原料。食品工业中麦芽糖用做蓬松剂，防止烘烤食品干瘪，以及用做冷冻食品的填充剂和稳定剂。

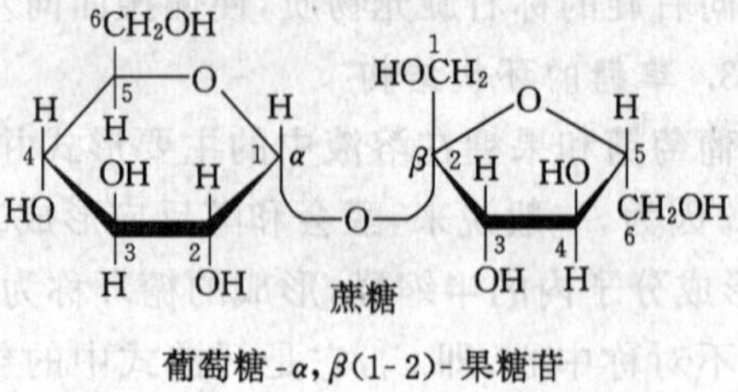

图 2-5　蔗糖结构

乳糖即半乳糖-β,α(1-4)-葡萄糖苷和半乳糖-β,β(1-4)-葡萄糖苷，与麦芽糖一样在水溶液中有变旋现象。主要存在于哺乳动物的乳汁中，婴儿体中含有分解乳糖的酶，它是婴儿的主要能量来源。

纤维二糖属于次生寡糖，是纤维素的降解产物和基本结构单位，自然界中不存在游离的纤维二糖。纤维二糖[葡萄糖-β(1-4)-葡萄糖苷]由两分子β葡萄糖以β-(1,4)糖苷键连接而成，有变旋现象。

2. 三糖

最常见的三糖是棉子糖，棉子糖广泛地分布于高等植物界，是非还原性糖。棉子糖完全水解产生各一分子葡萄糖、果糖和半乳糖。常见的三糖还有：龙胆糖，作为贮存糖存在于龙胆属植物中；松三糖，存在于多种植物中，特别是松科和椴科植物的分泌物中。

3. 环糊精

环糊精是芽孢杆菌属的某些菌种中的环糊精转葡糖基转移酶作用于淀粉而生成的，一般由6、7或8个葡萄糖单位通过α-(1,4)糖苷键连接而成。环糊精分子作为单体垒叠起来形成圆筒形的多聚体。环糊精分子及其多聚体，内部是疏水环境，外部是亲水环境。它们既能很好地溶于水，又能从溶液中吸入疏水分子或分子的疏水部分到分子的空隙中，形成水溶性的包含络合物。通常使被包含的物质对光、热和氧变得更加稳定，某些物理性质也随之发生改变。另外研究发现，环糊精还能使食品的色、香、味得到保存和改善。因此在医药、食品、化妆品等工业中，环糊精被广泛地用做稳定剂、抗氧化剂、抗光解剂、乳化剂和增溶剂等。

（三）多糖

多糖是由20个到上万个单糖分子缩合脱水而形成的大分子。由于构成它的单糖的种类、数量以及连接方式的不同，多糖的结构极其复杂而且数量、种类庞大。多糖在自然界中的分布也十分广泛，如动植物重要的能量贮存形式（如淀粉和糖原等）和植物的骨架物质（纤维素）、粘液、树胶、果胶等以及昆虫和节肢动物的甲壳质（几丁质）。多糖除了作为上述的贮藏物质、结构支持物外，还有更复杂的生理功能。如细菌的荚膜多糖有抗原性，分布在肝脏、肠粘膜等组织中的肝素，对血液有抗凝作用，存在于眼球的玻璃体与胶带中的透明质酸粘性较大，作为细胞间粘合物质，对组织起保护作用。细胞中还有一些多糖位于细胞表面，是细胞专一的识别信号，起信息传递作用。

多糖在水溶液中能形成胶体，具有旋光性，但无变旋现象，没有甜味，大多数不溶于水。大部分的多糖类物质没有固定的分子量。多糖的大小从一定程度上可以反映细胞的代谢状态，例如：当血糖水平高时（如饭后），肝脏中的酶类就合成糖原，这时分子量可达2×10^7；当血糖水平下降时，肝脏中的酶类就水解糖原，把葡萄糖释放到血液中。

根据多糖分子所含单糖的种类，多糖可以分为均一性多糖（由同一种单糖分子组成）和不均一性多糖(由两种或两种以上单糖分子组成)。

1. 作为贮能物质的多糖

淀粉和糖原分别是植物和动物中最为重要的作为贮藏能量的多糖物质,这两种多糖在细胞内一般是聚集成颗粒或成束存在的。淀粉和糖原由于有许多的羟基暴露在分子表面,能与水分子形成氢键,因此它们在细胞内是高度水合的。

虽然大多数植物细胞都具有合成淀粉的能力,但是植物淀粉主要存在于根茎或种子中,是植物中普遍存在的贮藏多糖,它是植物体内养分的库存,也是形成其他有机分子的原料。马铃薯、小麦、玉米和水稻等植物中含有丰富的淀粉,也是人类重要的食物来源。当肌体需要能量或原料进行物质合成反应时,淀粉中的糖苷键被打开,生成葡萄糖并进一步水解释放出大量的能量,并产生小分子的化合物。植物中的淀粉有两种结构形式,一种是直链淀粉,另一种是支链淀粉。直链淀粉是由 α-葡萄糖通过 α-(1,4)糖苷键连接组成的,是不分支类型的淀粉。支链淀粉中除有 α-(1,4)糖苷键外,还有 α-(1,6)糖苷键,大约每间隔 30 个 α-(1,4)糖苷键就有一个 α-(1,6)糖苷键,形成分支结构。无论是直链还是支链淀粉,在人和其他动物的消化系统中都能被彻底水解。

淀粉分子在水溶液中并不是以线性的链状形式存在,而是卷曲成螺旋形,每个螺旋包含 6 个葡萄糖基,螺距 0.8 nm,直径 1.4 nm。溶液中淀粉分子遇到碘分子时,碘分子进入淀粉螺旋圈内,形成淀粉碘络合物,而显现颜色。其颜色与淀粉糖苷链的长度有关,当链长小于 6 个葡萄糖基时,不能形成一个螺旋圈,因而不能产生颜色。当平均链长为 20 个葡萄糖基时呈红色,大于 60 个葡萄糖基时呈蓝色。由于直链淀粉的葡萄糖基数一般都大于 60,因此遇碘时呈蓝色。而支链淀粉虽然相对分子量较大,但是其分支单位的长度一般只有 20～30 个葡萄糖基,所以与碘反应时呈紫红色。天然淀粉大多是直链淀粉与支链淀粉的混合物,品种不同,两者的比例也不同。如糯米的淀粉几乎全部为支链淀粉;玉米淀粉中约 20%的为直链淀粉,其余的为支链淀粉。

糖原是人和动物体内的贮藏多糖。它的结构类似于淀粉,只是分支程度更高,大约每 10 个 α-(1,4)糖苷键就有一个 α-(1,6)糖苷键。糖原大量存在于肌肉和肝脏中,肝脏中含量尤为丰富,占肝脏重量的 7%左右。人和动物餐间和肌肉运动时,体内葡萄糖被大量的消耗,这时肌体优先运用体内贮存的糖原。在酶的作用下,糖原被分解成小的单糖分子从而被肌体利用。

2. 同聚多糖作为结构物质

纤维素是植物组织中主要的多糖,也是生物圈中最丰富的有机化合物,它占地球上全部有机碳一半以上。纤维素是植物细胞壁的主要组成成分,是植物中的结构多糖。棉花中纤维素含量达 90%～98%,木材中纤维素占 41%～53%,麻中纤维素占 70%～80%。纤维素是由大约 10 000 到 15 000 个葡萄糖通过 β-(1,4)糖苷键连接组成的不分支的葡聚糖。纤维素的基本结构单位是纤维二糖,可以将纤维素分子看成是多个纤维二糖通过 β-(1,4)糖苷键连接起来的。

在纤维素中,相邻、平行的伸展链在残基环面的水平向通过链内和链间的氢键网形成片层结构,片层之间即环面的垂直向通过其余氢键和环的疏水内核间的范德华力来维系。这样若干条链聚集成紧密的有周期性的微晶束,由于纤维素微晶间氢键很多,故微晶束相当牢固。

人和哺乳动物体内没有纤维素酶，因此不能将纤维素水解成葡萄糖。一些细菌、真菌和某些低等动物，尤其是反刍动物胃中共生的细胞含有能够消解纤维素的酶，因此这些生物可能利用纤维素为自己提供能量。虽然纤维素不能作为营养物质被人类直接利用，但它却是人类食物必需的成分，因为它可以促进肠胃的蠕动，从而促进食物的消化和排便。有研究表明，如果食物中长期缺乏纤维素容易导致肠癌。

另一种自然界中重要的多糖是几丁质，它是由*N*-乙酰葡萄糖胺通过β-(1,4)糖苷键连接而形成的同聚物。它与纤维素化学上的惟一区别就在于C_2的羟基被胺乙酰基取代，几丁质空间排列与纤维素类似，也不能被脊椎动物消化。几丁质是数百万种节肢动物（如昆虫、蟹虾、螺蚌等）外骨骼的主要结构物质，它可能是自然界中仅次于纤维素的第二大类物质。

（四）糖的生物分解代谢

糖的分解产能代谢首先是多糖经酶促降解生成小分子单糖，如动、植物通过淀粉酶或淀粉磷酸化酶水解淀粉（糖原）生成葡萄糖；含有纤维素酶的微生物水解纤维素生成葡萄糖；蔗糖、乳糖等寡糖经水解和异构化成葡萄糖。然后葡萄糖再通过不同途径进一步氧化分解，包括：糖酵解——糖的共同分解途径；三羧酸循环——糖的最后氧化途径；磷酸戊糖途径——糖的直接氧化途径。

糖酵解是葡萄糖经1,6-二磷酸果糖和3-磷酸甘油酸转变为丙酮酸，同时产生ATP的一系列反应。这一过程无论在有氧或厌氧的条件下均可进行，是所有生物体进行葡萄糖分解代谢所必须经过的共同阶段。

三羧酸循环是英国生物化学家克雷布斯(Krebs)在总结前人工作及他本人利用鸽胸肌进行的一系列实验基础上，于1937年提出的。克雷布斯提出：在有氧条件下，糖酵解产物丙酮酸氧化脱羧形成乙酰-CoA，乙酰-CoA通过一个循环被彻底氧化为CO_2，这个循环称三羧酸循环或克雷布斯循环，由于此循环的第一个产物是柠檬酸，又称柠檬酸循环(citric acid cycle)。三羧酸循环不仅是糖代谢的主要途径，也是蛋白质、脂肪氧化分解代谢的最终途径，该途径在动植物和微生物细胞中普遍存在，具有重要的生理意义。催化三羧酸循环各步反应的酶类存在于线粒体的基质中，因此真核生物中三羧酸循环进行的场所是线粒体。葡萄糖经糖酵解—三羧酸循环氧化分解产生CO_2和NADH、$FADH_2$，NADH、$FADH_2$可进入呼吸链被彻底氧化产生H_2O并释放大量能量。

磷酸戊糖途径，又称磷酸己糖支路，其主要特点是葡萄糖直接氧化脱氢和脱羧，不必经过糖酵解和三羧酸循环，脱氢酶的辅酶不是NAD^+而是$NADP^+$，产生的NADPH作为还原力以供生物合成用，而不是传递给O_2，无ATP的产生与消耗。磷酸戊糖途径在细胞溶质中进行，整个途径可分为氧化阶段和非氧化阶段：氧化阶段从6-磷酸葡萄糖氧化开始，直接氧化脱氢脱羧形成5-磷酸核糖；非氧化阶段是磷酸戊糖分子在转酮酶和转醛酶的催化下互变异构及重排，产生6-磷酸果糖和3-磷酸甘油醛。此阶段产生三碳、四碳、五碳、六碳、七碳糖。

二、脂类化合物

脂类是指一类在化学组成和结构上有很大差异，但都有一个共同特性，即不溶于水而易溶于乙醚、氯仿等非极性溶剂的物质。最常见的脂是脂肪和油。通常脂类可按不同组成分为五类，即单纯脂、复合脂、萜类和类固醇及其衍生物、衍生脂类、结合脂类。单纯脂是脂肪酸和醇类所形成的酯，其中甘油三酯称油脂，系甘油的脂肪酸酯，而蜡是高级醇的脂肪酸酯；复合脂是指单纯脂的成分中还含有其他物质，如甘油磷脂类，含有甘油、脂肪酸、磷酸和某种含氮物质；萜类和类固醇及其衍生物的特点是一般不含脂肪酸；衍生脂类是指前述脂类物质的水解产物，如甘油、脂肪酸及其氧化产物(乙酰 CoA)；结合脂类是指脂分别与糖或蛋白质结合，依次形成的糖脂和脂蛋白。

脂类物质具有重要的生物功能。脂肪是组成生物体的重要成分，如磷脂和固醇是构成生物膜的重要组分，油脂是肌体代谢所需燃料的贮存和运输形式。脂类物质也可为动物肌体提供溶解于其中的必需脂肪酸和脂溶性维生素。某些萜类及类固醇类物质如维生素 A、D、E、K、胆酸及固醇类激素具有营养、代谢及调节功能。有机体表面的脂类物质有防止机械损伤与热量散发等保护作用。脂类作为细胞的表面物质，与细胞识别和种特异性以及组织免疫等有密切关系。

尤其重要的是，脂肪是生物体的能量提供者。1 g 脂肪彻底氧化可放出 38.9 kJ 能量，比 1 g 糖或蛋白质放出的能量大一倍以上，因此脂肪是生物体内贮藏能量最多的物质。

这样大的能量差异是因为脂肪是非极性的，它以近于无水的形式贮藏着，而糖类和蛋白质均具有极性，它们以高度水合形式贮藏着。1 g 干燥的糖原约结合 2 g 水，所以实际上 1 g 脂肪所贮存的能量为 1 g 水合糖元贮存能量的六倍多。这就说明了为什么在进化过程中选择脂肪作为能量的储备形式。下面主要介绍作为能量贮藏的油脂结构。油脂也称为甘油三酯(见图 2-6)，主要由甘油、脂肪酸组成。

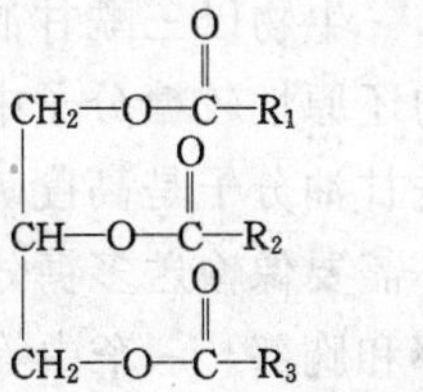

图 2-6 甘油三酯分子式

(一) 脂肪酸

油脂是脂肪酸的衍生物，它是生物体中普遍的能量贮存形式。细胞内脂肪酸氧化分解产生 CO_2 和 H_2O，并释放出大量的能量推动生命运行。脂肪酸是一类含烃链的羧酸，烃链碳原子数目一般为 4～36 个。大部分的脂肪酸含有不分枝的饱和或不饱和的烃链，少数脂肪酸含有三碳环、羟基和甲基。常见的脂肪酸碳原子数一般为偶数，烃链不分枝长度为 12～24 个碳原子。另外脂肪酸烃链中的双键存在的位置也呈现出一定的规律。大多数单不饱和脂肪酸的双键位于第 9 个碳原子处，而不饱和脂肪酸的双键多位于第 12 和第 15 个碳原子处，而且不饱和键一般不形成共轭双键。

(二) 脂肪酸的性质

脂肪酸及含脂肪酸物质的物理性质，主要是由它的烃链长度和饱和程度决定的。脂肪酸由于含有较长的非极性烃链，因此它的水溶性较差。例如有 12 个碳原子的月桂酸，它的溶解度为 0.063 mg/g，远远低于葡萄糖的溶解度(1 100 mg/g)。脂肪酸中的烃链越长、不饱和键越少，它的溶解度也就越低。另外，脂肪酸的熔解温度也与烃链的长度及其饱和性有关。例如在常温(25 ℃)下，12～24 个碳原子的饱和脂肪酸以固态形式存在，而同样长度的不饱和脂肪酸则以液态形式存在。它们熔点上之所以存在这种差异，与它们的包装程度相关。饱和脂肪酸分子的烃链以完全伸展的形式存在，因此能够紧密地排列在一起，相邻分子间沿着烃链方向通过范德华力紧密相互作用，因而形成熔点较高的稳定结构。而不饱和脂肪酸分子在双键位置处发生弯曲，这样它们聚集在一起时就不像饱和脂肪酸那样紧凑，彼此间的作用也相对较弱，因此熔点比相同原子数目的饱和脂肪酸低。

(三) 脂肪酸和甘油形成三酰甘油

三酰甘油是最简单的脂，它是由三个脂肪酸分子与一个甘油分子通过三个酯键相连接而形成的化合物。如果三个脂肪酸分子相同，则称为简单三酰甘油。天然存在的三酰甘油中，一般含有两种以上的脂肪酸，称为混合三酰甘油。甘油的极性羟基与脂肪酸的极性羧基通过脱水作用形成酯键，所以三酰甘油分子中不含任何极性基团，它在水中的溶解性能更低。由饱和脂肪酸分子形成的三酰甘油，在常温下一般呈固态，通常称为脂肪；而由不饱和脂肪酸分子与甘油形成的三酰甘油，在常温下呈液态，称为油。

（四）三酰甘油的功能

大多数真核细胞中，三酰甘油分子聚集在一起形成小油滴，作为细胞新陈代谢的燃料仓库。脊椎动物中进化出了专门贮藏三酰甘油分子的脂肪细胞，这种细胞几乎完全被脂肪所填充。许多植物种子中则贮存有大量的油，在种子萌发的过程中提供能量和生物合成的前体物。脂肪细胞和萌发的种子中都含有脂肪酶，能够分解贮存的三酰甘油，并将产生的脂肪酸分子运送到需要能量的部位。

生物以三酰甘油的形式贮存能量较淀粉和糖原有两个优点：一是脂肪酸分子中碳原子的还原性较糖分子中的高，氧化分解时产生的能量更多，是同等质量的糖的两倍多；二是三酰甘油分子是高度疏水的，不会以水合物的形式存在，因此生物体运送这类燃料分子时，就不需要像输送多糖分子那样，运送额外的水分子。人体中贮藏脂肪的部位主要是下表皮、腹部和胸部。一个中等身材的人，体内所有脂肪细胞中贮存的三酰甘油约有 15～20 kg。如果它们完全氧化分解，可以提供肌体数月的能量需要。而人体中糖原所贮存能量还不足以满足肌体一天的需求。葡萄糖和糖原的优点在于，它们是水溶性的，能够迅速地为肌体代谢提供能量。

在某些动物中，贮存在皮肤下面的脂肪除了起到贮藏能量的作用外，还可以起到绝缘保护的作用。如海豹、海狮、企鹅和其他生活在极地的温血动物，它们厚厚的脂肪可以起到保温的作用。而冬眠动物，它们在冬眠前积累大量的脂肪，既是为了保温也是为其在冬眠期间提供能量。三酰甘油的另一个优点是其密度低，这一点对于某些海洋动物显得非常重要。如抹香鲸中的三酰甘油和蜡，可以提供与其潜水深度相对应大小的浮力。

第三节 蛋白质

蛋白质是生物体内主要的生物分子，在生物体中占有特殊的地位。蛋白质存在于所有生物体中，从高等动植物到低等的微生物、从人类到最简单的病毒，都含有蛋白质。例如，人体的皮肤、肌肉、内脏、毛发、韧带、血液等都是以蛋白质为主要成分的。动物体内蛋白质约占鲜重的 20%，微生物中蛋白质含量也很高，细菌中蛋白质含量约 50%～80%，干酵母含蛋白质约 46.6%。病毒中除了一小部分核酸外，其余几乎都是蛋白质。植物体内蛋白质含量一般较低，因为植物中淀粉和纤维素含量很高，但在植物细胞的原生质和种子中蛋白质含量较高。细胞中蛋白质种类十分丰富，每个细胞中都含有数千种蛋白质分子，其分子量从几千到数百万不等。

蛋白质是生命活动所依赖的基础，是生命现象的主要执行者和体现者，蛋白质在生物的几乎所有生命过程中起着极其重要的作用。生物体中蛋白质的种类非常之多，每种类型生物细胞都含有成千上万种蛋白质，且各自具有其独特的结构和功能。不同生物所含有的蛋白质的种类和数量也各不相同，并且具有时空性和可调节性，因而表现出不同的性状和特征。对于蛋白质组(指由一个基因组或一个细胞、组织表达的所有蛋白质)的研究形成了一个新的领域——蛋白质组学。蛋白质组学是以蛋白质组为对象,在整体水平上研究蛋白质的组成与调控的活动规律,它旨在阐明生物体全部蛋白质的表达模式及功能模式,其内容包括蛋白质的定性鉴定、定量检测、细胞定位和相互作用研究等,最终揭示蛋白质功能,增进我们对生命活动规律的了解,诠释生命的奥秘。

一、氨基酸

所有蛋白质都是氨基酸(amino acid, AA)的聚合物,氨基酸间通过特殊的共价键(肽键)连接。蛋白质可被酸、碱水解,也可以被酶水解,水解后的产物为低分子量的肽和氨基酸。如果彻底水解则可得到各种氨基酸,而氨基酸不能再水解成更小的单位,所以氨基酸是组成蛋白质的基本结构单位。人们发现所有蛋白质中存在 20 种氨基酸,各种蛋白质所含的氨基酸的种类和数目都各不相同。

(一) 氨基酸的结构特点

组成蛋白质分子的氨基酸只有 20 种,这 20 种氨基酸也称为编码氨基酸,因为遗传密码表中只有这 20 种氨基酸。所有生物都是利用这 20 种氨基酸作为构件组成各种蛋白质分子的。但目前已发现的氨基酸有很多,它们有些是在蛋白质合成后通过修饰加工形成的,有些是存在于生物体中但并不参与蛋白质的合成。所有这些合成蛋白质的天然氨基酸的结构有着共同特点。每个氨基酸分子(脯氨酸除外)的 α-碳原子上都结合一个氨基、一个羧基、一个氢原子和一个各不相同的侧链 R 基团,故称为 α-氨基酸(见图 2-7)。各种氨基酸的差别就在于其 R 侧链的结构不同。由于 R 基团的结构、大小和所带电荷不同,使得不同氨基酸在水中的溶解性能发生改变。

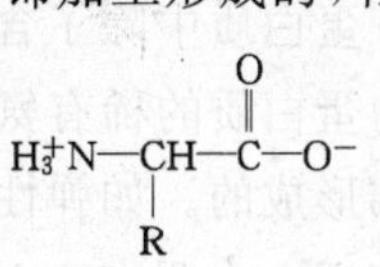

图 2-7 α-氨基酸通式

20 种合成蛋白质的氨基酸中,除甘氨酸的 R 侧链为氢原子外,氨基酸的 α-碳原子上连着四个互不相同的基团或原子(即—R、—NH_2、—COOH 和 H)。

α-氨基酸都是白色晶体,每种氨基酸都有其特殊的结晶形状,利用结晶形状可以鉴别各种氨基酸。

(二) 氨基酸的分类

氨基酸分类的方法有多种,目前常以氨基酸的 R 基团的结构和性质作为氨基酸分类的基础。根据 R 基团的极性可将氨基酸分为五大类(见表 2-2)。

表 2-2　氨基酸类别及符号

氨基酸类别	包含的氨基酸名称	三字母符号	单字母符号
非极性脂肪族 R 基团氨基酸	甘氨酸	Gly	G
	丙氨酸	Ala	A
	脯氨酸	Pro	P
	缬氨酸	Val	V
	亮氨酸	Leu	L
	异亮氨酸	Ile	I
	甲硫氨酸	Met	M
非极性芳香族 R 基团氨基酸	苯丙氨酸	Phe	F
	酪氨酸	Tyr	Y
	色氨酸	Trp	W

续表 2-2

氨基酸类别	包含的氨基酸名称	三字母符号	单字母符号
极性不带电荷 R 基团氨基酸	丝氨酸 苏氨酸 半胱氨酸 天冬酰胺 谷氨酰胺	Ser Thr Cys Asn Gln	S T C N Q
R 基团带负电荷的氨基酸	天冬氨酸 谷氨酸	Asp Glu	D E
R 基团带正电荷的氨基酸	赖氨酸 精氨酸 组氨酸	Lys Arg His	K R H

这种分类方法更有利于说明不同氨基酸在蛋白质结构和功能上的作用。氨基酸的名称常使用三字母的简写符号表示，有时也使用单个字母简写符号表示。

(三) 蛋白质的稀有氨基酸

蛋白质中除了含有上述 20 种常见氨基酸外，有些蛋白质中还含有少数特殊的氨基酸，称为蛋白质的稀有氨基酸。这些氨基酸都是正常氨基酸的衍生物，它们是在蛋白质合成后被修饰形成的。如弹性蛋白和胶原蛋白中的 4-羟基脯氨酸和 5-羟基赖氨酸；肌球蛋白和骨肉收缩蛋白中含有 6-*N*-甲基赖氨酸；凝血酶原和某些 Ca^{2+} 结合蛋白中存在 γ-羧基谷氨酸；酪蛋白中存在磷酸丝氨酸；哺乳动物的肌肉中存在 *N*-甲基甘氨酸等。蛋白质中的稀有氨基酸在遗传上是特殊的，因为它们没有三联体密码，所有已知的稀有氨基酸都是在蛋白质合成后，在常见的氨基酸的基础上经过化学修饰而形成的。

(四) 必需氨基酸

植物和某些微生物可以合成各种氨基酸，而人和动物则不同。人体和动物通过自身代谢可以合成大部分氨基酸，但有一部分氨基酸自身不能合成，必须由外界食物供给，这些氨基酸称为必需氨基酸。人体的必需氨基酸有 8 种，包括 *L*-赖氨酸、*L*-色氨酸、*L*-甲硫氨酸、*L*-苯丙氨酸、*L*-缬氨酸、*L*-亮氨酸、*L*-异亮氨酸、*L*-苏氨酸。当人体缺乏这 8 种必需氨基酸中的任何一种时就会引起生长发育不良，甚至引起一些缺乏症。如果一种蛋白质中含有全部必需氨基酸，能使动物或人正常生长，称为完全蛋白质，如酪蛋白、卵蛋白等。如果蛋白质组成中缺少一种或几种必需氨基酸则称为不完全蛋白质，如白明胶等。所以一种蛋白质的营养价值高低要看它是否含有全部必需氨基酸以及含量多少。

(五) 氨基酸的酸碱性和等电点

氨基酸的性质是由它的结构决定的，不同氨基酸之间的差异只是在侧链上，因此氨基酸具有许多共同的性质。个别氨基酸由于其侧链的特殊结构还有许多特殊的性质。

根据酸碱学说，酸是质子的供体，碱是质子的受体。氨基酸分子中既含有氨基，又含有羧基，在水溶液中它既可以释放质子作为酸，又可以接受质子作为碱，所以氨基酸是两性电解质。氨基酸在水溶液中时是以两性离子形式存在的。所谓两性离子是指在同一个氨基酸分子上带有等量的正负两种电荷，由于正负电荷相互中和而呈电中性，这种形式又称兼性离子或偶极离子。两性离子既可以成为酸(质子供体)，又可以成为碱(质子受体)(见图 2-8)。

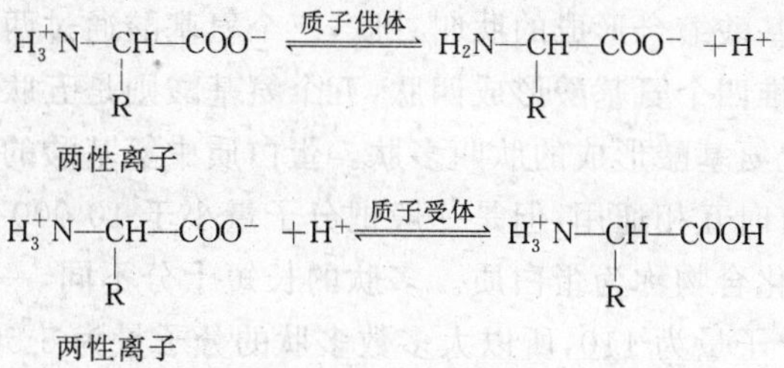

图 2-8　氨基酸的两性

像氨基酸这样既可以电离成酸，又可以电离成碱的物质称为两性电解质，它在溶液中的带电状况随溶液的 pH 变化而变化，即氨基酸上的氨基和羧基的解离取决于溶液的 pH。带有一个氨基和一个羧基的 α-氨基酸，它完全质子化时可以看做是一个二元弱酸。在一定的 pH 条件下，氨基酸分子中所带的正电荷和负电荷数相同，即净电荷为零，此时溶液的 pH 称为该氨基酸的等电点，用符号 pI 表示。氨基酸净电荷为零时，在电场中既不向正极移动，也不向负极移动，此时氨基酸的溶解度最小。

各种氨基酸的结构不同，在给定 pH 条件下不同氨基酸的解离情况不同，即带电状况不同。各种氨基酸都有其特定的等电点，即在一特定 pH 条件下以两性离子形式存在，净电荷为零，在电场中不移动；当溶液的 pH 小于某氨基酸的等电点时，该氨基酸带正电荷，在电场中向负极移动。当溶液的 pH 大于等电点时，该氨基酸带负电荷，在电场中向正极移动。而在同一 pH 条件下，各种不同氨基酸的带电状况不同，所以可根据这一性质，通过电泳法或离子交换法将氨基酸进行分离制备。

二、多肽和蛋白质

自然界存在的蛋白质种类繁多，最小的多肽只含有 2 个或 3 个氨基酸，而有的则由数千个氨基酸组成。那么氨基酸之间是通过什么方式连接的？如何组成了数目繁多、结构各异的蛋白质大分子？研究证明，蛋白质是由许多氨基酸按照一定的排列顺序通过肽键连接起来的生物大分子。

（一）肽键及肽链

肽键是蛋白质分子中氨基酸之间的主要连接方式，它是由一个氨基酸的 α-羧基与另一个氨基酸的 α-氨基缩合脱水而形成的酰胺键（见图 2-9）。

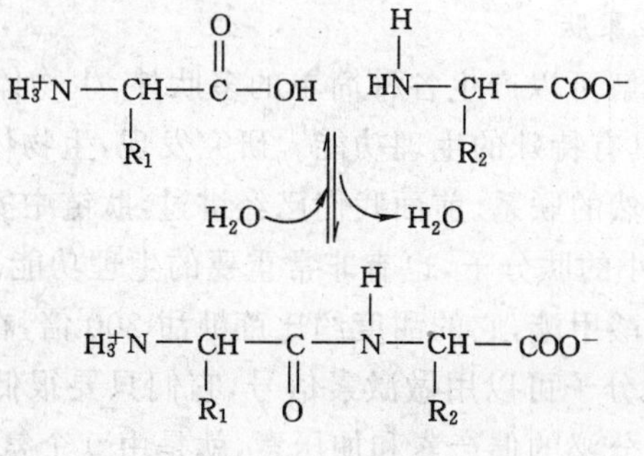

图 2-9　肽键的形成

一个氨基酸的 α-羧基与另一个氨基酸的 α-氨基之间失去一分子水相互连接而成的化

合物称为肽，由两个氨基酸缩合形成的肽叫二肽，三个氨基酸通过两个肽键连接起来形成的化合物叫三肽，如此类推四个氨基酸形成四肽，五个氨基酸则是五肽。少于 10 个氨基酸的肽称为寡肽，由 10 个以上氨基酸形成的肽叫多肽。蛋白质中氨基酸的数目可以有数千个。多肽和蛋白质两个名词有时互相通用，但是一般把分子量小于 10 000 的氨基酸聚合物称为多肽，而把分子量更大的化合物称为蛋白质。多肽的长短十分不同，一般含有 50～2 000 个氨基酸。氨基酸的平均分子量为 110，所以大多数多肽的分子量为 5 500～220 000。

(二) 肽的命名及结构

一个肽可根据所含的氨基酸残基数简单地称为二肽、三肽、四肽等。肽链中的氨基酸由于参加肽键的形成已经不是原来完整的分子，因此称为氨基酸残基。肽的命名是从肽链的 *N*-末端开始，按照氨基酸残基的顺序而逐一命名。氨基酸残基用酰来称呼，称为某氨基酰某氨基酰……某氨基酸。例如，由丝氨酸、甘氨酸、酪氨酸、丙氨酸和亮氨酸组成的五肽就命名为丝氨酰甘氨酰酪氨酰丙氨酰亮氨酸。

如果用结构式表示肽链中氨基酸的排列顺序非常不方便，并且所占空间很大。因此对于多肽来说，一般用氨基酸中文名称的字头表示，中间用"·"号或"-"号将它们隔开，也可用氨基酸英文名称的三字符或单字符缩写表示，中间用"·"号或"-"号将其隔开。在书写时，含自由氨基的一端总是写在左边，含自由羧基的一端总是写在右边，如：

甘·丙·丝·缬·亮·蛋·赖·赖·精·谷……

Gly-Ala-Ser-Val-Leu-Met-Lys-Lys-Arg-Glu……

G-A-S-V-L-M-K-K-R-E

(三) 蛋白质的酸碱性和等电点

肽链两个末端分别有一个自由的 α-氨基和 α-羧基，这两个基团的电离性质与其在游离氨基酸中相似，因而肽的化学性质与氨基酸相似。由于肽链中非末端氨基酸的 α-氨基和α-羧基被共价地结合在肽键中，不能离子化因而不能影响肽的酸碱性。所以各氨基酸残基的 R 侧链对肽的性质的影响就更加突出，但是肽中氨基酸的 R 基团的电离特性与游离氨基酸不一样，它受多种因素的影响。根据肽链末端游离氨基和羧基及肽链中各个氨基酸 R 基因的性质，可以预测肽的酸碱性。与游离氨基酸一样，肽在一定的 pH 条件下其所带净电荷为零，此时的 pH 称为等电点。肽处于等电点时在电场中既不向正极移动也不向负极移动，可以利用这一性质进行蛋白质的分离。

(四) 天然存在的活性寡肽

除了蛋白质的部分水解可以产生各种简单的多肽外，生物体中还广泛存在着许多长短不同的游离的肽，有些肽具有特殊的生理功能。研究发现，生物体中肽和蛋白质的功能与其分子量的大小间并没有必然的联系。前面我们已经讲过，肽链中氨基酸的数目可以从两个到数千个不等。但即使是最小的肽分子，也有非常重要的生理功能。例如人工合成的二肽化合物——天门冬氨酰苯丙氨酸甲酯，它的甜度约比蔗糖甜 200 倍，在工业中用做甜味剂。

生物体中许多的小肽分子可以用做激素信号，它们只要很低的浓度就能引起强烈的生理反应。如由脑垂体后叶分泌的催产素和加压素，就是由 9 个氨基酸组成的短肽；又如毒蘑菇中存在的 α-鹅膏蕈碱是一个环状 8 肽，它能抑制真核 RNA 聚合酶的活性，从而抑制核糖核酸(RNA)的合成，导致肌体死亡。

谷胱甘肽(glutathione)，是一种存在于动植物和微生物细胞中的一种重要的三肽，缩写为 GSH。它是由谷氨酸、半胱氨酸和甘氨酸组成的。谷胱甘肽参与细胞内的氧化还原作用，是一种抗氧化剂，对许多酶具有保护功能。生物体中还有许多其他的多肽，也具有重要的生理意义。

三、蛋白质的分子结构

通常情况下蛋白质分子并不是以完全伸展的多肽链存在，而是以紧密折叠的结构存在，并且一个蛋白质的功能通常是由它的三维结构决定的。蛋白质的结构可以分为四个层次来研究，即一级结构、二级结构、三级结构和四级结构。其中一级结构又称蛋白质的化学结构、共价结构或初级结构，而二级结构、三级结构和四级结构又称为蛋白质的空间结构或三维结构。

（一）蛋白质的一级结构

所谓蛋白质的一级结构是指蛋白质多肽链中氨基酸的排列顺序以及二硫键的位置。一级结构是蛋白质分子结构的基础，它包含了决定蛋白质分子所有结构层次构象的全部信息。也就是说蛋白质的一级结构决定了它的高级结构，进而决定蛋白质的功能。蛋白质一级结构研究的内容包括蛋白质的氨基酸组成、氨基酸排列顺序和二硫键的位置，肽链数目，末端氨基酸的种类等。

蛋白质的一级结构（氨基酸的序列）是了解蛋白质的三维结构、功能、细胞定位和进化等相关信息的基础。这些信息可以通过氨基酸序列的比较而获得，因为序列相似的蛋白质它们在结构、功能等方面也往往非常相似。虽然目前对于氨基酸序列是如何决定蛋白质的三维结构和功能还不是十分清楚，但是具有某些相似结构和功能的蛋白质，它们的氨基酸序列非常相似，这样的一类蛋白质称为一个蛋白质家族。蛋白质家族成员间的序列相似程度一般大于25%，根据相似程度大小还可以判断它们之间进化上的亲缘关系的远近。

（二）蛋白质的高级结构的稳定因素

天然蛋白质都有特定的构象，所谓构象是指分子中各个原子和基团在三维空间的排列和分布。这些原子的空间排列取决于它们绕键的旋转，因此，构象的改变不涉及共价键的改变。

蛋白质结构的稳定性是指蛋白质保持天然构象的能力的大小。断裂单个共价键所需要的能量大约是 200～460 kJ/mol，而非共价键的破坏仅仅只需要 4～30 kJ/mol。单个共价键的作用力明显强于非共价键，但是由于天然蛋白质中的非共价键的数量非常多，这些非共价键反而成为保持蛋白质结构稳定的主要力。自由能最低时的蛋白质构象，它的非共价键的数量最多。维持天然蛋白质结构稳定的力除了二硫键（共价键）外，主要是一些弱的相互作用，如氢键、疏水键、范德华力和离子键（盐键）。了解这些非共价键的作用性质，对于理解多肽链如何折叠形成特定的二、三级结构，以及多肽链间如何形成四级结构具有重要意义。

1. 氢键

氢键的实质是一个氢原子被两个其他原子“瓜分”。其中一个原子与氢原子连接较紧密的叫氢供体，而另一个连接得不紧密的叫氢受体。氢受体带有一部分负电荷可以吸引氢原子，所以实际上可以把氢键看做是把质子从酸向碱转移的介质。在生物系统中，一个氢键的供体是氧原子或氮原子，它们可以共价地与氢原子结合，而氢受体是氧或氮。氢键的键能比共价键弱得多，但由于蛋白质分子中有许多氢键，所以氢键在维持蛋白质空间结构的稳定性中有重要作用。

2. 离子键

所谓离子键是带相反电荷的基团之间的静电引力，也称为静电键或盐键。蛋白质的多肽链由各种氨基酸组成，有些氨基酸残基带正电，如赖氨酸和精氨酸；有些氨基酸残基带负电，如谷氨酸和天冬氨酸。另外，游离的 *N*-端氨基酸残基的氨基和 *C*-端氨基酸残基的羧基也分别带正电荷和负电荷，这些带相反电荷的基团，如羧基和氨基、胍基、咪唑基等基团之间都可以形成离子键。

3. 疏水键

蛋白质分子含有许多非极性侧链和一些极性很小的基团，这些非极性基团避开水相互相聚集在一起而形成的作用力称为疏水键，也称疏水作用力。例如缬氨酸、亮氨酸、异亮氨酸、苯丙氨酸、色氨酸等氨基酸的侧链基团具有疏水性，在水溶液中它们会离开周围的溶剂聚集在一起，在空间关系上紧密接触而稳定起来，从而在分子内部形成疏水区。这种疏水键在维持蛋白质的三级结构中也起到重要作用。

4. 范德华力

范德华力是一种非特异性引力，任何两个相距 0.3～0.4 nm 的原子之间都存在范德华力，范德华力比离子键弱，但在生物体系中却是非常重要的。

氢键、离子键、疏水键和范德华力这些次级键的键能都较弱，但由于它们在蛋白质分子中广泛存在，所以在维持蛋白质的二级结构、三级结构和四级结构的构象上起着非常重要的作用。如果外界因素影响或破坏了这些次级键的形成，则会引起蛋白质空间结构的变化。

（三）蛋白质的二级结构

蛋白质的二级结构是指蛋白质部分多肽链的折叠和盘绕的方式。1951 年鲍林(Pauling)和科里(Corey)根据一些简单化合物(如氨基酸和寡肽)的 X 射线晶体图的数据，预测蛋白质中存在有 α-螺旋、β-折叠和 β-转角二级结构，后来的许多实验证实他们这一预言的正确性。氢键是稳定二级结构的主要作用力。

α-螺旋结构是一个类似棒状的结构，紧密卷曲的多肽链主链构成了螺旋棒的中心部分，所有氨基酸残基的 *R* 侧链伸向螺旋的外侧。肽链围绕其长轴盘绕成右手螺旋体。α-螺旋结构的稳定主要靠链内的氢键维持。螺旋中每个氨基酸残基的 α-氨基氮上的氢原子与它前面第 4 个氨基酸残基的羰基氧之间形成氢键，所有氢键与长轴几乎平行。相邻的两个螺旋间通过 3～4 个氢键相连。螺旋内的一个氢键对结构的稳定性的作用并不大，但 α-螺旋中除了肽链末端氨基酸，每一个肽键都参与形成上述的氢键，许多氢键的总体效应使得 α-螺旋的构象非常稳定。实际上，α-螺旋结构是最稳定的二级结构。

β-折叠结构(β-sheet)又称为 β-折叠片层(β-plated sheet)结构或 β-结构等。β-折叠结构是一种肽链相当伸展的结构，多肽链呈扇面状折叠。β-折叠结构中多肽主链骨架折叠形成锯齿状，而不是螺旋结构。形成 β-折叠结构可以是一条多肽链，也可以由两条或多条几乎完全伸展的多肽链侧向聚集在一起，相邻肽链主链上的氨基和羰基之间形成有规则的氢键，维持这种结构的稳定。β-折叠结构中相邻的多肽链，既可以是正向平行排列(肽氨基端到羧基端走向相同)，也可以是反向平行排列(肽氨基端到羧基端走向相反)。

β-转角结构(β-turn)又称为 β-弯曲(β-bend)、β-回折、发夹结构和 U 型转折等。蛋白质分子多肽链在形成空间构象的时候，经常会出现 180°的回折(转折)，回折处的结构就称为 β-转角结构，一般由 4 个连续的氨基酸组成。在构成这种结构的 4 个氨基酸中，第一个氨基酸的羧基和第四个氨基酸的氨基之间形成氢键。甘氨酸和脯氨酸容易出现在这种结构中。在某些蛋白质中也有3个连续氨基酸形成的β-转角结构，第一个氨基酸的羰基氧和第三个氨基酸的亚氨基氢之间形成氢键。

(四) 蛋白质的三级结构

蛋白质的三级结构是指多肽链中一切原子的空间排列方式。多肽链序列中相距较远的氨基酸残基或不同类型二级结构中的氨基酸残基，在三级结构中可能发生紧密的相互作用。蛋白质三级结构中，多肽链不是简单地沿着某一个中心轴有规律地重复排列，而是沿多个方向卷曲、折叠，形成一个紧密的近似球形的结构。这些卷曲、折叠的方向和角度，是由多肽链序列中能形成折叠的氨基酸残基(如脯氨酸、苏氨酸、丝氨酸和甘氨酸)数目和位置决定的。蛋白质多肽链如何折叠卷曲成特定的构象，主要由它的一级结构即氨基酸排列顺序决定，是蛋白质分子内各种侧链基团相互作用的结果。维持这种特定构象稳定的作用力主要是次级键，它们使多肽链在二级结构的基础上形成更复杂的构象。另外，肽链中的二硫键可以使远离的两个肽段连在一起，所以对三级结构的稳定也起到重要作用。

虽然各种蛋白质都有自己特殊的折叠方式，但根据大量研究的结果发现，蛋白质的三级结构有以下共同特点：

① 具备三级结构的蛋白质一般都是球蛋白，都有近似球状或椭球状的外形，而且整个分子排列紧密，内部有时只能容纳几个水分子。

② 大多数疏水性氨基酸侧链都埋藏在分子内部，它们相互作用形成一个致密的疏水核，这对稳定蛋白质的构象有十分重要的作用，而且这些疏水区域常常是蛋白质分子的功能部位或活性中心。

③ 大多数亲水性氨基酸侧链都分布在分子的表面，它们与水接触并强烈水化，形成亲水的分子外壳，从而使球蛋白分子可溶于水。

(五) 蛋白质的四级结构

有些蛋白质分子含有两条以上多肽链，每一个具有独立的三级结构的多肽链称为该蛋白质的亚单位或亚基。这些具有独立三级结构的亚基彼此通过非共价键相互连接而形成的聚合体结构就是蛋白质的四级结构。亚基单独存在时往往没有活性，具有四级结构的蛋白质当缺少某一个亚基时也不具有生物活性。有些蛋白质组成四级结构中的亚基是相同的，称为同多聚蛋白质；而有些则是不均一的，即由不同亚基组成称为杂多聚蛋白质。在具有四级结构的蛋白质中，亚基之间通过其表面的次级键连接在一起，形成完整的寡聚蛋白质分子。但并不是所有的蛋白质都具有四级结构，有些蛋白质只有一条多肽链，如肌红蛋白，这种蛋白称为单体蛋白。维持蛋白质四级结构的作用力与维持三级结构的作用力是相同的。

四级结构对于生物功能是非常重要的。对于具有四级结构的寡聚蛋白质来说，当某些变性因素(如酸、热或高浓度的尿素、胍)作用时，其构象就发生变化。首先是亚基彼此解离，即四级结构遭到破坏，随后分开的各个亚基伸展成松散的肽链。但如果条件温和，处理得非常小心时，寡聚蛋白的几个亚基彼此解离开来，但不破坏其正常的三级结构。恢复原来的条件，分开的亚基又可以重新结合并恢复活性。但如果处理条件剧烈时，则分开后的亚基完全伸展成松散的多肽链。这种情况下要恢复原来的结构和活性就非常困难。

四、蛋白质的结构与功能

蛋白质的种类很多，各种蛋白质都有其独特的生物学功能，而实现其生物学功能的基础就是蛋白质分子所具有的结构，其中包括一级结构和空间结构，从根本上来说取决于它的一级结构。因此，研究蛋白质的结构与功能的关系已成为从分子水平上认识生命现象的最终目标，它与生命起源、细胞分化、代谢调节等重大理论问题的解决密切相关。同时，也为解决工农业生产和医疗实践中所存在的许多重大问题提供重要的理论依据。

（一）蛋白质的功能

生物体中蛋白质的功能主要有以下几个方面。

1. 生物体的组成成分

蛋白质是生物体的主要结构成分之一。细胞中的细胞膜、线粒体、叶绿体、内质网及细胞质等都含有丰富的蛋白质成分。高等动物的胶原纤维是主要的细胞外结构蛋白，参与结缔组织和骨骼的组成。

2. 酶的催化作用

生命的最基本特征是能够进行新陈代谢，新陈代谢包括的所有化学反应都是在生物催化剂——酶的作用下进行的，没有酶反应就不能进行。因此酶的出现对生物进化过程有着非常重要的意义。到目前为止，已鉴定出的酶几乎都是蛋白质。

3. 防御功能

脊椎动物免疫系统中的抗原和抗体都是蛋白质。抗体能够识别特异的抗原（如病毒、细菌和其他生物体的细胞）并与之结合，以达到清除抗原的作用，因此它具有防御疾病和抵抗外界病原侵袭的免疫能力。此外还有其他的防御器官的主要成分也是蛋白质，如皮肤、毛发、指甲等。

4. 运输功能

生物体中许多蛋白质负责小分子和离子的运输，如血红蛋白在红血球中运输氧，血液中的脂蛋白负责运输脂类，铁传递蛋白负责运输铁，生物氧化过程中细胞色素 C 等电子传递体负责电子的传递。

5. 运动功能

生物的运动也离不开蛋白质。如蛋白质是肌肉的主要成分，肌肉收缩就是通过肌球蛋白和肌动蛋白丝状体的滑动运动来实现的。再如细菌的鞭毛及纤毛是由许多微管蛋白组装起来的，也能产生类似的活动。近年来研究发现，在非肌肉的运动系统中普遍存在着运动蛋白。

6. 调节功能

动物中有许多小的蛋白质分子具有激素功能，负责在细胞间传递信息和肌体代谢的调控。如胰岛素能参与血糖的代谢调节，降低血液中的葡萄糖含量。细胞中基因的表达与关闭，也是由蛋白质因子控制的。除此之外，蛋白质还可以作为细胞表面受体分子，接收细胞外的信号。

7. 贮藏作用

有些蛋白质可作为生物体生长发育的养料储存起来，如植物种子中的醇溶蛋白和谷蛋白都是贮藏蛋白，这些蛋白质有贮藏氨基酸的功能，可供种子萌发时利用。动物的卵清蛋白和酪蛋白也是贮藏蛋白。

（二）蛋白质一级结构与功能的关系

蛋白质的一级结构与其生物功能的密切关系可从以下几方面说明。

1. 分子病与结构的关系

蛋白质一级结构与功能的关系可以分子病来说明。分子病是指蛋白质分子一级结构的氨基酸排列顺序与正常顺序有所不同的遗传病，如镰刀型贫血病就是一例。病人的血红蛋白分子与正常人的血红蛋白分子相比，在574个氨基酸中有2个不同。正常人的血红蛋白的β-链N-端第6位氨基酸为谷氨酸，而病人的血红蛋白的β-链N-端第6位氨基酸为缬氨酸。这样就使血红蛋白分子表面的负电荷减少，亲水基团成为疏水基团，导致血红蛋白分子不正常聚合，溶解度降低，在细胞内易聚集沉淀，丧失了结合氧的能力，血球收缩成镰刀状，细胞脆弱而发生溶血。这个例子说明，蛋白质的一级结构是蛋白质行使功能的基础，甚至只要有一个氨基酸的改变就能引起功能的改变或丧失。

2. 同功能蛋白质中氨基酸顺序的种属差异

有些蛋白质存在于不同的生物体中，但具有相同的生物学功能，这些蛋白质被称为同功能蛋白质或同源蛋白质。研究发现，不同种属的同一种蛋白质其一级结构上有些变化，这就是所谓的种属差异。

3. 一级结构的局部断裂与蛋白质的激活

生物体中的很多酶、蛋白激素、凝血因子等蛋白质都具有重要的生物学功能，但它们在体内往往以无活性的前体形式贮存着，酶的无活性的前体称为酶原。这些酶原在体内被切去一个或几个段肽后才能被激活成有催化活性的酶。例如胃蛋白酶原，由392个氨基酸残基组成，在胃酸的作用下，酶原的第42个与第43个氨基酸间的肽键断裂，失去第42个氨基酸，从而变为有活性的胃蛋白酶，而且有活性的胃蛋白酶又可进一步去激活其他的胃蛋白酶原；又如胰蛋白酶原的激活，胰蛋白酶原进入小肠后在有Ca^{2+}的环境中受到肠激酶的激活，使酶原中赖氨酸和异亮氨酸之间的肽键被打断，失去6个氨基酸的一个肽段，使构象发生一定变化，成为有活性的胰蛋白酶。

以上例子都充分说明，每种蛋白质分子都具有特定的结构，并且都以某种特异的结构行使其特定的功能，当一级结构改变时，则丧失其功能，说明蛋白质的一级结构与功能之间有高度的统一性和相适应性。

（三）蛋白质的空间结构与功能的关系

各种蛋白质都有特定的构象，而这种构象是与它们各自的功能相适应的。蛋白质的空间结构对于表现其生物功能也是十分重要的。当蛋白质空间结构遭到破坏时，它的生物学功能也随之丧失。以下两例可充分说明蛋白质的空间结构对其功能的重要性。

1. 核糖核酸酶的变性与复性

核糖核酸酶的功能是水解核糖核酸，其分子中含有124个氨基酸残基，一条肽链经不规则折叠形成一个近似于球形的分子。维持核糖核酸酶构象稳定的因素除了次级键外还有4对二硫键。如果将天然的核糖核酸酶在8 mol/L的脲中用巯基乙醇处理，则分子中的4对二硫键被破坏，球状分子变成一条松散的多肽链，同时酶活性完全丧失。但如果用透析法除去脲（变性剂）和巯基乙醇后，此酶经氧化又可自发地折叠成原来的天然构象，因为二硫键又重新形成，并且酶活性又可以恢复。此实验说明，蛋白质的变性是可逆的，同时也说明，蛋白质分子多肽链的氨基酸排列顺序包含了自动形成正确的空间构象所需要的全部信息，蛋白质的特定的空间结构是其特有的生物功能的基础。

2. 蛋白质的变构现象

一些蛋白质由于受某些因素的影响，其一级结构不变而空间结构发生变化，导致其生物学功能的改变，称为蛋白质的变构现象或别构现象。变构现象是蛋白质表现其生物学功能的一种普遍而十分重要的现象，也是调节蛋白质生物功能极为有效的方式，例如血红蛋白就是典型的例子。

五、蛋白质的重要性质

(一) 蛋白质的两性性质和等电点

蛋白质是由氨基酸组成的，在其分子表面带有很多可解离基团，如羧基、氨基、酚羟基、咪唑基、胍基等。此外，在肽链两端还有游离的 α-氨基和 α-羧基，因此蛋白质是两性电解质，可以与酸或碱相互作用。溶液中蛋白质的带电状况与其所处环境的pH有关。当溶液在某一特定的pH条件下，蛋白质分子所带的正电荷数与负电荷数相等，即净电荷为零，此时蛋白质分子在电场中不移动，这时溶液的pH称为该蛋白质的等电点，此时蛋白质的溶解度最小。由于不同蛋白质的氨基酸组成不同，所以都有其特定的等电点，在同一pH条件下所带净电荷不同。如果蛋白质中碱性氨基酸较多，则等电点偏碱，如果酸性氨基酸较多，等电点偏酸。酸碱氨基酸比例相近的蛋白质其等电点大多为中性偏酸，约在5.0左右。

带电质点在电场中向相反电荷的电极移动，这种现象称为电泳。由于蛋白质在溶液中解离成带电的颗粒，因此可以在电场中移动，移动的方向和速度取决于所带净电荷的正负性和所带电荷的多少以及分子颗粒的大小和形状。由于各种蛋白质的等电点不同，所以在同一pH溶液中带电荷不同，在电场中移动的方向和速度也各不相同，根据此原理就可利用电泳的方法将混合的各种蛋白质分离开。

(二) 蛋白质的胶体性质

蛋白质是生物大分子，蛋白质溶液是稳定的胶体溶液，具有胶体溶液的特征，其中电泳现象和不能透过半透膜现象对蛋白质的分离纯化都是非常有用的。蛋白质之所以能以稳定的胶体存在主要是由于：① 蛋白质分子大小已达到胶体质点范围(颗粒直径在1～100 nm之间)，具有较大表面积。② 蛋白质分子表面有许多极性基团，这些基团与水有高度亲和性，很容易吸附水分子。实验证明，每1 g蛋白质大约可结合0.3～0.5 g的水，从而使蛋白质颗粒外面形成一层水膜。由于这层水膜的存在，使得蛋白质颗粒彼此不能靠近，增加了蛋白质溶液的稳定性，阻碍了蛋白质胶体从溶液中聚集、沉淀出来。③ 蛋白质分子在非等电状态时带有同性电荷，即在酸性溶液中带有正电荷，在碱性溶液中带有负电荷。由于同性电荷互相排斥，所以使蛋白质颗粒互相排斥，不会聚集沉淀。

蛋白质的胶体性质具有重要的生理意义。在生物体中，蛋白质与大量水结合形成各种流动性不同的胶体系统，如细胞的原生质就是一个复杂的胶体系统。生命活动的许多代谢反应即在此系统中进行。

如果这些稳定因素被破坏，蛋白质的胶体性质就会被破坏，从而产生沉淀作用。所谓蛋白质的沉淀作用是指在蛋白质溶液中加入适当试剂，破坏了蛋白质的水化膜或中和了其分子表面的电荷，从而使蛋白质胶体溶液变得不稳定而发生沉淀的现象。下列方法可使蛋白质产生沉淀并可有效地用于蛋白质的分离。

1. 盐析

在蛋白质溶液中加入一定量的中性盐(如硫酸铵、硫酸钠、氯化钠等)使蛋白质溶解度降低并沉淀析出的现象称为盐析(salting out)。这是由于这些盐类离子与水的亲和性大，又是强电解质，可与蛋白质争夺水分子，破坏蛋白质颗粒表面的水膜。另外，大量中和蛋白质颗粒上的电荷，使蛋白质成为既不含水膜又不带电荷的颗粒而聚集沉淀。盐析时所需的盐浓度称为盐析浓度，用饱和百分比表示。由于不同蛋白质的分子大小及带电状况各不相同，所以盐析所需的盐浓度不同。因此，可以通过调节盐浓度使混合液中几种不同蛋白质分别沉淀析出，从而达到分离的目的，这种方法称为分段盐析。硫酸铵是最常用来盐析的中性盐。

另外，当在蛋白质溶液中加入中性盐的浓度较低时，蛋白质溶解度会增加，这种现象称为盐溶(salting in)，这是由于蛋白质颗粒上吸附某种无机盐离子后，使蛋白质颗粒带同种电荷而相互排斥，并且与水分子的作用加强，从而溶解度增加。

2. 调 pH 至等电点

当蛋白质溶液处于等电点 pH 时，蛋白质分子主要以两性离子形式存在，净电荷为零，此时蛋白质分子失去同种电荷的排斥作用，极易聚集而发生沉淀。

3. 有机溶剂

有些与水互溶的有机溶剂如甲醇、乙醇、丙酮等可使蛋白质产生沉淀，这是由于这些有机溶剂和水的亲和力大，能夺取蛋白质表面的水化膜，从而使蛋白质的溶解度降低并产生沉淀。此法也可用于蛋白质的分离、纯化。

以上方法分离制备得到的蛋白质一般仍保持天然蛋白质的生物活性，将其重新溶解于水仍然能成为稳定的胶体溶液。但用有机溶剂来沉淀分离蛋白质时，需在低温下进行，在较高温度下进行会破坏蛋白质的天然构象。

4. 重金属盐

当蛋白质溶液的 pH 大于其等电点时，蛋白质带负电荷，可与重金属离子(如 Cu^{2+}、Hg^{2+}、Pb^{2+}、Ag^{+}等)结合形成不溶性的蛋白盐而沉淀。

5. 生物碱试剂

生物碱是植物组织中具有显著生理作用的一类含氮的碱性物质。能够沉淀生物碱的试剂称为生物碱试剂。生物碱试剂都能沉淀蛋白质，如单宁酸、苦味酸、三氯乙酸等都能沉淀生物碱。因为一般生物碱试剂都为酸性物质，而蛋白质在酸性溶液中带正电荷，所以能和生物碱试剂的酸根离子结合形成溶解度较小的盐类而沉淀。

六、具有催化功能的蛋白质——酶

(一) 酶的概念

酶是生物体活细胞产生的具有催化活性的蛋白质，是生物催化剂。近年来发现一些核糖核酸物质(RNA)也表现出一定的催化活性，目前，对于此类有催化活性的核糖核酸，英文定名为 ribozyme，国内译为“核酶”或“类酶核酸”。除了核酶外，细胞中所有的具有催化功能的酶都是蛋白质。它们的催化活性依赖于其完整的天然构象，如果酶发生变性或其亚基发生解离，酶的催化活性往往也随之丧失。

按照所催化的反应性质，酶分为六大类，即氧化还原酶类、转移酶类、水解酶类、裂合酶类、异构酶类和合成酶类。按照化学组成，酶可分为简单蛋白酶和结合蛋白酶两大类。如脲酶、蛋白酶、淀粉酶、脂肪酶、核糖核酸酶等一般水解酶都属于简单蛋白酶，这些酶的活性仅仅取决于它们的蛋白质结构，酶只由氨基酸组成，不含其他成分。而像转氨酶、乳酸脱氢酶、碳酸酐酶及其他氧化还原酶类等均属结合蛋白酶，这些酶除了蛋白质组分外，还含对热稳定的非蛋白小分子物质。前者称为酶蛋白，后者称为辅因子。酶蛋白与辅因子单独存在时，均无催化活力。只有二者结合成完整的分子时，才具有酶活力，此完整的酶分子称为全酶。

全酶 = 酶蛋白 + 辅因子

酶的辅因子有的是金属离子，有的是小分子有机化合物。有时这两者对酶的活性都是需要的。通常将这些小分子有机化合物称为辅酶或辅基。金属在酶分子中，或者作为酶活性中心部位的组成成分，或者帮助形成酶活性所必需的构象。酶蛋白以自身侧链上的极性基团，通过反应以共价键、配位键或离子键与辅因子结合。通常把与酶蛋白结合比较松、容易脱离酶蛋白、可用透析法除去的小分子有机物称为辅酶；而把那些与酶蛋白结合比较紧、用透析法不易除去的小分子物质称为辅基。辅酶和辅基并没有什么本质上的差别，二者之间也无严格的界限，只不过它们与酶蛋白结合的牢固程度不同而已。

在全酶的催化反应中，酶蛋白与辅因子所起的作用不同，酶蛋白本身决定酶反应的专一性及高效性，而辅因子直接作为电子、原子或某些化学基团的载体起传递作用，参与反应并促进整个催化过程。通常一种酶蛋白只能与一种辅酶结合，组成一个酶，作用一种底物，向着一个方向进行化学反应。而一种辅酶，则可以与若干种酶蛋白结合，组成为若干个酶，催化若干种底物发生同一类型的化学反应。如乳酸脱氢酶的酶蛋白，只能与 NAD^+ 结合，组成乳酸脱氢酶，使底物乳酸发生脱氢反应。但可以与 NAD^+ 结合的酶蛋白则有很多种，如乳酸脱氢酶、苹果酸脱氢酶及磷酸甘油脱氢酶中都含 NAD^+，能分别催化乳酸、苹果酸及磷酸甘油发生脱氢反应。由此也可看出，酶蛋白决定了反应底物的种类，即决定该酶的专一性，而辅酶(基)决定底物的反应类型。另外，某些酶蛋白还会发生糖基化、磷酸化等共价修饰作用，它们通常对酶活性起调节作用。

在酶的概念中，强调了酶是生物体活细胞产生的，但在许多情况下，细胞内生成的酶，可以分泌到细胞外或转移到其他组织器官中发挥作用。通常把由细胞内产生并在细胞内部起作用的酶称为胞内酶，而把由细胞内产生后分泌到细胞外面起作用的酶称为胞外酶。胞外酶一般主要是水解酶类，如淀粉酶、脂肪酶、人体消化道中的各种蛋白酶都属胞外酶。水解酶类以外的其他酶类都属胞内酶。

在生物化学中，常把由酶催化进行的反应称为酶促反应。在酶的催化下，发生化学变化的物质称为底物，反应后生成的物质称为产物。

(二) 酶的催化特点

酶作为生物催化剂和一般催化剂相比，在许多方面是相同的，如用量少而催化效率高。和一般催化剂一样，酶仅能改变化学反应的速度，并不能改变化学反应的平衡点，酶在反应前后本身不发生变化，所以在细胞中相对含量很低的酶在短时间内能催化大量的底物发生变化，体现酶催化的高效性。酶可降低反应的活化能，但不改变反应过程中自由能的变化(ΔG)，因而使反应速度加快，缩短反应到达平衡的时间，但不改变平衡常数。

酶的催化作用与一般催化剂相比，又表现出特有的特征。

1. 酶催化的高效性

酶的催化活性比化学催化剂的催化活性要高出很多。如过氧化氢酶(含 Fe^{2+})和无机铁离子都催化过氧化氢发生如下的分解反应：

$$H_2O_2 \longrightarrow H_2O + \frac{1}{2}O_2$$

实验得知，1 mol 的过氧化氢酶，1 min 内可催化 5×10^6 mol 的 H_2O_2 分解。同样条件下，1 mol 的化学催化剂 Fe^{2+}，只能催化 6×10^{-4} mol 的 H_2O_2 分解。二者相比，过氧化氢酶的催

化效率大约是 Fe^{2+} 的 10^{10} 倍。

酶催化效率的高低可用转换数的概念来表示。转换数是指底物浓度足够大时，每分钟每个酶分子能转换底物的分子数，即催化底物发生化学变化的分子数。根据上面介绍的数据，可以算出过氧化氢酶的转换数为 5×10^{6}。大部分酶的转换数在 1 000 左右，最大的可达 10^{6} 以上。

2. 酶催化的高度专一性

一种酶只能作用于某一类或某一种特定的物质，这就是酶催化的专一性。如糖苷键、酯键、肽键等都能被酸碱催化而水解，但水解这些化学键的酶却各不相同，分别为相应的糖苷酶、酯酶和肽酶，即它们只有分别被具有专一性的酶作用才能水解。

3. 酶催化的反应条件温和

酶促反应一般要求在常温、常压、中性酸碱度等温和的条件下进行。因为酶是蛋白质，在高温、强酸、强碱等环境中容易失去活性。由于酶对外界环境的变化比较敏感，容易变性失活，在应用时，必须严格控制反应条件。

4. 酶活性的可调控性

与化学催化剂相比，酶催化作用的另一个特征是其催化活性可以自动调控。生物体内进行的化学反应，虽然种类繁多，但非常协调有序。底物浓度、产物浓度以及环境条件的改变，都有可能影响酶催化活性，从而控制生化反应协调有序的进行。任一生化反应的错乱与失调，必将造成生物体产生疾病，严重时甚至死亡。生物体为适应环境的变化，保持正常的生命活动，在漫长的进化过程中，形成了自动调控酶活性的系统。酶的调控方式很多，包括抑制剂调节、反馈调节、共价修饰调节、酶原激活及激素控制等。

5. 酶催化的活性与辅酶、辅基和金属离子有关

有些酶是复合蛋白质，其中的小分子物质辅酶、辅基及金属离子与酶的催化活性密切相关。若将它们除去，酶就失去活性。

总之，酶催化的高效性、专一性以及温和的作用条件使酶在生物体新陈代谢中发挥强有力的作用，酶活性的调控使生命活动中的各个反应得以有条不紊地进行。

七、酶的作用机理

（一）酶的活性中心

1. 活性中心的概念

酶催化反应对生命系统极为重要。在细胞内环境条件下，如果没有酶催化，许多反应进行得会很慢，有些则根本不可能进行。如食物的分解反应、神经信号的传递、肌肉收缩等反应，没有酶的催化都不可能以恰当的速率进行。而在有酶催化反应的时候，酶分子能为反应提供一个特殊的环境，使反应迅速地进行。这是因为酶是生物大分子，其分子体积比底物分子体积要大得多。在反应过程中酶与底物接触结合时，只是酶分子的少数基团或较小的部位参与。酶分子中直接与底物结合，并催化底物发生化学反应的部位，称为酶的活性中心。酶活性中心通常将底物分子包裹，使其完全与溶液隔离，形成酶—底物复合物。

2. 催化部位和结合部位

从功能上看，可以认为活性中心有两个功能部位，一是与底物结合的结合部位，决定酶对底物的专一性；二是催化底物发生键的断裂及新键形成的催化部位，决定酶促反应的类型，即酶的催化性。

3. 必需基团

从形体上看，活性中心往往是酶分子表面上的一个凹穴；从结构上讲，如果是单纯蛋白酶，其活性中心通常由酶分子中几个氨基酸残基侧链上的极性基团组成。构成酶的活性中心的氨基酸有天冬氨酸(Asp)、谷氨酸(Glu)、丝氨酸(Ser)、组氨酸(His)、半胱氨酸(Cys)、赖氨酸(Lys)等，它们的侧链上分别含有羧基、羟基、咪唑基、巯基、氨基等极性基团。这些基团若经化学修饰(如氧化、还原、酰化、烷化等)发生改变，则酶的活性丧失，这些基团就称为必需基团。对于需要辅因子的结合蛋白酶来说，辅酶(或辅基)分子或其分子上某一部分结构往往也是活性中心的组成部分。

构成酶活性中心的几个氨基酸，虽然在一级结构上并不紧密相邻，可能相距很远，甚至可能在不同的肽链上，但由于肽链的折叠与盘绕使它们在空间结构上彼此靠近，形成具有一定空间结构的位于酶分子表面的、呈裂缝状的小区域。

活性中心的基团都是必需基团，但是必需基团还包括那些在活性中心以外的、对维持酶空间构象必需的基团。因此酶分子其他部分的作用对于酶催化来说，可能是次要的，但绝不是毫无意义的，它们至少为酶活性中心的形成提供了结构基础。所以酶的活性中心与酶蛋白空间构象完整性之间，是辩证统一的关系。当酶以具有催化活性的构象存在时，活性中心便自然地形成。一旦外界理化因素破坏了酶的构象，肽链伸展，活性中心的特定结构解体，酶就失去催化底物发生反应的能力，结果是酶变性失活。

(二) 酶与底物分子的结合

1. 中间产物学说

关于酶是如何降低活化能，加快应效率，目前比较圆满的解释是中间产物学说。早在1880年，孚兹(Wurtz)为了说明酶催化作用的机理，提出了酶促反应的中间产物学说：酶在催化底物发生变化之前，酶(E)首先与底物(S)结合成一个不稳定的中间产物ES(也称为中间络合物)。由于底物(S)与酶(E)的结合导致底物分子内的某些化学键发生不同程度的变化，呈不稳定状态，也就是其活化状态，使反应的活化能降低。然后，经过原子间的重新键合，中间产物ES便转变酶和产物的复合物EP，EP最终转变为酶(E)与产物(P)。这一过程，可用下面的反应式说明：

$$S+E \longrightarrow ES \longrightarrow E+P$$

活化能是化学反应中的能障，它对于生命而言有着重要意义。对于任何一个化学反应，它的反应速率都是随着能障的降低而加快。如果没有能障的存在，那么复杂的大分子将会自发转变成小分子，细胞中复杂的高度有序的结构和代谢也将不复存在。所以酶在进化的历程中产生的降低反应活化能的性质，是细胞的生存所必需的。

虽然中间产物学说能较好地说明酶催化作用的机理，但在过去很长时间内，无一人从酶促反应体系中，分离得到所设想的中间产物。原因是中间产物很不稳定，存在的时间非常短暂，形成后迅即分解为产物与酶。

随着科学技术的发展，目前已有多种办法间接证明中间产物的客观存在，最简便的是观察反应过程中吸收光谱的变化。例如，过氧化物酶催化下面的反应：

$$H_2O_2+AH_2 \xrightarrow{\text{过氧化物酶}} 2H_2O+A$$

过氧化物酶的水溶液，在645、583、548、498 nm处有四条吸收带。当向此种酶的溶液中

加入 H_2O_2 后，上述四条吸收带瞬即消失，接着在 561 nm、530.5 nm 处出现两条新带，据判断，这两条新带就是酶与 H_2O_2 结合成中间产物后的特征带。若向这个体系中再加入氢的供体(AH_2)，两条新带消失，又恢复了原来的四条吸收带。

除了间接证据之外，还有直接证据证明中间产物的存在。比如，用电子显微镜可以直接看到核酸和它的聚合酶形成的络合物。

2. 锁钥学说

已经知道，酶在催化化学反应时要和底物形成中间络合物。但是酶和底物如何结合成中间络合物？又如何完成其催化作用？

酶对它所作用的底物有着严格的选择性。它只能催化一定结构或一些结构近似的化合物发生反应。于是有学者认为酶和底物结合时，底物分子或底物分子的一部分像钥匙那样，专一地楔入到酶的活性中心部位，底物的结构必须和酶活性中心的结构非常吻合，也就是说底物分子进行化学反应的部位与酶分子上有催化效能的必需基团间具有紧密互补的关系，这样才能紧密结合形成中间络合物。这就是 1890 年由菲舍尔(Fischer)提出的"锁钥学说"(lock and key theory)(见图 2-10)。锁钥学说属于刚性模板学说，可以较好地解释酶的立体专一性。

从图中可看出，酶和底物的三点结合决定了酶的立体专一性。

锁钥学说虽然说明了酶与底物结合成中间产物的可能性及酶对底物的专一性，但有些问题是这个学说所不能解释的，如对于可逆反应，酶常常能够催化正逆两个方向的反应，很难解释酶活性中心的结构与底物和产物的结构都非常吻合，因此"锁钥学说"把酶的结构看成是固定不变是不切实际的。

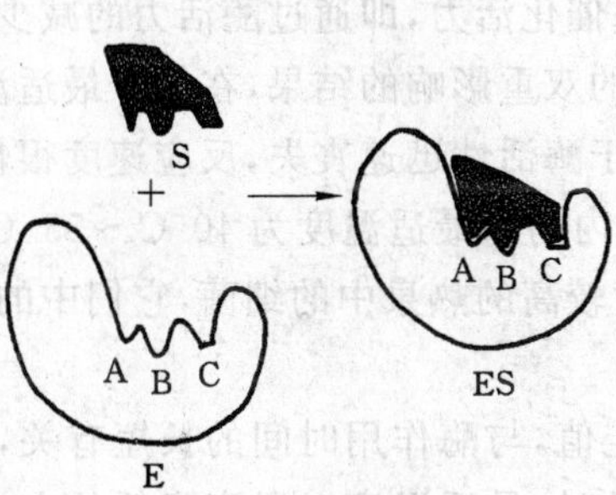

图 2-10 酶与底物锁钥结合

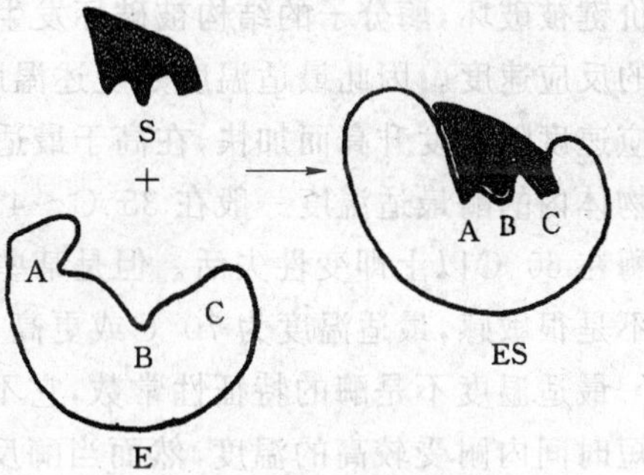

图 2-11 酶的诱导契合

3. 诱导契合学说

近年来，大量的实验证明，酶和底物在游离状态时，其形状并不精确的互补。但酶的活性中心不是僵硬的结构，它具有一定的柔性。当底物与酶相遇时，可诱导酶蛋白的构象发生相应的变化，使活性中心上有关的各个基团达到正确的排列和定向，因而使酶和底物契合而结合成中间络合物，并引起底物发生反应。这就是 1958 年由库什兰德(Koshland)提出的"诱导契合学说"(induced-fit theory)(见图 2-11)。后来，对羧肽酶等进行 X 射线衍射研究的结果也有力地支持了这一学说。

应当说诱导是双向的，既有底物对酶的诱导，又有酶对底物的诱导。由于酶是大分子，可以转动的化学键多，易变形；而底物多是小分子物质，可供选择的构象有限，故底物对酶的诱导是主要的。

酶与底物的结合是包括多种化学键参加的反应。酶蛋白分子中的共价键、氢键、酯键、偶极电荷都能作为酶与底物间的结合力。

(三)影响酶促反应速度的因素

生物体进行的新陈代谢都是在酶的催化下发生的物质代谢和能量代谢,而酶催化的反应速度是非常重要的。在活细胞中一个合成反应必须以足够快的速度满足细胞对反应产物的需要。而有毒的代谢产物也必须以足够快的速度进行排除,以免积累到损伤细胞的水平。若需要的物质不能以足够快的速度提供,而有害的代谢产物不能以足够快的速度排走,势必将造成代谢紊乱。因此研究酶反应速度不仅可以阐明酶反应本身的性质,了解生物体内正常的和异常的新陈代谢,而且还可以在体外寻找最有利的反应条件来最大限度地发挥酶反应的高效性。

生物体内进行的酶促反应中除了底物浓度影响反应速度外,任何能改变酶分子三维结构的物理化学因子,如温度、pH 值、离子浓度、激活剂和抑制剂等对反应速度都会产生影响。

1. 温度对酶促反应速度的影响

温度对酶促反应速度的影响很大,表现为双重作用:① 与非酶的化学反应相同,当温度升高,活化分子数增多,酶促反应速度加快,对许多酶来说,温度系数 Q_{10} 多为 1～2,也就是说每增高反应温度 10 ℃,酶反应速度增加 1～2 倍。这主要是由于随着温度的升高,酶分子中的原子运动加剧,部分维持蛋白质三维结构稳定的力(如氢键和疏水作用等)受到破坏,蛋白质分子变得更加灵活,易于与底物分子诱导契合形成中间复合物,从而加快反应速率。② 由于酶是蛋白质,随着温度进一步升高,酶分子中的原子运动变得非常剧烈,大部分的非共价键被破坏,酶分子的结构被破坏发生变性而失去催化活力,即通过酶活力的减少而降低酶的反应速度。因此最适温度是上述温度对酶反应的双重影响的结果,在低于最适温度时,反应速度随温度升高而加快,在高于最适温度时,由于酶活性迅速丧失,反应速度很快下降。动物体内的酶最适温度一般在 35 ℃～45 ℃,植物体内的酶最适温度为 40 ℃～55 ℃。大部分酶在 60 ℃以上即变性失活。但是某些生活在温度较高的热泉中的细菌,它们中的酶对温度不是很敏感,最适温度为 70 ℃或更高。

最适温度不是酶的特征性常数,它不是一个固定值,与酶作用时间的长短有关,酶可以在短时间内耐受较高的温度,然而当酶反应时间较长时,最适温度向温度降低的方向移动。因此,严格地讲,仅仅在酶反应时间已经规定了的情况下,才有最适温度。在实际应用中,将根据酶促反应作用时间的长短,选定不同的最适温度。如果反应时间比较短暂,反应温度可以略高一些,这样,反应可迅速完成;若反应进行的时间很长,反应温度就要略低一点,低温下,酶发挥作用的时间就长一些。

2. pH 值对酶促反应速度的影响

酶促反应速度与体系的 pH 值有密切关系。绝大部分酶的活力受其环境的 pH 影响,在一定 pH 下,酶反应具有最大速度,高于或低于此值,反应速度下降,通常将酶表现最大活力时的 pH 值称为酶反应的最适 pH(optimum pH)。pH 影响酶促反应速度的原因:① 蛋白质中氨基酸间的静电引力,是维持其构象稳定的一种重要的力。蛋白质分子中静电引力的强弱,很大程度上受到酶溶液中氢离子浓度的影响。如果溶液中氢离子浓度发生改变,蛋白质中带正电荷和带负电荷的氨基酸的比例也会改变,从而影响酶蛋白的构象,使酶变性失活。

② pH影响酶分子侧链上极性基团的解离，改变它们的带电状态，从而影响酶和底物分子的结合和解离。在最适pH时，酶分子上活性中心上的有关基团的解离状态最适于与底物结合，pH高于或低于最适pH时，活性中心上的有关基团的解离状态发生改变，酶和底物的结合力降低，因而酶反应速度降低。③ pH也会影响底物分子的解离，只有在最适pH时，酶和底物的结合与解离才达到最完美的平衡，此时反应速度最大。基于上述原因，pH的改变，会影响酶与底物的结合，影响中间产物的生成，从而影响酶反应速度。

最适pH有时因底物种类、浓度及缓冲液成分不同而不同。因此，酶的最适pH并不是一个常数，只有在一定条件下才有意义。动物体内的酶，最适pH大多在6.8～8.0之间；植物及微生物体内的酶，最适pH多在4.5～6.5之间。但也有例外，有些酶在非常酸的环境中依然能保持其天然的三维构象，能够正常发挥其生物功能，如胃液中分解蛋白质的胃蛋白酶，它的最适pH在2.0左右；有些酶则可以在碱性非常强的条件下发挥作用，如精氨酸酶（肝脏中）的最适pH为9.7。

应该指出，在酶促反应进行的过程中，溶液的pH值会随着反应的进行与体系中成分的改变而发生变动，因此在酶的提纯或应用中测定酶活力时，必须保持恒定pH值，在实际操作中多在缓冲液体系中进行。

3. 激活剂和抑制剂对酶促反应速度的影响

某些物质能特异地与酶结合，导致酶的构象发生改变，使酶的活性发生变化。细胞可通过这些物质来调节一个特定时期内哪些酶被激活哪些酶被失活，从而提高细胞的工作效率，并对细胞的发育过程进行代谢调控。

(1) 激活剂

那些与酶结合并能提高酶活性的物质，被称为激活剂(activator)，其中大部分是离子或简单的有机化合物。激活剂按分子大小可分为以下三类。

① 无机离子

有阳离子，如K^+、Na^+、Mg^{2+}、Zn^{2+}、Fe^{2+}、Ca^{2+}等，其中Mg^{2+}是多种激酶及合成酶的激活剂；也有阴离子，如经透析获得的唾液淀粉酶活性不高，加入Cl^-离子后则活性增高，故Cl^-是唾液淀粉酶的激活剂。金属离子作为激活剂的作用：一是作为酶的辅因子，是酶的组成成分，在分离提纯中常被丢失；二是在酶与底物的结合中起桥梁作用。

② 中等大小的有机分子

某些还原剂，如半胱氨酸、还原型谷胱甘肽、抗坏血酸等能激活某些酶，使含巯基酶中被氧化的二硫键还原成巯基，从而提高酶活性，如木瓜蛋白酶及*D*-3-磷酸甘油醛脱氢酶。

③ 具有蛋白质性质的大分子

这类激活剂专指可对某些无活性的酶原起作用的酶。

活性的酶原→有活性的酶

在酶的提取或纯化过程中，酶会因为金属离子激活剂丢失或活性基团巯基被氧化而活性降低，因此要注意补充金属离子激活剂或加入巯基乙醇等还原剂，使酶恢复活性。

(2) 抑制剂

凡是那些与酶结合，导致酶活性降低甚至完全丧失的物质，都被称为抑制剂。细胞内某个代谢途径的终端产物，一般是其前面反应的抑制剂，这种抑制称为反馈抑制。抑制剂只能使酶的催化活性降低或丧失，而不引起酶蛋白变性的作用称为抑制作用。酶蛋白变性而引起酶活力丧失的作用称为变性作用，又称失活作用。所以抑制作用与变性作用是不同的。

根据抑制剂与酶的作用方式可将抑制作用分为可逆的与不可逆的两大类。

① 不可逆的抑制作用

抑制剂与酶的结合是一不可逆反应。抑制剂与酶分子的活性中心的某些必需基团以比较牢固的共价键相结合，这种结合不能用简单的透析、超滤等物理方法解除抑制剂而恢复酶活性，这种抑制作用称为不可逆抑制作用。

常见的不可逆抑制剂有：有机磷化合物，如二异丙基氟磷酸(DIFP)、1605、敌百虫，它们都能与胰凝乳蛋白酶或乙酰胆碱酯酶活性中心处的丝氨酸残基上的羟基以共价键牢固结合，因而抑制酶活性。

在农业上，抑制作用常被用于设计开发新型农药，如敌百虫、敌敌畏、乐果等有机磷农药能专一地抑制乙酰胆碱酯酶的活力，因而使昆虫体内大量积累乙酰胆碱影响神经传导失去知觉而死亡。除有机磷化合物之外，有机汞、有机砷化合物、碘乙酸、碘乙酰胺对含巯基酶是不可逆的抑制剂。常用碘乙酸等作鉴定酶中是否存在巯基的特殊试剂。

② 可逆的抑制作用

抑制剂与酶非共价的可逆结合，可用透析、过滤等物理方法除去抑制剂而恢复酶的活力，这种抑制作用叫做可逆的抑制作用。

第四节　核　酸

核酸是生物特有的重要的大分子化合物，广泛存在于各类生物细胞中。在细胞的代谢过程中，有着广泛的生理功能。“种瓜得瓜，种豆得豆”的遗传现象即源于核酸上所携带的遗传信息。核酸的组成单位——核苷酸是生物体内各种生物化学成分代谢转换过程中的能量“货币”(如ATP)；还是一系列酶的辅助因子和代谢中间体。环化核苷酸(如cAMP)是激素及其他细胞外刺激的化学信号和细胞反应之间的化学转换器，被誉为生物体的第二信使。核酸是贮存遗传信息的DNA(脱氧核糖核酸)和RNA(核糖核酸)分子的基本结构单位。细胞中蛋白质的结构、各种生物分子以及细胞中所有成分，都是由编码在DNA分子中的信息控制合成的。而且DNA分子中的遗传信息，可以由上一代传递给下一代，是生命存在的基础。

一、核酸作为遗传物质的证明

(一) 格里菲思的转化实验

核酸的生物学作用是在发现核酸以后50多年才被证明的。1928年英国著名的微生物学家格里菲思(Griffith)做了一个非常著名的实验，证明遗传信息可以在生物体之间相互传递。他首先向老鼠体内注射有毒的肺炎双球菌(S型，有荚膜，菌落光滑)菌株，结果老鼠死于血液中毒。他从有毒的肺炎双球菌中分离到一株突变菌株(R型，无荚膜，菌落粗糙)，这种菌株缺少有毒菌株的多糖荚膜，把这种菌株注射到老鼠体内时，不会引起老鼠死亡。为了验证S型菌株的毒性是否是由多糖荚膜引起的，格里菲思将杀死的S型菌株注射到老鼠体内，结果老鼠能健康地存活。作为对照，他把杀死的S型菌株和活的无毒的R型菌株的混合物注射给老鼠，令人惊奇的是大部分的老鼠发生中毒死亡，死亡比例远高于突变频率，而且死亡老鼠的血液中都含有大量的S型菌株。这些混合物中的S型菌株的合成多糖荚膜的性状，不知道通过什么方式转移给了R型菌株，使R型变成S型并获得致病力。但是它们之间传递是什么物质，当时人们并不清楚。

直到1944年，艾弗里(Avery)和他的同事通过实验才证明这种能引起性状发生转变的物质是DNA，这时核酸是主要遗传物质的地位才被确立。他们的实验方案是，首先制备死的S型菌株和活的R型菌株的混合物，接着利用各种实验方法尽可能地除去制备样品中的蛋白质组分，最后的纯度为99.98%。尽管样品中几乎所有的蛋白质都被去除，但是转化活性并没有降低，通过化学分析发现转化物质的性质与DNA相似。因此他们得出的结论，导致肺炎双球菌发生转化的物质是DNA，而不是蛋白质，DNA是负责遗传信息传递的物质。

(二) 噬菌体感染实验

然而当时大多数生物学家都还认为DNA只是简单的聚合物，蛋白质才是遗传物质。直到1952年，赫尔希(Hershey)和蔡斯(Chase)所做的噬菌体感染实验，进一步证明了DNA就是遗传物质，这时DNA是遗传物质才被人们普遍接受。噬菌体是一种感染细菌的病毒，跟其他的病毒一样，也是由蛋白质外壳包裹DNA或RNA形成的颗粒物。当裂解噬菌体感染细菌时，它首先附着在细菌的表面，然后将遗传物质注射到细菌内。随后病毒接管细菌的蛋白质和核酸合成系统，在病毒遗传信息的指导下合成病毒的蛋白质和核酸，包装形成新的病毒。最后细菌的细胞壁被裂解，大量新合成的病毒被释放出来。

赫尔希和蔡斯用的病毒是T2噬菌体，它的蛋白质外壳里面包裹的是DNA而不是RNA。为鉴定病毒注射到细菌内的遗传物质是什么，他们的实验方案是分别用不同的同位素对病毒中的两种组分进行标记，然后对标记的化合物进行追踪(见图2-12)。在一个实验体系中，他们让病毒生长在含有同位素^{32}P的培养基中，结果^{32}P被整合到新合成的病毒DNA分子中。在另外一个实验体系中，病毒则生长在含^{35}S的培养基上，并且被整合到病毒新合成的外壳蛋白中。由于这两种同位素衰减时，释放的射线粒子的能量不一样，因而很容易区分。分别用这两种被标记的病毒感染大肠杆菌，然后进行剧烈的振荡，使附着在细菌表面的病毒外壳蛋白脱落。结果发现病毒注射到大肠杆菌内的物质含有^{32}P，而不含^{35}S，并且从感染的大肠杆菌释放出来的病毒中检测不到^{35}S，而在新产生的病毒中检测到了^{32}P。通过他

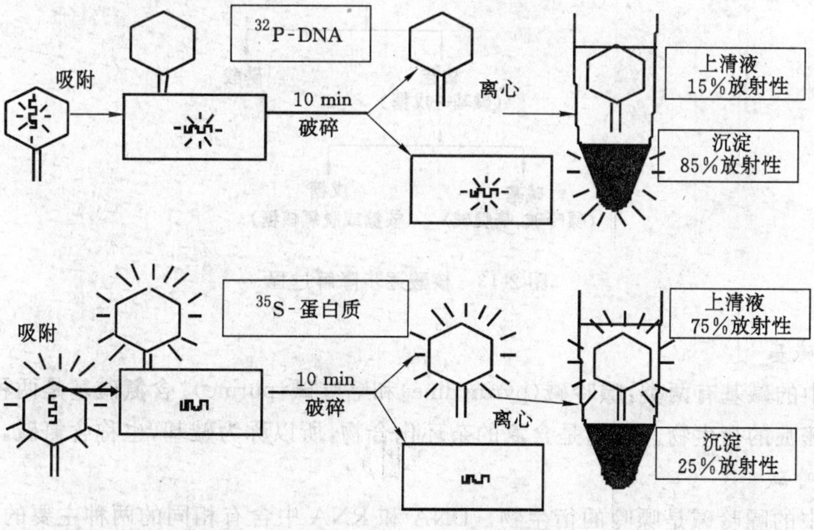

图2-12　噬菌体感染实验

们的实验证明，病毒注射到大肠杆菌内的是 DNA，而不是蛋白质，从而进一步肯定了 DNA 的遗传作用。

这些重要的早期实验和许多其他证据已经准确无误地说明 DNA 是活细胞中惟一携带全部遗传信息的载体，而不是蛋白质。1950 年以后，夏格夫(Chargaff)发现所有的 DNA 分子中，A 与 T、G 与 C 的量总是相等，称之为夏格夫定律。这一极其重要的发现，为以后沃森、克里克建立 DNA 双螺旋结构模型提供了重要依据。1953 年 DNA 双螺旋结构模型的提出，被认为是 20 世纪在自然科学中的重大突破之一。分子生物学所取得的突飞猛进的发展与 DNA 双螺旋结构模型的建立是分不开的。

20 世纪 70 年代 DNA 重组技术的出现，被认为是分子生物学的第二次革命。人们可以根据自己的意愿对 DNA 分子进行切割和连接，从而有可能创造出新的生物体。它改变了分子生物学的面貌，并导致一个新的生物技术产业群的兴起。

随着自然科学的发展，核酸的研究越来越成为生物科学的核心，带动了生物化学、分子生物学和分子遗传学乃至整个生命科学研究的发展。在此基础上发展起来的核酸操作技术正在逐步地打开控制不同生物性状的生命之谜，同时，核酸的研究也使生物技术产业获得了空前规模的发展。据统计，信息技术对世界经济的贡献比率达到 18%，而生物技术对世界经济的推动作用将不亚于信息技术。

二、核酸的化学组成

核酸分脱氧核糖核酸(DNA)和核糖核酸(RNA)两大类。所有生物细胞都含有这两类核酸。核酸分子很大，但可在酸、碱和酶的催化下逐步降解，所以可以通过分离鉴定降解的中间产物和最终产物，来分析核酸的组成成分以及这些成分之间的相互关系。核酸逐步降解过程见图 2-13。

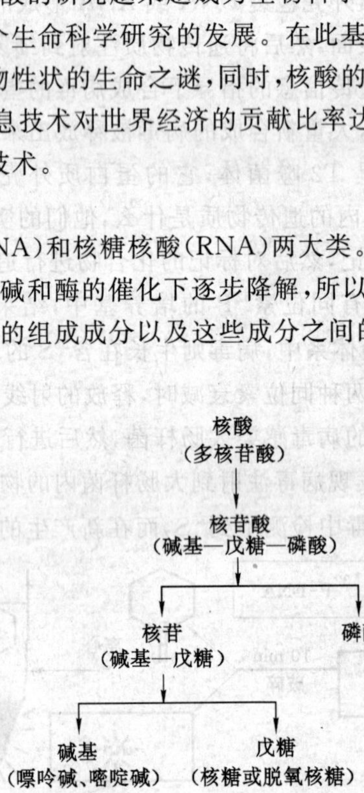

图 2-13　核酸逐步降解过程

(一) 碱基

核酸中的碱基有两类：嘌呤碱(pyrimidine)和嘧啶碱(purine)。含氮碱基是两种母体化合物嘌呤和嘧啶的衍生物。它们是含氮的杂环化合物，所以称为碱基，也称含氮碱。

1. 嘌呤碱

核酸中的嘌呤碱是嘌呤的衍生物。DNA 和 RNA 中含有相同的两种主要的嘌呤碱：腺嘌呤(adenine)和鸟嘌呤(guanine)，分别用 A 和 G 表示，其结构见图 2-14。RNA 和 DNA 均含这两种嘌呤碱基，它们是嘌呤的2位或6位碳原子上的氢被氨基或酮基取代而形成的。

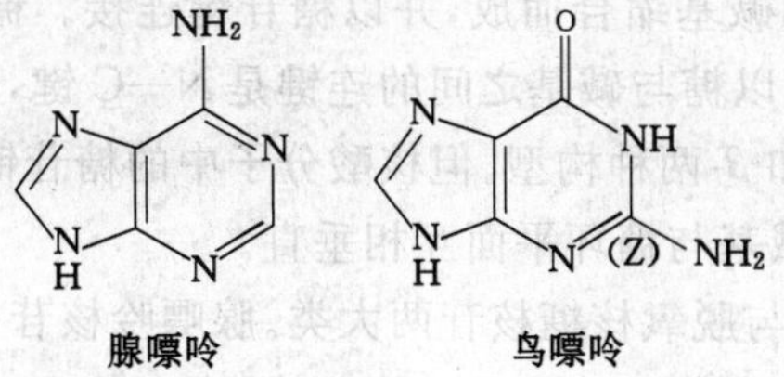

图2-14　腺嘌呤和鸟嘌呤结构

2. 嘧啶碱

核酸中的嘧啶碱是嘧啶的衍生物，有三种，即胞嘧啶(cytosine)、尿嘧啶(uracil)和胸腺嘧啶(thymine)，分别用C、U和T表示，其结构如图2-15所示。RNA中含有的是胞嘧啶和尿嘧啶，DNA中含有的是胞嘧啶和胸腺嘧啶。从结构上看，它们都是在嘧啶的2位碳原子上由酮基取代氢，在4位碳原子上由氨基或酮基取代氢而形成的。

图2-15　胞嘧啶、尿嘧啶、胸腺嘧啶结构

核酸中含氮碱基均为无色固体，熔点高，大多在200 ℃～300 ℃，在有机溶剂中溶解度很小，在水中溶解度也不大，一般溶于稀酸或稀碱。用X光衍射分析法已证明了各种嘌呤和嘧啶的三度空间结构。嘧啶是平面分子，嘌呤也很接近平面，但稍有翘折。

(二) 戊糖

核酸是按其所含戊糖不同而分为两大类的。DNA所含的戊糖是*D*-2′-脱氧核糖，RNA所含的戊糖是*D*-核糖，其结构如图2-16所示。

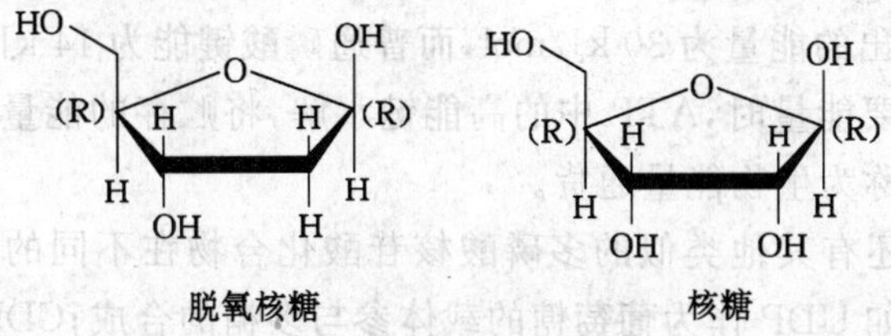

图2-16　脱氧核糖与核糖结构

(三) 磷酸

核酸是含磷的生物大分子，任何核酸都含有磷酸，所以核酸呈酸性，可与Na^+、多胺、组蛋白结合。磷酸与戊糖的C_5上的—OH脱水缩合，形成酯键。另外核酸中的磷酸参与形成3′,5′-磷酸二酯键，使核酸连成多核苷酸链。

（四）核苷

核苷(riboside)由戊糖和碱基缩合而成，并以糖苷键连接。糖环上的 $C_{1'}$ 与嘧啶碱的 N_1 或与嘌呤碱的 N_9 相连接。所以糖与碱基之间的连键是 N—C 键，称为 *N*-糖苷键。糖环中 $C_{1'}$ 是不对称碳原子，所以有 α-和 β-两种构型。但核酸分子中的糖苷键均为 β-糖苷键。应用 X 光衍射分析法证明，核苷中的碱基与糖环平面互相垂直。

核苷可以分成核糖核苷与脱氧核糖核苷两大类。腺嘌呤核苷(简称腺苷)、胞嘧啶脱氧核苷(脱氧胞苷)的结构如图 2-17 所示。

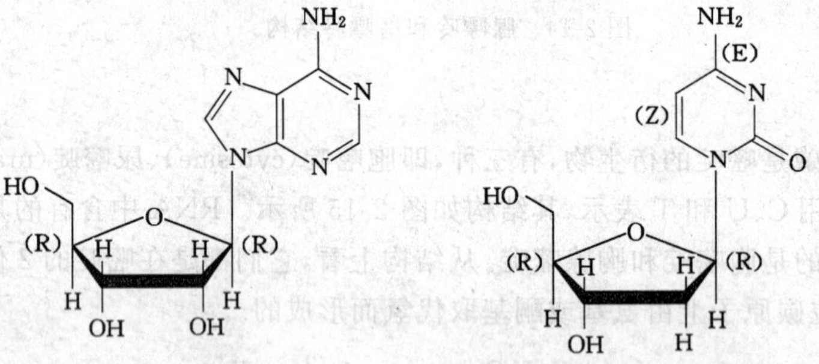

图 2-17　腺嘌呤核苷和胞嘧啶脱氧核苷结构

（五）核苷酸

核苷中的戊糖羟基被磷酸酯化，就形成核苷酸。核苷酸分成核糖核苷酸与脱氧核糖核苷酸两大类，它们之间惟一的区别在于戊糖 2′碳原子所连接的基团不同。

图 2-18 分别是组成 DNA 和 RNA 的四种核苷酸分子的结构和名称。

除了上述存在于 RNA 和 DNA 中的核苷酸外，生物体细胞中还有一些以游离形式存在的核苷酸，它们具有重要的生理功能。比如 5′-腺苷酸(adenosine monophosphate, AMP)可进一步磷酸化形成腺嘌呤核苷二磷酸(简称腺二磷，adenosine diphosphate, ADP)和腺嘌呤核苷三磷酸(简称腺三磷，adenosine triphosphate, ATP)，如图 2-19 所示。

ADP 中含有一个高能磷酸键(用"～"表示高能磷酸键)，ATP 中含有两个高能磷酸键。高能磷酸键水解时释放出的能量为 30 kJ/mol，而普通磷酸键能为 14 kJ/mol。生物获得的能量可转换成 ATP，当需要能量时，ATP 中的高能键水解，将贮存的能量释放出来，参与多种生物合成反应，ATP 也称为生物能量通货。

除 ADP、ATP 外，还有其他类似的多磷酸核苷酸化合物在不同的合成代谢中，作为相应物质活化的载体。例如 UDP 作为葡萄糖的载体参与多糖的合成；CDP 作为胆碱的载体参与磷酸的合成；各种核苷三磷酸和脱氧核苷三磷酸分别是合成 RNA 和 DNA 的前体。生物体内还有一些重要的辅酶，如烟酰胺腺嘌呤二核苷酸(NAD^+)、黄素腺嘌呤二核苷酸(FAD)等，都是核苷酸的重要衍生物。

三、脱氧核糖核酸(DNA)

DNA 广泛分布于各类生物细胞中，一般占细胞干重的 5%～15%。在真核细胞中，95%～98%的 DNA 分布于细胞核中，DNA 以与组蛋白结合成染色体的形式存在，每个染色体

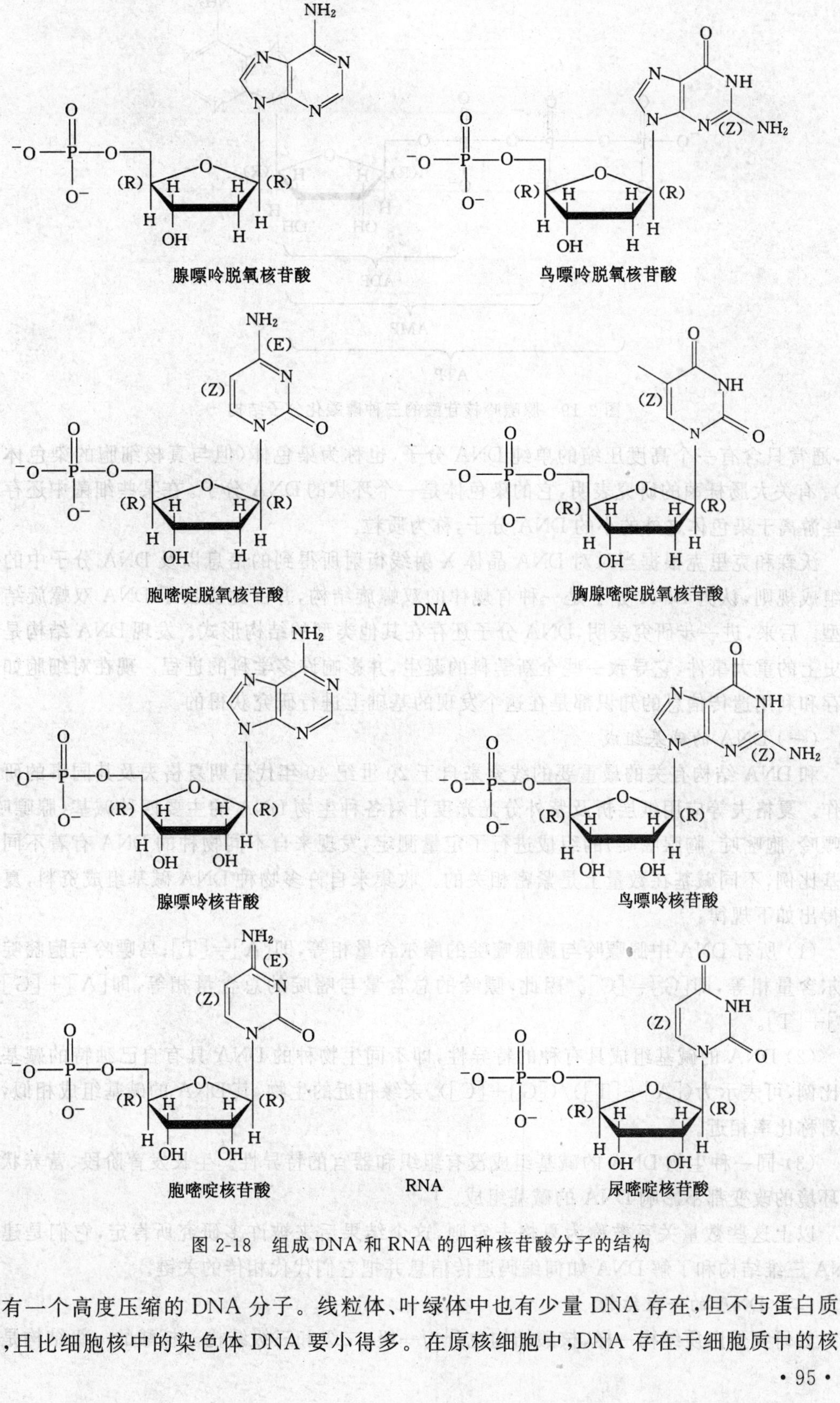

图 2-18　组成 DNA 和 RNA 的四种核苷酸分子的结构

含有一个高度压缩的 DNA 分子。线粒体、叶绿体中也有少量 DNA 存在，但不与蛋白质结合，且比细胞核中的染色体 DNA 要小得多。在原核细胞中，DNA 存在于细胞质中的核质

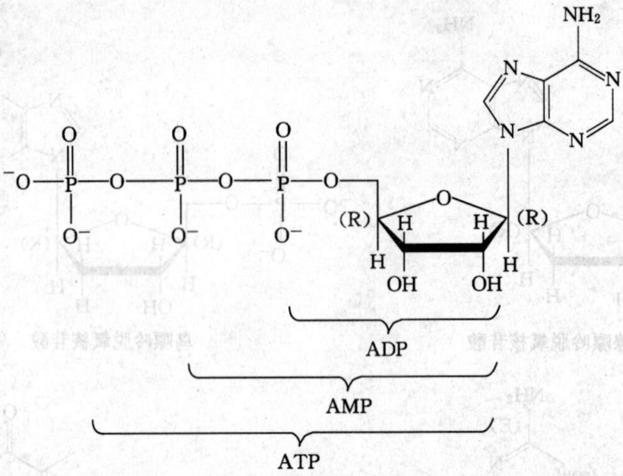

图 2-19　腺嘌呤核苷酸的三种磷酸化分子结构

区,通常只含有一个高度压缩的单纯 DNA 分子,也称为染色体(但与真核细胞的染色体不同)。有关大肠杆菌的研究表明,它的染色体是一个环状的 DNA 分子。在某些细菌中还存在一些游离于染色体之外的小的 DNA 分子,称为质粒。

沃森和克里克根据当时对 DNA 晶体 X 射线衍射所得到的信息以及 DNA 分子中的碱基组成规则,认为 DNA 分子是一种有规律的双螺旋结构,并由此提出了 DNA 双螺旋结构模型。后来,进一步研究表明,DNA 分子还存在其他类型的结构形式。发现 DNA 结构是科学史上的重大事件,它导致一些全新学科的诞生,并影响许多学科的进程。现在对细胞如何储存和利用遗传信息的知识都是在这个发现的基础上进行研究获得的。

(一) DNA 的碱基组成

和 DNA 结构有关的最重要的线索来自于 20 世纪 40 年代后期夏格夫及其同事的研究工作。夏格夫等应用纸层析及紫外分光光度计对各种生物 DNA 的主要四种碱基(腺嘌呤、鸟嘌呤、胞嘧啶、胸腺嘧啶)的组成进行了定量测定,发现来自不同物种的 DNA 有着不同的碱基比例,不同碱基在数量上是紧密相关的。收集来自许多物种 DNA 碱基组成资料,夏格夫得出如下规律:

(1) 所有 DNA 中腺嘌呤与胸腺嘧啶的摩尔含量相等,即[A]=[T];鸟嘌呤与胞嘧啶的摩尔含量相等,即[G]=[C]。因此,嘌呤的总含量与嘧啶的总含量相等,即[A]+[G]=[C]+[T]。

(2) DNA 的碱基组成具有种的特异性,即不同生物种的 DNA 具有自己独特的碱基组成比例,可表示为([A]+[T])/([G]+[C])。亲缘相近的生物,其 DNA 的碱基组成相似,即不对称比率相近。

(3) 同一种生物 DNA 的碱基组成没有组织和器官的特异性。生长发育阶段、营养状态和环境的改变都不影响 DNA 的碱基组成。

以上这些数量关系被称为夏格夫定则,这个结果后来被许多研究所肯定,它们是建立 DNA 三维结构和了解 DNA 如何编码遗传信息并把它们代代相传的关键。

(二) DNA 的一级结构

如研究蛋白质结构一样,核酸结构也分为一级、二级和三级结构。核酸的一级结构是指它的共价结构和核苷酸顺序。在核酸中由部分或所有核苷酸残基所形成的任何有规律的稳定结构都可以看成是二级结构。细菌中的拟核及真核生物中巨大染色体的复杂折叠方式一般被看成是三级结构。

DNA 的一级结构是由数量极其庞大的四种脱氧核糖核苷酸，即脱氧腺嘌呤核苷酸、脱氧鸟嘌呤核苷酸、脱氧胞嘧啶核苷酸和脱氧胸腺嘧啶核苷酸，通过 3′，5′-磷酸二酯键连接起来的直线形或环形多聚体。由于脱氧核糖中 $C_{2'}$ 上不含羟基，$C_{1'}$ 又与碱基相连接，惟一可以形成的键是 3′，5′-磷酸二酯键，所以 DNA 没有侧链。图 2-20 为多核苷酸小片段。

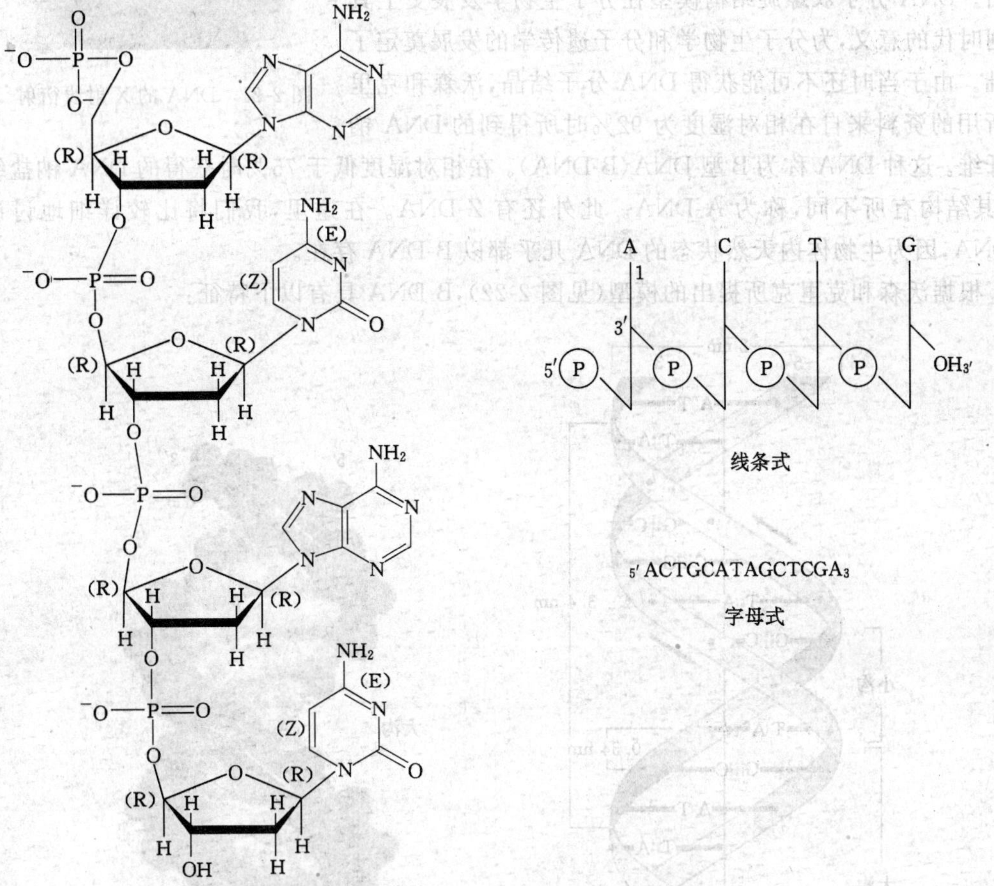

图 2-20　多核苷酸小片段

由于核酸链的一端是一个游离的 5′-磷酸基，称 5′-端，另一端是游离的 3′-羟基，称 3′-端，因此 DNA 链是有极性的。书写碱基的顺序是从 5′-端到 3′-端。

DNA 分子上四种核苷酸排列顺序（序列）的问题，是分子生物学家多年来要解决的重要问题，因为生物的遗传信息贮存于 DNA 的核苷酸序列中，生物界物种的多样性就在于 DNA 分子四种核苷酸千变万化的不同排列之中。测定 DNA 上核苷酸排列顺序的问题曾经是一个较为困难的问题。但是随着分子生物学的发展，现在测定 DNA 的序列已经成为分子生物学实验室的一种常规方法。

（三）DNA 的二级结构

20 世纪 50 年代早期，弗兰克林（Franklin）和威尔金斯（Wilkins）使用强有力的 X 射线衍射方法分析DNA纤维和DNA晶体，结果证明DNA能产生有特征的X射线衍射图(见图 2-21)。从这个衍射图他们确定DNA多聚物是沿着它们的长轴有着两种周期性的螺旋结构，这个图还表明DNA含有两条链，这个线索对DNA结构的确定是极其重要的。

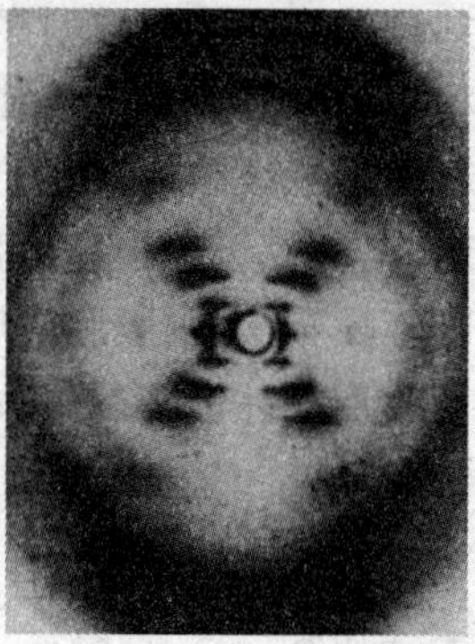

图 2-21 DNA的X射线衍射

目前公认的DNA双螺旋结构模型主要根据夏格夫定则及X射线衍射图的结构，在1953年由沃森和克里克两人提出。DNA分子双螺旋结构模型在分子生物学发展史上具有划时代的意义，为分子生物学和分子遗传学的发展奠定了基础。由于当时还不可能获得DNA分子结晶，沃森和克里克所用的资料来自在相对湿度为92%时所得到的DNA钠盐纤维。这种DNA称为B型DNA(B-DNA)。在相对湿度低于75%时获得的DNA钠盐纤维，其结构有所不同，称为A-DNA。此外还有Z-DNA。在这里，我们将比较详细地讨论B-DNA，因为生物体内天然状态的DNA几乎都以B-DNA存在。

根据沃森和克里克所提出的模型(见图 2-22)，B-DNA具有以下特征：

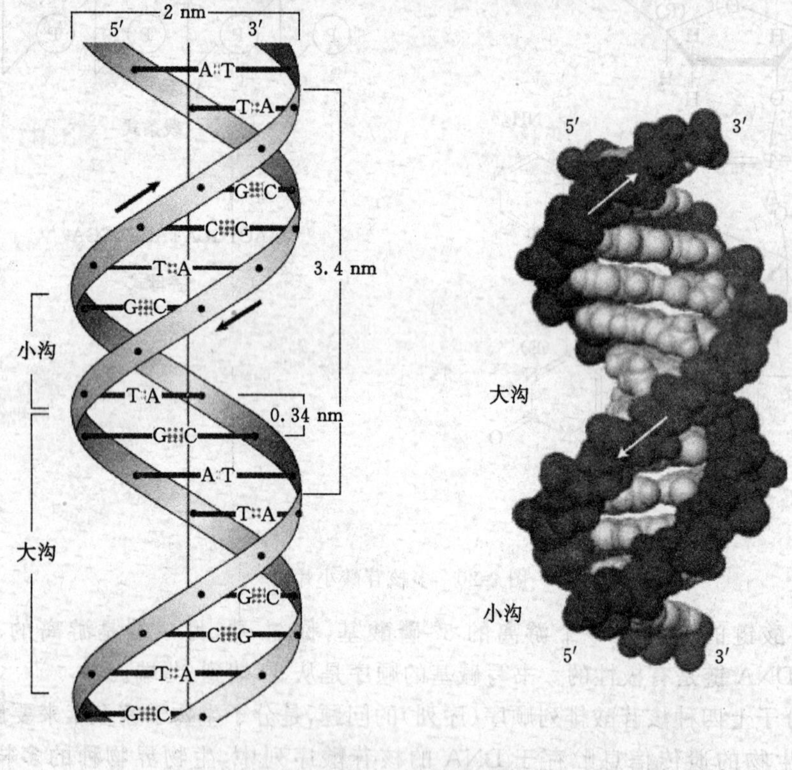

图 2-22 DNA双螺旋结构模型

(1) 两条反向平行的多核苷酸链围绕同一中心轴相互缠绕。

(2) 嘌呤碱基与嘧啶碱基位于双螺旋的内侧，磷酸与核糖在外侧，彼此通过3′,5′-磷酸二酯键相连接，形成DNA分子的骨架。碱基平面与纵轴垂直，糖环的平面则与纵轴平行。多核苷酸链的方向取决于核苷酸间磷酸二酯键的走向。习惯上以 $C_{5'}\rightarrow C_{3'}$ 为正向。两条链均为右手螺旋。双螺旋结构上有两条螺形凹沟，一条较深，一条较浅。较深的沟称大沟，较浅的称小沟。大沟的宽度为 1.2 nm，深度为 0.85 nm；小沟的宽度为 0.6 nm，深度为 0.75 nm。

（3）双螺旋的平均直径为 2 nm，两个相邻的碱基对之间相距的高度，即碱基堆积距离为 0.34 nm，两个核苷酸之间的夹角为 36°。因此，沿中心轴每旋转一周有 10 个核苷酸。每一圈的高度（即螺距）为 3.4 nm。

（4）两条核苷酸链依靠彼此碱基之间形成的氢键相连而结合在一起。根据分子模型的计算，一条链上的嘌呤碱必须与另一条链上的嘧啶碱相匹配，其距离才正好与双螺旋的直径相吻合。碱基之间所形成的氢键，根据对碱基构象研究的结果，A 只能与 T 相配对，形成两个氢键；G 与 C 相配对，形成三个氢键。所以 GC 之间的连接较为稳定。

上述碱基之间配对的原则称为碱基互补原则。根据碱基互补原则，当一条多核苷酸链的序列被确定以后，即可推知另一条互补链的序列。碱基互补原则具有极重要的生物学意义。DNA 复制、转录、反转录等的分子基础都是碱基互补配对。

（四）DNA 的三级结构

DNA 的二级结构大多为线形的，但电镜观察结果表明，生物体内有些 DNA 是以双链环形 DNA 形式存在的，如某些病毒 DNA、某些噬菌体 DNA、细菌质粒 DNA、真核细胞中的线粒体 DNA 以及许多细菌染色体 DNA 都是环形的。线形结构 DNA 的两端有粘末端，可以借助于 DNA 连接酶将互补的粘末端连接起来，成为环形 DNA。环状结构进一步扭曲成为更复杂的三级结构。

超螺旋意味着在螺旋的基础上再螺旋。例如，电话话筒和电话机之间的电话线一般是螺旋的，这种螺旋线的再卷曲缠绕就形成了超螺旋。DNA 是以双螺旋的形式围绕着同一个轴缠绕的，当双螺旋 DNA 的这个轴在弯曲缠绕时，DNA 就处于超螺旋状态，DNA 的超螺旋状态是结构张力的表现。当双螺旋轴没有“净弯曲”，则这个 DNA 分子就处于松弛状态（见图 2-23）。

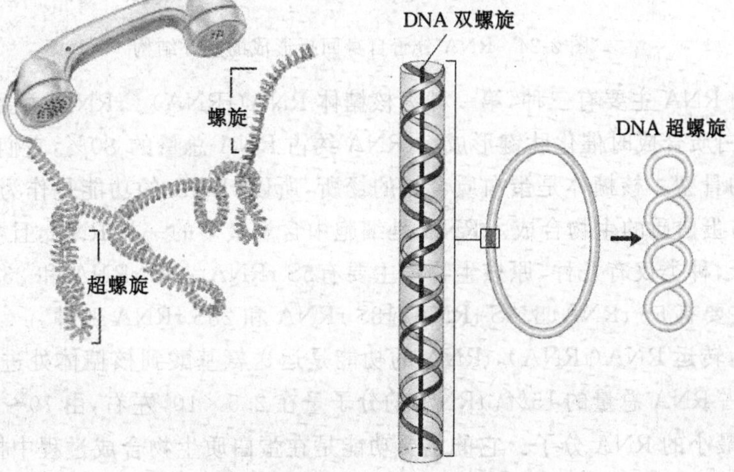

图 2-23　DNA 超螺旋结构模型

超螺旋 DNA 具有更为致密的结构，可以将很长的 DNA 分子压缩在一个极小的体积内。在生物体内，绝大多数DNA的确是以超螺旋的形式存在的。由于超螺旋形DNA有较大的密度，在离心场中移动较线形或开环形DNA要快，在凝胶电泳中泳动的速度也较快。应用超离心及凝胶电泳可以很容易地将不同构象的DNA分离开来。

四、核糖核酸(RNA)

RNA是细胞内核酸的第二种主要类型，它在把DNA中的遗传信息变成功能性蛋白的过程中起中介作用。RNA主要存在于细胞质中，约占总量的90%，细胞核中也有少量，约占总量的10%。RNA是无分支的线形多聚核糖核苷酸，主要由四种核糖核苷酸组成，即腺嘌呤核糖核苷酸(AMP)、鸟嘌呤核糖核苷酸(GMP)、胞嘧啶核糖核苷酸(CMP)和尿嘧啶核糖核苷酸(UMP)。这些核苷酸中的戊糖不是脱氧核糖，而是核糖。RNA分子中还有某些稀有碱基。

组成RNA的核苷酸也是以3′,5′-磷酸二酯键彼此连接起来的。但RNA分子(含几十至几千个核苷酸)比DNA分子小得多，且不像DNA那样都是双螺旋结构，而是单链线形分子。尽管RNA分子中核糖环$C_{2'}$上有一羟基，但并不形成2′,5′-磷酸二酯键。用牛脾磷酸二酯酶降解天然RNA时，降解产物中只有3′-核苷酸，并无2′-核苷酸，就支持了上述结论。

天然RNA只有局部区域为双螺旋结构。这些双链结构是由于RNA单链分子通过自身回折使得互补的碱基对相遇，通过氢键结合形成反平行右手双螺旋结构(称为茎)，不能配对的区域形成突环(loop，称为环)，被排斥在双螺旋结构之外(见图2-24)。每一段双螺旋区至少需要有4～6对碱基才能保持稳定，同样以氢键和碱基堆积力为稳定因素。一般说，双螺旋区约占RNA分子的50%。RNA的这种结构称为茎环结构，是各种RNA共同的二级结构特征。在此基础上RNA分子进一步扭曲折叠便形成更为复杂的三级结构。

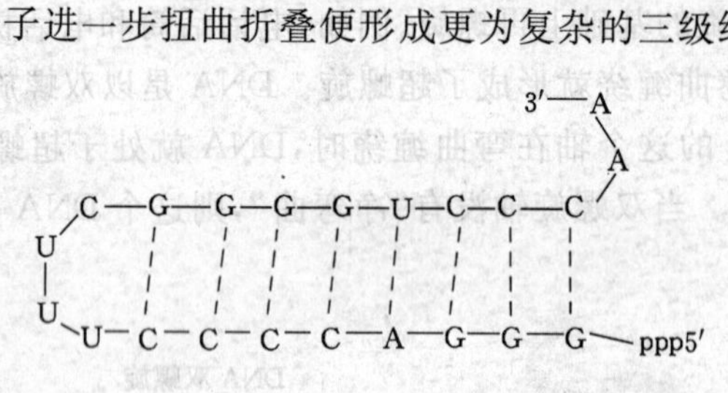

图2-24　RNA分子自身回折形成的茎环结构

细胞中的RNA主要有三种，第一种为核糖体RNA(rRNA)。rRNA主要负责核糖体的组装，并在蛋白质合成时催化肽键形成。rRNA约占RNA总量的80%，它们与蛋白质结合构成核糖体的骨架。核糖体是蛋白质合成的场所，所以rRNA的功能是作为核糖体的重要组成成分参与蛋白质的生物合成。rRNA是细胞中含量最多的一类RNA，且分子量比较大，代谢都不活跃，种类仅有几种，原核生物中主要有5S rRNA、16S rRNA和23S rRNA三种，真核生物中主要有5S rRNA、5.8S rRNA、18S rRNA和28S rRNA四种。

第二种为转运RNA(tRNA)，tRNA的功能是运送氨基酸到核糖体处进行蛋白质的合成。tRNA约占RNA总量的15%。tRNA的分子量在2.5×10^4左右，由70～90个核苷酸组成，因此它是最小的RNA分子。它的主要功能是在蛋白质生物合成过程中把mRNA的信息准确地翻译成蛋白质中氨基酸顺序的适配器分子，具有转运氨基酸的作用，并以此氨基酸命名。此外，它在蛋白质生物合成的起始作用中、在DNA反转录合成中及其他代谢调节中也起重要作用。细胞内tRNA的种类很多，每一种氨基酸都有其相应的一种或几种tRNA。

第三种 RNA 分子携带有合成蛋白质的编码信息，称为信使 RNA(mRNA)。mRNA 约占 RNA 总量的 5%。mRNA 是以 DNA 为模板合成的，又是蛋白质合成的模板。它是携带一个或几个基因信息到核糖体的核酸。由于每一种多肽都有一种相应的 mRNA，所以细胞内 mRNA 是一类非常不均一的分子。但就每一种 mRNA 的含量来说又十分低。这就是为什么 mRNA 的发现比 rRNA 与 tRNA 要迟的原因。

五、核酸的理化性质与最常用的研究方法

核酸的理化性质及研究方法内容十分庞杂，本节对若干比较重要的核酸理化性质和研究方法作概要叙述。

(一) 一般物理性质

1. 溶解度

DNA 为白色纤维状固体，RNA 为白色粉末状固体，它们都微溶于水，其钠盐在水中的溶解度较大。它们可溶于 2-甲氧乙醇，但不溶于乙醇、乙醚和氯仿等一般有机溶剂，因此，常用乙醇从溶液中沉淀核酸，当乙醇浓度达 50%时，DNA 就沉淀出来；当乙醇浓度达 75%时，RNA 也沉淀出来。DNA 和 RNA 在细胞内常与蛋白质结合形成核蛋白，两种核蛋白在盐溶液中的溶解度不同，DNA 核蛋白难溶于 0.14 mol/L 的 NaCl 溶液，可溶于高浓度(1～2 mol/L)的 NaCl 溶液，而 RNA 核蛋白则易溶于 0.14 mol/L 的 NaCl 溶液，因此常用不同浓度的盐溶液分离两种核蛋白。

2. 分子大小

DNA 分子极大，分子量在 10^6 以上，RNA 的分子比 DNA 分子小得多。核酸分子的大小可用长度、核苷酸对(或碱基对)数目、沉降系数(S)和分子量等来表示。

3. 形状及粘度

核酸(特别是线形 DNA)分子极为细长，其直径与长度之比可达 $1:10^7$，因此核酸溶液的粘度很大，即使是很稀的 DNA 溶液也有很大的粘度。RNA 溶液的粘度要小得多。核酸若发生变性或降解，其溶液的粘度降低。

(二) 核酸的紫外吸收

嘌呤碱和嘧啶碱具有共轭双键，使碱基、核苷、核苷酸和核酸在 240～290 nm 的紫外波段有一强烈的吸收峰，因此核酸具有紫外吸收特性。DNA 钠盐的紫外吸收在 260 nm 附近有最大吸收值(见图 2-25)，其吸光率以 A_{260} 表示，A_{260} 是核酸的重要性质，在核酸的研究中很有

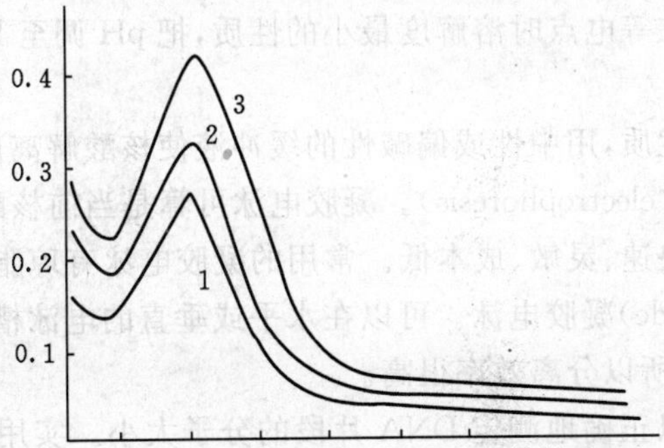

图 2-25 DNA 紫外吸收光谱

1——天然 DNA；2——变性 DNA；3——核苷酸总吸收值

用处；DNA 钠盐的紫外吸收在 230 nm 处为吸收低谷。RNA 钠盐的吸收曲线与 DNA 无明显区别。不同核苷酸有不同的吸收特性。所以可以用紫外分光光度计加以定量及定性测定。

实验室中最常用的是定量测定小量的 DNA 或 RNA。对待测样品是否纯品可用紫外分光光度计读出 260 nm 与 280 nm 的 OD 值，因为蛋白质的最大吸收在 280 nm 处，因此从 A_{260}/A_{280}的比值即可判断样品的纯度。纯 DNA 的 A_{260}/A_{280}应为 1.8，纯 RNA 应为 2.0。样品中如含有杂蛋白及苯酚，A_{260}/A_{280}比值即明显降低。不纯的样品不能用紫外吸收法作定量测定。对于纯的核酸溶液，测定 A_{260}，即可利用核酸的比吸光系数计算溶液中核酸的量。核酸的比吸光系数是指浓度为 1 μg/mL 的核酸水溶液在 260 nm 处的吸光率。天然状态的双链 DNA 的比吸光系数为 0.020，变性 DNA 和 RNA 的比吸光系数为 0.022。通常以 1 OD 值相当于 50 μg/mL 双螺旋 DNA，或 40 μg/mL 单螺旋 DNA（或 RNA），或 20 μg/mL 寡核苷酸计算。这个方法既快速，又相当准确，而且不会浪费样品。对于不纯的核酸可以用琼脂糖凝胶电泳分离出区带后，经啡啶溴红染色而粗略地估计其含量。

（三）核酸的沉降特性

溶液中的核酸分子在引力场中可以下沉。不同构象的核酸（线形、开环、超螺旋结构）、蛋白质及其他杂质在超离心机的强大引力场中，沉降的速率有很大差异，所以可以用超离心法纯化核酸，或将不同构象的核酸进行分离，也可以测定核酸的沉降常数与分子量。

应用不同介质组成密度梯度进行超离心分离核酸时，效果较好。RNA 分离常用蔗糖梯度，分离 DNA 时用得最多的是氯化铯（CsCl）梯度。氯化铯在水中有很大的溶解度，可以制成浓度很高（8 mol/L）的溶液。

（四）核酸的两性解离及凝胶电泳

核酸既含有呈酸性的磷酸基团，又含有呈弱碱性的碱基，故为两性电解质，可发生两性解离。但磷酸的酸性较强，在核酸中除末端磷酸基团外，所有形成磷酸二酯键的磷酸基团仍可解离出一个 H^+，其 pK 为 1.5；而嘌呤和嘧啶碱基为含氮杂环，又有各种取代基，既有碱性解离又有酸性解离的性质，解离情况复杂，但总的来看，它们呈弱碱性。所以，核酸相当于多元酸，具有较强的酸性，当 pK＞4 时，磷酸基团全部解离，呈多阴离子状态。

核酸是具有较强酸性的两性电解质，其解离状态随溶液的 pH 而改变。当核酸分子的酸性解离和碱性解离程度相等、所带的正电荷与负电荷相等时，即成为两性离子，此时核酸溶液的 pH 就称为等电点（isoelectric point，简称 pI）。核酸的等电点较低，如酵母 RNA 的 pI 为 2.0～2.8。根据核酸在等电点时溶解度最小的性质，把 pH 调至 RNA 的等电点，可使 RNA 从溶液中沉淀出来。

根据核酸的解离性质，用中性或偏碱性的缓冲液使核酸解离成阴离子，置于电场中便向阳极移动，这就是电泳（electrophoresis）。凝胶电泳可算是当前核酸研究中最常用的方法了。它有许多优点：简单、快速、灵敏、成本低。常用的凝胶电泳有琼脂糖（agarose）凝胶电泳和聚丙烯酰胺（polyacrylamide）凝胶电泳。可以在水平或垂直的电泳槽中进行。凝胶电泳兼有分子筛和电泳双重效果，所以分离效率很高。

应用凝胶电泳可以正确地测定 DNA 片段的分子大小。实用的方法是在同一胶上加一已知分子量的样品。电泳完毕后，经啡啶溴红染色，比较待测样品中的 DNA 片段与标准样品中的哪一条带最接近，即可推算出未知样品中各片段的大小。

（五）核酸的变性、复性

1. 变性

变性(denaturation)作用是核酸的重要物化性质。核酸的变性是指核酸双螺旋区的氢键断裂，变成单链的无规则线团，使核酸的某些光学性质和流体力学性质发生改变，有时部分或丧失全部生物活性，并不涉及共价键的断裂。多核苷酸骨架上共价键(3′，5′-磷酸二酯键)的断裂称核酸的降解。降解引起核酸分子量降低。

当将DNA的稀盐溶液加热到80 ℃～100 ℃时，双螺旋结构即发生解体，两条链分开，形成无规则线团。一系列物化性质也随之发生改变：粘度降低，浮力密度升高等，同时改变二级结构，有时可以失去部分或全部生物活性。

DNA变性后，由于双螺旋解体，碱基堆积已不存在，藏于螺旋内部的碱基暴露出来，这样就使得变性后的DNA对260 nm紫外光的吸光率比变性前明显升高(增加)，这种现象称为增色效应(hyperchromic effect)。常用增色效应跟踪DNA的变性过程，了解DNA的变性程度。

2. 复性

变性DNA在适当条件下，两条彼此分开的链重新缔合成为双螺旋结构的过程称为复性。DNA复性后，许多物化性质又得到恢复，生物活性也可以得到部分恢复。其中第一步是相对缓慢的，因为两条链必须依靠随机碰撞找到一段碱基配对部分，首先形成双螺旋。第二步快得多，尚未配对的其他部分按碱基配对相结合，像拉锁链一样迅速形成双螺旋。

反应的进行与许多因素有关。将热变性的DNA骤然冷却时，DNA不可能复性。由于温度降低，单链DNA分子失去碰撞的机会，因而不能复性，保持单链变性的状态，这种处理过程叫"淬火"(guench)。热变性DNA在缓慢冷却时，可以复性，这种复性称为退火(annealing)。DNA的片段越大，复性越慢。DNA的浓度越大，复性越快。DNA中重复序列越多，复性越快。

DNA的变性与复性如图2-26所示。

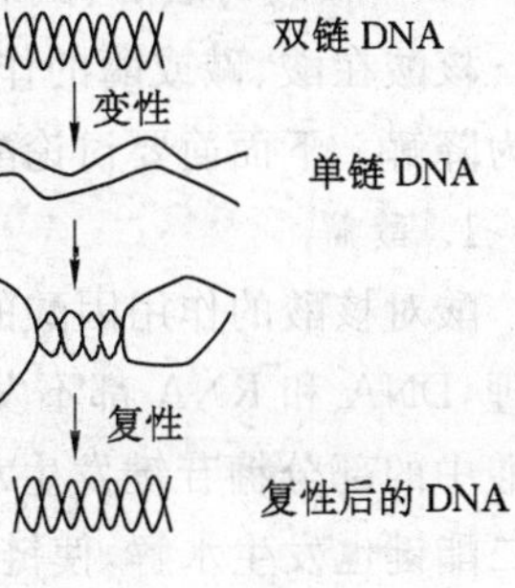

图2-26 DNA的变性与复性

3. 核酸的杂交

根据变性和复性的原理，将不同来源的DNA变性，若这些异源DNA之间在某些区域有相同的序列，则退火条件下能形成DNA—DNA异源双链，或将变性的单链DNA与RNA经复性处理形成DNA—RNA杂合双链，这种过程称为分子杂交(molecular hybridization)。核酸的杂交在分子生物学和分子遗传学的研究中应用极广，许多重大的分子遗传学问题都是用分子杂交来解决的。

核酸杂交可以在液相或固相上进行。目前实验室中应用较广的是用硝酸纤维素膜作支持物进行的杂交。英国的分子生物学家塞恩(Southern)所发明的Southern印迹法就是将凝胶上的DNA片段转移到硝酸纤维素膜上后再进行杂交的。这里以DNA—DNA杂交为例，较详细地介绍Southern印迹法。将DNA样品经限制性内切酶降解后，用琼脂糖凝胶电泳进行分离。将胶浸泡在碱(NaOH)中使DNA变性，并将变性DNA转移到硝酸纤维素膜上(硝酸纤维素膜只吸附变性DNA)，在80 ℃烤4～6 h，使DNA牢固地吸附在纤维素膜上。然后与放射性同位素标记的变性后DNA探针进行杂交。杂交须在较高的盐浓度及适当的温度(一般68 ℃)下进行数小时或十余小时，再通过洗涤，除去未杂交上的标记物。将纤维素膜烘干后进行放射自显影。全部过程见图 2-27。

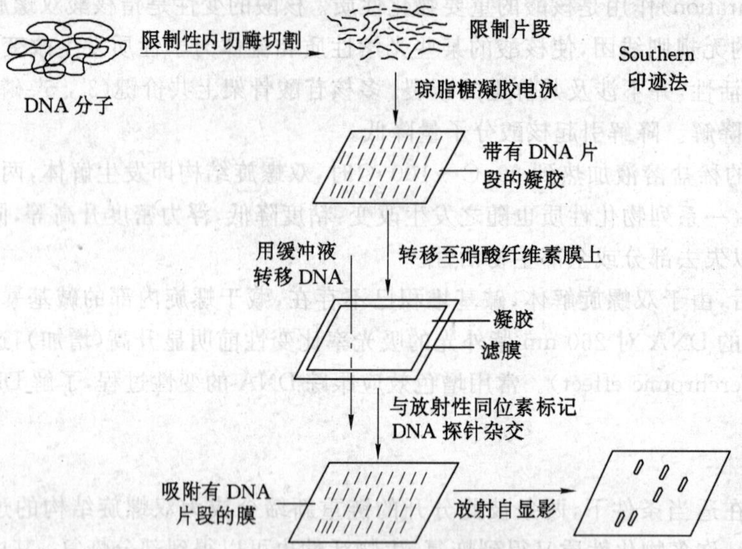

图 2-27 核酸杂交过程

（六）核酸的酸解、碱解与酶解

核酸在酸、碱或酶的作用下，发生共价键断裂，多核苷酸链被打断，分子量变小，此过程称为降解。下面简要讨论酸、碱和酶对核酸的降解作用。

1. 酸解

酸对核酸的作用因酸的浓度、温度和作用时间长短而不同。用温和的或稀的酸作短时间处理，DNA 和 RNA 都不发生降解。但延长处理时间或提高温度，或提高酸的强度，则会使核酸中的部分糖苷键发生水解，先是嘌呤碱基被水解下来，生成无嘌呤的核酸，同时少数磷酸二酯键也发生水解，使链断裂。若用中等强度的酸在 100 ℃下处理数小时，或用较浓的酸（如 2～6 mol/L HCl）处理，则可使嘧啶碱基水解下来，更多的磷酸二酯键断裂，核酸降解程度增加。

2. 碱解

RNA 在稀碱条件下很容易水解生成 2′-核苷酸和 3′-核苷酸。因为 RNA 中的核糖具有 2′-OH，在碱催化下 3′，5′-磷酸二酯键断裂，先形成中间物 2′，3′-环核苷酸，它不稳定而进一步水解，生成 2′-核苷酸和 3′-核苷酸的混合物。

RNA 碱解所用的 KOH（或 NaOH）的浓度可因温度和作用时间而不同，如 1 mol/L KOH（或 NaOH）在 80 ℃下作用 1 h，或 0.3 mol/L KOH（或 NaOH）在 37 ℃下作用 16 h 均可以使 RNA 水解成单核苷酸。在同样的稀碱条件下，DNA 是稳定的，不会被水解成单核苷酸，因为 DNA 中的脱氧核糖 $C_{2'}$ 位没有羟基，不能形成 2′，3′-环核苷酸。DNA 在碱的作用下，只发生变性，不发生磷酸二酯键的水解。

根据碱对 DNA 和 RNA 的不同作用，可用碱解法从 RNA 中制取 2′-和 3′-核苷酸；用碱处理 DNA 和 RNA 混合液，使 RNA 水解成单核苷酸保留在溶液中，再把 DNA 从溶液中沉淀下来，分别进行定量测定。

3. 酶解

能水解核酸的酶称为核酸酶。实际上所有的细胞中都含有各种核酸酶。它们参加正常的核酸代谢过程。有些器官如胰脏，可以提供含有大量核酸酶的消化液以水解食物中的核酸。核酸酶都是“磷酸二酯酶”，在水参与下它们催化磷酸二酯键的断裂。由于核酸链是由两个酯键将核苷酸连接而成的，核酸酶切割磷酸二酯键的位置不同会产生不同的末端产物。

核酸酶分为内切核酸酶和外切核酸酶。外切核酸酶只从一条核酸链的一端逐个切断磷酸二酯键释放单核苷酸。而内切核酸酶在核酸链的内部切割核酸链，产生核酸片段。与大部分的酶一样，核酸酶对它们作用底物的性质表现出选择性或特异性。有些核酸酶只作用于DNA，称为脱氧核糖核酸酶(DNases)，而有些核酸酶只作用于RNA，称为核糖核酸酶(RNases)。既能水解DNA亦能水解RNA的称非特异性核酸酶，例如两种非特异性核酸酶——蛇毒磷酸二酯酶和脾磷酸二酯酶，它们在特异性上是互补的，蛇毒磷酸二酯酶以游离的3′-OH末端开始切割产生5′-单磷酸核苷，而脾磷酸二酯酶从游离的5′-OH末端开始切割产生3′-单磷酸核苷。

核酸酶还表现出对二级结构的特异性，有些核酸酶只水解单链核酸；有些则只水解双链核酸。有些核酸酶选择核酸链含某一碱基的核苷酸处切割核酸链(碱基特异性)；有些则要求切割点具有4～8个核苷酸残基的特殊核苷酸顺序。对分子生物学家来说，核酸酶是在实验室中切割和操作核酸的工具。

思考题与习题

1. 生命的组成元素主要包括哪些？与自然界的元素组成比例有什么不同？
2. 作为生命主要成分的水对生命有什么意义？
3. 请简要叙述生命中常量元素和微量元素的功能。
4. 什么是糖类物质？主要包括几类？
5. 淀粉主要分哪两类？结构上有何异同？
6. 纤维素与淀粉在结构与功能上有何异同？
7. 生物对葡萄糖的分解主要有哪些途径？
8. 脂类物质主要有哪些功能？
9. 氨基酸结构有什么特点？主要分为几类？
10. 蛋白质和氨基酸为什么具有双向缓冲功能？
11. 试述蛋白质的四级结构。
12. 蛋白质的功能有哪些？与其结构有何关系？
13. 试叙述酶作用的机理。
14. 影响酶反应速度的因素有哪些？如何影响？
15. 请举例说明核酸是遗传物质。
16. 请分析核酸的主要组成。
17. DNA双螺旋模型有什么特征？

第三章　生态学基本原理

【学习目标】

1. 掌握生态系统的概念、组成、功能及类别，生态系统的平衡及调控。
2. 熟悉食物链、食物网、营养级与能量金字塔的概念。
3. 理解环境因子对生物个体、生物种群和群落的影响。

任何生物都生活在一定的环境中，与环境有着非常密切的关系。一方面，生物要从环境中不断地获得物质和能量，从而受到环境的限制；另一方面，生物的生命活动又能不断地改变环境。生物与环境是一个密切相关的整体。因此，研究生物与环境相互关系的科学称为生态学(ecology)。

生态学是生命科学中一门古老的分支学科，这门学科是德国进化论者海克尔(Haeckel)在1869年创立的。但是生态学作为一门学科直到20世纪30年代才初具规模。目前，生态学有两大分支：① 个体生态学(autecology)，研究物种个体的生长发育与环境各因子之间的关系。② 群体生态学(synecology)，研究种群、群落和生态系统的发展变化与环境各因子之间的关系。它又分为种群生态学、群落生态学和生态系统生态学等三类。

第一节　生态系统和生物圈

一、生态系统的概念

生态系统(ecosystem)是生物群落与其环境之间不断地进行物质循环、能量流动和信息传递而形成的统一整体。生物群落及其非生物环境共同组成的物质—能量—信息系统，称为生态系统。

生态系统是一个广义的概念，它可以从类型上理解，也可以从区域上理解。任何一个生物群落与其周围环境的组合都可称为生态系统。例如，一个池塘、一片森林、一块草地、一座城市，甚至一个包括农田、草地、森林和城市的区域都可作为一个生态系统，生物圈是最大的生态系统。生态系统也可分为森林生态系统、水生生态系统和人工生态系统三种类型。

二、生态系统的组成

任何一个生态系统，不论是简单还是复杂，都是由生物部分和非生物部分两个基本部分组成的(见图3-1)。

在通常情况下，起主导作用的是生产者，生产者能够把太阳能转变为化学能，并引入到生态系统中，然后使其他各个组成部分行使各自机能，彼此一环扣一环，形成一个统一的不可分割的生态系统。

三、生态系统的功能

物质循环、能量流动以及信息传递共同构成了生态系统的整体功能。

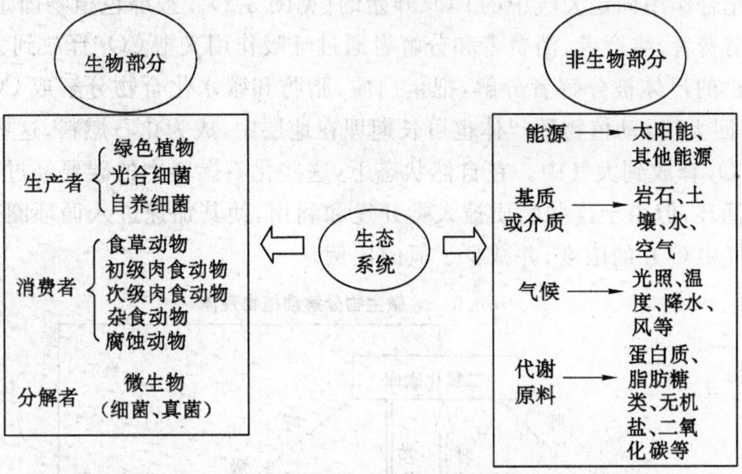

图 3-1 生态系统的组成

(一) 生态系统中的能量流动

能量流动(energy flow)是指能量在生态系统中不断传递、转换的过程。生态系统的能量流动是从生产者即植物体内分配和消耗开始的,初级生产量的一部分用于自身生命活动,另一部分形成净初级生产量。净初级生产量向一个方向转移:一部分被食草性动物采食,能量进入食草动物体内;另一部分以代谢物形式存在,暂时贮存在枯枝败叶层中,成为穴居动物、土壤动物和微生物的食物;其余部分则以暂贮物的形式存在于植物体内,以增长自身的重量。被食草动物采食的那部分初级生产量中,未被消化吸收的残枝剩叶,以粪便形式排出体外,成为微生物的食物,而消化后的同化物大部分用于维持食草动物生命活动,经呼吸作用,以热的形式向环境中散发一部分能量,剩余的部分,贮存在食草动物体内,成为次级生产量。食肉动物捕食食草动物后,能量就从食草动物转移到食肉动物中,由于食肉动物的活动能力强,消耗在呼吸作用中的能量最高,使得同化率很低,而且往往只有一小部分能量分配给分解者进行分解。

(二) 生态系统中的物质循环

质能守恒定律认为,世界不存在没有能量的物质质量,也不存在没有质量的物质能量,质量和能量作为一个统一体,其总量在任何过程中都保持不变,所以在生态系统中,物质循环和能量流动总是相伴相随,形影不离的。但必须指出,能量流动和物质循环具有本质上的差异。在生态系统中能量流动是单向流动,最后变成无用的热量而消耗掉。而物质流动则是循环不息的。各种有机物经过分解者的分解,又可被生产者吸收,再重新返回食物链中进行循环。物质循环类型很多,下面主要介绍碳的循环、氮的循环、水的循环、磷与钙等元素的沉淀循环。

1. 碳的循环

自然界中的碳元素,一经充分氧化,即产生二氧化碳。在大气层中,碳元素以二氧化碳的形式出现;在生物圈内,碳元素以有机碳的形式存在于动植物的躯体内;在岩石圈内,碳元素一部分以有机碳的形式存在于化石燃料中,另一部分则形成碳酸盐;在海洋中,碳元素则以碳酸氢根离子的形式存在于海水中。有机体干重的近一半都是由碳元素构成的。碳循环是从绿色植物经光合作用固定大气中的 CO_2 开始的(见图 3-2)。被绿色植物固定的碳以有机物的形式供给消费者,生产者、消费者和分解者通过呼吸作用又把 CO_2 释放到大气中。生产者和消费者死亡的尸体被分解者分解,把蛋白质、脂肪和碳水化合物分解成 CO_2、水和无机盐,CO_2 重新返回大气。动植物的尸体也可长期埋在地层中,成为化石燃料,这些化石燃料燃烧时,产生的 CO_2 释放到大气中。在自然状态下,这些化石燃料中的碳要经过很长的岁月,才能重新进入循环,但由于这些物质被人类开发和利用,使其加速进入循环圈,这样也就不断地增加了空气中 CO_2 的浓度,并减少了氧的比例。

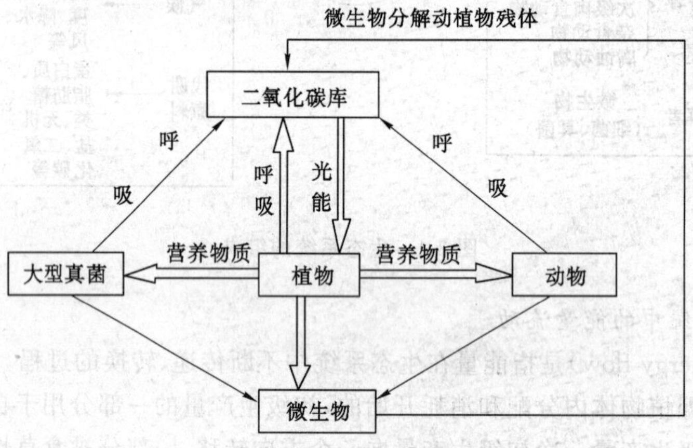

图 3-2 碳的循环

2. 氮的循环

氮是生命代谢元素,它存在于生物体、大气和矿物质中,在大气中氮的体积分数为 78.1%。氮是一种很不活泼的气体,空气中的游离氮不能被大多数生物所利用,只有少数生物才能加以利用,使之转化成植物能够吸收的氮,这个转化过程叫做生物固氮作用。此外,还有人类的工业固氮和大气中的物理固氮(如闪电、宇宙射线等)以及火山爆发时的岩浆固氮等三种途径,工业固氮的重要性日益突出。

被固定的氮的化合物,都是以亚硝酸盐和硝酸盐形式被植物吸收,然后在植物体内合成蛋白质,动物直接或间接以植物为食,从植物中摄取蛋白质,经过转化,作为自身蛋白质的来源。动物、植物的尸体在土壤微生物的作用下,分解成氨、二氧化碳和水,这些氨也进入土壤。土壤中氨经硝化细菌的硝化作用形成硝酸盐,一部分为植物所利用,另一部分在反硝化细菌的作用下,分解成游离的氮,进入大气;或因灌溉、水蚀、风蚀、雨水淋洗而流失,造成大气或水体污染(见图 3-3)。

3. 水的循环

水是生命的基本要素。水既是一切生命有机体的重要组成部分,又是生物体内各种生命过程的介质,还是生物体内许多生物化学反应的底物。水是良好的溶剂,几乎所有的物质都溶解于水,所以水的循环往往和其他各种物质循环联系在一起。可见,水是物质循环的中心环节,因此对水循环的任何干扰,不仅影响到水循环本身,同时也会影响到其他物质的循环。这里还要指出,植物在参与水的循环中具有特殊的意义,它能把土壤中的水分通过吸收以后,再从叶的气孔中散发出去,同时吸收溶解在水中的无机盐,这为合成新的有机物提供了

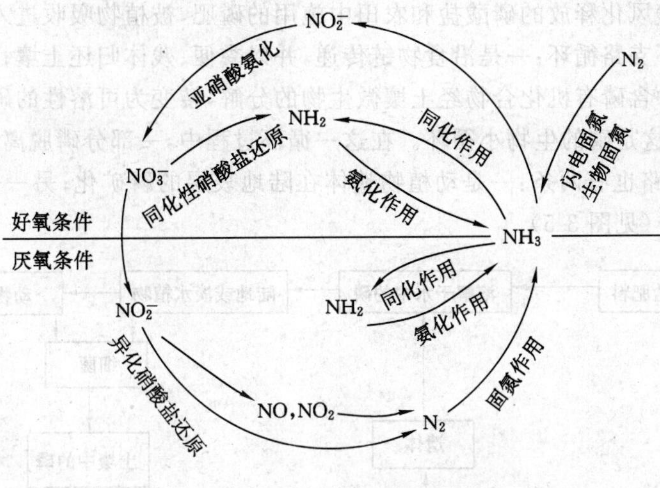

图 3-3　氮的循环

原料。

地球的海洋、冰川、湖泊、河流、土壤和大气中含有大量的水。海洋中的液态咸水约占总量的 96%。陆地、大气和海洋中的水，形成了一个水循环系统。水在生物圈的循环，可以看做是从水域开始，再回到水域而终止。水域中，水受到太阳辐射而蒸发进入大气中，水汽随气压变化而流动，并聚集为云、雨、雪、雾等形态，其中一部分降至地表。到达地表的水，一部分直接流进江河，汇入海洋；一部分渗入土壤内部，其中少部分可为植物吸收利用，大部分通过地下径流进入海洋。植物吸收的水分中，大部分用于蒸腾，只有很小部分为光合作用形成同化产物，并进入生态系统，然后经过生物呼吸与排泄返回环境（见图 3-4）。

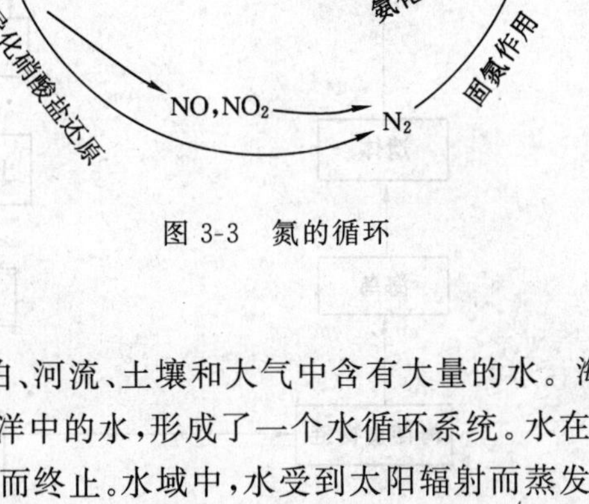

图 3-4　水的循环

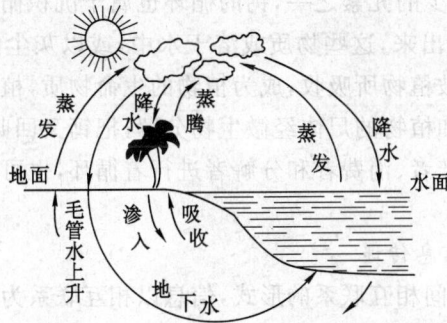

水在各个贮存库的循环周期的长短因贮存库的大小不同而有显著差异。冰川水的周转期为 8 600 年；地下水的周转期为 5 000 年；江河水的周转期只有 11 天；植物体内水分的周转期最短，夏天为 2～3 天。

4. 磷与钙等元素的沉淀循环

磷、钙、钾、钠、镁等盐类的循环属于沉淀循环。我们仅以磷的循环和钙的循环为例说明沉积循环。

磷是生物生命的信息元素。磷循环属典型的沉积循环。磷以不活跃的地壳作为主要贮存库。岩石经土壤风化释放的磷酸盐和农田中施用的磷肥，被植物吸收进入植物体内，含磷有机物沿两条循环支路循环：一是沿食物链传递，并以粪便、残体归还土壤；另一是以枯枝落叶归还土壤。各种含磷有机化合物经土壤微生物的分解，转变为可溶性的磷酸盐，可再次供给植物吸收利用，这是磷的生物小循环。在这一循环过程中，一部分磷脱离生物小循环进入地质大循环，其支路也有两条：一是动植物遗体在陆地表层的磷矿化；另一是磷受水的冲蚀流入江河汇入海洋（见图 3-5）。

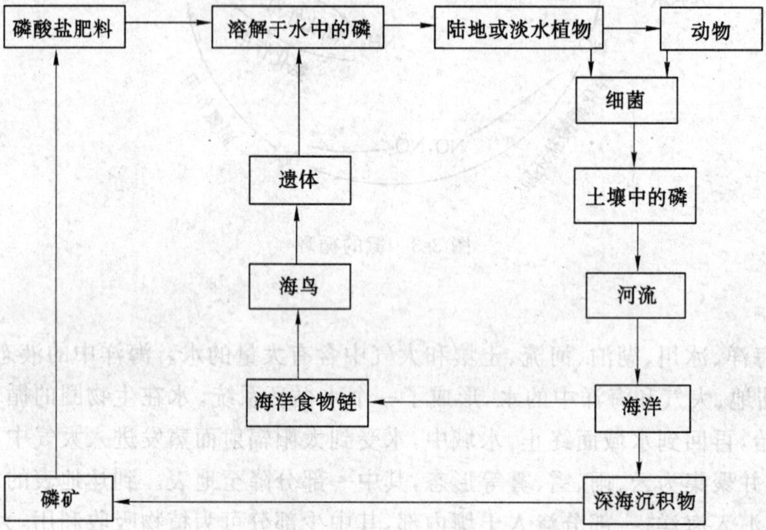

图 3-5　磷的循环

钙也是生物体不可缺少的元素之一，钙的循环也属于沉积循环。沉积岩中的钙由于风化和水的侵蚀从岩石中释放出来，这些物质或溶于水中，或以灰尘的形式进入土壤或海洋中。一方面，土壤中的钙离子被植物所吸收，成为植物的生命物质，植物被动物食用，钙离子又变成动物的生命物质，动物和植物的尸体经微生物分解，把钙又回归到土壤中；另一方面，海水中的钙盐，沿着海中的生产者、消费者和分解者进行着循环，也可为海洋动物如珊瑚、甲壳类等吸收，沉积于骨骼之中。

（三）生态系统中的信息传递

信息是实现物质客体间相互联系的形式，信息以相互联系为前提，没有联系就不存在什么信息。

生态系统中信息的种类有营养信息、物理信息、化学信息和行为信息四种。

1. 营养信息

通过营养交换的形式，把信息从一个个体或种群传递给另一个个体或种群，称为营养信息。生态系统中的食物链就是一个典型的营养信息。

2. 物理信息

以物理因素引起生物之间感应作用的一类信息，称为物理信息。在生态系统和能够为生物所接受、并引起行为反应的效用信息，绝大部分是物理信息，它在信息传递中起到最重要的作用。例如光信息、声信息、热信息、接触信息等都是物理信息。光信息对植物的生长、发育非常重要，如烟草种子萌发时需要光信息。植物的光周期现象也是光信息的作用。声信息在现实生活中的应用也比比皆是，例如在大豆发芽过程当中，我们可以利用声信息促进大豆种子表皮松软、破裂，以提高吸水率，促进新陈代谢，从而提高发芽率。

3. 化学信息

生物在某些特定条件下，或处于某个生长发育阶段，分泌出某些特殊的化学物质。如酶、维生素、抗生素、性引诱剂等，这些化学物质经外分泌或挥发作用散发出来，被其他生物所接受而传递，如报警、集合、有无食物等，即构成了化学信息。例如有些植物花的特殊颜色对昆虫或其他动物的吸引作用。

4. 行为信息

有些动物可以通过各自的行为方式向同种个体发出识别、威吓、求偶或挑战等信息，称为行为信息。如丹顶鹤在求偶时，雌雄双双起舞。再如草原上的鸟，当出现敌情时，雄鸟急速起飞，扇动两翅，给雌鸟发出警报。

四、生态系统的平衡及调控

（一）生态系统的平衡

生态平衡(ecological balance)是指在一定时间内，生态系统中的生物与环境、生物与生物之间通过相互作用达到的协调稳定状态。生态平衡包括两方面的含义：① 生态平衡是生态系统长期进化所形成的一种动态平衡，它是建立在各种成分结构的运动特性及其相互关系的基础上的；② 生态平衡反映了生态系统内生物与生物、生物与环境之间的相互关系所表现出来的稳态特征，一个地区的生态平衡是该生态系统结构和功能统一的体现。

生态系统的平衡表现在三个方面：① 生产者、消费者、分解者有机地结合。② 物质循环和能量流动畅通。③ 系统的输入和输出在数量上基本相等。一般来说，生态系统的结构和功能越复杂，系统的稳定性就越高。但对于一个生态系统来说，其稳定性高低取决于系统因素：生态系统经历的进化历史越长，其稳定性越高；生态系统所处的环境突变越少，其稳定性越高；功能上的复杂性也决定着系统的稳定性。

生态系统是一种负反馈系统，它具有一种反馈机能，能自动调节和维持自己稳定的结构和功能，以保持系统的稳定和平衡。生态系统的这种能力叫做自调能力。

随着社会经济的快速发展，人类活动对生态系统平衡的干预和调控越来越强烈。因此，人类活动应注意运用生态系统中的结构和功能相互协调的原则，以达到人类社会和生态系统的协调发展。

（二）生态失衡的调控

当外来干扰因素超越生态系统自我调节能力，而不能恢复到初始状态的现象叫做生态失衡。影响生态失衡的因素可概括为自然因素和人力因素两大类。前者如火山喷发、地震、山洪、海啸、泥石流、雷电等，都可使生态系统在短时间内受到严重破坏，甚至毁灭。但这些自然因素引起的环境变化频率不高，而且在地理分布上有一定的局限性和特定性。从全球范围看，自然因素的突变对生态系统的危害还是不大的，而人力因素所造成的环境改变，导致了自然生态系统的强烈的变化，破坏了生态平衡，同时也给人类本身带来了灾难。人力因素对生态系统平衡的影响，主要表现在以下三个方面：一是不尊重生物在食物链中相互制约的规律，任意消除食物链中某个必要环节，或不慎重地引入新的环节而没有采取相应的控制因素，导致食物链的失控，从而引起系列不良的连锁反应。二是人类为了满足生产和生活的需要，不合理地开发利用自然资源，常常导致毁灭森林、破坏草场和其他植被资源，从而打破了生态系统的平衡，引起"生态性"灾难。三是人类活动改变了环境因素，污染了环境，从而导致生态系统平衡的破坏。

生态失衡给我们人类带来的影响是惨重的，如何避免生态失衡呢？可能的对策有：① 自觉地调和人与自然的矛盾，以协调代替对立，实行利用和保护兼顾的策略；② 积极提高生态系统的抗干扰能力，建设高产、稳产的人工生态系统；③ 注意政府的干预和政策的调节。

五、生态系统的类别

生态系统可分为陆生生态系统、水生生态系统和人工生态系统三种类型。

（一）陆生生态系统

陆生生态系统又可分为森林生态系统、草原生态系统、荒漠生态系统及冻原生态系统四大类，其中森林生态系统与人类关系最为密切。

1. 森林生态系统

森林生态系统又细分为热带雨林生态系统、热带落叶林生态系统、亚热带常绿阔叶林生态系统、温带落叶阔叶林生态系统以及北方落叶针叶林生态系统等几大类。

（1）热带雨林生态系统

热带雨林主要分布在中美和南美的赤道附近、亚洲东南部、非洲中部和西部及澳大利亚东北部。我国热带雨林主要分布在云南南部西双版纳、海南岛以及台湾南部等地。最大的热带雨林是南美的亚马逊原始森林，其林材蕴藏量占世界总蕴藏量的45%。所谓热带就是指能受到太阳直射的赤道两侧各23°的纬度带。在这个地区，全年阳光充足，温度适宜，平均温度约26 ℃，热带雨林雨量丰富，有时降水量超过2 m，是许多生物适宜生长的地带。在这里几十米高的各种乔木高耸入云，巨伞般的树冠遮天蔽日，构成了热带雨林壮丽的景观（见图3-6）。林中蛛网般的藤本植物四处缠绕，令人举步维艰，树下还有各种耐阴的灌木、草丛和蕨类等植物。此外，热带雨林很多植物都有经济价值，包括木材植物、药用植物、芭蕉、木菠萝、番木瓜等。动物种类也很多，五彩缤纷的昆虫和鸟类穿梭于丛林之间，爬行类和兽类在林中四处游荡，地下层还有数量极大的默默无闻的微生物、线虫、蚯蚓和昆虫等。可见，热带雨林是地球上最为珍贵的物种基因库，没有它，至少有2.5万种植物及数千种哺乳类、鸟类、爬行类和两栖类动物将灭亡。闻名遐迩的亚马逊热带雨林，在南美已经存在至少一亿年。世界上一半以上的鸟类聚居在这片林中，各类林木多达一万余种，纵横交织的河网中栖居的鱼类超过1 500种。

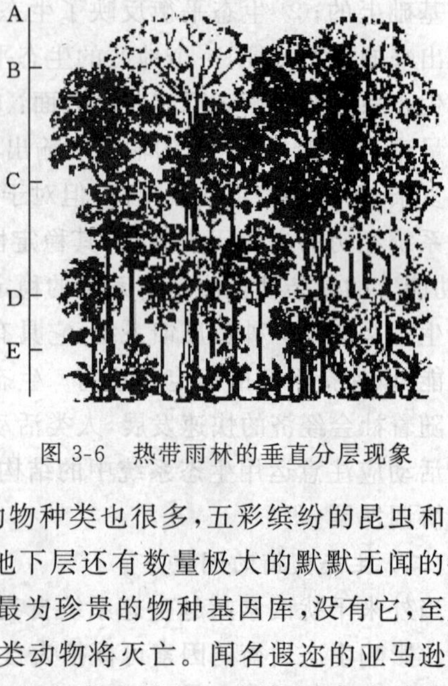

图 3-6　热带雨林的垂直分层现象

热带雨林的土壤肥沃度低，树叶脱落后在地面上很少积累，或被动物所食用，或为植物所吸收，因而土壤很少收益，由于雨水多，土壤被冲刷，氮、磷、钙等矿物质含量很低。所以热带雨林一经砍伐，就要变成一片荒地，再也无法恢复其郁郁葱葱的面貌。

（2）热带落叶林生态系统

热带落叶林生态系统是指大陆性气候、干旱地区的群落生态系统。最典型的热带落叶林是季雨林(monsoon forest),东南亚地区如印度、缅甸和我国南部都有分布。季雨林地区有明显的雨季和旱季,雨季时枝叶繁茂,旱季时大多乔木落叶,但下层一些灌木则保持常绿,乔木有柚木、紫檀、檀香木等。我国季雨林常绿树木较多,有些常绿树甚至超过落叶树。

(3) 亚热带常绿阔叶林生态系统

"亚热带"并不是一个严格的地理学概念,它通常是指位于南北纬 20°～30°之间从热带过渡到温带的广阔地带。在这个区域,年均温度在 15 ℃～18 ℃之间,全年无霜或少霜,年降雨量在 800～2 000 mm 之间。由于气温及水分都能得到基本的保证,因此多数植物四季常青,各类动物的数量也很丰富。属于亚热带地区有我国的长江流域和日本、美国东南部、南美、大洋洲、非洲东南沿海地区等。国宝大熊猫就主要分布在我国的四川卧龙保护区内。另外,我国亚热带的植物种类也很多,如壳斗科植物青冈、栲、石栎等优势种。我国亚热带常绿阔叶林的林下苔藓植物很多,在阔叶林分布区域中还散落有一些针叶林如松、杉等植物。

目前我国的亚热带常绿阔叶林主要分布在西南、云南山区,而长江一带的亚热带常绿阔叶林几乎被破坏殆尽。

(4) 温带落叶阔叶林生态系统

温带落叶阔叶林又叫夏绿林,是温带湿润海洋性气候的典型群落。所谓的温带主要位于南北纬大约 34°～47°之间,包括我国山东、河北、山西、陕西、甘肃、新疆、辽宁和内蒙等省区。这些地带年均温度在 0 ℃～17 ℃之间波动,年降雨量减少到 500～700 mm,植物的生长期约 120～250 天。温带地区四季分明。夏季,各类阔叶林生长旺盛,一旦进入秋冬季便纷纷落叶,进入休眠状态。温带落叶阔叶林的乔木以阔叶林树为主,如山毛榉、栎树、悬铃木、七叶树、胡桃。也有的阔叶林是由柳树、杨树等小叶树组成的(见图 3-7)。

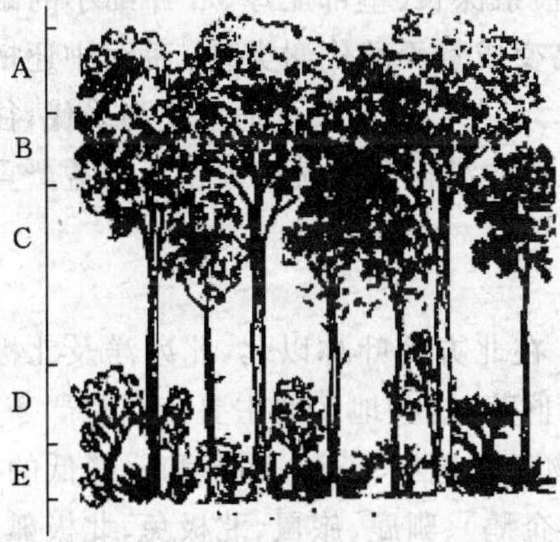

图 3-7 温带落叶阔叶林

图 3-8 北方落叶针叶林

(5) 北方落叶针叶林生态系统

北方落叶针叶林主要分布在北纬 47°～70°的森林北界的寒冷地带,包括我国大、小兴安岭等地,大兴安岭的森林就是北方落叶针叶林,它和西伯利亚针叶林相连。西伯利亚的针叶林生在低地,土壤湿润,有些沼泽化。我国大兴安岭的针叶林是典型的大陆型,没有沼泽化,并且掺有阔叶林的成分,主要树种为落叶松。小兴安岭的针叶林掺有更多的阔叶成分,主要树种为红松、落叶松、云杉、桦树(见图 3-8)。

本地区年均温度在 0 ℃以下,最低气温可达－50 ℃以下(西伯利亚)。年降雨量 500 mm

左右，每年植物的生长期仅100～120天。由于气候严寒，树木生长缓慢，材质坚实，是我国优质木材的出产地。梅花鹿、棕熊和狗熊等耐寒动物常出没林中。

2. 草原生态系统

草原与畜牧业关系密切，是发展畜牧业的基础。温带草原主要分布在温带大陆性气候地区的旱生草本植物群落，分布非常广泛，在欧亚大陆、蒙古、我国的黄河中游、内蒙古以及东北大兴安岭以西地区有大片温带草原。多数降雨集中在春夏之间，造成了某些地区木本植物难以生长，耐旱的草本植物，主要是某些小叶禾本科植物，成了这个地区的优势植被，这就是我们所说的草原景观，此外还有少量双子叶草本植物和旱生灌木。草原独自构成了一个完整的生态体系。许多昆虫、啮齿类动物和大型哺乳类动物直接以草为生。它们是初级消费者。鸟类以及其他肉食猛兽是草原中的次级消费者。草原也是人类放牧养殖的大本营。人类多数肉类及奶类食品是大草原的慷慨奉献。值得注意的是，牛马羊并不是养得越多越好。单位面积上的载畜量是有一定限度的。超过这个限度，必将引起草场退化，水土流失，整个生态系统趋于崩溃。鼠类猛于虎。鼠类猖獗是我国华北、西北草原的心腹大患。有些地区平均每平方米可见多达十几个的鼠洞，明确无误地反映出鼠害成灾的严重局面。

3. 荒漠生态系统

荒漠，包括沙漠，是指常年高温少雨、年降雨量不足250 mm的地区。荒漠分布很广，主要位于纬度30°～40°之间，空气干燥，高度缺雨。由于空气缺少水分，因此昼夜温差很大(可达30 ℃)，夜间极冷，白天极热。最大的沙漠是从非洲大西洋海岸一直延伸到阿拉伯地区的撒哈拉沙漠，目前还在继续向前延伸。我国的荒漠是中亚和东亚大沙漠的一部分，分布于西北各地如新疆、内蒙古等地。沙漠中由于高度缺水导致该地区植物难以生长，形成一望无际的“死亡之沙”。在沙漠边缘地带，也只能生长一些根系深长、茎部肥厚、叶片细小的耐旱植物。仙人掌科植物是耐旱植物的典型，它们的营养已变成景天酸代谢类型。荒漠中还栖居着少量动物，包括蝗虫等昆虫、少数鸟类和啮齿类动物。人类盲目不负责地垦荒和采伐，往往从根本上破坏了这个原本就非常脆弱的生态系统。土地沙漠化和沙漠扩大化正日益严重地威胁着人类的生存。

4. 冻原生态系统

冻原生态系统分布于高纬度和高海拔的地带。在北方针叶林以北，北冰洋及北极圈以南，一个带状的环北极的严寒地区，都属于冻原生态群落。这些地区的主要特点是严寒，在所谓的“夏季”，土壤的冻融层也仅为10～20 cm。植物只有地衣、苔藓、禾草和一些低的灌木，植物的生长期不超过60天。动物主要有昆虫、鸟类(企鹅)、驯鹿、旅鼠、北极兔、北极狐、北极熊和雪鸟等。

在上述的各种生态系统中，荒漠及冻原生态系统的生物量最低。这个生态系统一旦遭到破坏则难以恢复。然而生活在这种极端环境中的生物都具有其独特的基因与种质，如能加以利用则可成为人类十分宝贵的生物资源。

(二) 水生生态系统

水生生态系统包括淡水生态系统、海洋生态系统以及深海热泉口生态系统三大类。

由于水的比热较高，因而水温的变化比气温小，故水体一般都能保持温度稳定，适合水生生物的生长。多数水生生物都是漂浮在水中的，很多水生植物都是大面积的生长，而水生动物一般都保持流线型结构。

海洋是主要的地表水，约占地球总水量的97%。陆地水(淡水)主要以冰雪的形式蓄积于两极的冰川和高山的冰帽中，这些固态水总量约是江、河、湖水水量总和的100倍。江、河、湖水是人类生活、生产的主要用水，与人类的关系最为密切。

1. 淡水生态系统

淡水生态系统包括江水、河流、湖泊、池塘、溪流、泉水、山涧、水库、沼泽、冰川和冰帽等天然的和人工的湿景观。这些淡水环境可分为流水和静水两类。河流、溪流、山涧属于流水型，池塘、湖泊属于静水型，静水群落可分为沿岸带、湖沼带和深水带。沿岸带从岸边一直延伸到有根植物所能生长的最里边为止，其间要经过有根挺水植物生长区(芦苇和香蒲等)、有根浮叶植物生长区(睡莲和水百合等)和有根沉水植物生长区等。湖沼带占据除沿岸带以外的全部水面，一直向下延伸到阳光所能穿透的最大深度。深水带是指比湖沼带更深的水域，这里没有阳光，不能进行光合作用，食物是来自湖沼带中沉降下来的生物遗体和有机碎屑，在水体底部还有不少底栖动物和还原者——厌氧菌。

淡水生态系统由于与人类的关系十分密切，因此受到人类十分严重的干扰，甚至是破坏。围湖拦河，使江、河、湖的容积日益缩减。1998年夏季长江流域特大洪水泛滥，除了倾盆大雨外，洞庭湖和鄱阳湖长期遭受人们围垦，蓄洪、分洪的能力大为下降，也是一个重要的原因。同时，随着工农业生产的发展和人口的爆炸性增长，各种废水和污水未经处理或只经过简单的处理就直接外排，江河成了排污沟，湖泊犹如蓄污池。

2. 海洋生态系统

地球表面的70%都是海洋，它的平均深度约4 000 m。由于它是连成一片的广阔水体，其物理条件如盐度、水温等都是比较稳定的。海洋生态系统可分为海岸带、浅海带、远洋带和海底带。

海岸带是指位于大陆和开阔大洋之间的海岸线地区，在岩石海岸有各种固着生物如海藻、藤壶和海星等；在沙质海岸有各种沙蚕和沙蟹；在泥质海滩上栖息着大量的蛤、沙蚕和甲壳动物。

浅海带是指从海岸带的低潮线一直延伸到大约200 m深处，这里因海水比较浅，有阳光射入而且有来自陆地的营养物补给，所以生物种类丰富，生产力极高。海底有大型藻类群落，常见的底栖动物有棘皮动物、软体动物和沙蚕等。

远洋带是指开阔大洋，这里的浮游植物主要是硅藻和双鞭甲藻，浮游动物主要是桡足类和箭虫，自游动物有各种虾、水母和鲸等。因远洋带海水中的营养物含量很少，因而生物生产力极低。

海底带是指从大陆架的边缘一直延伸到最深的海沟，生活在海底带的生物全部是异养生物，如海绵、软体动物、甲壳动物和棘皮动物等。

3. 深海热泉口生态系统

20世纪70年代，美国的一些研究人员在南美海底深处发现一个热泉口，这里的水温在300 ℃以上。但是在如此高温高压的环境下竟有硫细菌存在。海底中的硫酸盐在高温的作用下还原为硫化氢，硫细菌可利用氧化这些硫化物获得能量，进而固定碳元素，也就是利用溶解于海水中的二氧化碳合成有机分子。现在人们已经在太平洋海底找到了十几个这样的热泉口。在热泉口周围，除了硫细菌还有氢细菌等微生物，更有趣的是，在这些细菌的外围有很多高等无脊椎动物，如环节动物、蟹和章鱼等；另外还有一种环节动物，没有口，也没有消化管，但它们体内有共生的化能合成细菌，显然它们是靠这些微生物来合成有机物的。

水生生态系统是维系生物界的生态学基础，没有水就不会有生命。特别是陆地湿地生态系统正由于其丰富的生物多样性而引起各国政府及生物学家的高度重视。生命的生存是如此依赖这个系统，以致这个生态系统的微小变化都可能对多种生命形式的生物及其所处环境产生明显的影响。

(三)人工生态系统

人工生态系统主要有两种类型：农业生态系统和城市生态系统。虽然人工营造林也是人类建造的生态系统，但由于人工林也是森林生态系统的一个组成部分，这里就不再重复论述。

1. 农业生态系统

农业生态系统是由人类建立和管理的生产食物、天然纤维和其他农产品的生态系统，它包括农、林、牧、渔等诸多范畴，是人类赖以生存的基础生态系统。农业生态系统相比于城市生态系统，它具有自己的一些特点：首先农业生态系统具有辽阔的农田、草场等种植和养殖用地，平均人口密度较低。农民在土地上进行种植的农作物以单一品种为主，这是因为人们为了争取高产以及便于管理，往往在一定区域内集中种植或养殖某一种生物。农业生产的各种粮、油、禽、畜、鱼、蛋、奶、果、蔬、棉、蔗等产品主要输往城镇等人口密集区，而不是自产自销。其次农业生态系统受自然条件的影响较大，尽管社会发展有了较大进步，但农业生产基本上还属于靠天吃饭的典型，农业生产是一种开放性全天候生产，许多种植和养殖业都受到光、温、雨、水、风、旱、寒、虫、病等自然条件的制约，农产品的产量和质量经常处于波动之中。最后农业生态系统就是这样一种非自然的生态系统。这是一种违背自然法则的十分脆弱的生产方式。只有依靠人类进行防病、治虫、锄草、施肥或喂食、清扫等悉心呵护，才可能获得比较理想的收成。稍有疏忽则杂草丛生，虫害泛滥，疾病流行。

2. 城市生态系统

城市生态系统是人类为了满足自身的需要改造天然环境而建立的生态系统。如果说农业生态系统还是一个以生产者(植物)为主的仿自然的人工生态系统的话，那么城市生态系统则是一个以人为中心的反自然的人工体系。这个体系主要由经济环境、社会环境和自然环境三大方面构成。城市是现代工业与商业日益发展的产物，是地处交通要道、具有相当的地域面积、拥有密集人群和建筑设施的人工生态系统，是社会形态向高层次发展的组织形式。它不仅表现为人口由乡村向城市转移以及城市人口增长，城市区域扩张，还表现为生产要素向城市集中和城市功能日益完善。经济环境是城市生态系统的生产主体，包括各类工厂企业、交通运输、金融贸易、商业网点和邮政电信等。社会环境是城市生态环境的“上层建筑”，由各级政府、金融司法、医疗卫生、文娱体育、教育科学和新闻媒体等部门、行业构成。自然环境主要有天然景观、人工建筑及生物资源等。人是城市生态系统的组织者和主宰者。由于城市生态系统是一种反自然的人工体系，它的存在和发展就完全取决于城市中居住者和管理者的组织和规划。

六、生态系统的食物链和食物网

(一)食物链

1. 食物链的概念

所谓食物链就是植物通过光合作用制造了初级食物，然后被另一种生物所食，通过一系列的吃与被吃的关系，生物紧密地联系起来，这种生物成员之间以食物营养关系彼此联系起来的链索关系叫食物链(food chain)(见图 3-9)。

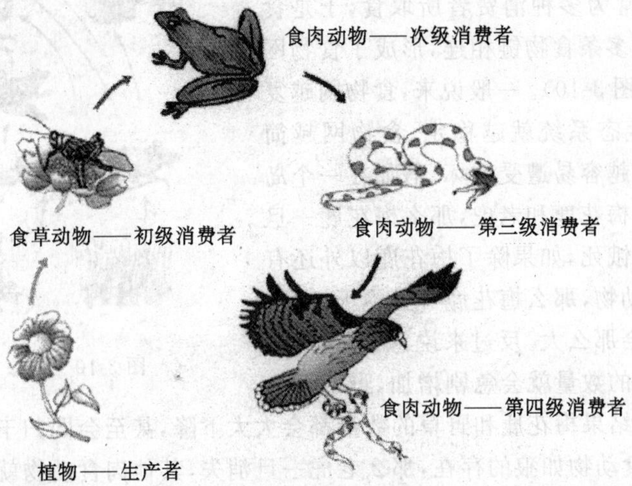

图 3-9 陆地生态系统食物链

2. 食物链的种类

按照生物取食的状态分类，可分为牧食食物链和腐食食物链两种。

牧食食物链是以活的生物为起点的食物链，腐食食物链是以生物遗体或腐败物质为起点的食物链。

在大多数陆地生态系统和水生生态系统中，通常是以腐食食物链为主，以牧食食物链为辅，例如在潮间带，活植物被动物吃掉的大约只有 10%，其余 90%是在死后被腐食动物和分解者所利用。在草原生态系统中，被家畜吃掉的牧草通常不足四分之一，其余也是在枯死后被分解者分解。在一些大的湖泊和海洋生态系统中，常常是以牧食食物链为主，以腐食食物链为辅，这是因为在这些生态系统中，生产者通常是微小的单细胞藻类，它们体积小、繁殖速度快，很快就能被浮游动物或其他动物整个吃掉，而留到死后被分解者分解的数量却很少。

按照生物与生物之间的关系，又可将食物链分成四种类型：① 捕食食物链，指一种活的生物取食另一种活的生物所构成的食物链。捕食食物链都以初级生产者为食物链的起点。如植物→食草动物→食肉动物。② 碎食食物链，指以碎食(植物的枯枝落叶等)为起点的物链。如碎食→蚂蚁→食蚁兽。③ 寄生性食物链，由宿主和寄生物构成。它以大型动物或植物为食物链的起点，继之以小型动物细菌和病毒。如小鸟→寄生虫→细菌→病毒。④ 腐生性食物链，以动、植物的遗体为食物链的起点，腐烂的动、植物遗体被土壤或水体中的微生物分解利用，后者与前者是腐生性关系。

一般说来，生态系统中的能量在沿着食物链传递时，从一个环节到另一个环节，能量要损失 90%左右，也就是说能量的转化效率大约只有 10%。由此不难看出，地球上的植物要比动物多得多，植食动物要比肉食动物多得多，一级肉食动物要比二级肉食动物多得多，如果不是这样的话，这些生物将无法获取足够的能量以维持生计。越是处在食物链上面的动物，数量越少、生物量越小、能量也越少，而最高级的肉食消费者数量最少，以致使得不可能再有别的动物以它为食了，因为从它们身上所获取的能量已不足以弥补它们所消耗的能量。

（二）食物网

由于一种生物常常以多种食物为食，而同一种食物又常常为多种消费者所取食，于是食物链交错起来，多条食物链相连，形成了食物网(food web)（见图 3-10）。一般说来，食物网越复杂，所形成的生态系统就越稳定；食物网越简单，生态系统就越容易遭受破坏。假如在一个岛屿上只有野草、梅花鹿和老虎，那么梅花鹿一旦绝灭，老虎就会饿死，如果除了梅花鹿以外还有羊等其他植食动物，那么梅花鹿一旦绝灭，对老虎的影响就不会那么大。反过来说，如果老虎一旦绝灭，梅花鹿的数量就会急剧增加，野草就会遭到过度啃食，结果梅花鹿和野草的数量都会大大下降，甚至会同归于尽。如果除了老虎以外还有其他肉食动物如狼的存在，那么老虎一旦消失，其他肉食动物就会因增加对梅花鹿的捕食压力而不致使鹿群发展得太大，从而就可防止生态系统的崩溃。

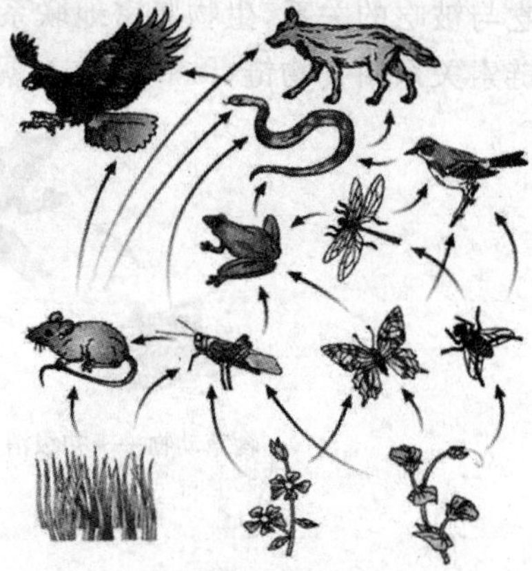

图 3-10　错综复杂的食物网

食物网不仅维持着生态系统的相对平衡，而且也推动着生物的进化，这无疑会成为自然界发展演变的动力。这种以营养为纽带，把生物与环境、生物与生物紧密联系起来的结构，称为生态系统的营养结构。

七、生态系统的营养级、生态金字塔

（一）生态系统的营养级

生态学中将食物链中的一个个环节称为营养级(trophic level)。营养级的概念是在食物链和食物网的基础上提出来的，是为了使生物之间复杂的营养关系变得更加简明和便于定量地对能量流动和物质循环进行分析。一个营养级是指处于食物链某一环节上的全部生物种的总和，因此，营养级之间的关系是指一类生物和处于不同营养层次上另一类生物之间的关系。例如，生产者为第一营养级，食草动物消费者为第二营养级，小型食肉动物为第三营养级，当然还有更高的营养级，如第四、第五营养级。由于受能量传递效率的限制，食物链中的营养级不可能太多，一般是由 4～5 个环节组成，如老鹰捕捉黄雀，黄雀吃螳螂，螳螂吃虫子，虫子吃树叶。最简单的食物链由 2 个或 3 个环节组成，如老虎捕杀梅花鹿，梅花鹿取食野草。一般说来，营养级的位置越高，归属于这个营养级的生物种类和数量就越少，当少到一定程度的时候，就不可能再维持另一个营养级中生物的生存了。

（二）生态金字塔

处于第一级营养水平的绿色植物吸收光能制造有机物的产量成为初级生产量，初级生产量中有一部分要为植物本身所消耗，初级生产量减去植物本身的消耗即是初级净生产量。以后各营养级水平的生产量，也可以按此计算。一般来说，从绿色植物流入草食动物的能量只有绿色植物净生产量的 10%左右，同样道理，从草食动物流入肉食动物的能量也只有草食动物净生产量的 10%，以此类推，每上升一个营养级所得的能量只有原来的 10%。能量既然是递减的，生物量也必然是递减的，把这种依次递减的趋势图表达出来画成图表就变成了底宽上窄的锥形体，这就叫生态金字塔。我们这里所说的 10%不是绝对的，不同的生态系统具有不同的生态流动效率，有时差异还是很大的。

生态金字塔包括生物量金字塔、能量金字塔和数量金字塔。

生物量金字塔以生物的干重表示营养级中生物的总重量(即生物量),一般说来植物的生物量要大于草食动物的生物量,而草食动物的生物量又会大于肉食动物的生物量,因此生态金字塔的图形通常是上窄下宽的锥体形[见图 3-11(a)],在大湖和海洋生态系统中,常常表现为一个倒锥形生物量金字塔[见图 3-11(b)],这是因为生产者——浮游植物的生物量总是小于浮游动物,浮游动物个体小,繁殖快。

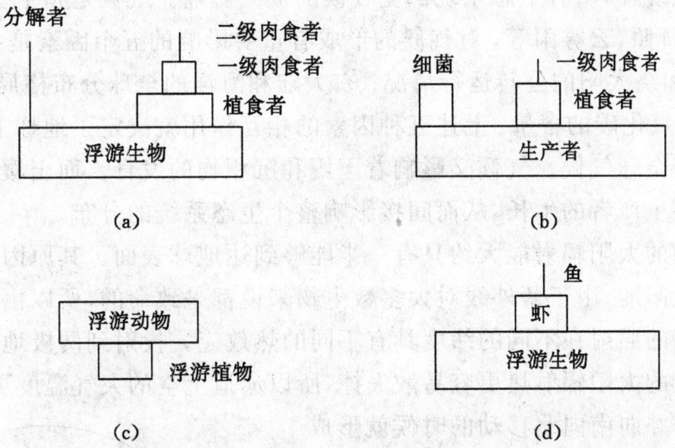

图 3-11　生态金字塔

(a) 生物量金字塔;(b) 能量金字塔;(c) 生物量金字塔(倒形);(d) 数量金字塔

能量金字塔是通过每个营养级所固定的总能量值的多少来构建的生态金字塔,能量金字塔总是呈正锥体形态[见图 3-11(c)],而绝不会出现倒锥体形态,因为初级生产在合成作用中所固定的能量绝不会少于靠吃它们为生的初级消费者所生产的能量,次级消费者所生产的能量是靠吃初级消费者获得的,因此它们的能量也绝不会多于初级消费者。总之,能量从一个营养级流向另一个营养级总是逐渐减少的。

数量金字塔通常是在食物链的底端生物个体数量最多,在沿着食物链往后的各个环节上生物个体数量逐渐减少,到了顶位的高级消费者,数量就会变得极少,因此数量金字塔通常也是上窄下宽的正锥体[见图 3-11(d)],但在有些情况下也可以表现为倒锥体,例如在一个树林里,第一营养水平是大树,如果按生物个体来计算的话,一个初级生产者可以养活很多小的草食动物,初级生产者的个数就会小于初级消费者的个数,生物体个数就变成了倒置的金字塔。

人是消费者,从生态金字塔的角度理解,素食者比肉食者经济得多,所以过多地摄入不必要的动物蛋白质是一种浪费。

八、生物圈

地球外壳由一层坚硬的岩石所组成,称为岩石圈;岩石表面有一层薄薄的土壤层叫做土壤圈;地球表面及其附近的全部液态和固态水,包括海洋和各种大小的水体、地表水、两极冰盖和少量的大气水称做水圈(hydrosphere);各种气体、浮尘和水蒸气所在的地方叫大气圈(atmosphere),大气质量的大约 80%分布在地球表面 17 km 的范围内;生物圈(biosphere)是指地球上有生命存在的所有地方,其中包括水域、岩层表面、土壤和大气圈的下部。岩石圈、水圈、大气圈在地球上生物出现之前就存在，然而只有在生物出现之后，土壤圈才开始形成，这些才构成生物生存的环境。

地球上的生物主要集中生存于地面和海面上下各 100 m 厚的范围内，虽然有些鸟类能飞达几千米高空，25 000 m 深的海底以及岩层深处也有生物存在，但绝大多数生物生存在接近地球表面的范围内。

生物圈中的生态系统大小不一，可小至一个小鱼塘，大至一片巨大的热带森林。除了深海热泉口生态系统外，所有生态系统都受气候的极大影响。气候是指主要的天气条件，如温度、湿度、风速、日照、云雾雨等。对气候的形成有重要影响的五个因素是：① 日照量的变化；② 地球的自转和绕太阳的公转运行情况；③ 大陆和海洋的全球分布格局；④ 大陆板块的抬升；⑤ 大气中二氧化碳的含量。上述五种因素的相互作用就决定了地球上的盛行风和海流，而后者则影响着全球气候。气候又影响着土壤和沉积物的发育。而土壤和沉积物的成分又直接影响着主要生产者的生长，从而间接影响整个生态系统的分布。

进入大气圈的太阳辐射能大约只有一半能够到达地球表面。其原因是大气中的臭氧和氧分子吸收了太阳能。由于紫外线对大多数生物来说都是致命的，所以由臭氧形成的臭氧层极为重要。太阳的照射在不同的纬度具有不同的热效应。投射到两极地区的太阳辐射热比投射到赤道地区的太阳辐射热更容易散失掉，所以赤道上空的大气温度更容易升高。当赤道温暖的空气上升并向南向北移动的时候就形成了全球大气的环流过程。由于在不同的纬度有不同的太阳辐射热，再加上地球自转对大气环流的影响，就导致在地球上形成了不同的气候带(见图 3-12)。

图 3-12　地球的气候带

生物圈是人类赖以生存的空间，它提供人类生活所必需的自然条件和经济建设的自然资源。1971 年，联合国教育科学与文化组织颁布实施了一项“人与生物圈”计划，以便对生物圈进行管理，合理利用和保护生物圈资源，改善人与环境的全球关系。人与生物圈计划其目的主要是针对已经出现的一些问题采取的一项重大举措，这些问题包括：① 人口和工农业的爆炸式增长、超负荷的生产导致资源衰竭，破坏了生物圈的生产力；② 工业“三废”的排放造成严重污染和不可更新资源的大量消耗，导致灾害频繁发生；③ 二氧化碳温室效应、能源与资源匮乏、粮食短缺正极大地威胁着人类的生存。一些专家学者和政府已意识到破坏生物圈内的生态平衡给人类造成的恶果和保护生物圈的意义，因此提出了人与生物圈计划。

第二节　环境因子对生物个体的影响

一、无机环境因子对生物个体的影响

生物的无机环境包括了水、火、光、温度、空气、土壤等。

(一) 水

水是无机环境中的一个重要因素。生命起源于水中，水是生物体的主要组成部分，是进

行一切生命活动及其过程的生理要素。水也是一切水生生物的生活环境。没有水就没有生命。

水对于生物的生长发育及生殖力有一定的影响，较低的湿度可以影响新陈代谢，而较高的湿度可以加速发育。

降雨是影响水分的一个特殊因素，降雨对动物的生活有间接的影响，但暴雨可以有直接作用，因为暴雨可以直接使蚜虫大量死亡。另一方面，由于暴雨的临时积水，却提供了某些动物的生活场所，例如蚊子可以在此大量繁殖其幼虫。

水对水生动物的影响更为重大，在水生环境中，盐分是最重要的，淡水动物不能生活在海水环境；即使是海水动物，由于溶解盐类的浓度或种类不同，也会影响它们的生活、生长，例如海星在盐分低于1.5%时就无法生活。水的酸碱度对水生生物也有重要影响，海水水域的 pH 约为 8，淡水水域的 pH 约在 6～9 之间，而雨水由于溶解了空气中的二氧化碳，所以是偏酸性的。大多数水生生物都是喜中性或微碱性的水生环境，有些生物则能适应宽幅度的酸碱度，例如一些眼虫，它能在 pH＝1.8～7.9 的条件下生活，小斑点鳟可以生活在 pH＝4.1～8.5 的水中，当 pH＜3.3 或 pH＞10.7 时会受到伤害。

（二）火

目前，全世界每年发生森林火灾约数万次，被烧森林面积达数百万公顷，有的年份高达千万公顷。森林火灾不但烧毁大量森林资源，而且严重破坏生态平衡，给野生动植物的生存，甚至给人类生存造成威胁。在危害和破坏森林的各种因素中，森林火灾是最严重的一个因素，远比森林病虫害、滥砍滥伐以及其他自然灾害要严重得多。20 世纪初，西伯利亚一次森林大火过火面积达 11 万 km^2。在南美、北美、澳大利亚都发生过过火面积 1 万 km^2 以上的森林火灾。前几年印度尼西亚热带丛林大火的浓烟，曾使遥遥隔海相望的新加坡机场飞机无法起降。

美国最近 80 年来，由于制止了每隔 20～25 年发生一次的森林大火，使黄石公园的动植物区系发生了很大变化：山杨树的数量减少并且老龄化，大角鹿因缺乏食源，数量随之下降。因此出现了另一种声音，生态学家豪斯顿（Housden）则建议，为了能放养更多的动物，人们必须有目的地让火把老树烧掉，以便山杨树生出新枝和使幼苗迅速生长，使大角鹿有足够多的食源，从而促使大角鹿数量的恢复。事后证明豪斯顿的看法完全正确。古代著名诗人的诗句“野火烧不尽，春风吹又生”，形象地说明了火在植物群落更新中具有一定的作用。从长远的观点看，人为地排除自然火灾的作用，对许多生物的生存和发展未必有益。在我国云贵高原有些耐火植被，如云南西双版纳地区的厚皮树，其叶片不易着火，茎下部的树皮特别厚，侧芽和不定芽萌发力特别强。

（三）光

除极少数化能合成的生物外，日光是地球上一切生物的最终能源。光是地球上有机物质制造过程中最重要的能量因素。地球上所有生物直接或间接依靠太阳辐射能来维持生活。因此，太阳光能是地球上的一切生物的能量源泉，但太阳光对动、植物的影响是不同的。

光对动物、植物的生长发育和生活都有影响。动物的热能代谢、行为、生活周期以及地理分布等都直接或间接接受光照的影响。多数动物有趋光性，它们只有在白天出来活动，这些动物的蛰伏、换毛、繁殖等周期性活动都与光照周期的长短有关。例如蚊子在日照时间变短时也随即进入滞育阶段；鱼背面的颜色比腹面的颜色深，动物的色素是对光照的适应，对短波辐射有保护作用。光是绿色植物进行光合作用不可缺少的能量来源。只有在光照条件下，植物才能正常生长、开花和结实；同时光也影响植物的形态建成和地理分布。我们通常吃的蔬菜如韭黄、蒜黄就是光影响形态所生产的一个例子，这就是通常所说的植物的黄化现象。植物的开花也与日照长短有关。

除了日光之外，自然界中的其他辐射如宇宙射线、γ射线、X射线等对生物也有一定的影响。它们的辐射能远远高于日光。它们的作用主要是引起生殖系统、胚胎发育以及遗传特性的改变。人们利用紫外线进行微生物菌种的诱变；利用X射线来透射身体以检查疾病，所以紫外线和X射线已经变成人类生活环境中的一部分，对人类越来越重要。

（四）温度

在诸多影响因素中，温度对生物的影响最为显著。温度影响生物新陈代谢的强度，因而影响生长发育的速度以及生物的数量分布。生物的生存有一定的温度范围，和巨大的宇宙温度变化幅度相比，生命的生存温度变化幅度显然小得多。干燥的细菌孢子对温度的耐受性很强，能耐受130 ℃的高温和－250 ℃的低温，但是多数生物只能生活在较窄的范围内。外界环境温度对生物的影响，主要体现在积温、最适温度、节律性变温和极端温度等四个方面。

1. 积温

生物在整个生长发育期或第一发育阶段内，高于一定温度度数以上的昼夜温度总和，称为某生物或某发育阶段的积温，换句话说，积温就是温度随时间的积累，它用温度与时间的乘积来表示。而有效积温则是指完成发育所需要的有效温度总和。生物的生长发育与有效积温有较大的相关性。根据有效积温法则，我们可以推算出害虫可能发生的时期与时代数，这是常用的一种预测预报害虫发生期的方法。当生物正常发育所需的有效积温不能满足时，它们就不能发育成熟，甚至导致生物的死亡。大豆发芽萌发需要一定积温，母鸡孵蛋也需要一定积温。

人们根据生物热能代谢的特征，把生物分为许多生态类型。植物学家把植物分为嗜高温植物（热带湿热气候）、嗜中温植物（适中温度气候）、嗜微温植物（适中寒冷气候）和嗜低温植物（极地及高寒气候）。许多动物学家把动物分为恒温动物和变温动物。微生物学家把微生物分为嗜热微生物、嗜温微生物和嗜冷微生物。

2. 最适温度

各类生物抗寒与抗热能力十分不同，一般动物生命活动的低限是冰冻，高限是45 ℃。最适温度在20 ℃～25 ℃之间。每种生物都有自己生长的最适宜温度。一些科学家根据生物适应的温度范围不同，把它们划为广温性生物和狭温性生物两类。前者如家蝇，其适应的温度范围为6 ℃～46.5 ℃。后者如南冰洋中的南极鳕，其适应的温度范围为－2 ℃～2 ℃。高于2 ℃和低于－2 ℃都会引起死亡。在最适宜温度条件下，生物生长发育较为迅速，生命力较强。当温度不适时，有些动物如鱼类和鸟类中的候鸟，会出现洄游和迁徙现象，以寻觅最适温度的环境。不能找到最适温度条件的生物，则通过增强自身对极端温度的适应度过不良的环境，如动物的冬眠和植物的抗冻性反应。

3. 节律性变温

在温带地区，一年中四季有明显的温度变化，一天内昼夜温度也不一样，这种有规律性的变化叫节律性变温。温度是决定生物分布的一个重要因素，热带作物不能在温带和寒带生长，例如香蕉和荔枝。温带的苹果和梨主要因温度的限制不能在热带生长，柑橘也因为温度的限制不能在北方栽种。各种生物由于长期适应这种节律性变温，因而能协调地生活。例如，温带不少植物在春季发芽、生长，夏季抽穗开花，秋季果实成熟，秋末落叶进入休眠，这种现象就是节律性变温对植物的影响。

很多动物的体温随外界温度的变化也会做出调整，恒温动物所谓的恒温也不是绝对的，随着季节的差异我们的体温也会做出变化，昼夜的体温会出现差异。

4. 极端温度

所谓极端温度是指生物生存的温度极限。极端温度包括极端高温和极端低温，极端低温对生物的伤害又可分为冷害和冻害。冷害是指喜温生物在零度以上的温度条件下受害或死亡，例如热带鱼，在水温低于10 ℃时就会死亡，热带植物丁子香在气温降到6.1 ℃时叶片受害，降到3.4 ℃时顶梢干枯。其原因是呼吸中枢受到冷抑制而缺氧。冻害是指冰点以下的低温使生物内形成冰晶而造成的损害。冰晶的形成会使原生质膜发生破裂和使蛋白质失活与变性。少数动物能够耐受一定程度的身体冻结，如摇蚊在－25 ℃的低温下可以经受多次冻结而能保存生命，一些潮间带动物在－30 ℃的低温下虽然体内90%的水都结了冰，但冰晶一般只出现在细胞外面，当冰晶融化后又能恢复正常状态。

对于低温的忍耐，不同植物间差异很大。热带植物所忍受的最低气温为5 ℃～10 ℃。寒带植物如东北大兴安岭地区的兴安落叶松，能在－69.5 ℃条件下生存。对于动物来说，某些原生动物可忍耐－15 ℃的低温，在排除自身组织水分的条件下，某些轮虫、线虫等可忍受近－200 ℃的低温。

长期生活在低温环境中的生物常会表现出很多明显的适应，生活在高纬度地区的恒温动物，其身体往往比生活在低纬度地区的同类个体大，那么它们的单位体重散热量相对较少，这就是贝格曼(Begman)规律。另外，恒温动物身体的突出部分如四肢、尾巴和外耳等在低温环境中有变小变短的趋势，这也是减少散热的一种形态适应，这一适应常被称为艾伦(Allen)规律，例如北极狐的外耳明显短于温带的赤狐，赤狐的外耳又明显短于热带的大耳狐(见图3-13)。恒温动物的另一形态适应是寒冷地区和寒冷季节增加毛或羽毛的数量和质量或增加皮下脂肪的厚度，从而提高身体的隔热性能。

图3-13　Allen定律：自左至右是北极狐、赤狐和大耳狐

对于高温来说，高温可减弱光合作用，增强呼吸作用，使植物的这两个重要生理过程失调，例如，马铃薯在温度达到40 ℃时，光合作用等于零，而呼吸作用在温度达到50 ℃以前一直随温度的上升而增强，但这种状况只能维持很短的时间。高温还可破坏植物的水分平衡，促使蛋白质凝固和导致有害代谢产物在体内的积累。对于动物来说，高温对动物的有害影响主要是破坏酶的活性，使蛋白质凝固变性等。大多数海产无脊椎动物只能忍受到30 ℃，少数种类达38 ℃。淡水动物能忍受到41 ℃～44 ℃，陆生无脊椎动物忍受的高温极限可达40 ℃～50 ℃以上。哺乳动物体温达到42 ℃以上即引起死亡。迄今为止，没有一种生物能在

160 ℃的高温中熬过1 h而不死亡。对于微生物,温泉中的某些蓝藻能在85 ℃的水域中生活,某些嗜热微生物能忍受120 ℃的高温。

(五) 空气

在大气成分中,氧气约占21%,氮气占78%,二氧化碳占0.03%,此外还有少量的水蒸气和其他惰性气体。

大气中的氧含量比较稳定,而在水和土壤中,氧的含量变化较大。因此氧只对陆生植物、水生植物、水生动物和微生物等产生一定的影响。氧是除厌氧生物之外的一切生物呼吸所必需的,氧在细胞代谢中的功能是作为氢的最终受体,和氢结合而形成水。氧对于脂肪、蛋白质、糖类的氧化作用是动物获得能量的主要来源。

二氧化碳是绿色植物进行光合作用的重要原料,也是制造一切生命物质的碳源。在水中二氧化碳与水结合生成碳酸,起一定的缓冲作用。二氧化碳是阻挡大气层外的紫外线辐射的屏障。但空气中过高的二氧化碳含量对于陆生生物有抑制生长发育的作用,甚至引起昏迷或死亡。如果有人不慎掉入闲置不用的枯井中,那么这个人不一定被摔死,很有可能因较高的二氧化碳浓度窒息而死。在粮食保管中我们也可以利用过高二氧化碳浓度来抑制害虫的生长,从而达到保藏的目的。

氮是生物体的主要成分,核酸和蛋白质、氨基酸的构成离不开氮元素。氮气在空气中的含量十分丰富,一般不能被生物直接利用。只有某些光合细菌、固氮蓝藻和豆科固氮根瘤菌等能直接利用空气中的氮气,使之转变成氨态氮,供生物利用。也可以利用工业生产装置制造合成氨,进而生产各种含氮肥料,供农业使用。

(六) 土壤

土壤是由地壳表面的风化层和其中的生物以及生物死亡分解而产生的腐殖质所构成的。土壤为陆生植物提供了固着的基地,同时还提供了矿物质和水,也为微生物和一些昆虫提供了栖息地。反过来,这些生物的活动和新陈代谢又为土壤输送多种有机质,不断地改变着土壤的化学结构。

土壤根据其机械组成,通常分为沙土、壤土和粘土三大类。

沙土因土壤结构疏松,故有利于一些沙生植物,如沙柳、沙拐枣和花生的生长。

壤土既有较好的通气性,又能保存较多水和矿物质,所以壤土最利于植物生长。

粘土由含铝的矿物质颗粒构成,来自含铝岩石的风化。颗粒极细,直径小于0.002 mm,植物根难以扎入,因而虽含有水和矿物质,也难以被植物所利用,并且由于空气极少,根在其中呼吸困难,易于死亡。

由于土壤的酸碱度在不同地区有所不同,因而不同地区的土壤中的生物种类也不同。金针虫的幼虫喜欢栖息于酸性的土壤中,蚯蚓则喜爱中性或微碱性的土壤中。对于大多数植物而言,微酸性土壤更利于植物的生长。在碱性土壤中,钙离子含量较多而铁、锌、锰的含量匮乏,在酸性土壤中,钙、镁、钾、磷、铁、钼的含量都很少。不同的植物对土壤的酸碱度是有所偏爱的,如茶树、柑橘、甘薯等适合于略带酸性的土壤中生长;甜菜、高粱、棉花、向日葵等作物适合于略带碱性的土壤中生长。

土壤的酸碱度、湿度、温度除了表层之外变化很小,这样更有利于生物生长。但是土壤在一定的情况下,温度和湿度都有可能发生巨大变化,如果土壤温度超过42 ℃,栖息在其中的地蚕及其他节肢动物就会死亡,湿度过高时,金针虫就会向上迁移,水分过多甚至引起死亡。

利用这个原理，我们可以通过灌溉既达到的抗旱的目的，又能很好地杀灭害虫。

二、有机环境因子对生物个体的影响

生物的有机环境是指生物与周围生物之间的关系，通常有种内关系和种间关系。

每一种生物周围的各种生物和它的体表、体内的各种生物都是这一生物生活中的有机环境因子，在一个生物群落中，所有生物都是互为有机环境因子的，它们彼此之间的关系十分复杂，有同种间的关系和不同种间的关系两种。在种间关系上，除捕食与被捕食的关系外，比较常见的还有竞争关系、互利共生关系、寄生关系、共栖关系、化学拮抗关系等。

(一) 捕食关系

弱肉强食是动物界的基本法则。捕食者往往感官和运动系统发达，能奔善跑，长有尖牙利齿。被捕食者在与捕食者的协同进化中根据各自的特点演化出了多种多样的防御与逃生手段。刺猬长刺、龟鳖披甲、鼠辈打洞、甲虫装死、尺蠖拟态等都是弱小动物求生的高招。有些素食动物以群居的方式迎击或逃避肉食动物的进犯。

捕食者与被捕食者并不是一成不变的，大鱼吃小鱼，大鱼是捕食者，小鱼是被捕食者，小鱼吃虾米，小鱼又变成了捕食者。在自然界，捕食者与被捕食者经常保持一种平衡的关系。捕食者大量吞食，繁殖快了，因而数目增加时，被捕食者数目就越来越少，形成“僧多粥少”的局面。此时捕食者因食物不足而数目逐渐减少，被捕食者的数目又逐渐上升，所以两者的关系总是维持一个波动的平衡状态。

捕食者与被捕食者的动态平衡关系只有在没有人或其他外来因素干扰的情况下才能实现。人们在打猎时不分好坏，一律枪杀，因而很容易破坏物种平衡。在这里我们还应该强调一点，生物彼此之间以及它们与环境之间的关系是十分复杂的，种群数量的变动不一定总是受捕食者的影响。图 3-14 是加拿大雪兔和捕食雪兔的山猫情景图和种群变化曲线，这一曲线表明，这两种动物是存在着互为消长的关系的。但是加拿大一些没有山猫的地区，雪兔群也同样出现十年一轮的消长。所以动物种群的消长，除捕食者一个因素外，还受其他多种因素的影响，例如食物、出生率、死亡率的影响。

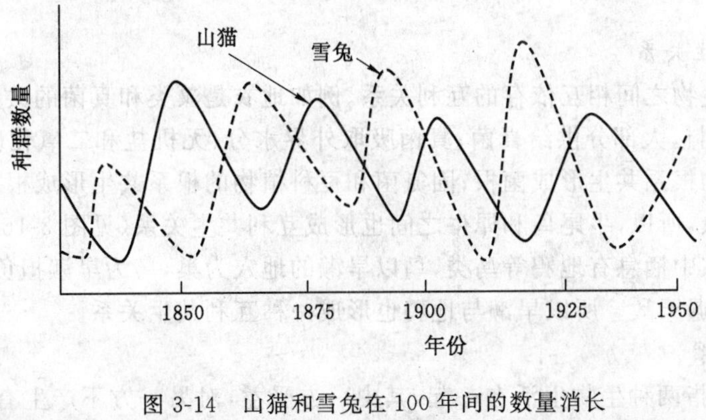

图 3-14　山猫和雪兔在 100 年间的数量消长

(二) 竞争关系

不同生物争夺同一食物或同一栖息地是生物间常见的另一种关系，它可能发生在种间也可能发生在种内。所以竞争分为种间竞争和种内竞争两种。

种内竞争是指同种个体间为了争夺资源、领地、配偶等而进行的生存竞争，在密度过大的植物种群内，个体间为水分和营养物质而发生的争夺、两只雄性梅花鹿为争夺雌性配偶而发生的决斗、雄鸟用歌声来驱赶其他雄鸟而保存自己的地盘等，都是种内竞争的例子。

种间竞争是指物种之间由于争夺有限生存条件（如阳光、水分、空间）和生活资源（如营养、食物）而存在的相互排斥的关系。在缺水条件下，过分密植的不同种植物，竞争阳光和水分，结果对一个种有利，另一个种则受到抑制，甚至被逐出分布区。生态学家高斯(Cause)曾做过草履虫的种间竞争实验。他将两种草履虫，即有尾草履虫和双小核草履虫分别培养在不同的容器中，以细菌作为它们的食物，不久两种草履虫和细菌的繁殖达到此起彼伏的平衡。接着他又把这两种草履虫放在一个容器中，一段时间后，有尾草履虫均消失，只剩下双小核草履虫继续生活其中。这就是种间竞争的结果（见图 3-15）。

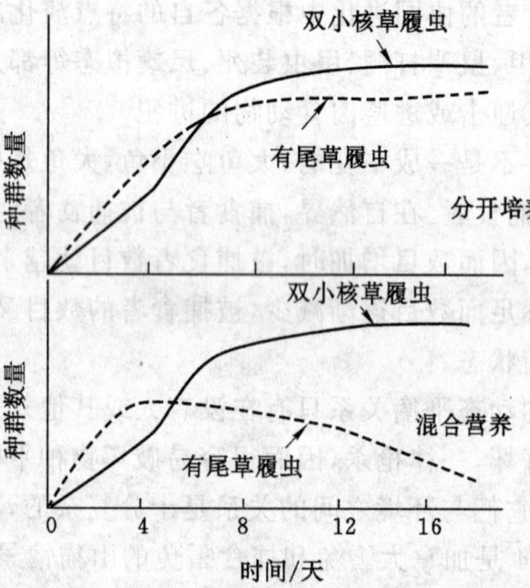

图 3-15　两种草履虫，分开培养和混合培养，出现不同生长曲线

在自然环境中，没有像上述实验那么简单的环境，因而极少有单纯竞争造成一种动物被淘汰的现象。

（三）互利共生关系

互利共生是生物之间相互依存的互利关系。例如地衣是藻类和真菌的共生体，藻类进行光合作用，制造养料，大部分供给真菌；真菌吸取外界水分、无机盐和二氧化碳提供给藻类。真菌和高等植物的根系共生形成菌根；固氮菌和豆科植物的根系共生形成根瘤；牛尾鸟帮助犀牛清除寄生小虫，所以，牛尾鸟和犀牛之间也形成互利共生关系（见图 3-16）。我国新疆荒漠地区的旱濑洞穴中栖息有地鸦等鸟类，鸟以旱濑的地穴为巢，鸟为旱濑担负报警和提醒作用，以避免旱濑遭遇天敌。所以旱濑与地鸦也形成一种互利共生关系。

（四）共栖关系

所谓共栖，是指两种生物生活在一起，其中一方受益，对另一方不产生有害的影响。动物、植物、微生物都存在共栖现象。海洋中的动物海参直肠中经常有小鱼栖息，有时从海参肛孔中游出，但迅速游回，以免被其他大鱼吞食，小鱼与海参是共栖关系。人体中的肠道内有一种微生物叫大肠杆菌，这种微生物在大肠内对人体无害。微生物大肠杆菌与人类也形成共栖关系。兰花栖生在树干上，兰花与树是典型植物间的共栖关系。双锯鱼栖息在海葵中，这是动物与植物之间形成的共栖（见图 3-17）。

图 3-16　牛尾鸟和犀牛的互利共生关系

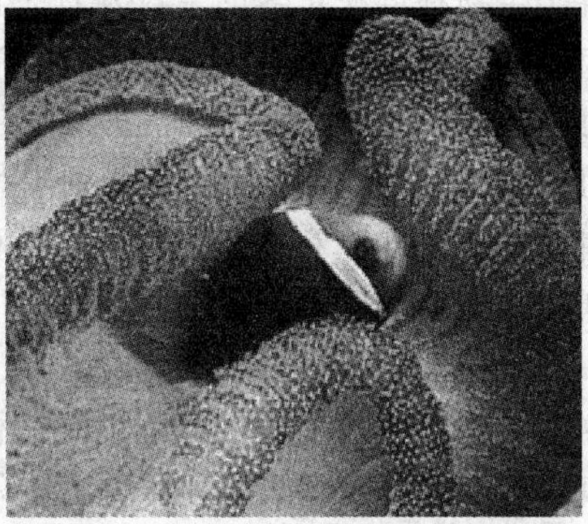

图 3-17　双锯鱼栖息在海葵中

(五) 寄生关系

生活在一起的两种生物,如果一方获利并对另一方造成损害就称为寄生。寄居在别种生物身上并获利的一方叫寄生物,被寄居并受害的一方叫寄主或宿主。如寄生在人体中的血吸虫、绦虫、蛔虫。而一只小鸟里里外外寄生物就多达 20 多种(见图 3-18)。

图 3-18　小鸟身上的寄生虫多达 20 多种

(六) 化学拮抗关系

一种生物产生并释放某种物质,抑制另一种生物或同种生物的生长繁殖,叫做化学拮抗。化学拮抗突出的例子是抗生素。例如青霉菌分泌青霉素,使周围细菌死亡。一种鼠尾草分泌化学物质,使周围成为不毛之地,这也属于化学拮抗的典型代表。

第三节　环境因子对种群生态的影响

一、种群的概念

种群(population)是生活在同一生态环境中、一定时间内能自由交配的同种个体的集合体。种群由个体组成,但不等于个体的简单相加,这是因为个体之间存在着特殊关联作用,使其在整体上呈现出一种新的结构特性。种群是物种在自然界存在的基本单位,也是生物群落基本组成单元,从进化观点来看,也是物种进化的单位。在具体应用时,其空间和时间界限并不严格。

强调一点的是,一个物种通常可以包括许多种群,不同种群之间存在着明显的地理隔离,长期隔离就有可能发展为不同的亚种,甚至产生新的物种。淡水鱼类和岛屿生物是说明种群概念的最好实例。鲤鱼可以生活在各个湖泊和河流里,形成一个个彼此被陆地隔离开的自然种群,在同一种群内,基因可以自由交流;在不同种群之间,基因交流因隔离而不能进行。由两个以上的种群组成群落,而一个生态系统则包括了多个群落。当一个种群与当地环境的各种因素相适应时,这个种群就发展、兴盛,反之则衰退、消亡。

二、种群的基本特征

各类生物种群在正常的生长发育条件下所具有的共同特征，即种群的共性：① 空间特征，即种群具有一定的分布区域和分布方式。② 数量特征，单位面积(或单位空间上)的个体数量，即种群有一定的密度特征。另外还包括出生率、死亡率、年龄结构和性别比例。③ 遗传特征，即具有一定的基因组成，以区别于其他物种，并随着时间进程改变其遗传特性的能力。研究种群的数量变化和空间分布规律是种群生态学(population ecology)研究的一项主要内容。所以本节着重讨论种群的空间分布、种群的年龄结构、种群的性别比例和生存曲线。

(一) 种群的空间分布

由于自然环境的多样性，以及种内、种间个体之间的竞争，每一种群在一定的空间中都会呈现出特有的分布形式。种群中个体分布的方式是研究种群的一个重要问题。种群分布的状态及其形式一般可分为以下三类。

1. 均匀分布(uniform distribution)

均匀分布也叫规则分布，是指由于竞争的个体间存在着自我生存的小圈，而这种小圈间保持不远不近的距离，即种群内个体在空间呈等距离分布。菌落中的细菌常表现为大致均匀的分布以及农业系统中多数的人工栽培水稻也属此类型[见图 3-19(a)]。

2. 随机分布(random distribution)

随机分布的前提是种群内的个体各自独立生存而不受其他个体的干扰，同时每个个体在任一空间分布的概率是相等的。但这种情况是很少见的，森林中地面上的某些蜘蛛类以及海岸潮汐带的一些蚌类似乎具有随机的分布。利用种子进行繁殖的植物首次侵入一块领地时，只要这块领地的环境比较均一，也能形成随机分布[见图 3-19(b)]。

3. 聚集分布(clumped distribution)

聚集分布的情况最为常见，如人聚集在城市生活，蚜虫聚集在植株的顶部取食等。聚集分布的种群对不良环境条件的抗性可能比单独的个体要强，但也会增加个体间的竞争。聚集分布是指种群内个体既不随机也不均匀，而是成团成块的分布。自然界中，这种分布是最常见的，如池塘边的蝌蚪、固着海岸岩石上的藤壶。聚集分布又常有聚集随机型分布[见图3-19(c)]和聚集均匀型分布[见图3-19(d)]两种。

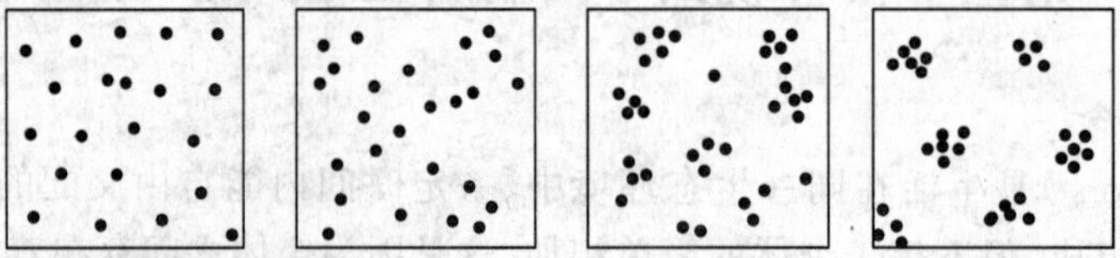

图 3-19 种群的空间分布

(a)均匀型分布；(b) 随机型分布；(c) 聚集随机型分布；(d) 聚集均匀型分布

(二) 种群的年龄结构

种群中包括不同性别、不同年龄的个体。年龄结构是指某一种群中，具有不同年龄级的个体生物数目与种群个体总数的比例。种群的年龄结构常用年龄金字塔来表示，金字塔底部代表最年轻的年龄组，顶部代表最老的年龄组，宽度则代表该年龄组个体数量在整个种群中所占的比例。比例越大，则宽度越宽；比例越小，则宽度越窄。各年龄组的死亡率和出生率差别很大,通常死亡率是随年龄组不同而变化的,而能够繁殖的个体常常局限于一定的年龄组,所以种群的年龄结构与种群数量的动态关系是非常密切的。因此,从各年龄组相对宽窄的比较就可以知道哪一个年龄组的生物数量最多,哪一个年龄组的生物数量最少。从生态学角度出发,可以把种群的年龄结构分为增长型、平衡型和衰退型三种类型(见图 3-20)。

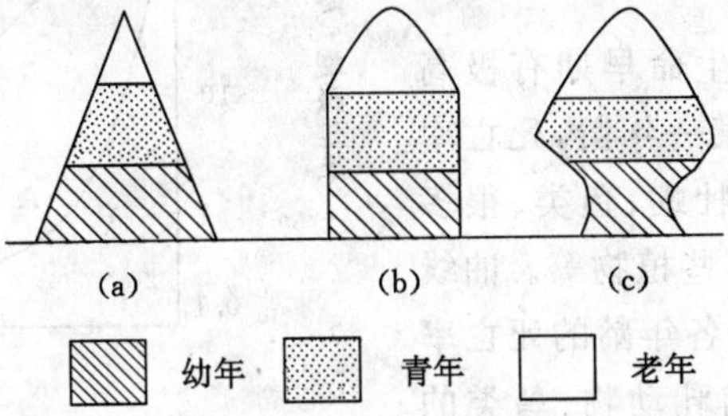

图 3-20 生物种群年龄的三种基本类型

(a) 增长型种数;(b) 平衡型种群;(c) 衰退型种群

1. 增长型种群(expanding population)

其特征是基部宽而顶部窄,呈典型的金字塔型,表示种群中有大量的幼儿和青少年,老年人相对较少。这类人口结构的出生率大于死亡率,种群继续增长,是典型的增长型种群 。

2. 平衡型种群(stable population)

该类型年龄结构接近于子弹形,即从幼儿到中青年年龄组人口比例差别很小,仅老年组个体较少,其出生率和死亡率大致相当,种群数量基本稳定。

3. 衰退型种群(diminishing population)

该类型的年龄结构基部较窄而中上部宽,这表示种群中幼体比例很小而老年人较多,这样的种群死亡率大于出生率,种群数量呈下降趋势。各种濒危动物,如虎、大熊猫等都是这样。衰退型种群长期以往必将逐渐走向灭绝。

(三) 种群的性别比例

种群的性别比例(sex ratio),是指雌雄两性个体数量在种群中所占的比例。大多数生物种群都倾向于使雌雄性比率保持 1∶1。但是出生的时候,往往雄性多于雌性,而到了老年组,雌性又多于雄性。人类也是如此,出生时男婴一般多于女婴,但到了老年组,女性普遍多于男性。有些生物除了雄性、雌性之外,还存在着两性等三种类型。对大多数动物来说,雄性与雌性的比例较为固定。但有少数动物,尤其是较为低等的动物,在不同生长发育时期,性别比例往往发生变化。通常,受精卵的性别比例大致为 1∶1,这称为第一性比(first sex ratio);自幼体出生到个体性成熟为止,由于种种原因,性别比例会发生变化,期间的性别比例称为第二性比(second sex ratio);以后还会有充分成熟的第三性比(third sex ratio)。性别比例的变化对种群数量变动有很大影响,因此,研究性别比例的意义将随物种的雌雄关系不同而异。

(四) 种群的生存曲线

种群的生存曲线(surivor curve)是用来表示一个种群在一定时间过程中存活量的指标,可以直观地表达出各年龄组的死亡过程。种群中的任何个体最终都会走向死亡,从生物学角度看,死亡并不是坏事,个体死亡是物种存活和进化的基础,因为一些个体死亡了,在种群中才会留下空位，让一些具有不同遗传性的个体取而代之，使物种能够适应不断变化的环境。生态学家常以存活数量或存活数量的对数值为纵坐标，以年龄为横坐标作图。从而把每一个种群的死亡及存活情况绘成一条曲线，这就是种群的生存曲线。一般生存曲线可有三种类型（见图 3-21）。

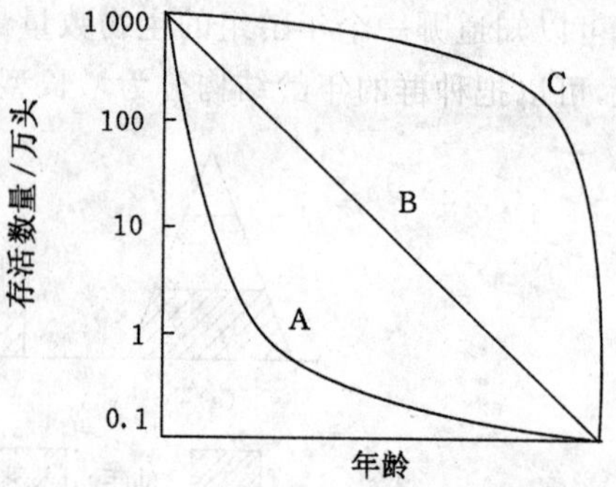

图 3-21　生存曲线的三种基本类型

从曲线 A 可以看出，生命早期有极高的死亡率，但是一旦活到某一年龄，死亡率就变得很低而且稳定，如牡蛎、鱼类、很多无脊椎动物、寄生动物和某些植物等。曲线 B 是一条直线，它表示种群各年龄的死亡率基本相同，如水螅、小型哺乳动物、鸟类的成年阶段和某些多年生植物等。而曲线 C 是一条凸型的曲线，绝大多数个体都能活到生理年龄，早期死亡率极低，但当达到一定生理年龄时，短期内几乎全部死亡，如人类、盘羊和其他一些哺乳动物，以及某些植物等。不同类型的存活曲线，反映了各种生物的死亡年龄分布状况，有助于了解种群特性、种群状况及其与环境的相互关系。

三、种群生态的增长模式

（一）种群规模与环境负荷量

种群规模(population scale)是指一定面积或空间内某一物种的个体总数。如果用单位面积或空间内的个体数目来表示种群规模，就称为种群密度(population density)。

种群的数量是经常变化的，它决定于出生率和死亡率的消长关系。单位时间内出生率与死亡率的差称为增长率(growth rate)。如果种群的个体之间没有竞争，不受环境资源的限制，种群的数量和规模将呈指数式增长。

环境负荷量(carrying capacity)就是指一定面积或一定空间内种群个体的数目接近或达到环境所能承受的最大值。当种群个体达到环境负荷的极限值时，种群将不再增长而保持在该值左右。种群增长曲线实际上是一条向着环境负荷量极限逼近的 S 形增长曲线。它反映了一定时期内自然种群增长的普遍规律。

（二）种群的指数增长模式与种群崩溃

有些生物可以连续进行生殖，没有特定的生殖期，在这种情况下，种群的数量变化可以用以下的微分方程表示：

$$\frac{\mathrm{d}p}{\mathrm{d}t} = vp$$

式中，$\mathrm{d}p/\mathrm{d}t$ 表示种群的瞬时变化量；v 就是瞬时增长率。

显然，若 $v>0$，种群数量就会不断地增长；

若 $v<0$，种群数量就会持续地下降；

若 $v=0$，种群数量就会不变。

如果上述方程的两边都除以 p，就可以计算出每个个体的增长率，即

$$\frac{1}{p} \times \frac{\mathrm{d}p}{\mathrm{d}t} = v$$

也就是说，当种群呈指数增长时，v 就是每个个体的增长率。

图 3-22 是 4 个具有不同 v 值种群的增长曲线，其中有两个 v 值大于零，一个 v 值小于零，一个 v 值等于零。

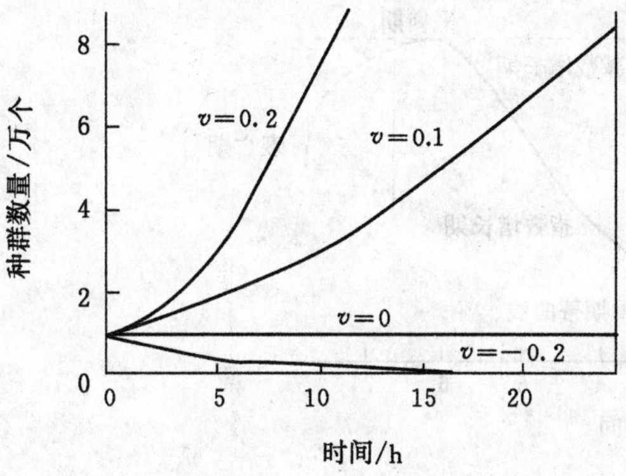

图 3-22　当种群的起始数量为 10 000 个时，4 个具有不同 v 值种群的增长曲线

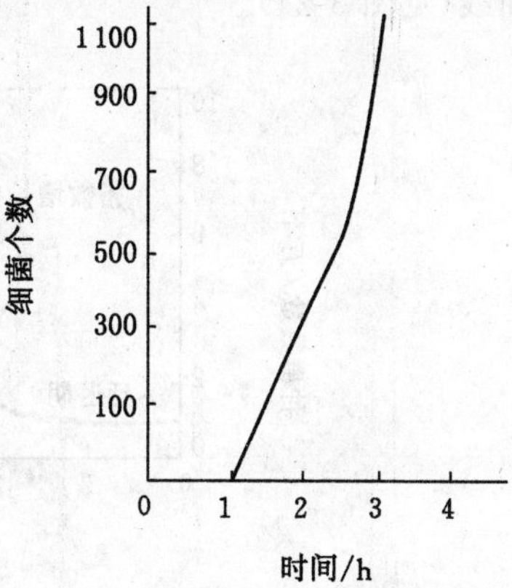

图 3-23　细菌分裂的指数增长曲线（每 20 min 分裂一次）

指数增长的特点是：开始增长很慢，但随着种群基数的加大，增长会越来越快，每单位时间都按种群基数的一定百分数或倍数增长，其增长势头相当惊人。例如，细菌每 20 min 分裂一次，每 1 h 就可以繁殖三代，如果从一个细胞开始，那它就会按以下数列倍增：1，2，4，8，16，32，64（见图 3-23）。照这样增殖下去，24 h 以后，它将完成 72 个世代，细菌总数将达到 4.7×10^{21}个！这么多细菌足以把地球表面铺满 30 cm 厚，如果再继续繁殖 1 h，细菌数目又可以增加 8 倍，那时我们每一个人都会淹没在细菌的汪洋大海之中。

众所周知，大象的繁殖速度是非常慢的，据计算，一对大象如果保证食物与其他条件，在没有其他生物和天敌为害的情况下，740 年以后就可繁殖成 1.9×10^{7} 头的巨大种群。不难想像，地球上哪怕只有一种生物按指数增长无限增长下去，这种生物最终就会把其他所有生物从地球上挤掉，同时它自己也会走向毁灭。这就是我们所说的种群超越与种群崩溃。换句话说，当种群个体的数目接近于环境所能支持的最大值，接着必然会出现剧烈的种群崩溃。例如，1891 年有人向阿拉斯加的圣保罗岛引进了约 25 头驯鹿。由于岛上积累了数百年来未被采食过的丰富的地衣植物资源，又没有捕食动物以及人类狩猎活动，驯鹿种群数量得到了迅猛的增长，到了 1938 年上升到约 2 000 头。这时种群的过度增长消耗掉了长期积累的食物资源，残存的地衣在很短的生长季节里生长缓慢，难以维持如此大的驯鹿种群，种群数量便开始急剧下降，到 1950 年只剩下 8 头驯鹿。

由于自然界中存在着很多抑制种群增长的因素，如气候不适、食物不足、空间有限、存在天敌和疾病等，所以指数增长在自然条件下是不会也不可能长久维持的。那么种群一般情况下按照什么样的模式增长呢？这就是我们下面要引出的种群的逻辑斯蒂增长模式。

（三）种群的逻辑斯蒂增长模式

从指数增长方程可以看出，只要 v 大于零，种群就会持续增长下去，实际上这是一种无限增长；但就实际情况来说，种群增长都是有限的，因为环境资源和空间资源都是有限的，所以种群不可能长期连续呈指数增长。随着种群个体数目的增加，加剧了种群个体之间的种内竞争，这必然影响到种群的数量，影响种群的出生率和死亡率，从而降低种群的实际增长率，当种群个体的数目接近于环境所能支持的最大值，即环境负荷量极限值时，种群将不再增长而保持在该值左右。描述这种种群增长过程的曲线为逻辑斯蒂曲线(logistic curve)或S形增长曲线(见图 3-24)。

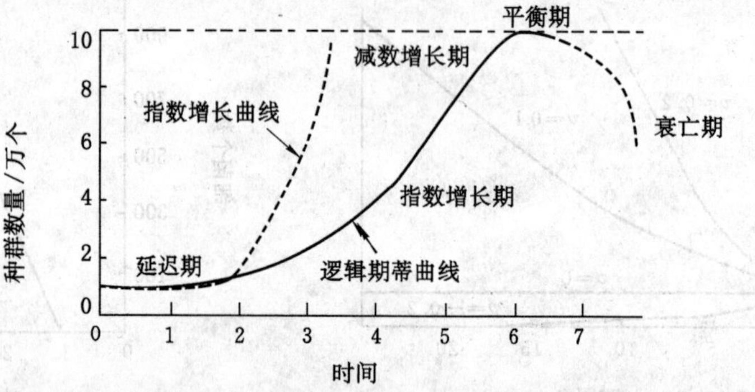

图 3-24　种群增长过程的逻辑斯蒂曲线

为了描述在资源有限、空间有限条件下的种群数量增长过程，就必须在指数增长方程中引入环境负荷量(即 C 值)的概念，增加一个系数 $\frac{C-p}{C}$，使方程改变为

$$\frac{dp}{dt}=vp\frac{C-p}{C}$$

式中，dp/dt 是种群的瞬时增长量；v 是种群的每头增长率；p 是种群大小；$(C-p)/C$ 就是逻辑斯蒂系数。当

$p>C$ 时，$(C-p)/C$ 是负值，种群数量下降；

$p<C$ 时，$(C-p)/C$ 是正值，种群数量上升；

$p=C$ 时，$(C-p)/C=0$，种群数量不变。

可见，逻辑斯蒂系数[$(C-p)/C$]对种群数量变化有一种制约作用，使种群数量总是趋向于环境负荷量(C)，形成一种S形增长曲线(指数增长曲线是J形)(见图 3-25)。

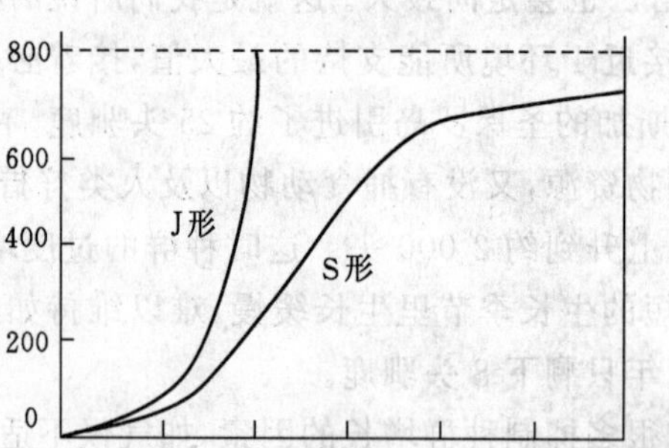

图 3-25　当 $p_0=10$，$v=0.2$ 和 $C=800$ 时种群的指数增长和逻辑斯蒂增长

(虚线代表 C 值)

由于种群数量高于 C 时便下降，低于 C 时便上升，所以 C 值就是种群在该环境中的稳定平衡密度。

四、影响种群增长的环境因子

种群的数量变化是出生率和死亡率、迁出率和迁入率这两组过程的综合作用结果。因此，凡是影响出生率和死亡率以及迁移的因素，都对种群的数量变化产生影响。影响因子可以分为外界环境影响因子和种内影响因子两个方面，前者包括气候因子、土壤因子、营养因子以及污染因子等；后者主要是指种群的自动调节能力、种群增长率以及种群的遗传结构等。外界环境中变化着的气候因子、土壤因子、营养因子及污染因子又反过来作用于种群的生命持续期、出生率、死亡率（或种群增长率），从而影响种群的数量变动。所以我们下面重点就外界环境影响因子对种群生态的影响做一讨论。

（一）气候因子对种群生态的影响

对种群生态影响最强烈的外部环境因子莫过于气候，特别是极端温度和湿度。超出种群忍受范围的环境条件可能对种群产生灾难性的影响。因为它可以影响种群内个体的生长、发育、生殖、迁移和散布，甚至会导致局部种群的毁灭。

例如气候对农业害虫三化螟的世代数和发生期有影响。三化螟进入休眠并非由 16 ℃以下的温度所引起的。在三化螟进入滞育后的越冬前半期，日平均温度常在 16 ℃以上，但此时该温度不能促使三化螟幼虫化蛹。只有经过冬季的低温小段之后，到了春季当气温回升到 16 ℃以上时，才有可能促进三化螟幼虫化蛹。因此我们称春季至秋季的繁育期内 16 ℃以上的温度才是有效积温。对三化螟世代数的影响也只能表现在春季到秋季的繁育期中春季温度回升到 16 ℃以上的日期的迟早，与当地三化螟的世代数明显相关，来得越早，繁育期的有效积温相对越高，世代数就相应越多。

气候因素对越冬有效虫源基数的影响最为显著。春季越冬螟虫临近化蛹至羽化时期，常称为生理转换期。在这个时期，幼虫体内代谢作用旺盛，脂肪大量消耗，呼吸耗氧量大增，这与气温的突然升降均有很大的关系，极易引起幼虫和蛹的死亡。另外春季的降雨量和降雨日数对螟虫数量的影响也极显著。降雨量多、降雨日多，造成稻田土壤含水量大和禾苗腐烂，越冬幼虫和蛹会大量死亡，害虫基数减少；相反，如果冬季温暖干燥，当年发生量将会增加。

（二）土壤因子对种群生态的影响

土壤中的水分、土壤温度、酸碱度、土壤中的空气以及有机质的含量等都对生物种群的数量产生影响。不同动物对土壤水分的要求不同。如节肢动物生活在水分饱和（土壤的空气湿度为 100%）的土壤中，常进行周期性垂直迁移。土壤中充满水时，常使动物缺氧死亡。土壤的含水量影响昆虫的发育和生殖力。如东亚飞蝗，含水量 8%～22%时产卵量最大，最适孵化湿度 3%～16%，超过 30%大部分不能正常发育。土壤中的空气含氧量低（10%～12%），CO_2 含量高（0.1%），各种成分的含量不稳定，有季节、昼夜和深度的变化。土壤动物的内呼吸能力强。通气不良时，土壤中的空气含氧量会更低（10%以下），CO_2 含量高达 10%～15%，对动植物都有毒害作用，抑制好气微生物，减缓有机物质的分解活动；反之，通气过分，分解有机物加快，腐殖质数量减少，不利于营养物质长期供应。土壤温度影响植物种子的萌发、实生苗的生长、根系的生长和呼吸能力。土壤动物对温度的适应，主要表现在垂直迁移上。动物对土壤酸碱度有不同的嗜好，如嗜酸性的金针虫（2.7～5.2）、嗜碱性的麦红吸浆虫（7～11）、蚯蚓（8.0）。土壤中有机质能改善土壤的物理结构和化学性质，有利于土壤团粒结构的形成，促进植物生长和养分的吸收。一般地，土壤有机质的含量越多，土壤动物的种类和数量也越多。

（三）营养因子对种群生态的影响

营养因子是生命活动的基础，没有营养，一切生命活动都会终止，所以说，营养因子是生命活动中必不可少的重要内容。生物只有吸收营养物质，才能进一步代谢，实现生长发育和繁殖。生物界存在着两种营养类型，一是以高等植物为代表的自养型(autotroph)，它们完全依靠无机养分(如二氧化碳、水、无机盐等)以光为能源，合成复杂的有机物，供自身生长发育的需要。二是以高等动物为代表的异养型(heterotroph)，它们必须摄取现成的有机物才能满足其生长发育的需要，并通过有机物的氧化来获取能源。

营养因子主要通过影响种群的出生率与死亡率、迁出率和迁入率来动态影响种群数量上的变化。首先，营养对种群的生育力和死亡率有着直接或间接的影响，主要通过种内竞争的形式体现。在食物短缺的时候，种群内部必然会发生激烈的竞争，并使种群中的很多个体不能存活或生殖。如果食物的数量和质量都很高，种群的生殖力就会达到最大，但当种群增长达到高密度时，食物的数量和质量就会下降，结果又会导致种群数量下降。在艰难时期(如寒冬)，常常会发生饥荒。肉食动物对于食物短缺比草食动物更加敏感，当猎物种群密度很低时，猛禽常常孵窝失败。例如，在雪兔数量很少的年份，长耳鸮只有20%的孵窝率；而在雪兔数量多的年份，100%的长耳鸮都能孵窝。同样，当雪兔的种群密度很低时，生活在同一地区的猞猁虽然能够继续繁殖，但幼兽大都死于饥饿。

其次，营养对种群的迁徙也产生较大影响，如角马会在食物短缺时大规模迁徙，尽管途中面临种种艰难险阻，也挡不住它们迁徙的步伐；又如美国阿拉斯加的旅鼠在植被充足时，旅鼠的数量急剧上升，从而导致种群数量激增，草原植被被啃食殆尽，旅鼠数量又随着食物的不足而大幅减少。

（四）污染因子对种群生态的影响

由于工业的过速增长，使环境中污染物猛增，这些物质被排入大气和河流，进入生态系统后，引起初级生产量的下降，严重的污染还可造成绿色植物大量衰减，使生态系统结构及作用发生变化。在这里主要介绍大气污染和水体污染对种群生态的影响。

造成大气污染的物质主要是人类活动排放的产物，另外森林火灾产生的烟尘，火山喷发带来的火山灰、二氧化硫，干燥地区因风而引起的沙尘暴也能引起大气污染，但这已超出人类所能控制的范围。大气污染的一个典型特征就是酸雨的形成。所谓酸雨就是其pH值小于5.6的雨雪或其他形成的大气降水。那么导致酸雨形成的原因是什么呢？其原因是燃烧煤或石油释放的SO_2、氮氧化物转化为硫酸或硝酸所致。目前酸雨影响的地区土壤酸度在增加，范围继续扩大。已经带来的严重危害是：湖泊、河流等地表水被酸化，鱼类大量死亡，土壤成分被溶解流出；森林生产力下降，树叶大量脱落。

水体污染是指工业废水、生活污水、农业废水源源不断地被排入一切水体，造成水中许多成分的含量增加，从而导致水体富营养化(eutrohication)。水体富营养化是一种生物营养物质过多积蓄而引起的水质污染。N、P元素是造成水体富营养化的主要元素。

随着水体中的营养物含量的增加，将导致水生植物大量繁殖，藻类占据越来越大的水域空间，鱼类生活空间越来越小。随着水体富营养化的发展，藻类的种类逐渐减少，而个体数迅速增加，并由以硅藻和绿藻为主转为以蓝藻为主。藻类过度旺盛的繁殖生长，将造成水中溶解氧急剧变化，能在一定时间内导致水体处于严重缺氧状态，从而严重影响鱼类的生存，特别严重时，鱼类将大量死亡。

藻类的过度繁殖，使鱼类及其他水生生物大量死亡，使水质恶化，破坏水域的生态平衡，并且加速湖泊等水域的衰亡过程。

五、种群生态的数量变动及其自动调节

在自然界中，任何种群的个体数量都是随着环境条件的改变而改变的，当环境条件有利时，种群表现为数量增加；当环境条件不利时，种群表现为数量下降。显然，种群不可能无止境地增长，也不可能永远下降。一般说来，种群数量是在一个平均值(即环境负荷量)上下波动的，波动幅度有大有小，可以是规则波动，也可以是不规则波动。大多数种群的数量变动是不规则的，但有些种群的变动是规则的。

生态学家曾提出过很多理论来解释种群的数量变动现象。种群数量的变动是由自然环境中的某些因素或种群自身的一些因素引起的。有人认为捕食是引起种群数量变动的因素，还有人提出因种群数量过剩而引起的食物不足是造成种群数量变动的原因，而英国鸟类学家莱克(Lack)则主张食物不足和捕食作用两者结合起来才能引起种群数量的周期波动。

生态学家根据对动物种群变动的研究提出了一个野兔及其有关生物 10 年周期波动的模型。这种多种群的相关数量变动是由野兔和植被的相互作用所引起的。当野兔的数量达到最大时，野兔冬季的食料植物就将受到最大强度的啃食，当这些植被减少到不足以养活野兔的冬季种群的时候，野兔和食料植物之间的相互关系就会成为决定种群数量动态的关键因素。野兔过度的啃食会造成第二年食料植物生产量的下降，引起食物严重缺乏，从而导致野兔的生殖力衰退和死亡率增加。野兔的数量减少将导致捕食动物(猞猁)和野兔之间的比例失调，从而强化了捕食作用。此后，野兔的进一步减少将迫使捕食动物转向榛鸡，从而引起榛鸡死亡率的急剧增加。野兔数量减少以后，植被状况就开始得到改善，植物生产量逐渐增加，但是这时捕食动物的数量却由于食物不足的时滞效应而急剧减少。随着捕食动物数量的下降和冬季食料植物的复发，野兔种群就又开始回升(见图 3-26)。

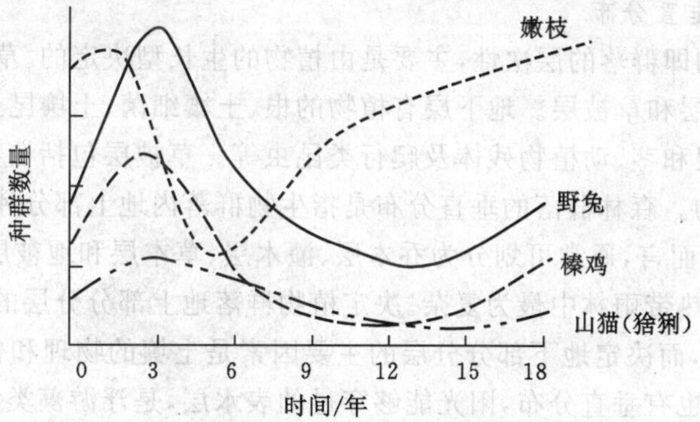

图 3-26　多种生物相互作用时的种群数量周期波动

第四节　环境因子对群落生态的影响

一、生物群落的概念

所谓生物群落(biotic community)是指一定空间范围内生物种群的集合。它包括动物、植物、微生物等各类物种的种群。常见的有红松林群落、热带雨林群落、海滩群落等。群落有着漫长的发展历史，上述这些群落都是地球亿万年发展的产物。

群落具有一定的结构、一定的种类组成和一定的种间相互关系，并在环境条件相似的不同地段可以重复出现。在一个群落中，生物的种类往往是很多的，生物的个体数量则更是多得惊人。群落并不是任意物种的随意组合，它们彼此之间的相互作用不仅有利于它们各自的生存和繁殖，而且也有利于保持群落的稳定性。

二、生物群落的特征

（一）群落中物种的多样性

自然群落中包含的物种很多，据调查，仅一个森林群落中的生物，在一英亩中平均大约有 400 多个物种，3 800 万个个体，在这里当然不包括微生物和原生动物，这些物种形成大大小小的种群，并且种群之间的关系错综复杂。由于这些错综复杂关系的存在，使得这些群落变成一个具有内在联系且有自我调节能力的统一整体。

（二）群落中的优势种

群落中各个物种的数量虽然保持平衡，却不是相等的。在组成群落的成百上千个物种中，可能只有少数物种能够凭借自己的大小、数量和活力对群落产生重大影响，这些种群就称为群落中的优势种(dominants)，优势种具有高度的生态适应性，它的存在常常影响着其他生物的存活和生长。在不同的群落中，由于其组成和结构不同，优势种也是不相同的。

（三）群落中的营养结构

群落中的营养结构是指群落中各种生物之间的取食关系和各自所处的位置，这种取食关系决定着物质和能量的流动方向(植物→草食动物→小型肉食动物→大型肉食动物)。

三、生物群落的结构与生态位

（一）生物群落的结构

生物群落中各种生物所占据的空间和时间各有不同，因而各种群落都有一定的结构，表现为种群在其中的分布，包括垂直分布、水平分布和时间分布。

1. 生物群落的垂直分布

群落的垂直结构即群落的层次性，主要是由植物的生长型决定的。草原群落的垂直分布可分为地下层、地表层和草被层。地下层有植物的根、土壤细菌、土壤昆虫和无脊椎动物等。地表层包括植物的根和茎、动植物残体及爬行类昆虫等。草被层包括植物地上部分和昆虫、鸟类和各种蹄类动物。森林群落的垂直分布是指生物群落内地上部分和地下部分垂直的层次结构。就地上部分而言，通常可划分为乔木层、灌木层、草本层和地被层。一个群落往往具有多个层次，尤其在热带雨林中最为复杂。决定植物群落地上部分分层的环境因素主要是光照、温度和湿度条件，而决定地下部分分层的主要因素是土壤的物理和化学性质，特别是水分和养分。水生群落也有垂直分布，阳光能够穿过的表水层，是浮游藻类活动的场所，而浮游动物主要生活在表水层，有时也在深水区中活动，在靠岸的浅水区通常生长有芦苇等植物，在近岸水面有漂游的植物如浮萍等，河蚌、蟹等软体动物一般生活在水底(见图 3-27)。

2. 生物群落的水平分布

群落的水平分布是指不同种生物在水平方向上的配置状况。在同一水平上，生物的分布呈现一定的规律。分布形式可分为三种类型：一是随机性分布，就是各个体的分布不受其他个体的影响，表现出很大的随机性。二是集中性分布，就是个体相聚在一起成群接队，例如蚂蚁的聚结和鱼类的接队成群等。三是均匀性分布，就是个体之间存在着一种相互排斥的作用，因而它们间的分布很均匀，例如荒漠上的植物。

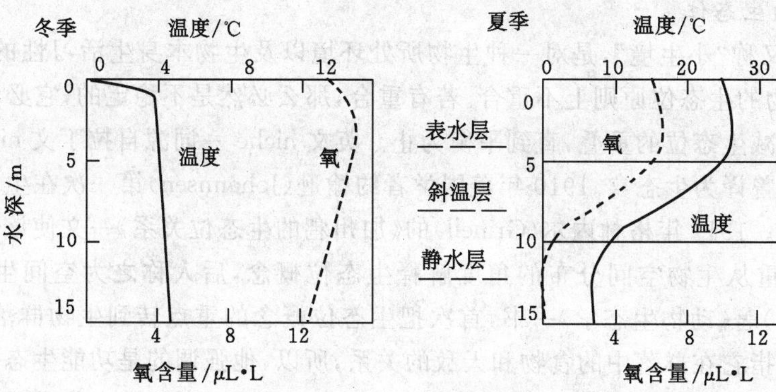

图 3-27　一个温带湖泊的垂直分布

有些生物群落的种类组成和数量比例，在水平方向上的配量，有时是不均匀的，因而造成群落内呈斑块状分布。这种斑块在植物种类的数量比例、生产力以及其他性质方面都有所不同。群落水平方向上的不一致性，称之为群落的镶嵌性。例如，在森林中，林下阴暗的地方有一些植物种类形成的小型组合，而林中较亮的地方又有另外一些植物种类形成的小型组合。长白山高山草原上的笃斯—牛皮杜鹃群落，就表现出一定的镶嵌性(见图 3-28)。

图 3-28　高山草原上的笃斯—牛皮杜鹃群落

3. 生物群落的时间分布

地球周而复始地运转，生物的分布也随昼夜、季节的变化而变化。例如蝴蝶、蜜蜂和苍蝇、麻雀等白天活动，到了夜间则潜伏不动；蚊子、飞蛾、萤火虫等在夜间活动，白天则按兵不动。多数鸟类都是白天活动，但夜鹰、猫头鹰则是夜间活动的。松鼠白天活动，蝙蝠则在夜间活动。白天行动的动物称为昼行性动物(diurnal animals)，夜间行动的动物称为夜行性动物(nocturnal animals)。有的动物只在拂晓或黄昏时活动，称为拂暮行性动物(crepuscular animals)。

淡水浮游藻类白天一般会在水的表层进行光合作用。以浮游植物为食的浮游动物也一同漂游于水的表层，但在中午日光最强时，浮游动物则悄悄地下沉到水深处，待到太阳落山之后，又浮到水面采食浮游植物或相互捕食。这种和地球自转相适应的分布规律叫做时辰节律或日节律(daily rhythm)。

（二）生物群落的生态位

生态位(niche)，又称“小生境”，是对一种生物所处环境以及生物本身生活习性的总称。生态平衡时，各个生物的生态位原则上不重合。若有重合，那么必然是不稳定的，它必然会通过物种间的竞争来削减生态位的重叠，直到平衡为止。英文 niche 一词源自拉丁文 nidus，意为巢，后引申为龛，故曾译为生态龛。1910 年美国学者约翰逊(Johannsen)第一次在生态学论述中使用生态位一词。1917 年格林内尔(Grinell)的《加州鸦的生态位关系》一文使该名词流传开来，但他当时侧重从生物空间分布的角度解释生态位概念，后人称之为空间生态位。1927 年埃尔顿(Elton)著《动物生态学》一书，首次把生态位概念的重点转到生物群落上来，认为动物的生态位是指它在群落中的食物和天敌的关系，所以，他强调的是功能生态位。

1957 年，哈钦森(Hutchinson)建议用多维空间来描绘生态位。例如，一个物种只能在一定的温度、湿度范围内生活，摄取食物的大小也常有一定限度，这个物种的生态位就可以描绘在一个三维空间内；如果再添加其他生态因子，就成为多维空间。一般说来，动物取食种类多，生态位加宽；取食种类少，生态位变窄；多个物种取食相同食物，生态位重叠。在研究某生物的生态位时，既包括了解其栖息地的温度、湿度等非生物环境的范围，也包括了解其食物和能量来源，以及它与天敌的关系。

四、环境因子对生物群落演替的影响

（一）群落演替的概念

由于外界环境条件的变化，导致在群落演化过程当中，一些群落逐渐壮大，不断兴起，而另一些群落逐渐衰落以至完全消失，群落的这种随着时间的推移而发生有规律的变化叫群落演替。群落演替分为初级演替、次级演替和终极演替三个阶段。所谓初级演替(primary succession)是指一个从未被生物占领过的原始裸地或湖泊开始的演替。而在原有生态系统被破坏后生物群落又重新开始的演替叫次级演替(secondary succession)。终极演替(climax succession)是最稳定的群落阶段，达到终极演替的生态群落，其中的种群出生率和死亡率达到平衡、能量的输入和输出达到平衡、生产量和消耗量达到平衡，只要外部环境因子不发生巨大变化，终极群落可以几十年甚至几百年地保持下去而不再发生演替。

（二）环境因子对初级演替的影响

初级演替就是在最初无生命的地方逐渐出现的生物变更。例如在一片裸露的岩石表面，饱受风吹日晒雨淋，生物赖以生存的营养物质严重匮乏，绝大多数生物无法在如此恶劣的自然环境中繁衍生息。只有地衣才可能在这样的条件下捷足先登并逐渐站稳脚根。地衣分泌的酸性物质虽然十分微弱，但历经数万年的生物腐蚀与自然风化，岩石可能逐渐崩解，转变成以大小砂粒为主的贫瘠土壤。地衣死后，它的残体为细菌所分解，残体中的矿物质又可为别的地衣所用，岩石风化变成了碎屑。如果没有地衣，这些碎屑有可能被风雨冲洗而失去。只因为地衣的存在，才有了构成土壤的碎屑、矿物质以及由地衣残体变成的腐殖质等，再加上雨水或潮湿，苔藓类植物才能应运而生。随着土层的形成和土壤中有机腐殖质的增加，草本植物、小灌木、速生乔木乃至最后成片树林都可能依次演替出现。生活在草本植物、小灌木以及成片树林中的动物也依次演替出现，例如昆虫、蚂蚁、蜘蛛、鸟类、哺乳类等。当然这些更替都是以万年以上的大尺度进行的。在初级演替历程中，如果说“地衣阶段”是无视恶劣的环境条件向生物群落演替的关键环节的话，那么苔藓植物阶段、草本植物阶段和灌木阶段则要求环境中的土壤厚度能够保持一定的湿度，这样土壤中的矿物质和腐殖质才能被这些植物吸收利用。

（三）环境因子对次级演替的影响

次级演替是在原有的生态系统被破坏后生物群落又重新开始的演替。比如在东北林区或内蒙古大草原，一场大火过后，满目焦土，生灵涂炭；但一场春雨过后，又是遍地生机、郁郁葱葱。再如砍伐森林、改种农作物后又撂荒不用，大火烧光植被，河流堵塞变成了沼泽等，造成生物群落的全部丧失，因此开始发生的群落叫次级演替。次级演替一般要比初级演替进行得快，其原因是由于原有的生物群落遗留下丰富的有机质和生物遗体，致使群落演替的外部环境较初级演替大大有所好转。

最近根据国务院的统一部署，在长江、黄河的上游地区以及西北许多省区正在有计划进行退耕还林、退耕还草，实际上也是一种次级演替的过程。

（四）环境因子对终极演替的影响

生态演替的最终阶段是终极演替，但无论是初级演替、次级演替还是终极演替，其群落的演替都是一个漫长的过程，一个人很难看到一个完整的演替系列，但演替也并不是个永恒延续的过程。一般说来，当一个群落演替到同环境处于平衡状态的时候，演替就不再进行。在这个平衡点上，生态群落最稳定，只要没有剧烈的外部环境的强大干扰，它将永远保持原状。演替所达到的这个最终平衡状况就叫终极演替。

每一个演替阶段所经历的时间长短不一，长则几十年或几百年，短则一两年；通常情况下在温暖潮湿的气候条件下群落演替进展得比较快；在寒冷和干燥的气候条件下群落演替进展得比较慢；在寒冷的阿拉斯加，即使是地衣植物阶段的演替也需要花费20～30年的时间，而在热带地区，这个阶段的演替时间只需3～5年就够了。

上述三种演替均是按演替发生的起始条件进行分类的。除了按起始条件分类之外，按群落的代谢特征还可以将群落演替分为自养型演替和异养型演替两大类。在自养型演替中，光合作用所固定的生物量积累越来越多，例如由裸岩→地衣→苔藓→草本→灌木→乔木的演替过程。异养型演替如出现在有机污染的水体，由于细菌和真菌分解作用特别强，有机物质是随演替而减少的，图3-29的对角线代表群落生产（P）与群落呼吸（R）相等，对角线左侧是

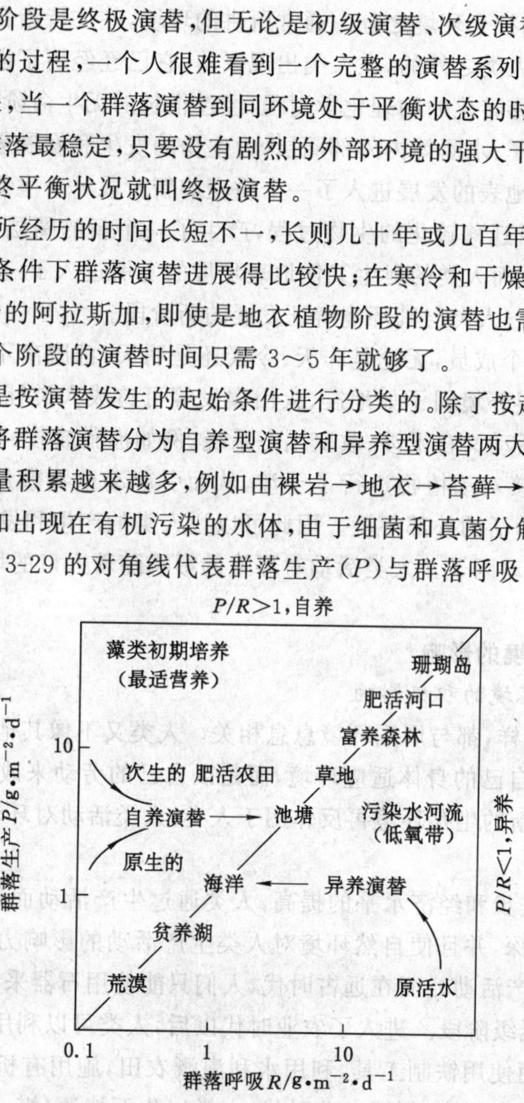

图3-29　对角线右侧为异养型演替，左侧为自养型演替

$P>R$，属自养型演替，右侧 $P<R$，属异养型演替。因此，P/R 比率是表示群落演替方向的良好指标，也是表示污染程度的指标。

总之，只有取得与环境的协调统一，某种生物群落才可能比较稳定地存在。一旦外部环境发生突变，原有的生态平衡即遭到破坏，生物群落只能经历一番“痛苦”的改造后，才能与新的环境重新取得统一，重获新生。

第五节 人类活动对环境与生态的影响

所谓环境，总是相对于某项中心事物而言的。自然科学所指的环境，中心事物是人，“环境”就是人类生存的环境，指的是环绕于人类周围的客观事物的整体，包括大气、水、岩石、土地、气候、生物等。因此这就是我们常说的环境，它既包含自然因素，又包含社会因素，故而又有自然环境、工程环境和社会环境之分。通常所讲的环境，往往特指自然环境。

自然环境是独立于人类之外的，在人类出现以前，它已经经历了漫长的发展过程。地球通过一系列物质能量迁移转化的物理化学过程，经过很长的无生命阶段，形成了原始的地表环境，包括岩石圈、大气圈、水圈等内外部圈层，为生物的发生和发展创造了必要的条件。而生物的发生和发展则使地表的发展进入了一个质变的新阶段——生物与其环境辩证发展的新阶段，出现了物质能量迁移转化的生物过程，产生了一个新的圈层——生物圈，为人类的发生和发展提供了条件。而人类的诞生又使地表环境的发展进入了一个更高级的、在人类的参与下发展的新阶段——人类与其环境辩证发展的新阶段。

人是生物圈中的一个成员，无论是昨天、今天还是明天，都脱离不了生物圈这个最大的生态系统。一方面，外界环境因子如地震、火山爆发等可造成人类社会的重大灾害；另一方面，人类的生活及生产活动又在干涉、改变生态系统。例如渔猎放牧、砍伐森林以及各种工农业生产等，都直接或间接对动植物进行了干涉，从而引起动植物数量、分布、生活方式的改变，进而影响人类赖以生活的外部环境。因此可以说人类的产生和发展依赖于自然环境，而人类又是环境演化的能动因子。人类活动对环境的影响随着人口的增加和社会生产力的不断提高而日益强化。

一、人类活动对环境的影响

（一）人类活动对环境的积极影响

人类和其他动物一样，都与周围环境息息相关。人类又不像其他动物那样，只是以自己的存在来影响环境，用自己的身体适应环境，而是以自己的劳动来改造环境，把自然环境转变为新的生存环境，而新的生存环境再反作用于人类。人类活动对环境的影响远远超过其他生物对环境的影响。

随着科学技术的进步和经济水平的提高，人类通过生产活动而作用于自然环境的范围在扩大，程度在不断加深，并且使自然环境对人类生产活动的影响力逐渐减弱，人类可以越来越灵活选择、安排生产活动。而在远古时代，人们只能使用石器采集野果、狩猎动物，人类的主观能动作用处于低级阶段。进入了农业时代以后，人类可以利用自然资源饲养动物，培育良种，利用畜力，进而使用铁制工具，利用水利灌溉农田，施用有机肥料改良土壤，创造了农业生态环境和人工生态环境。到了工业时代，人类以化石能源（煤、石油、天然气等）代替人力、畜力，用各种机器代替手工劳动。由于煤、石油、天然气等化石能源远比自然能源效能高，社会生产取得了长足进步，人类的主观能动作用得到空前的发挥，运用科学技术展开了大规模以及专业化的对自然环境的改造。

（二）人类活动对环境的消极影响

从古至今，人类一直在努力扩大对土地的利用，目前每年大约有10%～15%的陆地面积被农作物和城市建设所取代，另外还有5%～8%的土地悄无声息地变成了放牧的场所。现代工农业生产与环境间的物质交换正在以惊人的速度发展。一些发达国家和地区出现了过度消耗土地、森林、能源和淡水及其他自然资源的现象，使之难以恢复再生。一些原有生态系统的结构和功能已被人类彻底改变。例如草原生态系统由于人类的过度放牧而导致退化。目前人类活动对环境的消极影响主要体现在：森林面积的急剧减少、沙漠化的扩大、大气质量下降、全球气候变暖、臭氧层变薄等。

1. 森林面积遭受摧残

森林生态系统是最重要的陆地生态系统，森林具有吸收二氧化碳和释放氧气的重要功能，是维护陆地生态平衡的枢纽，它对人类文明的发展产生过并将继续产生着巨大影响。另外，森林还在涵养水源、控制水土流失、调节气候等方面发挥着重要作用。森林是生物基因最丰富的贮存库，据科学家估计，大约有50%的生物种存在于热带雨林中。可见，森林的严重破坏，对人类赖以生存的环境将产生不可估量的影响。

目前全球森林面积正在急剧减少，尤其是热带雨林最为严重。全世界的热带森林，每年的破坏率达2%，现在正以0.61 hm^2/s 的速度从地球表面消失。

2. 土地遭受沙漠化

全球森林面积骤减所导致的后果之一是水土流失，水土流失是一种面积广、数量大而又无声无息的危机。由于森林和植被的破坏，使表土裸露，缺乏吸附源，并随雨水雪水冲刷而流失。据不完全统计，全世界的农耕地每年净流失表土约230亿t，而且进程还在加快。

而水土流失的直接后果，一方面使耕地土壤变薄，土壤有机质和养分大量损失，造成肥力和土地生产力下降，使农作物减产；另一方面，侵蚀的表土被冲入河流、湖泊、水库，会堵塞河道、港口，减少水库容量，增加洪水危害。在山区，水土流失还会导致滑坡灾害的发生。人类不合理的开发活动破坏了植被，打破了原有的生态平衡，使原来非沙漠的地区出现风沙活动。20世纪发生的特大沙尘暴次数和土地荒漠化速度如图3-30所示。

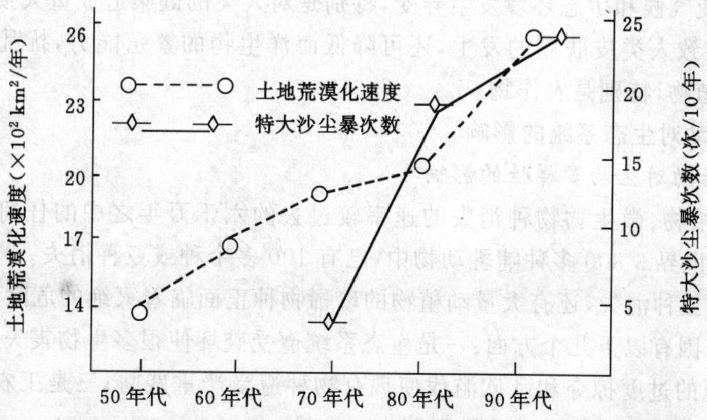

图3-30　20世纪土地荒漠化和由此产生的特大沙尘暴情况

目前,世界沙漠化面积,几乎占据世界陆地的 1/3,平均每分钟有 10 hm^2 土地变成沙漠。非洲撒哈拉沙漠不断向南扩展,直接威胁着人称“阿拉伯世界谷仓”苏丹国的生存。

3. 水资源遭受污染

由于工农业生产的发展和社会的进步,人类向环境中排放废水、废渣、废气的数量不断增加,对环境造成了极大污染,严重影响了人类生存空间的质量。尤其是水资源污染更为严重。大家都知道,地球上的淡水不足全球水量的 1%,其中淡水河、湖水只占总水量的 0.009 3%。这些水又有相当一部分蒸发,只有一部分加上适量抽取的地下水来满足工农业生产和人们生活用水的需要。由于工农业的发展,全世界用水量剧增。耗水量的增加和水污染的加剧,导致全球性的水源危机。目前约有 20 亿人饮用水紧缺。非洲许多地区水源奇缺,虽多属工业不发达国家,但已水贵如油。导致水资源危机的原因在于人类直接把生活与工业污水排入水源,倾倒固体垃圾污染了水源,雨水的媒介作用污染了水源。

4. 大气臭氧层遭受破坏

位于大气层上层的臭氧层,能阻止过量的有害短波辐射(主要是紫外线)进入地球表面,从而有效地保护了地球生物的生存,这是地球演化过程中形成的一个奇妙的平衡。

20 世纪 70 年代科学家们发现臭氧层中的臭氧正在减少,而且造成皮肤癌发病率增高。1985 年,英国的南极考察人员首次报道了南极上空存在“臭氧洞”(见图 3-31)。这些研究结果反复证明,人类的活动正在严重干扰和破坏大气层中臭氧层的自然平衡。大气臭氧层变薄的原因在于各类化合物生产的释放物(如工业废气、飞机废气、氮肥的分解物、氟氯烃、卤代烃类化合物等)能同臭氧发生反应从而打破臭氧层的自然平衡。

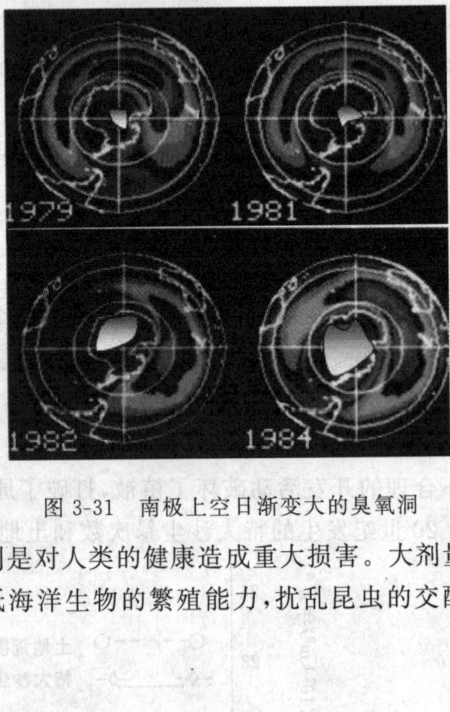

图 3-31　南极上空日渐变大的臭氧洞

臭氧层遭到破坏,臭氧含量减少,就等于在屋顶上开了一个天窗,大量的紫外线将无情地照射进来,严重损害动植物的基本结构,降低生物生产量,使气候和生态环境发生异变,特别是对人类的健康造成重大损害。大剂量的紫外线照射会导致人类皮肤癌的发生,还可降低海洋生物的繁殖能力,扰乱昆虫的交配习惯,并且能毁坏植物,特别是农作物。

二、人类活动对生态系统的影响

(一) 人类活动对生物多样性的影响

现在动物、植物、微生物物种消失的速率较过去的六千万年之中的任何时期都要快约 1 000倍,目前全世界 3 800 多种哺乳动物中,已有 100 多个种或亚种消失。9 000 多种鸟类,已有 140 个种或亚种消失,还有大量动植物的珍稀物种正面临着灭绝的危险。导致物种多样性丧失的主要原因有以下几个方面:一是生态系统遭受破坏使很多生物丧失了栖息地;二是人们对现有资源的过度掠夺和乱砍滥伐使现有物种遭受严重威胁;三是工农业废水和城市生活污水大肆排放使敏感物种减少乃至消失。

(二) 人类活动对生物成分的影响

当人们利用先进的生物技术引进某一物种时，都有可能影响整个生态系统。因为在生态系统中，生物彼此间形成一个以食物为主要枢纽的链状关系，我们把它叫做食物链。由于外来物种的引进，导致食物链的紊乱。最著名的是澳大利亚的三害（野兔、蛙和仙人掌）。

在二百多年前，澳洲大陆没有什么家畜和家禽，也没有兔子。兔子和其他家畜一样是从国外引进的。1859 年，墨尔本动物园引进了 24 只欧洲家兔供人欣赏。1863 年，动物园遭到火灾，关兔子的木笼被烧，幸存的兔子逃窜于旷野，在澳洲优越的自然条件下迅速繁殖，最后变为野兔。五六十年后，野兔破坏庄稼，危害牧场，成为澳大利亚的一害。澳大利亚种有大量甘蔗。为消灭危害甘蔗的一种甲虫，澳大利亚从国外引进了一种体重可达三四斤重的蛙。未曾想到，这种人类的朋友在澳大利亚这片土地上却成为人类的敌人。这种"新移民"很快帮助农民消灭了甘蔗田里的甲虫。但是，消灭了害虫后，这种蛙就大吃起益虫。除了益虫，它们还吃纸团、硬纸板、烟头等。它们还能从肛门喷出一种毒汁，这种毒汁不仅伤害人，还会使猫、狗、小牛、小羊毙命。仙人掌，一种观赏植物，在非洲它是大自然的宠儿，它可以在贫瘠的土地上顽强地生长。当它们被引进澳大利亚这块土地上时，它们到处蔓延，侵占土地，以至一些肥沃的土地被它们侵占不能种植牧草和庄稼，被农民称为"恶魔"。

所以，人类处在生态系统中，要特别注意维持生态平衡。任意的破坏，盲目的"引进"，管理的失当，都会造成巨大的损失。

三、人类活动与环境之间的协调发展

进入 21 世纪以来，随着人类生产力的发展，人类对环境资源的索取越来越多，而还给环境的却是无尽的污染。由此而引发了许许多多的现代病，如疯牛病、SARS、禽流感、口蹄疫、非洲猪瘟等人畜共患病。人类使用瘦肉精饲养家畜、使用孔雀绿进行水产养殖以及重金属污染、大气污染、气候变暖、臭氧空洞已成为严重困扰人类的问题。面对这种严酷的事实，人们不得不冷静地仔细审视人类与环境之间的关系，使人类社会与环境保持协调。这是人类生存发展至关重要的大事。

人口、资源和环境是一个国家实施可持续发展的三个要素。由于人口增长的惯性作用，我国人口在未来三十年内将不可阻挡地增长到 15 亿～16 亿人口的颠峰。虽然我国各类资源的总量还比较大，但多项人均资源量都远远落在世界平均水平之下。有些资源，如淡水和土壤的现状和今后的发展趋势都令人十分担忧。至于环境问题，这更是一个十分不容乐观、迫在眉睫的议题。因此，要实现人类与环境之间协调发展，最有效的措施是合理开发自然资源、控制人口快速增长、切实保护环境。

（一）合理开发自然资源

要实现经济的可持续发展，就必须合理开发各类自然资源，这光靠政府部门是不行的，要靠每一个人每一个部门的通力协作，协调各方面的力量，通过对各类自然资源的保护，合理开发利用达到共同保护地区生态环境的目的。保护自然资源是可持续发展的基础，协调是可持续发展的核心，可持续发展是协调的结果。合理开发自然资源重在政府部门对环境统一监督管理，重在执法，同时做好指导和服务。要抓好对资源开发项目的环境管理，防止新的生态环境遭受破坏。

由于各地的自然条件、经济结构发展水平不同，出现的环境问题也不同，采取的具体措施也应有所不同。对山区生态环境要遵循坚决保护、合理利用、积极退耕还林的可持续发展方针；对绿洲生态要坚持以水利建设为中心、造林植草为先导、节水改地为基础的综合治理方针；对荒漠生态环境要坚持全面保护、积极恢复、重点整治、合理利用的方针。

为了实现自然资源的合理开发，还要对自然资源进行多学科的综合考察研究，在此基础上研究资源开发的最佳目标。制定达到这一目标的可供选择的多种开发方案，对这些方案进行生态的、经济的、技术的综合论证，选定能够使生态系统的物质循环和能量流动长期保持平衡、生产力最高、气候和地貌能稳定改善的最佳开发方案。

（二）控制人口快速增长

一个生态系统，生物生存的空间是有一定限度的。若鱼类过多，鱼呼吸消耗水中的氧气会造成水中氧气不足，最终危及鱼类自身的生存。所以，鱼类密度过大，会影响到生态系统的平衡状态。生物的生存和发展受到环境的制约，同时也会对环境产生影响。与其他生物相同，人类的生存与发展同样受到环境的制约，同样也会对环境产生影响。

1928～1949 年的 21 年间，我国人口增加了 0.7 亿，1982～1989 年期间，我国人口也增加了 0.7 亿，但同样的增长却只用了 5 年时间。这说明我国人口增长的速度加快。近年来，人口增长的速度比较稳定是由于国家采取了一定的政策，使增长的速度得到了一定的控制。但是，由于中国人口基数大，虽然国家采取了一定的控制措施，但每年增长人口量也在千万以上。

人口过度增长会给社会发展带来一系列负面影响，其表现主要体现在如下几个方面。

1. 人口增长与粮食问题

耕地是粮食生产的基地。人口增加使人均占有耕地面积减少，由此引起粮食问题。

2. 人口增长与水资源问题

水是人类生存不可缺少的物质。地球上淡水资源有限。人口增长必然会造成水资源的短缺。历史上曾因水的问题而引起的战争正说明水资源的重要性。

3. 人口增长与能源问题

随着社会的发展与进步，人类对能源的需求量越来越大，因此需要消耗越来越多的能源物质，需要提供更多的石油、煤、天然气等能源物质。但是，这些物质都是不能再生的物质。人口数量的增长将引发能源的危机。

我国的土地资源、水资源以及能源都是有限的。如果不能控制住人口的数量，最终会由于资源的缺少影响我们的生存。

人类是生态系统的重要成员。人类的生存依赖着生态系统，同时也对生态系统产生影响。但是，随着人口增长和科学技术的不断进步，人类对环境的冲击和压力越来越大，人类与生态系统的关系越来越紧张。人类为了解决自身的需要，在生产活动中改变了生态系统的结构。这些改变，不仅破坏了生态系统原有的平衡状态，同时也触发了一些自然灾害的发生。

当今有四大环境问题，即人口、粮食、资源和环境。这些问题中，核心问题是人口问题。不控制人口数量的增长，就无法解决其他三个方面的问题。中国是世界上人口最多的国家，中国人口的增长对世界影响很大，所以中国应该、同时也能做到控制人口增长。只有这样，才有利于自身的发展和世界的发展，才能最终实现人类与环境之间的良性互动。

（三）切实保护环境

环境保护是人类与自然环境协调发展的基本要求，环境保护的目的，在于防止自然环境遭到破坏。纷繁复杂的环境问题，大致可以分为两类，一类是因为工农业生产、交通运输和生活排放有毒有害物质而引起的环境污染；另一类是由于对自然资源不合理的开发利用而引起的生态环境的破坏，其主要表现在植被破坏、水土流失、气候变坏等方面，造成生态失调，生物生产量急剧下降。一般说来，发达国家更多的是环境污染问题，发展中国家更多的是生态环境的破坏问题。环境污染问题固然应该抓紧治理，而生态环境的破坏问题则是影响深远，恢复缓慢，因此不可等闲视之。

第二次世界大战以后，大气污染、人口爆炸、土壤沙化、森林减少、物种灭迹、矿产枯竭、公害病层出不断等都成了世界各国关注的大问题，尤其是跨区域跨国界的污染、生态破坏、酸雨、人口、臭氧空洞、温室效应等更是全球性的环境问题，它们已经在影响着人类的生存质量，制约着经济的发展。

我国是一个发展中的社会主义国家，同时存在着两类环境问题，而且都比较严重，突出表现在城市环境恶化、大气水质污染和自然生态破坏等方面。我们应该借鉴发达国家环境污染的惨痛教训，及时采取措施，以避免出现环境危机。为此必须把发展经济同保护环境统一起来，在经济建设中防止环境污染，合理地开发利用自然资源，科学地改造自然环境，这样才能实现经济与环境间的协调发展，实现人类与环境间的良性互动。

思考题与习题

1. 一个完善的生态系统应由哪几个部分组成？它们各自的功能是什么？
2. 自然界物种间的相互关系可以归纳成哪几种类型？
3. 哪些内因和外因决定了一个物种的兴衰强弱？
4. 森林有何重要功能？
5. 碳循环的关键性环节在哪里？人类在推动碳循环方面发挥了什么样的作用？
6. 是什么原因造成能量在食物链传递过程中大量流失？
7. 平衡的生态系统有哪些重要的特征？
8. 什么叫臭氧空洞？什么原因造成臭氧空洞的出现和扩展？

第四章 生物工程基础

【学习目标】

1. 掌握生物工程的含义，了解生物工程发展简史。
2. 熟悉现代生物工程技术所包含的主要内容。
3. 了解现代生物工程技术的主要应用及其对人类社会发展的影响。

生命科学的最终目的是造福人类、保护环境，人类寿命的延长和生活质量的不断提高迫切需要生命科学的理论成果较好地得到应用，迫切需要生物工程在医药、农业、生物能源和环境保护等方面取得重大突破。生命科学的发展带动了生物工程的重大突破，孕育和催生了生物产业的革命，为世界各国医疗业、制药业、农业、环保等行业开辟了广阔的发展前景。作为“对全社会最为重要并可能改变未来工业和经济格局的技术”，生命科学与生物工程日益受到世界各国的普遍关注。

第一节 生物工程理论基础——统一生物学

一、生物工程的含义

生物工程(biotechnology)，是应用生物体(包括微生物、动物细胞、植物细胞)或其组成部分(细胞器和酶)，在最适条件下，生产有价值产物的生物技术；它包括生物体或其亚细胞组分在制造业、服务业和环境管理等方面的实际应用技术。生物工程是以细菌、酵母、真菌、藻类、植物细胞和动物细胞作为工业生产过程的原料，因此，只有微生物学、生物学、遗传学、分子生物学、化学和化工诸学科与技术的结合才能使生物工程的应用获得成功。1982 年国际经济合作和发展组织也给生物工程下了一个这样的定义：生物工程是应用自然科学及工程学的原理，依靠微生物、动物、植物体作为反应器将物料进行加工以提供产品来为社会服务的技术。

生物工程的任务是促进和实现生命科学的实验室研究成果向应用领域的转化。生物工程的学科基础及其所包含的研究领域可以用图 4-1 形象地表示。

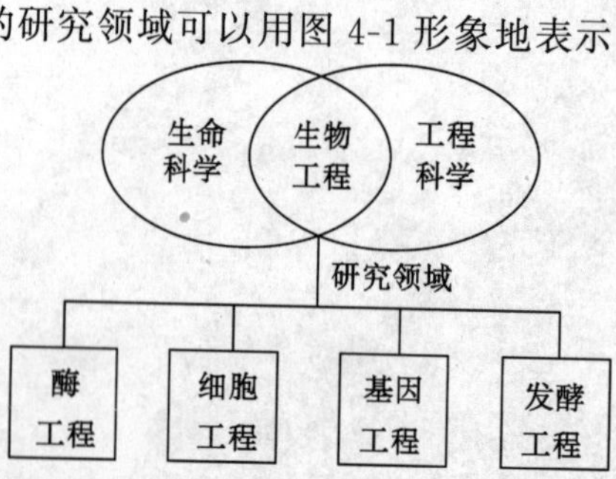

图 4-1 生物工程的学科基础及其所包含的研究领域

二、生物工程的研究内容

生物工程的研究范围十分广泛，一般将它分为基因工程、细胞工程、酶工程和发酵工程等四个部分。

（一）基因工程

基因工程(genetic engineering)是20世纪70年代初随着DNA重组技术的发展应运而生的一门新技术，是指在基因水平上进行操作并改变生物遗传特性的技术。具体而言，基因工程是按照人们的需要，用类似工程设计的方法将不同来源的基因(DNA分子)在体外构建成杂种DNA分子，然后导入受体细胞，并在受体细胞内复制、转录和表达的操作，也称DNA重组技术。因此，由该技术构建的且具有新遗传性状的生物称为基因工程生物或转基因生物。

基因的功能是编码蛋白质。因此，基因工程从一面世就将主要精力集中在蛋白质产物的生产上。将目标蛋白质的基因克隆，在体外重组到载体中，再转入宿主细胞，宿主细胞就具备了表达目标蛋白质的能力。经过几十年来的发展，基因重组的宿主细胞已经从开始时的大肠杆菌推广到枯草杆菌、酵母、霉菌、植物细胞及动物细胞，外源基因不但能够克隆到质粒中，而且能整合到细胞的染色体上，产物的表达部位也从开始时的包涵体，发展到了细胞的周质体和胞外，所表达的蛋白质还能进行翻译后的修饰和加工。

除了直接获得蛋白质产品外，基因工程在代谢工程和蛋白质工程领域中也得到了广泛应用。利用基因重组技术强化细胞中某一代谢途径或赋予细胞新的代谢能力是代谢工程的主要研究内容，已经广泛用于传统发酵工业中的菌种改造及环境工程。通过定位突变的方法使所表达的蛋白质产物的结构和功能发生变化，根据需要设计新的蛋白质氨基酸序列，已经发展成为一门新的交叉学科——蛋白质工程。此外，利用转基因动植物作为生物反应器生产目标蛋白质已经获得初步成功，具有抗病虫害及抗病毒功能的转基因植物已经大规模种植，基因诊断和基因治疗在进行临床试验，基因芯片已经开始使用，克隆羊、鼠等相继问世等，都为我们展示了基因工程的美好未来。

基因工程已经成为现代生物技术的核心，使人类掌握了改造生物、保护环境、战胜疾病、改善生活质量的武器，将在21世纪中大放异彩。

（二）细胞工程

细胞工程(cell engineering)是指以细胞为基本单位，在体外条件下进行培养、繁殖或人为地使细胞某些生物学特性按人们的意愿发生改变，从而达到改良生物品种和创造新品种的目的，加速繁育动植物个体，或获得某种有用物质的技术。对细胞的操作可以在细胞结构的不同层次上进行，基因水平上的操作在基因工程中已经讨论过。人们还可以在染色体、细胞质和细胞整体水平上对细胞进行操作。细胞工程主要包括动植物组织细胞的体外培养技术、细胞融合技术(也称细胞杂交技术)、细胞拆合技术、单克隆抗体技术、染色体工程等。

细胞是构成生物体的基本单位，细胞的重要生理功能已经得到充分的认识。细胞最显著的特点是：吸收环境中的营养物质，通过细胞内无数个由酶催化并被合理调节的化学反应，在复制细胞本身的同时向环境释放代谢产物。各类细胞在自然界的元素循环及生态系统平衡中发挥着独特的作用，为人类提供了丰富的生活必需品和良好的生存环境。

许多细胞本身或它们的中间代谢产物或最终产物对人类健康、工农业生产、资源利用及环境保护等都具有十分重要的用途。因此，通过培养细胞获得所需产品从而达到一定的社会目标就成为生物工程的重要研究内容。在适当的条件下，微生物细胞、植物细胞等都具有无限复制自身的能力，因此可以通过大规模培养增殖细胞，从而获得大量的细胞及它们的代谢产物。

通过科学家的长期研究，人们已经掌握了采用筛选、诱变、杂交、原生质体融合及基因重组等手段改造细胞的技术，使之更符合人类的要求。许多具有重要经济价值和社会意义的产物已经通过细胞培养获得。例如，从微生物细胞培养中，得到了抗生素、氨基酸、有机酸、酶制剂及单细胞蛋白等；从植物细胞培养中，得到了紫杉醇、紫草宁等；从动物细胞培养中，得到了促红细胞生成素、生长因子及单克隆抗体等。

生物的多样性决定了细胞的多样性。自然界中巨大的细胞资源为细胞工程的发展提供了坚实的物质基础，筛选技术、基因组学及基因重组技术、蛋白质进化技术等为细胞工程的发展提供了有力的工具，发酵工程和生物分离工程技术的进步则为提高细胞培养工程和目标产物回收过程效率提供了可靠保障。

（三）酶工程

酶工程(enzyme engineering)是利用酶、细胞器或细胞所具有的特异性催化功能或对酶进行修饰改造，并借助生物反应器和工艺过程来生产人类所需产品的技术。主要包括酶的固定化技术、细胞的固定化技术、酶的修饰改造技术及酶反应器的设计技术等。

酶工程已经广泛地用于科学研究、医药、疾病诊断、分析检测、工农业生产及环境保护。酶催化反应的规模可以大到上千万吨（如淀粉水解及高果糖浆生产），小到几微克（如蛋白质芯片及分子的检测）。

近年来，核酶、人工合成的仿生酶等也引起了人们的兴趣。随着人类基因组计划的完成及许多重要动物、植物、微生物基因组的测定，将有越来越多的酶被鉴别，酶的许多特殊功能也将被发现，蛋白质工程则为酶的性质改造和赋予其新的功能提供了有力的工具。酶工程将在21世纪的生物工程中继续发挥重要的作用。

（四）发酵工程

发酵工程(fermentation engineering)是指利用包括工程微生物在内的某些微生物或动、植物细胞及其特定功能，通过现代工程技术手段（主要是发酵罐或生物反应器的自动化、高效化、功能多样化、大型化）生产各种特定的有用物质；或者将其直接用于某些工业化生产的一种技术。严格地说，发酵工程是以细胞为催化剂的化学反应工程。

现代发酵工程是在发酵工艺基础上吸收基因工程、细胞工程和酶工程以及其他技术的成果而形成的。目前发酵工程不仅包括天然微生物的传统发酵，而且包括人工组建的“工程菌”、动植物细胞等的培养过程，故也将发酵工程称为微生物工程。

发酵工程的应用非常广泛，与化学工业、医药、食品、能源、环境保护和农牧业等许多领域关系密切。很多高科技成果只有通过发酵工程，才能真正转化为生产力。目前发酵工业在整个国民经济中占1% 左右的比例，在有些发达国家中，发酵工业的总产值约占国民经济总产值的5%，市场产品的年平均增长率达 7% 左右。从长远发展看，随着整个科学技术的发展特别是生物科学技术和分子生物学的发展，发酵工业已经进入到一个新的阶段，将在21世纪有较大的发展。

应该指出，上述四项技术并不是各自独立的，它们彼此之间是互相联系、互相渗透的（见图4-2）。其中基因工程技术是核心技术，它能带动其他技术的发展。如通过基因工程技术对细菌或工程细胞改造后获得的工程菌或工程细胞，都必须分别通过发酵工程或细胞工程来生产有用的物质；同样可通过基因工程技术对酶进行改造以增加酶的产量、提高酶的稳定性以及酶的催化效率等。

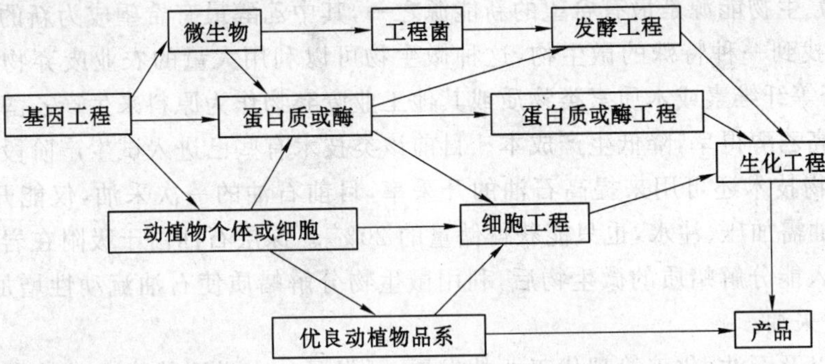

图 4-2 现代生物工程技术之间的相互关系

三、生物工程的理论基础——统一生物学

不同的物种在形态、生理、行为、生殖等方面都很不相同。但是，从生物体的分子组成、从生命运动的基本过程来看，各种生物都有其共同之处。

所有生物体细胞质内蛋白质合成使用同一套遗传密码，是基因工程之所以能够行得通的基本依据。例如，三联密码 AUG 在任何一个生物中都代表了惟一的一种氨基酸——甲硫氨酸，无论在大肠杆菌、酵母菌，还是在人体内都是如此。把人胰岛素的基因引入大肠杆菌中表达，所得多肽的氨基酸顺序与在酵母和人细胞中表达的完全相同。

生物的统一性和多样性并不互相排斥，两者是并存的。虽然原核生物与真核生物之间、动物细胞与植物细胞之间有许多共同之处，但在进行基因操作时并不能忽视它们之间的差异。如果把真核基因放到原核细胞中去表达，真核基因必须经过一番相应的改造，才能适应原核细胞中基因表达的特殊要求，否则可能达不到目的。同样道理，在将动物的基因放到植物中表达时，也要考虑到植物细胞的特点。

四、生物工程的重大意义

现代生物技术与电子信息技术和新材料技术一样，是当今极其重要的三大高新技术之一。现在人类社会所面临的挑战是十分严峻的：60 亿人口的巨大压力、食品短缺、能源危机、环境的恶化、艾滋病的蔓延、癌症和心血管疾病的威胁、人口老龄化等。生物工程对于解决、至少是缓解这些危机是大有可为的。生物工程的发展已深刻影响到人类的生活及工农业生产、医学卫生、食品、能源、环保等各个领域，给人类带来了大量有价和无价的效益。

1. 在农业生产方面的应用

人们可以通过生物工程的方法来培育作物的优良品种、研制高效无毒的除草剂、开发新型的杀虫剂和利用生物固氮等来提高粮食作物的产量和质量。例如，生物技术研究人员将苏云金芽孢杆菌 Bt 毒素基因导入植物体内，获得了抗虫的棉花、玉米、马铃薯等农作物新品种，目前已进入大田试验，显示出良好的应用推广前景。基因引入改良品种，不仅可以培育出抗病虫害的新品种，还可以培育出经济价值较高的品种，转基因植物育种的潜在商业价值十分巨大，仅转基因小麦一项，估计世界年产值就可达数十亿美元。通过生物工程加速培养和扩大优良的牲畜种群、提高饲料的产量和质量、开发新型疫苗来预防禽畜疾病等，可以提高肉奶蛋的产量和质量。

2. 在解决能源危机和环境污染方面的应用

目前，石油和煤炭是人们生活中的主要能源。然而，地球上的这些化石能源是不可再生的，也终将枯竭。生物能源是最有希望的新能源之一，其中乙醇最有希望成为新的替代能源，研究人员希望找到一种特殊的微生物，这种微生物可以利用大量的农业废弃物如杂草、木屑、植物的秸秆等纤维素或木质素类物质或其他工业废弃物作为原料来生产乙醇，同时改进生产工艺以提高乙醇得率，降低生产成本。目前该类技术有些已进入试生产阶段，如用秸秆生产酒精。生物技术还可用来提高石油的开采率，目前石油的一次采油，仅能开采储量的30%。二次采油需加压、注水，也只能获得储量的20%。深层石油由于吸附在岩石空隙间，难以开采。加入能分解蜡质的微生物后，利用微生物分解蜡质使石油流动性增加而获取石油，称之为三次采油。

现代农业以及石油、化工等现代工业的发展，开发了一大批天然或合成的有机化合物，如农药、石油及其化工产品、塑料、染料等，这些物质连同生产过程中大量排放的工业废水、废气、废物已给人类赖以生存的地球带来了严重的污染。目前已发现有致癌活性的污染物达1 100多种，严重威胁着人类健康。微生物具有惊人的降解这些污染物的能力，人们可以利用这些微生物净化有毒的化合物、降解石油污染、清除有毒气体和恶臭物质、综合利用废水和废渣、处理有毒金属等作用，从而达到净化环境、保护环境、废物利用并获得新的产品的目的。此外，还可以用微生物合成的可降解塑料来解决白色污染；用微生物降解法来清除海上石油污染和有机物的污染；用微生物来处理污水中的重金属污染等。

3. 在工业生产上的应用

利用微生物在生长过程中积累的代谢产物生产食品的工业原料种类繁多。概括起来，主要有以下几个大类：氨基酸类（目前能够工业化生产的氨基酸有20多种，大部分为发酵技术生产的产品，主要有谷氨酸、赖氨酸、异亮氨酸、丙氨酸、天冬氨酸、缬氨酸等）；酸味剂（主要有柠檬酸、乳酸、苹果酸、维生素C等）；甜味剂（主要有高果糖浆、天冬甜精等）。

发酵工程还可用来生产化学工业原料，其中主要包括传统的通用型化工原料（如乙醇、丙酮、丁醇等产品）、特殊用途的化工原料（如制造尼龙、香料的原料癸二酸，石油开采中使用的丙烯酰胺，制造电子材料的粘康酸，制造合成树脂、纤维、塑料等制品的衣康酸，制造工程塑料、树脂、尼龙的长链二羧酸，合成橡胶的原料2,3-丁二醇，合成化纤、涤纶的乙烯等）。

在冶金工业方面，高品位富矿不断耗尽，而对数量庞大的废渣矿、贫矿、尾矿、废矿，采用一般的采矿技术已无能为力，惟有利用细菌的浸矿技术才能对这类矿石进行提炼。可浸提的金属包括金、银、铜、铀、锰、钼、锌、钴、镍、钡、铊等十多种贵重金属和稀有金属。

4. 在医药产业上的应用

通过生物工程可以大量生产一些过去价格昂贵的药品，如胰岛素和干扰素，来治疗人类的一些严重疾病；通过研制基因工程疫苗来预防严重威胁人类健康的传染病，如乙型肝炎、疟疾、甚至艾滋病；用单克隆抗体来诊断传染病和恶性肿瘤；对遗传病和肿瘤进行基因治疗；用生物工程的方法人工培养用于器官移植的组织和器官等。

许多专家预计到21世纪20年代，人类将走向信息时代后崭新的经济时代——生物经济时代。2001年全球生物工程公司总数已达4 284家，其中上市公司有622家，销售总额约为348亿美元，其中基因工程药物的销售额为250亿美元。从整个产业的分布情况看，生物工程公司主要集中在欧美，占全球总数的85%。美国的生物工程公司占全球生物工程公司总数的55%，2001年的销售额占全球销售总额的82%。最典型的是红细胞生成素，从1989年投入市场后，已经带来了100多亿美元的利润。

现代应用生物技术的领域非常广泛，它对人类社会产生了巨大的影响，在农牧渔业、食品轻工业、医药卫生、能源工业、环境保护、冶金工业、化学工业等方面均有生物技术产业的不断拓展和深入，这必然对人类社会生活的各个方面带来深远的影响。随着时间的推移，现代应用生物技术越来越显示出其在经济建设和社会发展中的重要作用，必将带来新的技术革命和应用浪潮。

第二节　基因工程

一、基因工程的基本过程

一个完整的基因工程流程一般包括目的基因的获得、载体的制备、基因的转移、基因的表达、基因工程产品的分离提纯等过程。通过基因工程技术，把来自不同生物的外源DNA插入到载体分子上，所形成的杂种DNA分子为嵌合体。构建这类嵌合体DNA分子的中心环节是，在体外将不同来源的DNA片段，通过限制性核酸内切酶和DNA连接酶等的作用，重新组合成杂种DNA分子。

体外重新组合DNA分子的实验过程通过能够独立自主复制的载体分子质粒或噬菌体为媒介，将外源DNA引入到寄主细胞进行增殖，从而为遗传上同一的生物品系（它们都带有同样的重组DNA分子）成批地繁殖和生长提供了有效的途径，所以基因工程也称为基因克隆或DNA分子克隆。

概括起来，基因工程应包括如下几个主要的内容或步骤。

(1) 目的基因的获得：从供体细胞中分离出基因组DNA，用限制性核酸内切酶分别将外源DNA(包括外源基因或目的基因)和载体分子切开(简称切)；

(2) 目的基因与载体DNA片段的体外连接：用DNA连接酶将含有外源基因的DNA片段接到载体分子上，形成DNA重组分子(简称接)；

(3) 重组DNA分子引入细胞：借助于细胞转化手段将DNA重组分子导入受体细胞中(简称转)；

(4) 重组分子增殖：短时间培养转化细胞，用来扩增DNA重组分子或使其整合到受体细胞的基因组中(简称增)；

(5) 外源基因(目的基因)表达的检测：筛选和鉴定转化细胞，获得使外源基因高效稳定表达的基因工程菌或细胞(简称检)。

二、各种工具酶

基因工程的操作，是分子水平上的操作，必须获得需要重组和能够重组的DNA片段。核酸限制性内切酶和DNA连接酶的发现和应用，使DNA分子的体外切割与连接成为可能，而有时为了便于DNA片段之间的连接，还需对DNA片段进行修饰，所有这些酶促反应使用的酶都称为工具酶。基因工程涉及的工具酶一般分为三大类：限制性核酸内切酶、DNA连接酶和基因工程中的修饰酶。

(一) 限制性核酸内切酶

限制性核酸内切酶是一类能识别双链 DNA 中特殊核苷酸序列，并使每条链的一个磷酸二酯键断开的内脱氧核糖核酸酶。至今已鉴定出三种不同类型的限制性核酸内切酶，即Ⅰ型、Ⅱ型和Ⅲ型。Ⅰ型和Ⅲ型限制性核酸内切酶虽然结合于特定的识别位点，但却没有特定的切割位点，酶对其识别位点进行随机切割，因此很难形成稳定的、特异性切割末端，故Ⅰ型限制性核酸内切酶和Ⅲ型限制性核酸内切酶在基因工程中基本不用。

Ⅱ型限制性核酸内切酶是基因工程中所用的主要工具酶。绝大多数的Ⅱ型限制性核酸内切酶能够识别 4～8 个核苷酸组成的特定的核苷酸序列，一般呈二重对称，但有少数酶能识别更长的序列或兼并序列。Ⅱ型限制性核酸内切酶具有特定的酶切位点，即限制性核酸内切酶在其识别序列的特定位点对双链 DNA 进行切割，由此产生出特定的酶切末端。双链 DNA 被酶切后可出现三种形式的末端：① 5′-突出黏性末端，如 EcoRⅠ识别序列为 GAATTC，双链 DNA 被其切割后产生 5′-突出黏性末端（见图 4-3）；② 3′-突出黏性末端，如 PstⅠ识别序列为 CTGCAG，双链 DNA 被其切割后产生 3′-突出黏性末端；③ 平端，如 HaeⅢ识别序列为 GGCC，经过此酶切过的双链 DNA 产生带平端的 DNA 片段（见表 4-1）。

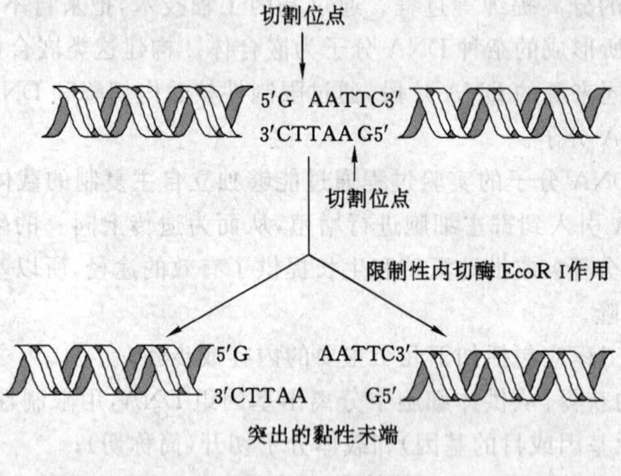

图 4-3 限制性内切酶 EcoRⅠ作用机制示意图

图中碱基序列为识别序列，箭头为切割位点，双螺旋为其他 DNA 序列

表 4-1 几种常用的限制性核酸内切酶的切割位点

限制性核酸内切酶	切割位点	限制性核酸内切酶	切割位点
BamHⅠ	(5′)G|GATCC(3′) CCTAG|G	HindⅢ	(5′)A|AGCTT(3′) TTCGA|A
ClaⅠ	(5′)AT|CGAT(3′) TAGC|TA	NotⅠ	(5′)GC|GGCCGC(3′) CGCCGG|CG
EcoRⅠ	(5′)G|AATTC(3′) CTTAA|G	PstⅠ	(5′)CTGCA|G(3′) GA|CGTC
EcoRⅤ	(5′)GAT|ATC(3′) CTA|TAG	PvuⅡ	(5′)CA|GCTG(3′) GT|CGAC
HaeⅢ	(5′)GG|CC(3′) CC|GG	ThⅢ	(5′)GACN|NNGTC(3′) CTGNN|NCAG

由于发现了大量的限制性核酸内切酶，需要有一个统一的命名法，以免造成混乱。现行Ⅱ型限制性核酸内切酶命名法要点是：① 用属名的头一个字母和种名的头两个字母，组成三个字母的略语表示寄主菌的物种名称。例如，大肠杆菌(Escherichia coli)用 Eco 表示。② 第四个字母代表菌株类型，如 EcoK 中的 K 代表大肠杆菌 K 株。③ 如果一种特殊的寄主菌株，具有几个不同的限制与修饰体系，则以罗马数字表示。如流感嗜血菌(Haemophilus influenzae)d 菌株的几个限制与修饰体系分别表示为 Hind Ⅰ、Hind Ⅱ、Hind Ⅲ 等。

无论是用生物材料制备的天然 DNA，还是化学合成的 DNA，往往需要用限制性核酸内切酶进行切割，使其成为可用于连接重组的 DNA 片段。常用的切割方法有单酶切、双酶切和部分酶切等几种。

(二) DNA 连接酶

连接酶的发现与应用，对于重组 DNA 技术的创立和发展具有重要的意义。连接酶是在体外构建重组 DNA 分子所必不可少的基本工具酶。目前有三种方法可以用来在体外连接 DNA 片段：第一种方法是，用 DNA 连接酶连接具有互补黏性末端的 DNA 片段；第二种方法是，用 T4DNA 连接酶直接将平末端的 DNA 片段连接起来，或是用末端脱氧核苷酸转移酶给具平末端的 DNA 片段加上聚腺苷酸[poly(dA)]—聚胸苷酸[poly(dT)]尾巴之后，再用 DNA 连接酶将它们连接起来；第三种方法是，先在 DNA 片段末端加上化学合成的衔接物或接头，使之形成黏性末端之后，再用 DNA 连接酶将它们连接起来。这三种方法都是利用 DNA 连接酶具有连接和封闭单链 DNA 的功能而进行的。

常用的连接酶有：大肠杆菌 DNA 连接酶和 T4DNA 连接酶。这两种酶都可以催化带有匹配黏性末端的双链 DNA 分子之间的连接反应(见图 4-4)，还可以在黏性末端碱基配对之后的 3′羟基端和 5′磷酸端之间形成磷酸二酯键。不同的是 T4DNA 连接酶还可以催化两个具有平末端的双链 DNA 分子之间的连接反应，而大肠杆菌 DNA 连接酶不具有此活性。

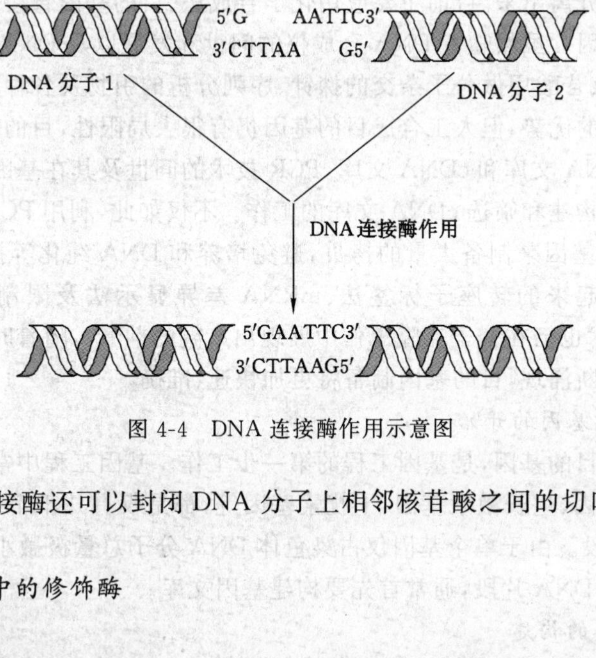

图 4-4　DNA 连接酶作用示意图

另外，这两种连接酶还可以封闭 DNA 分子上相邻核苷酸之间的切口，但不能封闭缺少几个碱基的缺口。

(三) 基因工程中的修饰酶

1. DNA 聚合酶

DNA 聚合酶的作用是催化 DNA 的体外合成反应，它能够把脱氧核糖核苷酸连续地加到双链 DNA 分子引物链的 3′羟基末端，合成出与模板序列互补的产物。DNA 聚合酶的种类很多，它们在细胞的 DNA 复制过程中起着重要的作用。基因工程中常用的聚合酶有大肠杆菌 DNA 聚合酶、大肠杆菌 DNA 聚合酶 I 的大片段(K1enow 片段)、T4DNA 聚合酶、T7DNA 聚合酶、修饰的 T7DNA 聚合酶、反转录酶及耐热 DNA 聚合酶(TaqDNA 聚合酶)、末端转移酶等。

2. 反转录酶

它是依赖于 RNA 的 DNA 聚合酶，是于 1970 年由蒂明(Temin)、巴蒂摩尔(Baltimore)等人从劳氏肉瘤病毒中发现的。它主要的催化活性为：① 以 RNA 为模板合成 DNA 分子；② RNA 酶 H 活性(5′→3′及 3′→5′外切核糖核酸酶活性)。反转录酶的主要作用是将 mRNA 反转录为 cDNA。

3. 碱性磷酸酶

包括细菌碱性磷酸酶(BAP)和小肠碱性磷酸酶(CIP)，其作用是去除 DNA、RNA、RNA 的单个核苷数(NTP)和 DNA 的单个核苷数(dNTP)的 5′磷酸根。碱性磷酸酶可用于去除 DNA 片段的 5′磷酸根，以防自身环化；另外在用 P^{32} 标记 5′末端前，可先用其去除 DNA 或 RNA 上的 5′磷酸根。

三、目的基因的获得

基因工程主要是通过人工的方法分离、改造、扩增并表达生物的特定基因，从而深入开展核酸遗传研究或者获取有价值的基因产物。通常将那些已被或者准备要被分离、改造、扩增并表达生物的特定基因或 DNA 片段，称为目的基因。要想从许多的核苷酸序列中挑选出非常小的感兴趣的目的基因，必须对目的基因有所了解，然后根据目的基因的性质制定分离的方案。

随着生物化学、分子遗传学和分子生物学技术的发展以及基因工程技术本身的进步，如今已有很多基因被分离出来。目前主要应用化学合成法、目的基因直接分离法及反转录法来分离和获得目的基因。虽然随着 DNA 合成仪的问世和发展以及 DNA 序列分析更加快速、准确，人工合成寡核苷酸用做分子杂交的探针、序列分析的引物及各种用途的接头等在基因工程中显示出巨大的优势，但人工合成目的基因仍有很大局限性，目的基因的制备主要还是通过构建基因组 DNA 文库和 cDNA 文库。PCR 技术的问世及其在基因工程中的广泛应用，已经大大地简化了构建和筛选 cDNA 文库的工作。不仅如此，利用 PCR 扩增反应还可以从少量已获得的目的基因来制备大量的拷贝，避免培养和 DNA 纯化等操作中可能产生的失误。此外，新发展起来的转座子标签法、mRNA 差异显示法及限制性片段长度多态性(RELP)探针等技术也已在分子克隆工作中展现出广阔的前景。随着时间的推移，将有更多行之有效的方法不断涌现，目的基因制备将更加快速、准确。

(一) 获得目的基因的开始

如何分离获取目的基因，是基因工程的第一步工作。基因工程中常用的目的基因，如乙肝病毒表面抗原基因、生长激素基因、干扰素基因等，都是仅有几千个或几百个甚至更少的碱基对的 DNA 片段。由于单个基因仅占染色体 DNA 分子总量极微小的比例，要分离到特定的含目的基因的 DNA 片段，通常首先要构建基因文库。

(二) 基因文库的构建

将大分子量的染色体基因组 DNA 分子，用核酸限制性内切酶消化成适于克隆的 DNA

片段群体，或是经过转录和反转录合成出具有不同分子量大小的适于基因克隆的 DNA 分子群体，这些 DNA 片段群体在体外同载体重组后，被导入到大肠杆菌感受态细胞群体中复制繁殖，并涂布到含特定抗生素的培养基平板上生长。由于载体分子具有抗生素抗性基因，所以只有那些获得了载体分子的转化子细胞才能生长存活，而且每一个抗性细胞均生长成一个菌落，即克隆。如此在细菌中增殖形成的克隆 DNA 片段之集合体，便叫做基因文库。在理想的情况下，一个完整的基因文库应含有染色体基因组 DNA 的全部序列的各种片段。

构建了基因文库，仅实现了基因克隆，并不等于完成了目的基因的分离。要获得感兴趣的目的基因，还必须到基因文库这样的“基因图书馆”查询。因此，目的基因的分离，也可以从基因文库中筛选出所需的基因序列。

基因文库的构建一般包括下列基本步骤：① 细胞染色体大分子 DNA 的提取和大片段的制备；② 载体 DNA 的制备；③ 载体与外源大片段连接；④ 体外包装及基因组 DNA 文库的扩增；⑤ 重组 DNA 的筛选和鉴定。

如 λ 噬菌体基因文库的构建见图 4-5。

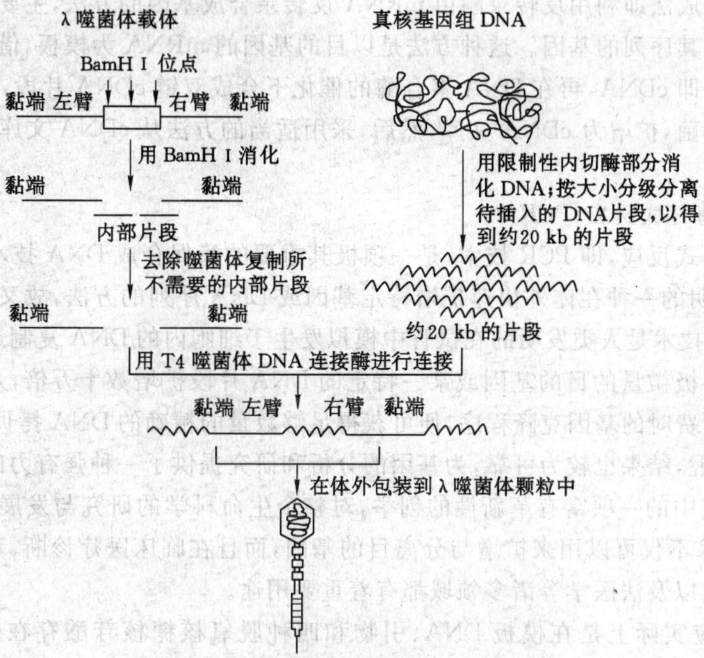

图 4-5　λ 噬菌体基因文库的构建

（三）目的基因的获取

1. 鸟枪法

鸟枪法是一种从生物基因组提取目的基因的方法。实际上是从基因组 DNA 文库中筛选出目的基因。这个方法最明显的缺点是，所形成的重组体分子是一群带有大小不同的插入片段的重组体的混合群体。我们知道，高等真核生物的基因组是相当庞大的，以人的基因组为例，按一般载体承受外源 DNA 插入的能力（为 1 000～3 000 个碱基对，碱基对简称为 bp）

计算，可以被切割成几十万个大小不同的DNA片段。如果每个片段都分别插入到一个载体分子上，这样经过扩增之后，就会形成由几十万个大小不同的重组体分子组成的克隆群体，要想从如此巨大数量的群体（基因文库）中选出带有目的基因的克隆，显然十分费事，而且还会造成不必要的人力和物力上的浪费。

2. 化学合成法

自从发明了DNA合成仪，化学合成DNA已成为一种常规技术。如果已知某种基因的核苷酸序列，或者根据该基因产物的氨基酸序列，推导出该多肽编码基因的核苷酸序列，就可以用化学方法合成该基因的核苷酸片段。但如果基因较大，则先合成若干个短DNA片段，再连接成一个长的完整基因。

人工化学合成的基因可以是生物体内已经存在的，也可以是按照人类的愿望和特殊需要重新设计的。因此，它为人类操纵遗传信息、校正遗传疾病、创造优良的生物新类型提供了强有力的手段，是基因研究的一个富有成效的重大飞跃。

3. 酶促反转录合成法

反转录合成法即利用反转录酶由mRNA反转录合成基因的方法，主要用于合成分子量较大而又不知其序列的基因。这种方法是以目的基因的mRNA为模板，借助反转录酶合成互补的DNA，即cDNA，再在DNA聚合酶的催化下合成双链cDNA片段，与适当的载体结合后转入受体菌，扩增为cDNA文库，然后，采用适当的方法从cDNA文库中筛选出目的基因。

4. 聚合酶链式反应（PCR）

聚合酶链式反应，即PCR技术，是一项极其重要的酶促合成DNA技术，是美国科学家于1983年发明的一种在体外快速扩增特定基因或DNA序列的方法，故又称为基因的体外扩增法。PCR技术是人类发明的在试管中模拟发生于细胞内的DNA复制过程，该反应只需数小时就能将极微量的目的基因或某一特定的DNA片段扩增数十万倍，乃至千百万倍，而无需通过烦琐费时的基因克隆程序，便可获得足够数量的精确的DNA拷贝。PCR技术操作简单，容易掌握，结果也较为可靠，为基因的分析和研究提供了一种强有力的手段，是现代分子生物学研究中的一项富有革新性的创举，对整个生命科学的研究与发展都有着深刻的影响。PCR技术不仅可以用来扩增与分离目的基因，而且在临床医疗诊断、基因突变与检测、分子进化研究以及法医学等诸多领域都有着重要用途。

PCR反应实际上是在模板DNA、引物和四种脱氧核糖核苷酸存在的条件下依赖于DNA聚合酶的酶促合成反应。对于有部分了解或完全清楚的目的基因，可以通过PCR反应，直接从染色体DNA或cDNA上高效快速地扩增出目的基因片段，然后进行克隆操作。惟一的要求是，对目的基因片段两侧的序列了解清楚。通过针对这两个已知区域的DNA引物，在TaqDNA聚合酶的催化下，进行2^n指数递增方式的扩增，获得大量的DNA片段，这种方法使得不同细胞中相同基因的克隆变得快速、简单。

PCR反应过程如图4-6所示。首先是双链DNA分子在临近沸点的温度下加热时便会分离成两条单链的DNA分子，然后DNA聚合酶以单链DNA为模板并利用反应混合物中的四种脱氧核苷三磷酸（dNTP）合成新生的DNA互补链。此外，DNA聚合酶同样需要有一小段双链DNA来启动“引导”新链的合成。因此，新合成的DNA链的起点事实上是由加入在反应混合物中的一对寡核苷酸引物在模板DNA链两端的退火位点决定的。在为每一条

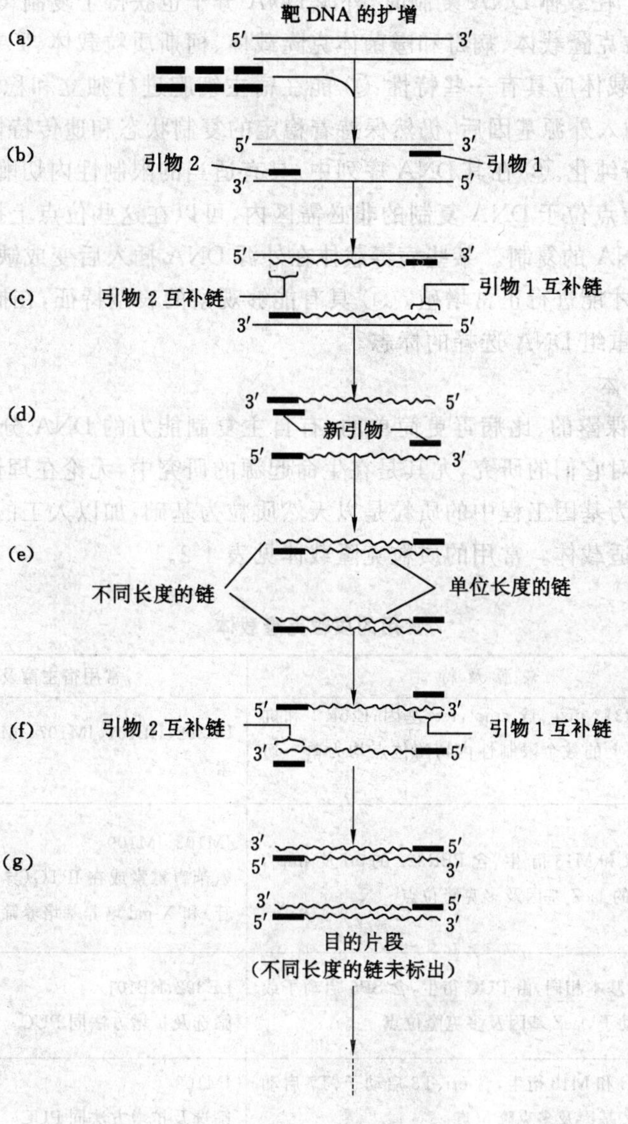

图 4-6　PCR 的反应过程

链均提供一段寡核苷酸引物的情况下，两条单链 DNA 都可作为合成新生互补链的模板。由于在 PCR 反应中所选用的一对引物是按照与扩增区段两端序列彼此互补的原则设计的，因此每一条新生链的合成都是从引物的退火结合位点开始，并沿着相反链延伸。这样，在每一条新合成的 DNA 链上都具有新的引物结合位点。然后反应混合物经再次加热使新、旧两条链分开，并加入下一轮的反应循环，即引物杂交、DNA 合成和链的分离。PCR 反应的最后结果是：经过 n 次循环之后，反应混合物中所含有的双链 DNA 分子数，即两条引物结合位点之间的 DNA 区段的拷贝数，理论上的最高值应为 2^n。

四、基因工程载体

目的基因进入宿主细胞，必须要有载体(vector)的运载作用才能实现。载体运载外源 DNA 至宿主细胞，是通过载体自身 DNA 的核酸序列中插入外源 DNA，再进入宿主细胞内进行的 DNA 复制。在载体 DNA 复制时，外源 DNA 分子也获得了复制（扩增）和表达。目前，基因载体有质粒克隆载体、病毒和噬菌体克隆载体、柯斯质粒载体、YAC 载体等。

基因工程中的载体应具有一些特性：① 能在宿主细胞进行独立和稳定的 DNA 自我复制。在其 DNA 中插入外源基因后，仍然保持着稳定的复制状态和遗传特性。② 易于从宿主细胞中分离，并进行纯化。③ 在其 DNA 序列中，具有适当的限制性内切酶位点（最好是单一酶切位点）。这些位点位于 DNA 复制的非必需区内，可以在这些位点上插入外源 DNA，但不影响载体自身 DNA 的复制。某些病毒载体在外源 DNA 插入后变成缺损性病毒株，只有在辅助病毒存在时才能进行正常增殖。④ 具有能够观察的表型特征，在插入外源 DNA 后，这些特征可以作为重组 DNA 选择的标志。

1. 质粒克隆载体

质粒作为一种裸露的、比病毒更简单的、有自主复制能力的 DNA 分子，处在生命与非生命的分界线上。对它们的研究，尤其是在生命起源的研究中，无论在理论和实践上都具有重要的意义。但作为基因工程中的质粒是以天然质粒为基础，加以人工的改造和组建，使之成为外源基因的合适载体。常用的质粒克隆载体见表 4-2。

表 4-2　常用的质粒克隆载体

载体	来源及特性	常用宿主菌及筛选方法
PBR322	由 PBR313 衍生，含 amp^r，tet^r 基因；EcoR Ⅰ 和抗药基因上的数个限制性内切酶位点均为单一切点	LE392、HB101、JM107、JM109 氨苄青霉素、四环素
PUC 系列	由 PBR 和 M13 衍生，含 PBR322 的 ori 及 amp^r，E. coli 的 lacZ 基因及多克隆位点	JM103、JM109 氨苄青霉素或在 IPTG（异丙基 *β-D*-硫代半乳糖苷）和 X-gal 培养基培养筛选扩增时需加氯霉素
PSP 系列 PGEM	两系列基本相同，由 PUC 衍生，含 SP6 启动子或 T7 启动子，lacZ 基因及多克隆位点	LE392、HB101 筛选及扩增方法同 PUC
BluescriptM	由 PUC 和 M13 衍生，含 ori、T3 启动子、T7 启动子、lacZ 基因及多克隆位点	JM109 筛选及扩增方法同 PUC

质粒所能携带的外源 DNA 的片段比较小，如插入的片段较大，则需负载能力更大的载体，例如经改造的 λ 噬菌体克隆载体。

2. 病毒和噬菌体克隆载体

病毒主要由 DNA（或 RNA）和外壳蛋白组成，经包装后成为病毒颗粒。通过感染，病毒颗粒进入宿主细胞，利用宿主细胞的合成系统进行 DNA（或 RNA）复制和壳蛋白的合成，实现病毒颗粒的增殖。人们利用这些性质构建了一系列分别适用于不同生物的病毒克隆载体。把感染细菌的病毒专门称为噬菌体，由此构建的克隆载体则称为噬菌体克隆载体。

根据病毒与宿主的关系，可以把病毒分为温和性病毒和烈性病毒。某种病毒感染宿主细胞后，其 DNA 与宿主染色体 DNA 整合，一起复制和传代，无感染其他细胞的能力，称这样的病毒为温和性病毒。有些病毒感染宿主细胞后，其 DNA 不插入染色体 DNA，经过一定时间的潜伏期，就大量增殖新的病毒颗粒，使宿主细胞破裂，释放出来的病毒颗粒又感染其他细胞，把此过程称为溶菌性增殖途径，把这样的病毒称为烈性病毒。由于温和性病毒不会导致宿主细胞死亡，并且溶原细胞可以传代，因此温和性病毒是构建病毒克隆载体很好的材料。虽然烈性病毒会导致被感染的细胞破裂死亡，但通过改造仍可用于构建克隆载体。不管是温和性病毒还是烈性病毒，都存在着严格的宿主专一性，从而导致病毒克隆载体的应用受到限制。目前常用的病毒克隆载体有杆状病毒载体、SV40 载体、痘苗病毒载体、反转录病毒载体、腺病毒载体等。

噬菌体作为载体，可插入长 10～20 kb(1 kb 为 1 000 个碱基对)甚至更大的一些外源 DNA 片段。又由于噬菌体有较高的增殖能力，有利于目的基因的扩增，从而成为当前基因工程研究的重要载体之一。野生型的噬菌体必须经过改造，才能成为比较理想的基因工程载体。当前的噬菌体克隆载体，是噬菌体的衍生物载体。噬菌体中首先被改造成为载体的是 λ 噬菌体克隆载体。除 λ 噬菌体的衍生物载体外，还有单链噬菌体克隆载体、含有噬菌体 DNA 某种位点并被包装而获得的载体如黏性质粒克隆载体。除含大基因的 λ 噬菌体和 T 噬菌体外，还有一组小分子丝状噬菌体，如 M13 噬菌体等均可改造成为重组 DNA 的载体。

3. 柯斯质粒载体

柯斯质粒(cosmid)是一类由人工构建的含有 λDNA 的 cos 序列和质粒复制子的特殊类型的质粒载体。很明显，柯斯质粒兼具了 λ 噬菌体克隆载体和质粒克隆载体二者的优点，既可克隆携带 31～45kb 大小的外源 DNA 片段，又可在大肠杆菌中复制保存，而且能够被包装成为有感染能力的噬菌体颗粒。

4. YAC 载体

尽管原核细胞能克隆真核基因，但真核基因的某些功能，如 DNA 与减数分裂的关系、细胞的特异性分化等，是不可能在原核细胞中完全搞清的。酵母是研究真核生物 DNA 的复制、重组、基因表达及调控过程等的理想材料。目前能容纳最大外源 DNA 片段的载体是酵母人工染色体(yeast artificial chromosome，YAC)。

实验结果表明，每个 YAC 都可以装载 100 万 bp 以上的 DNA 片段。YAC 既可保证基因结构的完整性，又可大大减少核基因文库所需的克隆数目。YAC 载体的特点是：① 可在大肠杆菌中克隆，且具较高的拷贝数，这样可使外源基因转化到酵母细胞之前先在大肠杆菌中扩增；② 含有在酵母中便于选择的遗传标记；③ 含有合适的限制性内切酶位点，以便外源基因的插入。

YAC 既可大到连在一起很容易形成很长的连续排列的 DNA，又可以小到能够方便地通过亚克隆进行 DNA 序列分析研究，这种特性对于目前正在实施的各种基因组计划意义极大。

五、基因重组

通过不同的途径获得了目的基因，选择或构建适当的基因载体之后，基因工程的下一步工作是如何将目的基因与载体连接在一起，即 DNA 的体外重组。基因重组是基因工程的核心。所谓基因重组，就是利用限制性内切酶和其他一些酶类，切割和修饰载体 DNA 和目的基因，将两者连接起来，使目的基因插入可以自我复制的载体内，再转入受体细胞，以期这种外源性的目的基因在受体细胞内得到正确表达。

基因重组是依赖于核酸限制性内切酶、DNA 连接酶和其他修饰酶的作用，分别对外源目的基因的片段和载体 DNA 进行适当切割和修饰后，将外源基因片段与载体 DNA 巧妙地连接在一起，再转入受体细胞，实现目的基因在受体细胞内的正确表达的过程(见图 4-7)。在外源目的基因同载体分子连接的基因重组过程中，一般需要考虑到下列三个因素：

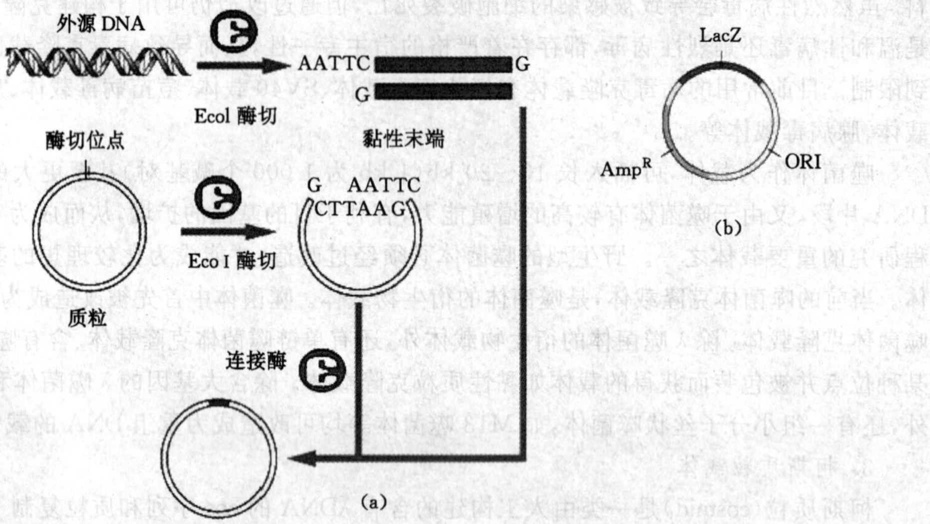

图 4-7 构建重组质粒

(a) 重组过程；(b) 重组 DNA 分子

① 实验步骤简单易行，连接效率较高，易于重组子筛选。

② 重组 DNA 分子，应能被一定的核酸限制性内切酶重新切割，以便回收插入的外源 DNA 片段。

③ 外源基因必须在载体 DNA 的启动子控制之下，并置于正确的阅读框架之中，以便目的基因的高效表达。

六、重组体 DNA 分子的转化

外源 DNA 片段与载体在体外构成重组体分子之后，需要导入适当的受体细胞进行繁殖，才能使重组体 DNA 分子得到大量的复制增殖，这就是目的 DNA 片段的扩增。为此，基因工程中最常用的方法是将重组质粒 DNA 导入大肠杆菌受体细胞中，即重组体 DNA 分子的转化。DNA 分子很大，通常很难进入细胞，所以转化前，大肠杆菌要经过氯化钙处理，使之成为“感受态”细胞。也可以用高压电击的方法处理：高压电脉冲在细胞膜上能造成瞬间的小孔，DNA 分子便可以通过这些小孔进入细胞(见图 4-8)。

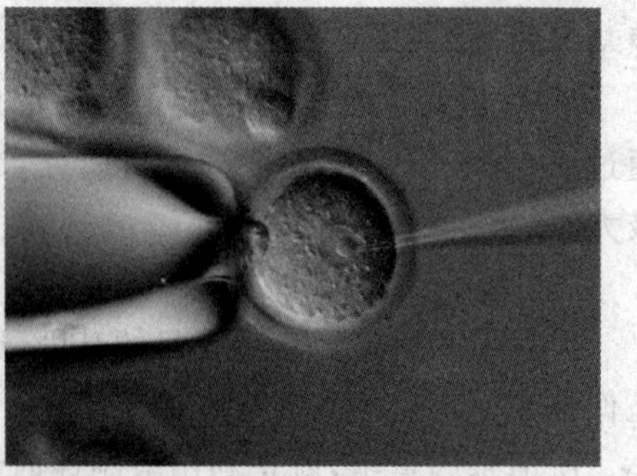

图 4-8 显微注射进行基因操作

处理过的细胞中仅有很少一部分是被重组 DNA 转化的，大部分没有被转化，或是被自身环化的质粒载体所转化，所以需要进行筛选和鉴定，从中挑选出所需要的转化细胞。作为载体的质粒一般都带有针对抗菌素的抗性基因，只要将转化处理的细胞涂布在含有相应抗菌素的固体培养基上培养即可，因为只有转化的细胞才具有抗性，即能在这种培养基上生长。取固体培养基上长出的部分菌落，分别做液体培养（含抗菌素），然后抽提它们的质粒DNA，用原来作酶切时的那种限制酶重新酶切。凡是能切下相应的外源DNA片段的质粒，就是所需要的转化质粒。把这样的含转化质粒的转化细菌进行扩大培养，就可以得到大量所需的重组DNA（见图4-9）。

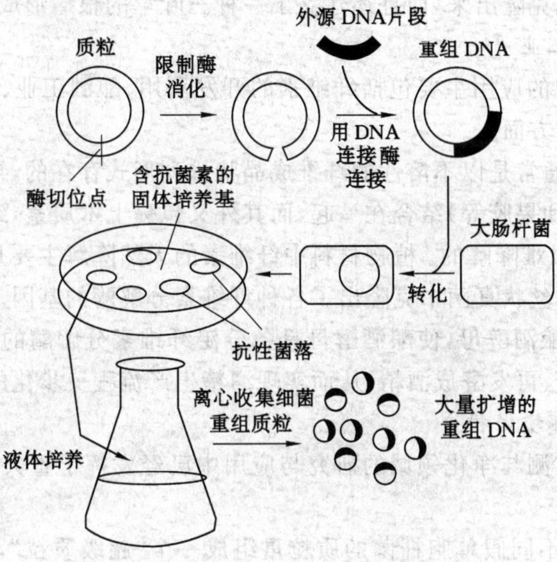

图4-9 重组体DNA分子转化操作过程

七、基因的转移与表达

1. 基因的转移

重组的DNA分子只有在细胞内环境中才可复制繁殖，故要将重组DNA分子导入细胞内才能实现克隆基因的大量表达。将外源重组分子导入受体细胞的途径，包括转化、转导、显微注射和电穿孔等多种不同的方式。转化和转导主要适用于细菌一类的原核细胞和酵母这样的低等真核细胞，而显微注射和电穿孔则主要应用于高等动植物的真核细胞。

2. 基因的表达

生物有机体的遗传信息，都是以基因的形式储存在细胞的遗传物质DNA分子上，而DNA的基本功能之一，就是把它所承载的遗传信息转变为由特定氨基酸顺序构成的多肽或蛋白质分子，从而决定生物有机体的遗传表型。这种从DNA到蛋白质的过程叫做基因的表达。

八、基因工程的应用领域

尽管基因工程出现后的一段时间内带给人们的是猜疑和恐惧，但它还是以迅猛的速度发展。实践表明，基因工程会给人类带来难以估量的经济效益和社会效益。特别是在解决人类所面临的能源、粮食、人口、环境和疾病等日趋严重的社会问题方面，基因工程正在并且将要发挥越来越大的作用。

（一）基因工程与农业

基因工程在农业中的应用主要包括提高植物光合作用效率、扩展植物的固氮能力、生产转基因植物和转基因动物等。

例如，大多数植物都需要大量的可溶性氮才能很好生长。虽然地球上每年由微生物固定的N_2的总量约200 Mt左右，但只有豆科植物能与根瘤菌共生固氮。如果禾谷类作物及其他非豆科植物都能够具有天然固氮的能力，或转变为根瘤菌的宿主，那么，在农业生产上将节省大量的化肥，同时减少对环境的污染，这将具有重大意义。可以通过把豆科植物的固氮基因转移到其他植物中，使其对固氮菌的感染产生相应的反应来实现。到目前为止，已有许多植物的根瘤蛋白基因被克隆出来，而且还建立了一种三叶草的根瘤形成模型。

（二）基因工程与工业

基因工程在工业中的应用主要包括纤维素的开发利用、酿酒工业、食品工业、制药工业和新型蛋白质的生产等方面。

例如，由于纤维素通常是以不溶性的纤维成晶状排列形式存在的，再加上纤维素分子与其他多糖（如半纤维素和果胶等）结合在一起，而其外又包裹上木质素，致使分解酶分子难以接近。因此，纤维素是很难降解的。植物材料中纤维素的天然降解主要是由丝状真菌发酵引起的。现在已从细菌和丝状真菌中克隆出了各种纤维素分解酶的基因。如果通过基因工程方法，把这些基因导入酿酒酵母，使酿酒酵母具备分泌纤维素分解酶的能力，那么就有可能将纤维素降解成葡萄糖、再发酵成酒精、从而实现酒精生产流程一步化的新工艺。

（三）基因工程与环境保护

基因工程在环境监测与净化领域的研究与应用中已经发挥了重大作用，预示着十分光明的前景。

例如，美国把四种不同假单胞杆菌的质粒重组成一个“超级质粒”，由OCT（降解辛烷、己烷、癸烷）、XYL（降解二甲苯和甲苯）、CAM（分解樟脑）和NAH（降解萘）的基因构建成一个质粒并送入细菌，获得了“超级菌”。这种“超级菌”能在原油中迅速繁殖，因为它代谢碳氮化合物的活性比任何一种含单个质粒的细菌都强大得多。这种“超级菌”能够在浮游过程中除去污染了水面的石油，几小时就可以降解三分之二的烃类物质，而天然菌则需耗时一年以上才能达到同样的效果。

（四）基因工程与医学

基因工程在医学中的应用极其广泛，除利用转基因植物生产生化药物（如基因工程多肽药物）外，还可以利用基因工程技术生产疫苗并进行诊断和治疗疾病等。

以基因工程疫苗为主体的新型疫苗的研制是现代生物技术热点之一，其主要对象是：① 不能或难以培养的病原体，如乙肝、丙肝、戊肝、EB病毒、巨细胞病毒、人乳头瘤病毒、麻风杆菌、疟原虫和血吸虫等。② 有潜在致癌性或免疫病理作用的病原体，前者如Ⅰ型嗜人T淋巴细胞病毒、人免疫缺陷病毒、单疱疹病毒，后者如登革热病毒。③ 常规疫苗效果差，如霍乱和痢疾；或反应大，如百日咳和伤寒等疫苗。④ 可大大节约成本、简化免疫程序的多价疫苗，如以痘苗病毒、腺病毒、卡介苗或沙门氏菌属为载体的多价活疫苗。此外，利用基因工程技术还可能为目前尚无有效疫苗的某些疾病（例如艾滋病）生产出有效的疫苗。目前已商品化生产的基因工程疫苗共达数十种。

九、人类基因组计划

（一）人类基因组计划产生的背景

人类基因组计划的产生有着深远的历史背景。人类自古就受一些疾病的困扰，而在这些疾病中最令人类苦恼的是一类可怕的疾病，即遗传病。其原因不仅在于它们无法医治，更在于它们带有的宿命的意味。它们就如幽灵一样出没于人群中，使人类无奈和困惑。近代科学的发展，特别是遗传学的建立和相关技术的发展，使人类开始有可能去认识这些疾病的根本原因，并有可能对其进行预测和治疗。

20 世纪 50 年代 DNA 双螺旋结构的发现是人类研究基因的一个突破点，从此拉开了对人类和其他生物的遗传物质载体的研究序幕，研究者逐步对决定生物遗传特性的密码进行破译，搞清基因的氨基酸的排列顺序。尽管人类经过多年不懈的努力，但解开生命之谜的愿望还仍未实现。以往的失败使大家认识到，单靠一门学科的独自努力太局限了，难以完成人类对自身的认识和保护，美国投巨资的肿瘤十年计划基本上以失败告终就说明这个问题。现在，人类认识到先认识全局再研究局部也许会更迅捷和方便。于是，人类回过头来决定开始进行人类基因组的研究，由此逐渐形成了基因组学(genomics)和人类基因组计划(Human Genome Project，HGP)。

1984 年 12 月 9～13 日，受美国能源部的委托，犹他大学的怀特(White)在美国犹他州的阿尔塔召开了一个小型学术会议。参加会议的有美国能源部的科学家史密斯(Smith)以及 DNA 分析方面的学者，共计 19 人。会议研讨了 DNA 重组技术的发展以及测定人类整个基因组 DNA 序列的意义。1985 年 5 月，美国能源部提出“人类基因组计划”草案，经过一翻讨论后于 1986 年 3 月宣布实施这个草案。1987 年初，美国能源部和国家卫生研究院为“人类基因组计划”下拨了 550 万美元启动经费。1988 年 2 月，美国国家科学研究委员会的专家成立了“国家人类基因组研究中心”，由沃森(Watson)任第一任主任。尽管有了以上这些工作，美国国会正式批准的“人类基因组计划”到 1990 年 10 月 1 日才正式启动，其规模在世界上是最大的。按照该计划，在 15 年内(1990～2005)投入 30 亿美元以上的资金进行人类基因组的分析。“人类基因组计划”先后共有美、英、日、法、德、中六国参加，其中美国承担了全部任务的 54%，英国承担全部任务的 33%，日本承担全部任务的 7%，法国承担全部任务的 2.8%，德国承担全部任务的 2.2%，中国于 1999 年 9 月获准加入人类基因组计划并承担了 1%的测序任务。人类基因组计划的最初目标是：通过国际合作，构建详细的人类基因组遗传图和物理图；确定人类 DNA 的全部核苷酸序列(约 30 亿个碱基对)；定位约 10 万基因；并对其他生物进行类似研究。其终极目标是：阐明人类基因组全部 DNA 序列；识别基因；建立储存人类遗传图谱、物理图谱、序列图谱和基因图谱的数据库，来解读关于人类生、老、病、死的遗传信息；开发数据分析工具；研究 HGP 实施所带来的伦理、法律和社会问题。

我国的基因组研究始于 1987 年，国家 863 计划开始资助与基因有关的研究项目。我国的人类基因组计划由国家自然科学基金委员会、863 计划和国家重点基础研究计划所共同资助创建“中华民族基因组若干位点基因结构的研究”项目。而后，又先后在上海和北京成立了国家人类基因组南、北两个中心，投入巨额资金进行基因组研究。1998 年 3 月由陈竺院士挂帅成立上海中心，10 月改名为中国南方基因中心。同时，决定成立由国家卫生部牵头的若干中国人遗传资源保护中心。1998 年由杨焕明和余军教授组织了中国科学院遗传所的研究力量、1999 年由强伯勤院士挑头在北京先后成立了中国科学院北京人类基因组中心和北方人类基因组中心。同年 9 月，中国搭上基因组研究的末班车，加入该计划并负责 3 号染色体上 3 000 万个碱基对测序工作，成为参与人类基因组计划惟一的发展中国家。这 1%的测序任务，带给中国的利益是长远的，我们不仅因此可以分享整个计划的成果，拥有相关事务的发言权，而且建立了自己的研究队伍，技术水平走在了世界的前列。

（二）人类基因组研究的主要内容

1. 建立遗传图谱

遗传图谱又称连锁图，是根据遗传距离绘制的基因或 DNA 标记在染色体上的相对位置图谱。遗传距离通常用两个基因或遗传标记在染色体交换过程中分离的频率来衡量，其单位为 cM（厘摩）。每次减数分裂重组频率为 1% 时，遗传距离记为 1 cM 。通过遗传图谱可以大致知道各个基因或遗传标记在染色体上的相对距离与次序。遗传图谱的绘制必须要有家系材料进行遗传连锁分析而获得。所用的遗传标记越多，连锁图的分辨率越高，因而精密度就越好。在人类基因组研究中，遗传图谱对人类基因组中基因的定位具有重要价值。

2. 建立物理图谱

物理图谱是根据 DNA 序列上两点间的实际距离绘制的基因或 DNA 标记图谱，通常由一系列 DNA 限制性内切酶片段或克隆 DNA 片段有序排列而成。物理图谱反映的是 DNA 序列上两点之间的实际距离。物理图谱是研究 DNA 序列和基因组结构的基础，其目标是获得分布于整个基因组的约 3 万个序列标签位点，这些位点在染色体上位置明确，并可用 PCR 扩增出的单拷贝序列，相邻位点间通常相距 100 kb 左右，用这些标签位点构建能够覆盖每条染色体的大片段 DNA 连续克隆群。

3. 建立 DNA 序列图谱

DNA 序列图谱是指将人类基因组所有染色体上的全部碱基序列测定出来而绘制成的图谱，它与以往那种只对某一个特定的感兴趣的区域进行 DNA 序列测定不同，因而需要更高效的大规模的测序工具。

4. 基因的确定与分析

人类基因组分析的一个重要内容是确定所有的单个基因。当对人类基因组全部 DNA 序列的测定完成以后，可以基因的基本结构特征为标准，利用计算机运算找出分布在 DNA 链上所有可能的编码基因的序列，即开放阅读框（ORF）。ORF 的基本特征是含有翻译的起始密码子、外显子及内含子的剪接信号、翻译终止信号和 3′端 polyA 加尾信号等。目前已经确定人类基因组上大约含有 32 000 多个这样的 ORF。当这些基因已被确定以后，就需要对这些基因的功能进行分析和确定，这是下一步的研究工作。

（三）人类基因组研究的策略

人类基因组研究的基本思路如下：首先建立插入人类基因组片段的酵母人工染色体克隆群，然后利用高频分布于人类基因组中且以易于检索的 DNA 标记为基础，建立以上各个克隆之间的联系，组成有序排列的连续克隆群，这些克隆群覆盖全部的人类基因组。将这些克隆群定位于每条染色体上的不同区域，从而构成完整的基因组物理图谱。接着再对每一个克隆进行次组克隆及序列分析，最后将所有序列整合起来，构成完整的人类基因组序列图谱，并对这些序列所包含的基因进行分析。

（四）人类基因组计划的意义

人类基因组计划极大地推动了生命科学和生物技术的基础性研究，将有利于促进生命科学与材料科学等其他高新技术的结合，带动相关产业的发展。在人类基因组计划完成后，破译的大量基因信息将成为医学、医药以及农业等方面计划创新的源泉，其研究成果产业化带来的商业利润是无法估量的，同时也会给我们的生活带来翻天覆地的变化，并对人类社会产生积极的影响。

1. 医学领域

人类基因组计划的重要作用体现在它是与人类生命息息相关的，其伟大意义不仅仅是引导了医学的一次重大革命，将人类感知生命的里程提高到分子水平阶段，更为重要的是它将给人类的生存能力和生命、生活质量带来突飞猛进的提高。这主要体现在以下几个方面：

(1) 人类基因组计划可提高人类的生命质量。随着人类基因组计划的不断深入，人类可以详细解读自身的生命信息，提高生存、生活质量。科学家可以根据每个人特定的基因图谱判断这个人的健康情况，预测某种疾病潜在的发病可能性，向病人提供有效的警告或提示，这样就可以采取措施预防疾病的发生。据有关专家预测，再过 20 年人类就有望利用基因技术防治心脑血管疾病。科学家还可以根据基因图谱提供的遗传信息，对一些遗传性疾病如糖尿病、肥胖症、精神病等的遗传病进行详细的研究，找到相应的预防、治疗措施，这对提高人类的优生、优育具有重大意义。另外，随着针对某些疾病的基因疫苗的不断推出应用，人类对某些恶性疾病的抗御能力也不断提高，人类的保健模式将从“生了病后再治疗”的消极模式转变为“预防”、“预测”的积极模式，人类的生命质量将在整体水平上得以提高。

(2) 随着人类基因组草图绘制完成，人类基因研究的重点已转向基因功能的研究。而人类功能基因研究的重要目标之一是探索特定基因的生物学功能并鉴定和验证药物的作用靶点，开发基因组药物。针对不断涌现的海量基因序列的原始数据，应用计算机技术进行科学发现和开展信息服务，发展生物信息产业，并通过生物信息学分析和实验室研究的结合，寻找拥有自主知识产权、具有重要生物功能和开发前景的新基因或基因新功能，提供新药筛查和重新设计的靶标或开拓疾病诊断和防治的新技术新方法。通过基因组研究，可发现作为基因药物用的新细胞因子；随着功能基因组和蛋白质组研究的深入开展，人类基因组产业在人口控制、人的健康保健市场的开发中有着广阔的前景和经济、社会效益。

(3) 人类基因组计划的实施将极大地促进生命科学领域一系列基础研究的发展，阐明基因的结构与功能关系，细胞的发育、生长、分化的分子机理，疾病发生的机理等。人类基因组计划同时也为基因治疗技术的发展提供基础性的支持，尤其是对特异致病基因的研究，无疑会给基因治疗技术针对性地指明方向，加速这一技术的发展。人类基因组的研究将使人们发现许多新的人类基因和蛋白质。迄今为止，人们只知道很少的正常基因和疾病基因。人类基因组的作图和测序的成功，将会确定出大量新的基因及其编码的蛋白质，有助于人类对生物进化的理解。

人类基因组计划的完成，将从本质上揭示各种遗传病、癌症、心血管病以及神经病和精神病的病因、发病机制、诊断和防治途径，使医学发生继微生物学的建立和细菌致病及其防治的重大发现以来的第二次革命。第一次医学革命使人类的平均寿命从 30～40 岁提高到了 70 多岁。本次革命的完成，有可能使人的平均寿命进一步提高到 120～150 岁。

2. 生物学领域

DNA 分子结构的发现标志着生物学进入分子生物学的水平。未来生物学将在弄清人类和其他生物基因组结构及“遗传语言”破译的基础上，阐明控制发育的遗传程序及其进化，并进一步从发育机制的进化来阐明形态进化，最终将在分子水平上实现遗传、发育和进化的理论大综合。这种理论大综合将使人类进一步遵循物种进化的规律，真正有效地改造物种、保护物种，在人工参与下实现物种的全面改良与进化。在农业领域上，人类基因组计划带动了动植物基因组的研究。例如在水稻方面，1994 年 7 月国际上建立了水稻基因组全库；1997 年又完成水稻基因组物理图的构建并进一步开始整条染色体的测序工作；2002 年，中国科学研究院华大基因中心完成了籼稻品种 93-11 的基因组草图；2003 年春，又完成了其精细图的制作，并开始把阶段成果应用于水稻育种上。根据水稻基因图谱，我们可以加快基因育种的速度，有选择地培育出具有高产、抗旱涝、抗虫等优良特性的农作物。随着农业生物领域的基因研究和产业化的进一步深入，一个潜力巨大的市场正渐渐显露。

3. 信息技术领域

基因组计划不仅仅是科学史上的奇迹，也促进了信息、微电子、新材料等产业的兴起与生命科学的结合。如计算机专家从基因能携带大量遗传物质、蕴含着巨量的信息中得到启示，正与数学家、分子生物学家、化学家们通力合作，研究 DNA 计算机，即基因计算机或分子计算机；应用于基因表达测序、疾病诊断、药物筛选、基因突变等领域的生物芯片也涉及了计算机、微电子、化学等多学科的交叉技术。无疑，各学科之间正以前所未有的速度融合，并相互促进着。

第三节 细胞工程

一、组织细胞培养

组织细胞培养这一术语泛指一切可以使细胞、组织、器官在适当的培养条件下离体生长的技术。为避免术语上的混乱，必须区别无菌培养技术中各种术语的正确概念。

植株培养(plant culture)：幼苗和大植株的培养。

器官培养(organ culture)：离体的根尖、叶原基、花器官各部分原基或未成熟花器官部分、以及未成熟果实的培养。

组织培养(tissue culture)：起源于植物各种器官部分经培养增殖形成的愈伤组织的培养，即狭义组织培养就是愈伤组织培养(callus culture)。

悬浮培养(suspension culture)：在液体培养基中保持良好分散性的细胞或小细胞团的培养。

继代培养(subculture)：由最初的外植体新增殖的组织经过连续多代的培养。

平板培养(plating culture)：悬浮培养的细胞或原生质体接种到薄的固体培养基上的培养。小的细胞团在固体培养基上的培养也通称平板培养。

外植体(explant)：用于离体培养的植物或组织切段称为外植体，用于继代培养的组织培养物切段也可称为外植体。

愈伤组织(callus)：是指由母体外植体组织增生细胞产生的一团不定型的疏松排列的薄壁细胞。一般没有明显的组织或器官上的分化。

无性系或克隆(clone)：由同一外植体或细胞增殖的培养物称无性系，因为这样的无性系也可由一个细胞扩增形成，又可称克隆。因外植体不同经扩增后就形成不同的无性系，如根无性系、茎尖无性系、悬浮培养无性系和细胞无性系等。

无性系变异体(clonal variant)：在一个无性系的培养过程中出现的表型，不同于原始无性系的品系(line)称无性系变异体。

(一) 植物组织培养

植物组织细胞培养是在人工培养基上离体培养植物的器官、组织或细胞和原生质体,并使其生长、增殖、分化以及再生的技术。

植物组织细胞培养与动物组织细胞培养有两点明显的不同:第一,植物细胞具有细胞壁,有些操作必须先去掉细胞壁,然后再进行进一步操作,如在做植物细胞融合的时候。第二,体外培养的植物组织和细胞在适当的条件下可以再生为完整的植株,这对于动物细胞几乎是不可能的。这一特点使得植物组织细胞培养技术在生产实际中得到广泛的应用。从植物的原生质体培养出完整植株的过程如图 4-10 所示。

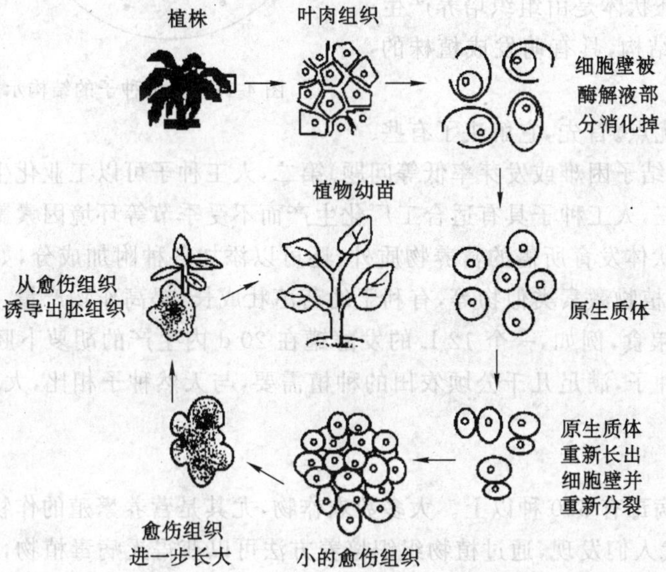

图 4-10　从原生质体到完整植株的培养过程

植物组织细胞的生长和发育需要适当的营养成分(氨基酸、糖类、维生素、生长素、无机盐等)和适当的温度、光照和湿度。从培养的组织或细胞再生出植株往往要多次更换营养成分,以提供发育、分化所需要的各种离子和生长调节因子。

体外培养的植物组织和细胞可以被诱导再生出完整的植株,这个特性使植物组织培养技术在农林业生产中得到极为广泛的应用。植物组织细胞培养一般称之为植物细胞工程,其应用主要包括几个方面:植物的快速繁殖、人工种子、植物脱毒以及植物新品种的培育等。

1. 植物的快速繁殖

植物的根、茎、叶和花等器官的片段都可以在体外进行培养,经诱导分化,产生小植株(试管苗),从而达到植物快速繁殖的目的,这是植物细胞工程在生产实际中最重要的一项应用。20 世纪 70 年代末,只有 200 多种植物用组织培养进行快速繁殖成功,但到 80 年代末有人估计达 3 000 种之多。目前,采用快速繁殖技术进行大规模工业化种苗生产的植物有香蕉、甘蔗、草莓、康乃馨等。快速繁殖技术对于珍稀植物、濒危植物的繁殖和保存具有重要意义。

2. 人工种子

人工种子是指通过植物组织培养技术获得具有胚芽、胚根、胚轴等结构的植物胚状体,并且用适当方法将胚状体包裹起来,用以代替天然种子进行繁殖的一种结构。人工种子的概念是1978年在加拿大举行的第四届国际植物组织、细胞培养会议上首次提出来的。

目前研制的人工种子主要由人工种皮、人工胚乳和胚状体或芽三部分组成(见图4-11)。人工种皮是一种既能允许种子内外气体交换,又能防止种子内水分和各类营养成分渗漏,并能承受一定机械压力的胶质化合物薄膜。人工胚乳则是人工配制的保证胚状体或芽生长发育所需要的营养物质。胚状体是由组织培养产生的类似天然种子胚的结构,具有萌发成植株的能力。

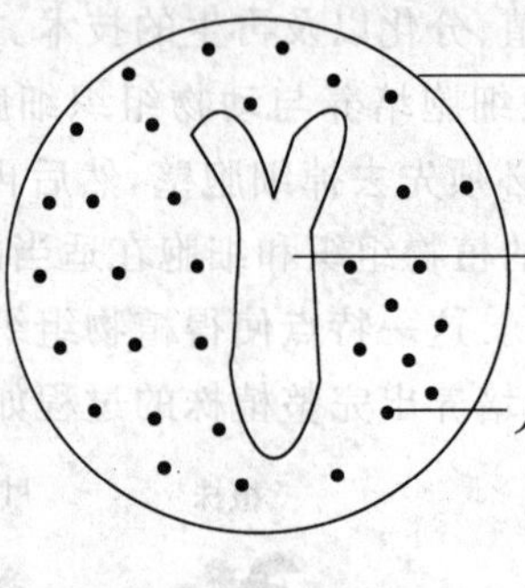

图4-11 人工种子的结构示意图

人工种子有许多优点。首先,它解决了有些作物品种繁殖能力差、结子困难或发芽率低等问题。第二,人工种子可以工业化生产,提高农业的自动化程度。第三,人工种子具有适合工厂化生产而不受季节等环境因素影响。第四,人工胚乳中除含有胚状体发育所需的营养物质外,还可以添加各种附加成分,如固氮细菌、防病虫农药、除草剂和植物激素类似物等,有利于幼苗茁壮成长,提高作物产量。第四,用人工种子播种可以节约粮食,例如,一个12 L的发酵罐在20 d内生产的胡萝卜胚状体,可以制成1 000万粒人工种子,满足几千公顷农田的种植需要,与天然种子相比,大大节约了粮食。

3. 植物脱毒

现在发现的植物病毒有500种以上。大多数农作物,尤其是营养繁殖的作物,常有病毒感染。20世纪50年代人们发现,通过植物组织培养方法可以获得无病毒植物,这一技术已经得到广泛应用。现在世界上已经建立了一些无毒试管苗工厂,欧美国家生产的无毒种苗年产值达数千万美元。植物脱毒的常用方法是茎尖培养脱毒,其原理是:病毒感染的植物中,病毒的分布是不均匀的,越靠近茎尖病毒的浓度就越低。茎尖分生组织的细胞分裂迅速,且分生区域内无维管束,病毒仅能通过胞间连丝传递,所以在生长点的病毒极少。茎尖培养法不但可以除去病毒,还可以同时除去感染的真菌、细菌和线虫,增产效果相当显著。

4. 植物新品种的培育

利用植物组织培养中出现的自然体细胞变异,以及对体外培养植物组织的诱变处理,可以培育出有价值的植物新品种。花药培养、单倍体育种也是作物育种的有效途径,运用这些技术,我国已经培育出了一些作物的新品种,并开始应用于生产实际。

(二) 动物组织细胞培养

动物组织细胞培养开始于20世纪初,最初是培养动物组织的小块,以后发展了用胰蛋白酶把动物组织消化为分散的单个细胞后再进行培养的技术。因为体外细胞培养是从组织培养发展来的,所以习惯上把细胞培养叫做“组织细胞培养”。目前培养的动物细胞绝大多数来自哺乳动物,少数来自鸟类和昆虫。

体外培养的动物细胞可分为原代细胞(primary culture cell)和传代细胞(subculture cell)。原代细胞是指从肌体取出后初次培养的细胞,亦有人把培养的第1代细胞与传10代以内的细胞统称为原代细胞培养。适应在体外培养条件下持续传代培养的细胞称为传代细胞。

任何动物细胞的培养均需从原代细胞培养做起。动物很多组织的细胞，如动物的肾、肝、卵巢与肿瘤等组织的细胞较易培养，而神经细胞等较难培养。原代细胞培养步骤一般如下：首先从健康动物体中取出组织块，剪碎，用浓度、活性适中的胰蛋白酶或胶原纤维酶与EDTA(螯合剂)等将细胞消化分散，然后在良好的营养液和无菌的培养环境中进行体外培养(见图4-12)。

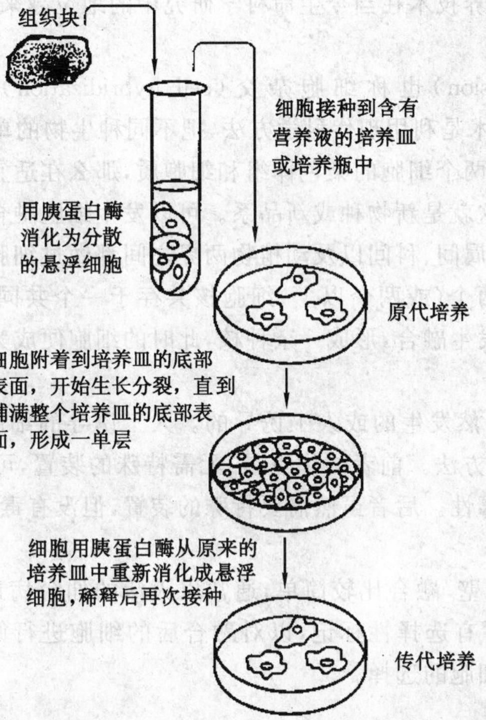

图 4-12　动物细胞的培养示意图

动物细胞的体外培养分两种类型，一类是非贴壁依赖性细胞，来源于血液、淋巴组织的细胞，许多肿瘤细胞和某些转化细胞属于这一类型。这一类可采用类似微生物培养的方法进行悬浮培养。另一类是贴壁依赖性细胞，大多数动物细胞，包括非淋巴组织的细胞和许多异倍体体系的细胞都属于这一类型。它们需要附着于带适量正电荷的固体或半固体表面上生长。

与植物组织细胞培养相比，动物组织细胞培养具有自己的特殊性：

(1) 大多数哺乳动物细胞只有附着在固体或半固体的表面上才能生长。

动物细胞对于营养要求更加苛刻，除氨基酸、维生素、盐类、葡萄糖或半乳糖外，还需要血清。

(2) 血清可以提供细胞生长所需及维持细胞有丝分裂不可缺少的各种激素和生长因子。常用的血清有胎牛血清、新生牛血清等。

(3) 动物细胞培养对于培养环境的适应性更差，对环境极其敏感，包括 pH 、溶解氧、温度、剪切力等都比微生物有更高的要求，一般需严格监控。

(4) 动物细胞生长缓慢，因此培养时间较长。

动、植物体外培养细胞的最大优点是便于直接对细胞进行处理并追踪观察。另外，用体外培养的细胞做实验，其条件可以严格地加以控制，避免了动、植物实体实验时许多复杂因素的干扰。用体外培养细胞还能够完成一些很难在活体内进行的实验，因而成为疫苗生产、肿瘤防治、药物研制等医学实践的重要手段。在生物工程领域，杂交瘤技术就是在细胞培养的基础上发展起来的一项新技术，转基因动物和动物克隆技术以及基因治疗也同样离不开细胞培养。所以细胞培养技术在当今生命科学研究中的地位越来越重要。

二、细胞融合技术

细胞融合（cell fusion）也称细胞杂交（cell hybridization）或体细胞杂交（somatic hybridization）。这种技术是利用现代科学方法，把不同种生物的单个细胞融合成一个细胞，这个新细胞得到了来自两个细胞的染色体组和细胞质，那么在适宜的条件下，通过培养可以长成完整的生物个体，这就是新物种或新品系。可以发生细胞融合的生物范围是很广的，到目前为止，已经在种间、属间、科间以及动植物两界之间都做过细胞融合的尝试。基因型不同的细胞融合后，起初是两个（或两个以上）细胞核共存于一个共同的细胞质中，此时称异核体。随后细胞核也可能发生融合，形成一杂种核，此时的细胞便成为一杂种细胞了（杂核体）。

1. 融合的诱导

细胞融合可以是自然发生的或人工诱导的。人工诱导的细胞融合通常采用聚乙二醇（PEG）等和电击诱导的方法。前者的优点是：无需特殊的装置，可以处理大量的细胞；缺点是：聚乙二醇对细胞有毒性。后者虽然需要特殊的装置，但没有毒性。

2. 动物细胞的融合

动物细胞没有细胞壁，融合比较简单，通常以灭活的仙台病毒或聚乙二醇为融合诱导剂。用于融合的细胞要有选择性标记，以对融合后的细胞进行筛选，如杂交瘤技术中，用 HAT 培养基对杂交瘤细胞的选择。

3. 植物细胞的融合

先将植物细胞的细胞壁去掉，获得原生质体，然后用聚乙二醇或电击诱导融合。融合细胞通过各种生化指标和遗传标记来选择和鉴定，例如，可以用营养缺陷型、抗药性突变体等。要将融合细胞培养出再生植株，需要多次更换培养基（见图 4-13）。现在，已经得到了几十种高等植物种间融合的再生植株，其中包括亲缘关系甚远的马铃薯与番茄之间融合的再生植株。1978 年德国科学家梅歇尔斯将番茄与马铃薯融合成功。植株地上结番茄，地下结马铃薯，人们戏称“pomato”，比喻是“potato”与“tomato”的结合，这是一种人们设计的理想蔬菜新品种，尽管品质尚不理想，工作仍在继续，但技术上已比较成熟。

4. 微生物细胞的融合

与植物细胞类似，细菌、真菌和酵母菌也都有细胞壁，在融合前需要用溶菌酶或蜗牛消化酶处理，去掉细胞壁后，用原生质体来做融合。微生物细胞融合只适用 PEG 法。

5. 细胞融合的应用

自 1965 年首次用灭活的仙台病毒诱导体外培养的动物细胞融合以来，这一技术无论在理论研究中还是在实际生产中都得到了广泛的应用，并取得了一系列的成果，最突出的一例是单克隆抗体技术。植物的体细胞杂交对植物育种有广阔的应用前景，微生物原生质体的融合可用于高生产性能的发酵用菌种的培育。

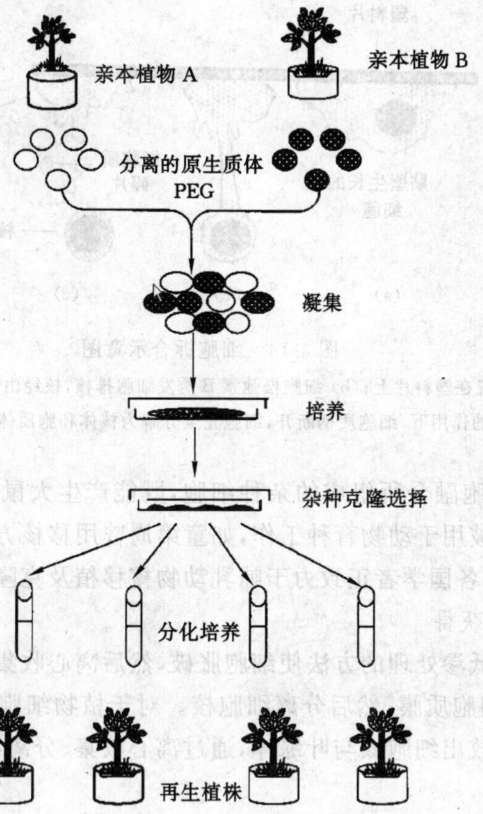

图 4-13　植物细胞融合再生植株过程

三、细胞拆合技术

（一）细胞拆合技术简介

细胞核和细胞质是真核细胞的两大主要组成部分，细胞的正常生命活动都是在这两部分密切配合下进行的，两部分间有一定的相互关系，为了探明这种相互关系的机制，学者们创建了细胞拆合技术。所谓细胞拆合，就是把核与质分离开来，然后把不同来源的细胞质和细胞核相互配合，形成核质杂交细胞。所以细胞拆合技术是一种研究真核细胞的核、质相互关系以及细胞器、胞质基因转移的技术，又叫细胞质工程。

（二）核移植技术

1. 细胞去核

对于数量比较少的细胞，如动物的卵细胞，可以用机械的方法把核去除，或者用紫外线或激光照射的方法将核灭活。大量体外培养的动物细胞去核，一般先用细胞松弛素处理细胞，破坏细胞的骨架系统，再用离心或冲洗的方法使细胞核从细胞质中分离开来。分离出来的核，带有少量胞质并围有质膜，称为“核体”。去了核的胞质部分，仍由膜所包围，称为“胞质体”。对于培养的植物细胞，可以先制备原生质体，再利用与动物细胞去核类似的方法进行。细胞拆合过程见图 4-14。

细胞拆合技术在基础研究方面是一种很有用的手段，利用这种手段证明了细胞核的核酸合成方式和基因表达受细胞质物质的影响。例如，不产生白蛋白的小鼠淋巴细胞同能分泌

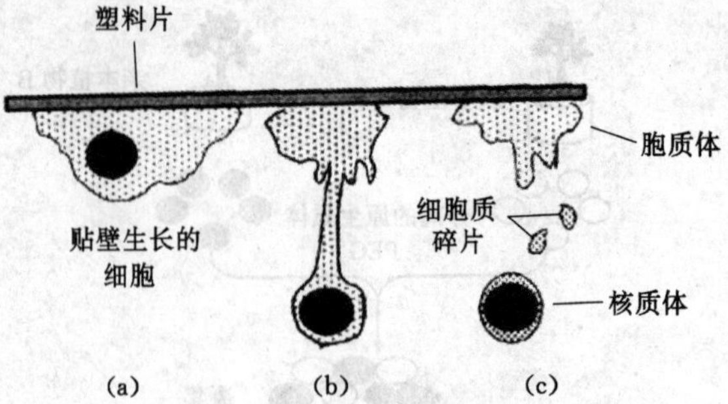

图 4-14　细胞拆合示意图

(a) 完整细胞附着在塑料片上；(b) 细胞松弛素 B 诱发细胞排核，核经由一细胞质柄和胞质相连；(c) 在离心力的作用下，细胞质柄断开，细胞完全分解为核体和胞质体两部分进行细胞分裂

白蛋白的大鼠肝癌细胞融合所组成的杂种细胞，既能产生大鼠白蛋白，也能产生小鼠白蛋白。细胞拆合技术已被用于动物育种工作，如童第周曾用移核方法育成鲤鱼核质杂交鱼，试图选育新品种。目前，各国学者正致力于哺乳动物核移植及克隆动物的研究。

2. 大量细胞核的获得

动物细胞可以用低渗处理的方法使细胞胀破，然后离心收集细胞核；也可以用温和的去垢剂处理细胞，溶去细胞质膜，然后分离细胞核。对于植物细胞，一般用低渗液处理原生质体，使原生质体破裂，放出细胞核与叶绿体，通过离心收集、分离细胞核。

3. 核移植

一般用显微操作方法，即在显微镜下，用极细的玻璃针从供体细胞中直接把细胞核吸出，或者使用预先准备好的细胞核，植入已经去了核的受体细胞中。通过核移植的研究，可以探讨异种核质之间遗传的相互关系和已分化细胞核遗传的全能性问题。

根据细胞核来源细胞的不同，核移植又可分为胚胎细胞核移植和体细胞核移植 。

(1) 胚胎细胞核移植

1952 年，布里格斯(Briggs)将豹蛙囊胚期细胞的细胞核取出，移植到去核的同种蛙卵中，结果发现部分卵发育成个体，而用胚胎发育后期或蝌蚪、成蛙细胞进行的核移植实验却都以失败告终。布里格斯的这一研究不仅发现了早期胚胎细胞是一些尚未分化的细胞，具有发育成完整个体的遗传全能性，胚胎后期以至成体细胞由于已经分化而失去这种遗传全能性，而且开创了动物克隆研究的新局面。1981 年，伊尔曼斯(Illmensee)用小鼠幼胚细胞核克隆出了正常小鼠。进入 20 世纪 90 年代，利用幼胚细胞核克隆哺乳动物的技术几近成熟，世界上许多国家和地区纷纷报道克隆成功猴、猪、绵羊、牛、山羊、兔等动物。

(2) 体细胞核移植

相比胚胎细胞核移植，哺乳类动物的克隆就要困难多了。哺乳类的卵很小，每次排卵数量也很少，胚胎又在体内发育，进行操作格外困难。1997 年英国罗斯林研究所的维尔穆(Wilmut)领导的研究小组宣布了用乳腺细胞核克隆成功的一只绵羊“多莉”的消息，从而使全世界感到震惊。多莉羊的诞生，不仅说明了体细胞核的遗传全能性，而且翻开了人类以体细胞克隆哺乳动物的新篇章。此项技术也因此荣登美国《Science》周刊评出的 1997 年十大科学发现的榜首。多莉羊培育的操作流程见图 4-15。

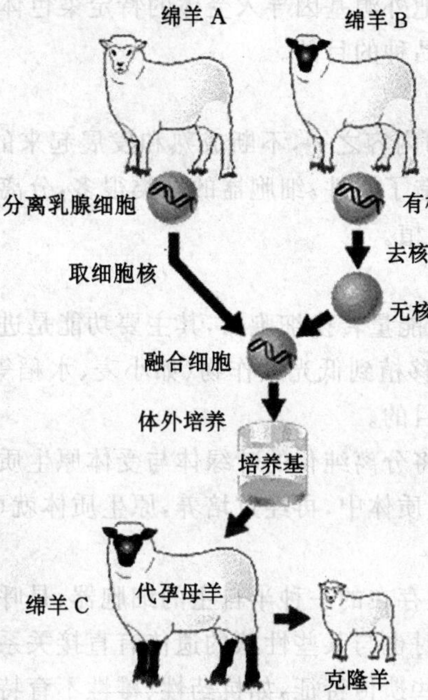

图 4-15　多莉的克隆过程

用于克隆多莉的体细胞来自一只 6 岁的母绵羊的乳腺。他们先把乳腺细胞在体外培养一段时间，然后把培养的细胞用显微操作的方法注射到另一只绵羊去了核的卵中，再用电击法使移植进去的乳腺细胞与去核的卵融合。融合后的细胞被激活，开始分裂、发育。当体外培养到形成囊胚时，再将数个囊胚移植到代孕母羊的子宫内，数月后，便得到了多莉。多莉的诞生之所以引起轰动，是因为这是第一次用成体动物的体细胞作为核供体克隆成功的第一只哺乳动物，在此之前克隆哺乳动物的核供体都是来自胚胎细跑。这个成就被认为是动物克隆技术上的一次飞跃。

动物克隆技术确实有很多的用途。首先，可以利用这种技术来大量繁殖具有优良生产特性的动物；其次，可以用克隆技术繁殖濒临灭绝的珍稀动物，如大熊猫和东北虎；第三，用转基因技术结合动物克隆技术，有希望培育出可用于人体器官移植的动物供体。

（三）染色体转移

为了改变真核细胞的遗传性状和控制高等生物的生命活动，除可在细胞整体水平和胞质水平上转移整个核的基因组外，还有必要在染色体水平上建立一种新的技术体系，把同特定基因表达有关的染色体或染色体片段转入受体细胞，使该基因得以表达，并能在细胞分裂中一代又一代地传递下去。这项技术称为染色体转移，又称为染色体转导。

与体细胞杂交一样，利用染色体转移进行基因定位也是细胞工程的一项重要技术。由于受体细胞转化子中某一染色体或片段的存在与细胞专一性状表达相联系，因此可以定位基因于特殊染色体或染色体的某一区段上。自从 1973 年染色体转移技术首创以来，这一技术就在不断得到完善和发展。它不仅能将各种可供选择的基因导入受体细胞，而且还可用于确定基因在染色体上的连锁关系，研究病毒 DNA 的染色体整合现象以及从遗传角度去分析培养细胞的成瘤表型。对于染色体转移的细胞生物学机制正在研究之中，当弄清了转移的作用机制后，就可能按人们的意志把外源基因导入受体的特定染色体位点上，从而达到改良高等生物的遗传性状，并培育出新品种的目的。

（四）细胞器移植

细胞器移植也是细胞拆合的内容之一，不断成熟和发展起来的原生质体分离和离体培养技术，为细胞器的移植成功创造了条件。细胞器的种类很多，分离纯化也较容易，但研究应用较多的是叶绿体和线粒体的移植。

1. 叶绿体移植

叶绿体是植物细胞所特有的能量转换细胞器，其主要功能是进行光合作用。如果把高光效作物（如玉米、高粱）的叶绿体移植到低光效作物（如小麦、水稻等）的原生质体中，就能提高其光合效率，从而达到增产的目的。

叶绿体移植的方法大致为：将分离纯化的叶绿体与受体原生质体一道培养，通过细胞的胞饮作用将叶绿体摄入受体原生质体中，再经过培养，原生质体就可再生成为完整的植株。

2. 线粒体移植

线粒体是动植物细胞中普遍存在的一种半自主的细胞器，是呼吸作用的中心，它在生物的能量转化中起重要的作用，同时也与某些性状的遗传有直接关系。线粒体的转移，可以传递遗传信息，改变受体细胞的某些遗传特征，如抗药性、雄性不育特性等。

线粒体移植的方法很多，常用的有微注射法、载体转移法以及胞饮法等。

四、单克隆抗体技术

（一）单克隆抗体技术概述

抗体，又叫免疫球蛋白，是动物体内一类具有免疫功能的蛋白质，其作用主要是与入侵的病原体及其产物（抗原）发生特异性的结合，在体内免疫活性细胞的协助下，将抗原消灭或清除，使肌体免受其害。抗体是由浆细胞制造的，每一种浆细胞只制造单一特异性的一类抗体分子，但因为体内有大量不同的浆细胞，所以动物体内的抗体是一种混合物，这样的抗体叫做多克隆抗体。如果能分离出单个的浆细胞，让它形成一个克隆，那么这个克隆的所有细胞制造的抗体都是一样的，这样的抗体叫单克隆抗体。但是，浆细胞是一种终末分化的细胞，已经失去了分裂的能力，在体内寿命很短（以天计算），在体外也无法生成克隆。

单克隆抗体技术是用杂交瘤细胞生产单一抗体的技术。杂交瘤细胞是哺乳动物B-细胞和骨髓瘤细胞融合后产生的杂交细胞。它既有B-细胞产生抗体的能力，又能像骨髓瘤细胞一样无限增殖，可以被人工培养或移植到小鼠腹腔内生长。图4-16简要表示了杂交瘤生产单克隆抗体的技术路线。首先取抗原免疫小鼠的脾脏细胞（含有大量的B-细胞），与体外培养的骨髓瘤细胞混合，以聚乙二醇诱导融合。将融合后的细胞放到HAT选择性培养基中培养，在这种培养基中只有杂交细胞可以存活，别的细胞死亡。将存活的杂交细胞克隆化培养，检测能否产生抗体，抗体阳性细胞再进行克隆化培养，继续监测有无抗体产生。经过2～3次的克隆化培养后仍显示抗体阳性的细胞，经扩大培养后冷冻保存。要获得单克隆抗体可以培养杂交瘤细胞，从培养液中分离抗体；也可以将杂交瘤细胞注射到小鼠的腹腔内，待其产生肿瘤后，从腹水中分离单克隆抗体。大量的单克隆抗体可以通过杂交瘤细胞的大规模培养来生产。

因为每一个B-细胞的表面有一种主要受体，只认识一种抗原，因而只产生一种抗体，所以由来自一个B-细胞的克隆中的所有细胞都只产生一种相同的抗体，称为单克隆抗体。

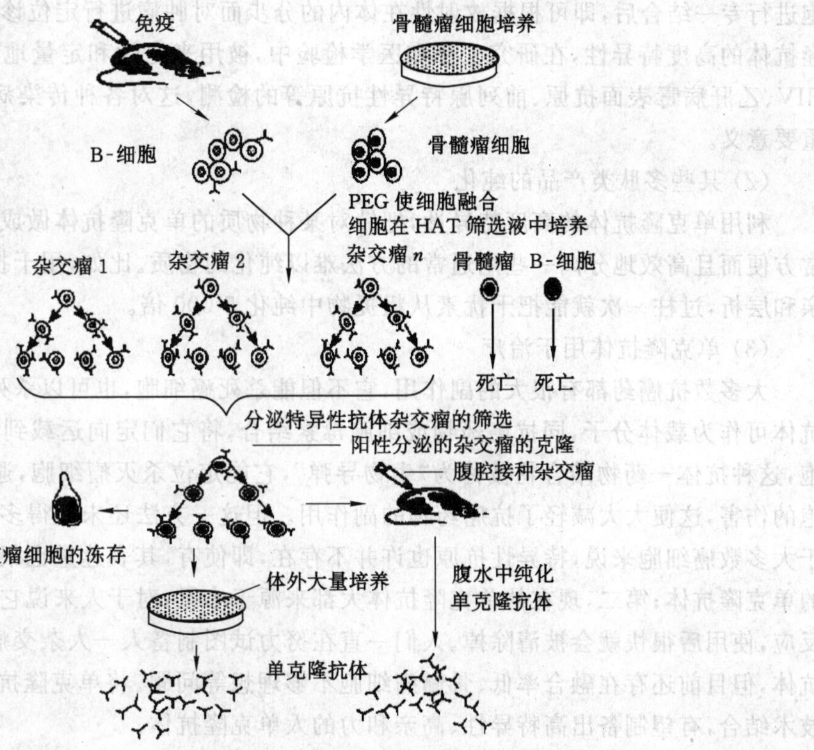

图 4-16　B-细胞杂交瘤的制备过程

B-细胞寿命很短，不能传代。和 B-细胞不同，肿瘤细胞是能无限分裂的，B-细胞和骨髓瘤细胞融合成的杂交瘤细胞保持了肿瘤细胞的分裂特性，使其在细胞培养中具有了明显的优势。

单克隆抗体比起血清抗体有许多突出的优点。首先，它特异性好，反应专一，只对单一的抗原决定簇起反应；其次，一旦制备成功，理论上就可以一劳永逸地大量生产抗体，不用再反复去免疫动物。目前已经可以在体外大规模培养杂交瘤，最大的 10 000 L 的气升式反应器已经用于生产抗人 ABO 血型的单克隆抗体。由于生产成本较高，目前单克隆抗体的主要用途还是作为诊断试剂和分析试剂，例如诊断某些特殊的疾病，测定体液中某种物质的浓度或者鉴定某种细胞或分子。

(二) 单克隆抗体的应用

1. 单克隆抗体在生物学中的应用

例如，以细胞骨架蛋白为抗原制备单克隆抗体，能够更加准确地了解细胞骨架在细胞中的位置和分布，将微量的单克隆抗体注入活细胞中，能特异性地干扰细胞骨架的功能，从而有助于深入了解细胞骨架在细胞中的作用，如进一步制备针对细胞骨架不同组分的单克隆抗体，还可以了解各组分的功能及细胞骨架的作用机制。单克隆抗体还能测定抗原性物质、病原物、活性物质等在细胞表面的受体位点，测定其病理变化以及治疗后的变化，推动细胞生理学和病理学的研究。

2. 单克隆抗体在医学中的应用

(1) 特异性检测和诊断

将带有放射性同位素标记的针对某种肿瘤抗原的单克隆抗体注入体内，抗体和肿瘤细胞进行专一结合后，即可根据放射性在体内的分步而对肿瘤进行定位诊断。另外，由于单克隆抗体的高度特异性，在研究工作和医学检验中，被用来定性和定量地检测特定的抗原，如HIV、乙肝病毒表面抗原、前列腺特异性抗原等的检测，这对各种传染病和肿瘤的诊断具有重要意义。

(2) 某些多肽类产品的纯化

利用单克隆抗体的高度特异性，把针对某种物质的单克隆抗体做成亲和层析柱，可以非常方便而且高效地分离一些用通常的方法难以纯化的物质。比如，用干扰素的单克隆抗体做亲和层析，过柱一次就能把干扰素从粗提物中纯化 5 000 倍。

(3) 单克隆抗体用于治疗

大多数抗癌药都有很大的副作用，它不但能杀死癌细胞，也可以杀死正常细胞。单克隆抗体可作为载体分子，同抗癌药物或细胞毒素结合，将它们定向运载到肿瘤部位，杀灭癌细胞，这种抗体—药物结合物被称为“生物导弹”，它能定位杀灭瘤细胞，避免或减少对正常细胞的伤害，这便大大减轻了抗癌药物的副作用。但这一方法还未获得多大的成功。首先，对于大多数癌细胞来说，特异性抗原也许并不存在，即使有，其表达量也很低，难以制备出有效的单克隆抗体；第二，现在的单克隆抗体大都来源于小鼠，对于人来说它是异物，会引起免疫反应，使用后很快就会被清除掉。人们一直在努力试图制备人—人杂交瘤细胞来制造单克隆抗体，但目前还存在融合率低、骨髓瘤细胞不够理想等问题。将单克隆抗体技术与重组DNA技术结合，有望制备出高特异性、高亲和力的人单克隆抗体。

单克隆抗体还可用于“自身骨髓移植”治疗。在对白血病患者进行大剂量化疗之前，先抽出病人的部分骨髓，用对白血病细胞特异的单克隆抗体包被的磁性微粒将骨髓中的白血病细胞吸附、清除掉，再将处理过的骨髓输回患者本人。这样的患者，由于保留了相当的造血机能而有较强的免疫力，比仅用化疗的病人有更长的存活期。

五、染色体工程

染色体工程是指按照人们的预先设计，利用染色体工程基础材料，通过附加、代换、削减和易位等染色体操作改变其染色体组成，进而定向改变其遗传特性的新技术，可分为动物染色体工程和植物染色体工程两种。如果染色体工程是针对生物体一整套染色体、而不仅仅是某一个染色体进行遗传操作，这样的技术则称为染色体组工程。下面分别加以介绍。

1. 动物细胞的染色体工程

人们利用一种称为“染色体转导术”的方法来达到增加染色体数的目的，目前有两种方法。第一种是微细胞转移术，即用秋水仙素适当地处理培养细胞，可以得到只含有几条乃至一条染色体的微细胞，把这种微细胞和完整细胞融合，就可以得到多了一条到几条染色体的细胞。另一种方法是先用秋水仙素抑制细胞分裂于细胞分裂中期，再破碎细胞，通过离心收集中期染色体，这样收集到的中期染色体可以转移到完整的细胞内，达到基因转移的目的。

2. 植物细胞的染色体工程

对于植物细胞，也可以用染色体转导术的方法。但使用更多、也更有实用价值的染色体工程，实际上是利用了植物的有性杂交技术(并非是在细胞水平上的操作)，从而达到将特定染色体引入或消除的目的。现在，应用染色体工程的方法已获得不少具有遗传学和育种学价值的品系，例如，添加了单个冰草染色体的小麦品系，能分别抵抗粉露菌病、秆锈和叶锈。

3. 染色体组工程

染色体组工程是使一个生物体的染色体组数增加或减少的技术，包括单倍体、同源多倍体和异源多倍体植物的培育。

(1) 同源多倍体

一般常用秋水仙素来诱导，也有用高温处理来诱导的。例如，把植物的种子或幼芽用秋水仙素水溶液处理一定时间，即可收到很好的效果。用此法可以得到四倍体的西瓜和玉米。现在，也可以用原生质体融合的方法得到多倍体，如用聚乙二醇处理胡萝卜原生质体后，可得到四倍体和六倍体植株。

(2) 异源多倍体

异源多倍体过去都是通过种间杂交得到的，现在，用原生质体融合的方法也可以得到。

(3) 单倍体植株

将子房、花药或花粉离体培养可以得到单倍体植株。方法是：先将花药或子房放到特定的培养基上培养，等长出愈伤组织或胚状体后，再移植到另外的培养基上，让它分化出苗和根，直到长成完整的小植株，这时再移植到土壤中继续栽培到开花。

(4) 染色体组工程的应用

主要用于植物育种。如单倍体植株人工诱导加倍，可以得到在每一个基因位点上都是纯合的二倍体植物，这对植物育种具有重要意义。

第四节　酶　工　程

一、酶工程发展简况

酶是生物催化剂，在生物体内几乎所有的反应都是在酶催化下进行的。没有酶，就不可能有新陈代谢；离开了酶，生命活动一刻也不能维持。

考察酶研究的历程可知，对酶的研究一直沿着两个方向发展：理论研究方向和应用研究方向。理论研究方向包括酶理化性质及催化性质的研究，应用研究促进了酶工程的形成。1894 年，日本的高峰让吉(Jokichi)首先从米曲霉中制备得到高峰淀粉酶，用做消化剂，开创了近代酶的生产和应用的先例；1908 年，德国的罗姆(Rohm)从动物胰脏中制得胰酶，用于皮革的软化；1911 年华勒斯坦(Wallerstein)从木瓜中获得木瓜蛋白酶，用于啤酒的澄清；1949 年，日本采用深层培养法生产 α-淀粉酶获得成功，使酶制剂生产进入工业化阶段；此后，酶的生产和应用逐步发展。1969 年日本首先在工业上应用固定化氨基酰化酶拆分 *DL*-氨基酸获得成功。20 世纪 70 年代大规模开展了固定化细胞与辅酶共固定、增殖细胞固定、动植物细胞固定等研究。同时根据酶反应动力学理论，运用化学工程成果建立了多种类型的酶反应器，在这一基础上逐渐形成的酶工程研究不是孤立的，而是与其他学科相互关联、相互渗透、相互促进的。

可见，酶工程是生物工程的主要内容之一，是随着酶学研究的迅速发展特别是酶的应用推广，使酶学和工程学相互渗透、结合而发展成的一门新的科学技术，是酶学、微生物学的基本原理与化学工程有机结合而产生的交叉学科。它是从应用的目的出发研究酶，在一定生物反应装置中利用酶的催化性质，将相应原料转化成有用物质的技术，是生物工程的重要组成部分。酶工程主要指天然酶制剂在工业上的大规模应用，其主要内容包括：酶的生产、酶的分离纯化、酶的固定化技术、酶分子修饰、酶反应器以及酶在各领域的应用等。

二、酶工程主要内容

(一) 酶的生产

酶的生产是指通过人工操作而获得所需酶的技术过程。酶的生产方法可以分为提取分离法、生物合成法和化学合成法三种。其中提取分离法是最早采用且沿用至今的方法,生物合成法是酶生产的主要方法,而化学合成法至今仍然停留在实验室阶段。

1. 提取分离法

提取分离法是采用各种提取、分离、纯化技术从动、植物器官、细胞或微生物细胞中将酶提取出来,再进行分离纯化的技术过程。酶的提取是指在一定的条件下,用适当的溶剂处理含酶原料,使酶充分溶解到溶剂中的过程。主要的提取方法有盐溶液提取、酸溶液提取、碱溶液提取和有机溶剂提取等。

2. 生物合成法

生物合成法亦称生物转化法,是 20 世纪 50 年代以来酶的主要生产方法。它是利用微生物细胞、植物细胞或动物细胞的生命活动来获得人们所需酶的技术过程。生物合成法首先在生物反应器中进行细胞培养,通过细胞反应条件优化,再经过分离纯化得到人们所需的酶。利用微生物细胞的生命活动生产所需酶的方法又称为发酵法,根据细胞培养方式的不同,发酵法可以分为液体深层发酵、固体培养发酵、固定化细胞发酵、固定化原生质体发酵等。

3. 化学合成法

化学合成法是 20 世纪 60 年代中期出现的新技术。1965 年,我国人工合成胰岛素的成功,开创了蛋白质化学合成的先河。1969 年,采用化学合成法得到了含有 124 个氨基酸的核糖核酸酶。然而由于酶的化学合成要求单体达到很高的纯度、化学合成的成本高、而且只能合成那些已经弄清楚其化学结构的酶,使化学合成法受到限制,难以工业化生产。

(二) 酶的固定化技术

酶制剂最简便的应用方法就是在液相中与底物混合,以达到对底物进行加工的目的。由于在这种方法中酶是游离的,缺点也非常明显:酶在溶液中不稳定,容易变性失活;酶在反应后难以回收,不能重复利用;生产不能以连续化方式进行;酶与产物混合在一起,增加产品分离纯化的难度,从而导致生产效率下降,成本上升。因此,人类很早就开始探索效率更高的酶制剂利用方法——固定化酶。

固定化是 20 世纪 50 年代开始发展起来的一项新技术,最初是将水溶性酶与不溶性载体结合起来,成为不溶于水的酶的衍生物,所以曾叫过"水不溶酶"和"固相酶"。但是后来发现,一些包埋在凝胶内的酶,本身仍是可溶的,只是被固定在有限的空间不能自由流动而已。因此,1971 年第一届国际酶工程会议上,正式建议采用"固定化酶"这一名称。

固定化酶是指经物理或化学方法处理,使酶变成不易随水流失即运动受到限制,而又能发挥催化作用的酶制剂。固定化酶既保持了酶的催化特性,又克服了游离酶的不足之处,具有增加稳定性、可反复或连续使用以及易于和反应产物分开等显著优点,应用前景非常广阔。随着固定化技术的发展,还可对死菌体、细胞器、活细胞及原生质体进行固定化以用于生产。

通常采用的固定化方法可大体概括为四种类型(见图 4-17):吸附法、共价偶联法、交联法和包埋法。细胞的固定化与酶的固定化大体上相同。

1. 吸附法

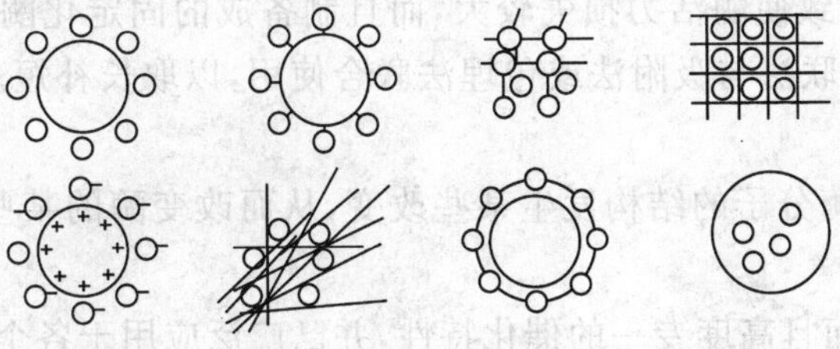

图 4-17　各种酶固定方法示意图

用一种不溶性的支持物将酶吸附，是固定化酶技术中最简单、最早应用的方法。根据吸附剂的特点分为两种：物理吸附法和离子吸附法。可以作为载体材料的物质很多，包括：活性炭、粘土、多孔玻璃、高岭土、硅胶、尼龙、纤维素和离子交换树脂等。吸附法是一种温和的固定化方法，操作简便，对酶的活性影响较小；缺点是吸附不稳定，酶容易脱落。

2. 共价偶联法

这是借助共价键将酶的活性非必需侧链基团和载体的功能基团进行偶联制备以固定化酶的方法。常用的载体材料有琼脂糖、纤维素、葡聚糖、玻璃、聚丙烯酰胺等。如此得到的固定化酶结合牢固、稳定性好、利于连续使用，是目前应用和报道得最多的一类方法。

酶分子侧链基团与载体功能基团之间，往往不能直接反应，因而反应前必须事先将载体功能基团加以活化，即借助于某种方法，在载体上引进一活泼基团，然后此活泼基团再与酶分子上的某一基团反应，形成共价键。共价偶联反应一般比较激烈，为了不使酶在偶联过程中失效，应采取某些保护措施：① 选择适宜的固定化方法与相应的载体。② 严格控制反应条件，提高反应的专一性。③ 应用可逆抑制剂或底物，封闭或牵制酶的活性中心与必需基团，避免试剂影响酶的活性构型和相应基团。

3. 包埋法

包埋法可分为网格型和微囊型两种。将酶或微生物包埋在高分子凝胶细微网格中的称为网格型，是固定化细胞中使用最广的方法，其常用载体有聚丙烯酰胺、聚乙烯醇和光敏树脂等合成化合物，也可以用琼脂、淀粉、胶原、海藻酸等天然高分子化合物，将酶或微生物包埋在高分子半透膜中的称为微囊型，其常用载体有尼龙、硝化纤维、羧甲基纤维素、白明胶和聚丙烯酰胺等高分子材料。

包埋法一般不需要与酶蛋白的氨基酸残基进行结合反应，很少改变酶的高级结构，酶活回收率较高。但是在包埋时发生化学聚合反应，酶容易失活，必须巧妙设计反应条件。由于只有小分子可以通过高分子凝胶的网格扩散，并且这种扩散阻力还会导致固定化酶动力学行为的改变，降低酶活力。因此，包埋法只适合作用于小分子底物和产物的酶，对于那些作用于大分子底物和产物的酶是不适合的。

4. 交联法

它是借助双功能试剂使酶分子之间发生交联作用，制成网状结构的固定化酶的方法，不需要载体。常用的双功能试剂有戊二醛、己二胺、顺丁烯二酸酐、双偶氮苯等，其中应用最广泛的是戊二醛。

交联法制备的固定化酶结合牢固，可以长时间使用。但由于交联反应条件较激烈，酶分子的多个基团被交联，致使酶活力损失较大，而且制备成的固定化酶的颗粒较小，给使用带来不便。为此，可将交联法与吸附法或包埋法联合使用，以取长补短。

（三）酶分子修饰

通过各种方法使酶分子的结构发生某些改变，从而改变酶的某些特性和功能的技术过程称为酶分子修饰。

天然酶具有高效而且高度专一的催化特性，并已广泛应用于各个领域，但其也有许多弱点，表现在：① 酶的活性、作用专一性和作用最适条件常不能适应生产工艺的要求；② 酶是蛋白质，容易变性失效，一般对高温、强酸、强碱等条件敏感；③ 注入体内，作为异体蛋白，难于吸收，易引起免疫反应和易被识别降解。为了克服酶的这些弱点，人们进行了酶分子修饰方面的研究。

通过酶分子修饰，可以使酶分子结构发生某些改变，就有可能提高酶的活力，增强酶的稳定性，降低或消除酶的抗原性等，使酶能在更广泛的条件下发挥作用，这在酶学和酶工程研究方面具有重要的意义。

具体而言，酶分子修饰主要有以下几方面内容：① 对酶分子的侧链基团，尤其酶活性中心中的必需基团进行化学修饰，研究酶的结构与功能的关系；② 通过对酶功能基团的修饰和与水不溶性大分子的结合，改造酶性能，增加酶的稳定性；③ 通过对酶分子内或分子间的交联，或与水不溶性载体的结合制成固定化酶，催化特定的反应；④ 用化学方法合成新的有机催化剂，使其具有酶活性（模拟酶）；⑤ 用分子生物学方法克隆酶或修饰基因以便产生新的酶（突变酶），或设计新基因合成自然界不存在的新酶（抗体酶）。

（四）酶反应器

酶和固定化酶在体外进行催化反应时，都必需在一定的反应容器中进行，以便控制酶催化反应的各种条件和催化反应的速度。

用于酶进行催化反应的容器及其附属设备称为酶反应器，也称之为生物反应器。

根据生产的需要，有很多种不同的设计，依据其结构的不同，有搅拌罐式反应器、填充床反应器、流化床反应器、鼓泡式反应器、膜反应器、喷射式反应器等。几种酶反应器的模式如图 4-18 所示。

如何对酶反应器的性能进行评价呢？可以从以下几个方面进行评价：① 空时（是指底物在反应器中的停留时间，在数值上等于反应器体积与底物体积流速之比，又常称为稀释率。当底物或产物不稳定或容易产生副产物时，应使用高活性酶，尽可能缩短反应物在反应器内的停留时间）；② 转化率（是指每克底物中有多少被转化为产物）；③ 生产强度（即每小时每升反应器体积所生产的产品的克数）。好的酶反应器应该是空时少，转化率高，生产强度大。

（五）酶在各领域的应用

现代酶工程技术始于 20 世纪中期，酶工程的一个重要产品就是酶制剂。随着微生物发酵技术的发展和酶分离纯化技术的提高，酶制剂生产开始走向工业化。自 20 世纪中期以来，工业用酶制剂的市场得到了蓬勃发展。据统计数据表明，1981 年全世界各种酶的销售额为 4 亿美元，1985 年增加到 6 亿美元。进入 20 世纪 90 年代后，市场对酶制剂的需求进一步增强，以世界最大的酶制剂生产商丹麦的 Novo 公司为例，1993 年酶制剂销售额为 9 亿美元；1998 年产业用酶的销售额为 15.18 亿美元；2001 年世界酶制剂销售额超过 16 亿美元。我国各种工业酶制剂总产量超过 32 万 t，产值 4 亿多元。目前在世界上最有影响的酶制剂厂主要

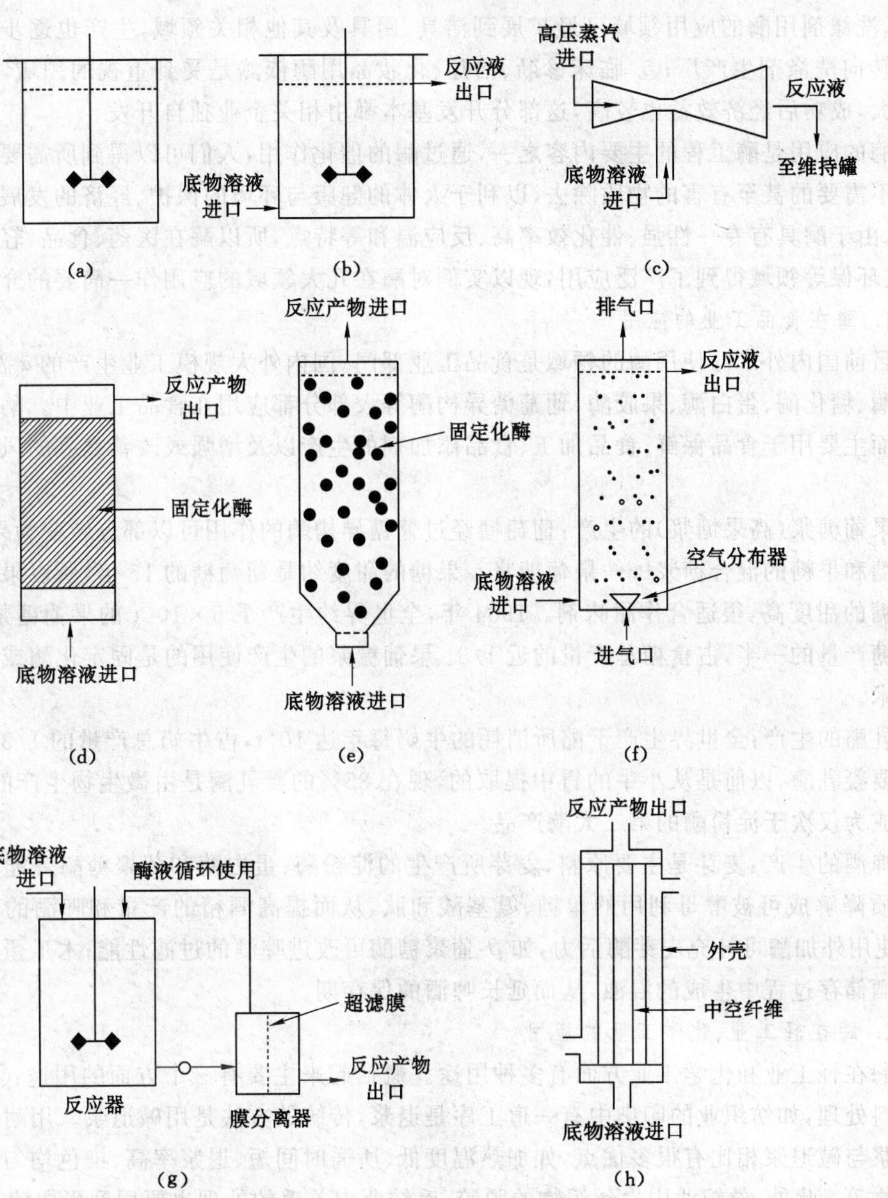

图 4-18 几种酶反应器模式图

(a) 分批搅拌罐式反应器；(b) 连续搅拌罐式反应器；(c) 喷射式反应器；(d) 填充床式反应器；
(e) 流化床式反应器；(f) 鼓泡式反应器；(g) 游离酶膜反应器；(h) 中空纤维反应器

有丹麦的 Novo 公司、荷兰的 Gist-Brocades 公司、美国的 Genencor 公司，其产品占整个市场的 74.3％。

目前，先进国家酶制剂品种的开发，主要集中在五个方面：① 食品加工用酶，特别是用于生产低聚糖的一些酶类，如葡萄糖转苷酶(生产异麦芽低聚糖)；② 饲料用酶，重点产品是植酸酶；③ 纺织用酶，其中比较重要是原果胶酶，它既可以除去对皮肤有刺痛作用的原果胶质，又可以提高染色性，改善高温高碱的操作环境，减少废液对环境的污染；④ 洗涤剂用酶，其中蛋白酶用量较大，可以通过蛋白质手段改善其催化性能或用基因工程方法提高其产量；

另外，洗涤剂用酶的应用领域已经扩展到洁具、厨具及其他相关领域，生产也逐步由专业酶制剂转向洗涤剂生产厂；⑤ 临床诊断、治疗、化妆品用酶依然是受到重视的领域，其开发风险较大，成功后经济效益也较高，这部分开发基本都由相关企业独自开发。

酶的应用是酶工程的主要内容之一，通过酶的催化作用，人们可以得到所需要的物质或者将不需要的甚至有害的物质除去，以利于人体的健康与环境的保护、经济的发展和社会的进步。由于酶具有专一性强、催化效率高、反应温和等特点，所以酶在医药、食品、轻工、化工、能源、环保等领域得到了广泛应用，现以实例对酶在几大领域的应用作一简要的介绍。

1. 酶在食品工业的应用

目前国内外广泛使用酶的领域是食品工业部门。国内外大规模工业生产的α-淀粉酶、β-淀粉酶、糖化酶、蛋白酶、果胶酶、葡萄糖异构酶等大部分都应用在食品工业中。酶在食品工业方面主要用于食品保鲜、食品加工、食品添加剂的生产以及增强或改善食品的风味和品质等。

果葡糖浆（高果糖浆）的生产：葡萄糖经过葡糖异构酶的作用可以部分转变为果糖，产生葡萄糖和果糖的混合糖浆——果葡糖浆。果糖的甜度约是葡萄糖的 15 倍，所以果葡糖浆比葡萄糖的甜度高，很适合作甜味剂。1984 年，全世界约生产了 5×10^{6} t 的果葡糖浆，占世界淀粉糖产量的一半，占食糖总产量的近 1/3。果葡糖浆的生产使用的是固定化酶或固定化细胞技术。

乳酪的生产：全世界生产干酪所消耗的牛奶每年达 10^{8} t，占牛奶总产量的 1/3。生产干酪需要凝乳酶，以前是从小牛的胃中提取的，现在 85％的凝乳酶是由微生物生产的，凝乳酶已经成为仅次于淀粉酶的第二大酶产品。

啤酒的生产：麦芽是主要原料，麦芽所产生的淀粉酶、蛋白酶和葡聚糖酶等能将淀粉和蛋白质降解成可被酵母利用的单糖、氨基酸和肽，从而提高酒精的产量和啤酒的风味和收率。使用外加酶可补充麦芽酶活力，如β-葡聚糖酶可改进啤酒的过滤性能；木瓜蛋白酶可去除啤酒储存过程中生成的混浊，从而延长啤酒的保存期。

2. 酶在轻工业、化学工业的应用

酶在轻工业和化学工业方面有多种用途。概括起来主要有三个方面的用途：① 用酶进行原料处理，如纺织业的印染中有一道工序是退浆，传统的方法是用碱退浆。用耐热的淀粉酶退浆与碱退浆相比有很多优点，如加热温度低、所需时间短、退浆率高、染色均匀及不易损伤织物等。此外，丝织业中生丝织物的脱胶、毛纺业中羊毛的处理也要用到蛋白酶。② 用酶生产各种轻工、化工产品，如酶法生产 *L*-氨基酸：利用酶或固定化酶的催化作用，可以将各种底物转化为 *L*-氨基酸，或将 *DL*-氨基酸拆分而生产 *L*-氨基酸；其他还有酶法生产有机酸，酶法制革等。③ 用酶增强产品的使用效果，如在洗涤剂中添加适当的酶可以大大缩短洗涤时间，提高洗涤效果。根据洗涤对象的不同，所添加的酶也不完全一样。其中使用量最大的是碱性蛋白酶，蛋白酶的添加量一般为洗涤剂的 0.1％～1％。现在欧洲使用的洗衣粉中 50％添加了蛋白酶，全世界用于洗涤剂的蛋白酶多达 10^{4} t，是消费量最大的酶之一。

3. 酶在医药方面的应用

酶在医药方面的应用可归纳为以下三方面：① 用酶进行疾病的诊断。酶学诊断方法包括两个方面，一是根据体内原有酶活力的变化来诊断某些疾病，如：血清中谷丙转氨酶（GPT）和谷草转氨酶（GOT）的活力测定，已在肝病和心肌梗死等疾病的诊断中得到广泛应用。二是利用酶来测定身体内某些物质的含量，从而诊断某些疾病，如：利用葡萄糖氧化酶检测葡萄糖含量，诊断糖尿病。② 用酶进行疾病的治疗。酶可以作为药物治疗多种疾病，用于治疗疾病的酶称为药用酶。药用酶具有疗效显著、不良反应小的特点。如：溶菌酶作用于细菌的细胞壁，可使病原菌、腐败性细菌等溶解死亡，对抗生素有耐药性的细菌同样起溶菌作用，具有显著疗效而对人体的不良反应很小，是一种较为理想的药用酶，临床上主要用于治疗各种炎症。③ 用酶制造各种药物。甾类激素，如可的松，是医学中广泛应用的一类激素。甾类激素的化学合成非常复杂。如可的松的合成需要37个步骤，在20世纪30年代，化学法合成可的松每克需要180美元。用微生物羟化法可以使合成的步骤从37个缩短为11个，使可的松的价格降低到每克6美元。现在采用一些微生物催化的过程来生产甾类化合物，大大降低了生产成本。1980年，美国可的松的价格已经降到每克46美分，仅为当初价格的1/400。

在医药方面使用的酶具有种类多、用量少、效率高等特点。

4. 酶在环境保护方面的应用

随着科学技术的不断发展，人类开发利用自然资源的能力和范围不断扩大。与此同时，人类的生产、生活活动对环境的影响也逐渐增强，环境日益受到来自生产、生活废弃物的污染。如何保护和改善环境质量是人类面临的重大课题。

随着生物科学和生物工程的迅速发展，生物技术在环境保护领域的研究、开发方面已经展示了巨大的威力。酶在环保方面的应用日益受到关注，呈现出良好的发展前景。

酶在环境保护方面的应用主要有：利用酶对环境进行监测；利用酶处理工业废水；利用酶的催化作用合成可生物降解材料。

第五节 发酵工程

一、发酵工程发展概况

发酵工程是生物技术的重要组成部分，是生物技术产业化的重要环节，它将微生物学、生物化学和化学工程的基本原理有机地结合起来，是一门利用微生物的生长和代谢活动来生产各种有用物质的工程技术。由于它以培养微生物为主，所以又称微生物工程。发酵工程既是生物技术的重要组成部分，也是生物技术产业化的重要环节。

发酵工程是人类最早通过实践所掌握的生产技术之一，产品也很多，如啤酒、葡萄酒、面包、干酪、酱、醋、乳酸等发酵产品。但是作为微生物发酵工业却是近百年才发展起来的。它的发展大致经历了几个阶段，各主要阶段见表4-3。

表4-3 发酵工程的发展历史

起始时间	发酵阶段	主要产品	主要技术
古代～1900	天然发酵	酒、醋、酱油、干酪、酵母	天然接种、分批培养
1905	纯培养	酒精、丙酮、丁醇	密闭纯培养
1940	通气搅拌	抗生素、有机酸、酶、维生素	通气搅拌技术、连续培养技术
1956	代谢控制	氨基酸、核苷酸	选育代谢调节和缺陷生产菌株
1973	基因工程	胰岛素、干扰素等	基因工程菌、原生质体融合等

现代发酵工程是在传统发酵工程的基础上，结合了基因工程技术、细胞融合、分子修饰和改造等发展起来的一门技术。由于微生物发酵工业具有见效快、污染小、外源目的基因易在微生物菌体中高效表达等优点，它日益成为全球经济的重要组成部分。目前通过发酵生产的抗生素高达200余种。有些发达国家中，发酵工业占国民生产总值的5%，在医药产品中，发酵产品产值占20%。发酵工业在人类生活密切相关的领域（医药、食品、化工、冶金、资源、能源、健康、环境等）中都有着难以估量的社会效益和经济效益。

发酵工程主要包括菌种选育、菌种生产、代谢产物的发酵以及微生物机能的利用等技术。

二、现代发酵工程的生产流程

（一）发酵工程的内容和类型

现代发酵工程不仅包括菌体的生产和代谢产物的发酵生产，还包括微生物机能的利用，主要内容包括生产菌种的选育、发酵条件的优化和控制、反应器的设计及产物的分离、提取与精制等。目前具有工业生产价值的发酵工程主要有四种类型。

1. 以获得具有某些用途的菌体为目的的微生物菌体发酵

如传统的用于面包制作的面包酵母发酵、微生物菌体蛋白发酵生产单细胞蛋白(SCP)、药用真菌的发酵生产等。

2. 以获得工业用酶为目的的微生物酶发酵

目前已在工业中广泛应用的酶大多来自微生物发酵，因为微生物具有种类多、产酶的品种多、生产容易且成本低等优点。微生物酶制剂有着广泛的用途，多用于食品和轻工业中，也可用于医药生产和医疗检测中。

3. 以获得代谢产物为目的的微生物代谢产物发酵

微生物代谢产物种类很多，共有37大类，其中16类属于药物。氨基酸、蛋白质、核酸、糖类等是菌体生长繁殖所必需的，称为初级代谢产物。而在菌体生长静止期，某些菌体能合成一些具有特定功能的产物如抗生素、生物碱、细菌毒素等，这些产物与菌体生长繁殖无明显关系，叫次级代谢产物。次级代谢产物多为低分子量化合物，化学结构多种多样，多达47类。

4. 通过微生物将原料转化为更高经济价值物质的微生物转化发酵

在这里微生物细胞的作用仅仅相当于一种特殊的化学催化剂引起底物某一特定部位的反应，可进行的转化反应包括脱氢、氧化、羟化、还原、缩合、脱羧、氨基化、脱氨和异构化等，转化收率一般都很高。如把葡萄糖转化成葡萄糖酸、利用菌体把乙醇转化成乙酸的醋酸发酵等。发酵工业中最重要的生物转化是甾体的转化。甾类激素包括醋酸可的松等皮质激素和黄体酮等性激素，这是用途很广的一大类药物，过去制造甾类激素是采用单纯化学方法，工序复杂，收率很低。利用微生物转化后，合成步骤大为减少。例如，从胆酸化学合成可的松，需要37步，而用了微生物转化方法后，就减少到11步。

近年来，生物工程细胞发酵得到了很大发展，即利用生物工程技术所获得的细胞生产现代物质产品。已经规模化生产的，如用基因工程菌生产胰岛素、干扰素、青霉素酰化酶等，用杂交瘤细胞生产用于治疗和诊断的各种单克隆抗体等。

（二）发酵工程的一般流程

发酵工程的基本原理是单一菌种在培养基中的纯培养。发酵工程的一般过程可分成以下几个阶段（见图4-19）。

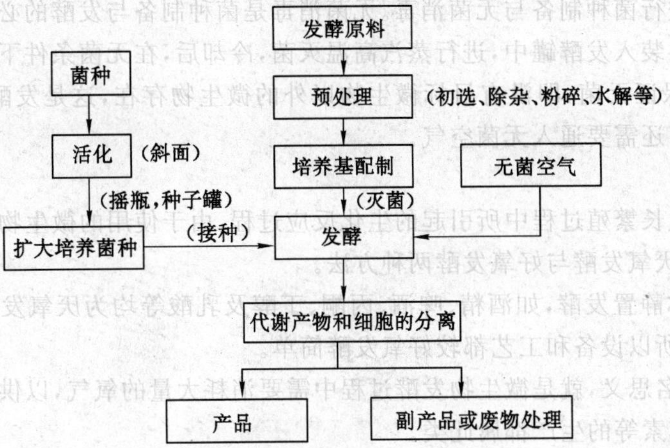

图 4-19　发酵工程的一般过程图解

1. 菌种选育

在进行发酵生产之前，首先必须从自然界分离到合适的菌种，并经分离、纯化选育后或是经基因工程改造后的“工程菌”，才能供给发酵使用。为了能保持和获得稳定而高产的菌株，还需要进行菌种纯化和育种，筛选出高产量和高质量的优良菌株。

2. 种子扩大培养

种子扩大培养是指将保存在砂土管、冷冻干燥管或冰箱中处于休眠状态的生产菌种，接入试管斜面活化后，再经过茄子瓶或摇瓶及种子罐逐级放大培养而获得一定数量和质量的纯种的过程（见图 4-20）。这些纯种培养物称为种子。发酵产品与成品的质量，与菌种性能以及孢子和种子的制备过程密切相关。

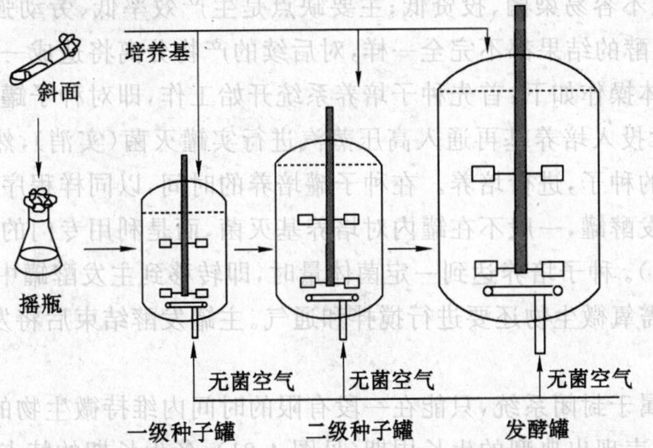

图 4-20　三级发酵扩大培养过程

3. 发酵原料的预处理

发酵原料是很丰富的，如薯类、谷类等，但许多工业微生物都不能直接利用这些发酵原料，通常需要将它们进行粉碎、蒸煮、水解成葡萄糖以供给微生物利用。

4. 发酵过程的准备

发酵前必须进行菌种制备与无菌消毒。无菌消毒是菌种制备与发酵的必要条件，一般在发酵前将发酵原料装入发酵罐中，进行蒸汽高温灭菌，冷却后，在无菌条件下接入菌种。在发酵过程中要绝对保证无菌，即没有目标微生物以外的微生物存在，这是发酵成功与否的关键，对于好氧发酵，还需要通入无菌空气。

5. 发酵

指微生物在生长繁殖过程中所引起的生化反应过程。由于使用的微生物不同，其代谢规律不一样，因而有厌氧发酵与好氧发酵两种方法。

厌氧发酵亦称静置发酵，如酒精、啤酒、丙酮、丁醇及乳酸等均为厌氧发酵产品，其发酵设备因不需供氧，所以设备和工艺都较好氧发酵简单。

好氧发酵，顾名思义，就是微生物发酵过程中需要消耗大量的氧气，以供代谢的需要。如味精、赤霉素、土霉素等的生产都属此类。

6. 产品的分离与纯化

分离与纯化是从发酵液中制取符合质量指标的制品的必要步骤。首先，将发酵液进行过滤、离心以除去固体杂质，然后采用吸附法、溶媒萃取法、离子交换法、沉淀法或蒸馏法等，对发酵液中的产品进行进一步的提炼精制，以得到符合要求的目标产品。

三、发酵的操作方式及工艺控制

根据发酵过程的操作方式不同，可以将工业发酵分为四种模式，即分批发酵、连续发酵、补料分批发酵和混合培养发酵。

（一）分批发酵

所谓分批发酵，是指营养物和菌种一次性加入发酵罐进行培养，直到发酵结束放罐，中间除了空气进入和尾气排出，与外部没有物料交换。传统的生物产品发酵多用此种类型，它除了控制温度和 pH 及通气外，不进行任何其他控制。发酵结束后，整批放罐。这种操作方式的优点是操作简单、不容易染菌、投资低；主要缺点是生产效率低、劳动强度大，不易实现自动控制，而且每批发酵的结果都不完全一样，对后续的产物分离将造成一定的困难。

分批发酵的具体操作如下：首先种子培养系统开始工作，即对种子罐用高压蒸汽进行空罐灭菌（空消），之后投入培养基再通入高压蒸汽进行实罐灭菌（实消），然后接种，即接入用摇瓶等预先培养好的种子，进行培养。在种子罐培养的时间，以同样程序进行主培养罐的准备工作。对于大型发酵罐，一般不在罐内对培养基灭菌，而是利用专门的灭菌装置对培养基进行连续灭菌（连消）。种子培养达到一定菌体量时，即转移到主发酵罐中。发酵过程中要控制温度和 pH，对于需氧微生物还要进行搅拌和通气。主罐发酵结束后将发酵液送往提取、精制阶段等后处理。

分批发酵系统属于封闭系统，只能在一段有限的时间内维持微生物的增殖，微生物处在限制性条件下生长，表现出典型的生长周期（见图 4-21），各生长期的特点如下。

① 延滞期：培养基在接种后，一段时间内细胞浓度不变或增加不明显，这一阶段是细胞在新的培养环境中表现出来的一个适应阶段；② 对数期：由于培养基中的营养物质比较充足，有害代谢物很少，所以细胞的生长不受限制，细胞浓度随着培养时间呈指数增长，也称对数生长期；③ 稳定期：因营养物质耗尽或有害物质的大量积累，使细胞的浓度不再增大，这一阶段细胞的浓度达到最大值；④ 衰亡期：最后由于环境恶化，细胞开始死亡，活细胞浓度不断下降。大多数分批发酵在到达衰亡期前就结束了。

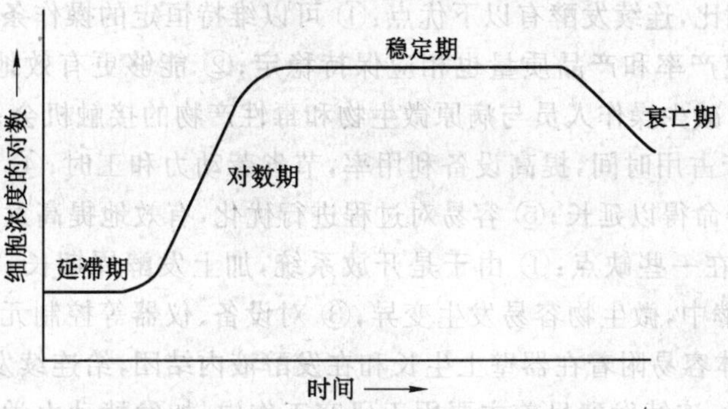

图 4-21　微生物分批发酵的生长曲线

迄今为止，分批发酵是最常用的培养方法，广泛用于多种发酵过程。

（二）连续发酵

连续发酵是相对于分批发酵而言的，连续发酵的方式也是各式各样的，主要是具有菌体再循环或不循环的单罐连续发酵和具有菌体再循环或不循环的多罐连续发酵。

所谓连续发酵，是指以一定的速度向发酵罐内添加新鲜培养基，同时以相同的速度流出培养液，从而使发酵罐内的液量维持恒定，微生物在稳定状态下生长。稳定状态可以有效地延长分批发酵中的对数期。在稳定状态下，微生物所处的环境条件，如营养浓度、产物浓度、pH 等都能保持恒定，微生物细胞的浓度及其比生长速率也可维持不变，甚至还可以根据需要来调节生长速度（见图 4-22）。

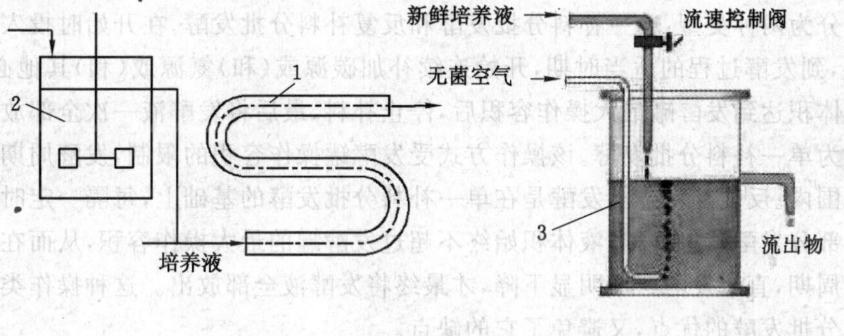

图 4-22　管式和罐式连续发酵示意图

1——管式反应器；2——种子罐；3——罐式反应器

连续发酵使用的反应器可以是罐式反应器，也可以是管式反应器。在罐式反应器中，即使加入的物料中不含有菌体，只要反应器内含有一定量的菌体，在一定进料流量范围内，就可实现稳定操作。根据所用罐数，罐式连续发酵系统又可分单罐连续发酵和多罐连续发酵。如果在反应器中进行充分的搅拌，则培养液中各处的组成相同，且与流出液的组成一样，成为一个连续流动搅拌罐式反应器（CSTR）。

连续发酵的控制方式有两种：一种为恒浊器法，即利用浊度来检测细胞的浓度，通过自控仪表调节输入料液的流量，以控制培养液中的菌体浓度达到恒定值；另一种为恒化器法，它与前者相似之处是维持一定的体积，不同之处是菌体浓度不是直接控制的，而是通过恒定输入的养料中某一种生长限制基质的浓度来控制的。

与分批发酵相比，连续发酵有以下优点：① 可以维持恒定的操作条件，有利于微生物的生长代谢，从而使产率和产品质量也相应保持稳定；② 能够更有效地实现机械化和自动化，降低劳动强度，减少操作人员与病原微生物和毒性产物的接触机会；③ 减少设备清洗准备和灭菌等非生产占用时间，提高设备利用率，节省劳动力和工时；④ 由于灭菌次数少，使测量仪器探头的寿命得以延长；⑤ 容易对过程进行优化，有效地提高发酵产率。

当然，它也存在一些缺点：① 由于是开放系统，加上发酵周期长，容易造成杂菌污染；② 在长期连续发酵中，微生物容易发生变异；③ 对设备、仪器等控制元件的技术要求较高；④ 黏性丝状菌菌体容易附着在器壁上生长和在发酵液内结团，给连续发酵操作带来困难 。

由于上述情况，连续发酵目前主要用于研究工作中，如发酵动力学参数的测定、过程条件的优化试验等，而在工业生产中的应用还不多。连续培养方法可用于面包酵母和饲料酵母的生产，以及有机废水的活性污泥处理。另外，酒精连续发酵生产技术在苏联也已获得成功的应用。而新近发展的一种发酵方法则是把固定化细胞技术和连续发酵方法结合起来，用于生产丙酮、丁醇、正丁醇、异丙醇等重要工业溶剂。

（三）补料分批发酵

补料分批发酵又称半连续发酵，是介于分批发酵和连续发酵之间的一种发酵技术，是指在微生物分批发酵中，以某种方式向培养系统补加一定物料的培养技术。通过向培养系统中补充物料，可以使培养液中的营养物浓度较长时间地保持在一定范围内，既保证微生物的生长需要，又不造成不利影响，从而达到提高产率的目的。

补料在发酵过程中的应用，是发酵技术上一个很大的进步。补料技术本身也由少次多量、少量多次，逐步改为流加，近年又实现了流加补料的微机控制。根据补料的方式，补料分批发酵可以分为两种类型：单一补料分批发酵和反复补料分批发酵。在开始时投入一定量的基础培养基，到发酵过程的适当时期，开始连续补加碳源或（和）氮源或（和）其他必需基质，直到发酵液体积达到发酵罐最大操作容积后，停止补料，最后将发酵液一次全部放出。这种操作方式称为单一补料分批发酵。该操作方式受发酵罐操作容积的限制，发酵周期只能控制在较短的范围内。反复补料分批发酵是在单一补料分批发酵的基础上，每隔一定时间按一定比例放出一部分发酵液，使发酵液体积始终不超过发酵罐的最大操作容积，从而在理论上可以延长发酵周期，直至发酵产率明显下降，才最终将发酵液全部放出。这种操作类型既保留了单一补料分批发酵的优点，又避免了它的缺点。

补料分批发酵作为分批发酵和连续发酵的过渡，兼有两者之优点。补料分批发酵的特点就是能够调节培养环境中营养物质的浓度。一方面，它可以避免某些营养成分的初始浓度过高而出现底物抑制现象；另一方面，能防止某些限制性营养成分在培养过程中被耗尽而影响细胞的生长和产物的形成。

目前补料分批发酵已在发酵工业上普遍用于氨基酸、抗生素、维生素、酶制剂、单细胞蛋白、有机酸以及有机溶剂等的生产过程。它不仅被广泛用于液体发酵中，在固体发酵及混合培养中也有应用。随着研究工作的深入及微机在发酵过程自动控制中的应用，补料分批发酵将日益发挥出其巨大的优势。

（四）混合培养发酵

混合培养发酵，又简称混合发酵，它是指多种微生物混合在一起共用一种培养基进行的发酵，也称为混合培养。许多传统的微生物工业就是混合发酵，如酒曲的制作、某些葡萄酒和白酒的酿制、湿法冶金、污水处理以及沼气池的发酵等都是混合发酵。这些混合发酵菌种的种类和数量大都是未知的，人们主要是通过培养基组成和发酵条件来控制，达到生产目的。随着对微生物群落结构的相互作用认识的发展，对混合发酵技术研究和开发的深入，采用已鉴定的两种以上分离纯化的微生物作为菌种，共用同种培养基进行发酵，也有人将此称为限定混合培养物发酵。例如，由我国创新发明的维生素C二步发酵法，其特点为第二步发酵由氧化葡萄糖酸杆菌和巨大芽孢杆菌等伴生菌混合发酵完成。

四、发酵工程展望及应用前景

随着生物技术的发展，发酵工程的应用领域也在不断扩大。现代发酵工程从利用微生物细胞，已经拓展到利用动植物细胞。利用发酵工程所进行的大规模植物细胞培养，将用于生产一些昂贵的植物化学品；动物细胞培养所生产的一些蛋白质和多肽类产品将作为医用激素及抗癌与抗艾滋病的新药物。

发酵原料的更换也将使发酵工程发生重大的变革。2000年以后，由于木质纤维素原料的大量应用，发酵工程将大规模生产通用化学品以及能源。这样，发酵工程变得对人类更为重要。

发酵工程在今后的重要发展方向为：基因工程及细胞杂交技术在微生物育种上的应用将使发酵用菌种达到前所未有的水平；生物反应器技术及生物分离技术的相应进步将消除发酵工业放大的某些神秘特征；微生物数据库、发酵动力学、发酵传递力学的发展将使人们能够清楚地描述与使用微生物的适当环境和有关的生物学行为，从而能最佳地、理性化地进行工业发酵设计与生产。

思考题与习题

1. 什么是生物工程？它包括哪些基本的内容？生物技术对人类社会将产生怎样的影响？
2. 生物技术的应用包括哪些领域？
3. 何谓基因工程？简述基因工程的操作步骤。
4. 在基因工程操作中，常用的酶有哪几类？作用分别是什么？
5. 目的基因的获得有哪些方法？
6. 简述基因文库构建的基本步骤。
7. PCR的反应原理是什么？
8. 基因工程的载体有哪些？各有何特点？
9. 举例说明基因工程的应用包括哪些方面。
10. 简述人类基因组计划的重要意义。
11. 简述动物细胞培养和植物细胞培养的区别。
12. 简述细胞工程的应用。
13. 简述细胞融合的基本过程。
14. 酶的固定化方法有哪些？各有何优缺点？
15. 为何要对酶进行固定化操作？
16. 酶的生产方法有哪些？
17. 如何对酶反应器的性能进行评价？

18. 酶在生产上的应用有哪些?
19. 发酵工程的操作方式有哪些？分别有何特点？
20. 简述微生物发酵的一般过程。

第五章 生命科学与新能源技术

【学习目标】

1. 理解生物质能源的概念和发展生物质能源的重大意义。

2. 了解主要生物质能源的生产原理、方法及工艺。

随着现代化和工业化的迅速发展，能源危机问题日益严峻。作为人类社会主要能量来源的煤炭、石油、天然气等在过度开采和消耗下，已不足以应付人类需要，而与之伴生的对环境的沉重压力也引起了国际社会的忧虑。从20世纪90年代开始，“21世纪议程”、“京都议定书”等纷纷出台，“可持续发展”、“循环经济”成为时代新主题，人们在积极减少能源消耗、发掘不可再生能源的替代品的同时，把目光聚焦到了可再生的清洁能源——生物质能源上。

第一节 概 述

目前人类所普遍使用的能源是化石能源，主要是石油、煤炭和天然气等，这些化石能源有两大致命的缺点：其一，化石能源是不可再生能源，地球储量毕竟有限，快速的经济增长使得地球上可供使用的化石能源日趋枯竭；其二，化石能源在其使用过程中要产生大量的污染，所造成的环境危机已经更有甚于其本身短缺的危机。化石能源所面临的这两大危机如果不能很好解决的话，人类的前景不可能乐观。因此，从目前形势来看，任何其他领域的技术革命，其紧迫性都无法与能源革命相比拟。人类应及早寻求新的能源革命来摆脱以上这两大危机，从而创造人类美好的未来。

所谓生物质，主要是指农作物、树木和其他植物及其残体、畜禽粪便、有机废弃物以及能源植物等。绿色植物可通过光合作用将吸收的二氧化碳和水合成为碳水化合物，进而将光能转化为化学能储存下来。可以说，绿色植物就是光能转换器和能源之源，碳水化合物就是光能储藏库，生物质则是光能循环转化的载体。目前的科技水平，已经让我们有能力挖掘出生物质所承载的光能，以其为原料生产对环境友好的化工产品和绿色能源。

生物质能源是通过种植含有大量能源的植物，并对这些植物进行加工转换而生产出的电力、气体或液体燃料等二次能源。它既是可再生能源，又是绿色能源（即无污染或低污染能源）。生物质能源主要包括生物电能和生物燃料两大类。生物电能主要是通过种植快速生长的树和草类，并利用这些植物来燃烧发电。近年来美国和欧洲一些发达国家对大量的能源植物进行了研究和试验，包括像草、桉树、黑洋槐、白杨、高粱、甘蔗和榕树等；还试验从大豆、各种微型水藻和油菜籽中提取生物内燃机燃料。生物燃料主要是甲醇、甲烷和乙醇（以酒精形式存在的运输燃料）。此外，燃料氢和生物燃料电池也可能成为新型汽车燃料。

生物质能源由于其可再生性，它的发展不仅可以从根本上解决能源危机，而且还能改善日益恶化的环境，主要表现：一是能源植物在生长过程中要吸收大量的二氧化碳，减少空气中二氧化碳的含量；二是生物燃料可以干净地燃烧，便于在环境中分解；三是能源植物的种植，还对野生动物、生态系统、农田、水土保持和水质有着积极的影响。因此，人类的环境问题的解决，根本在于能源问题。而生物质能源，由于能够促进生态环境的改善，必将成为一种可持续发展的具有循环经济特点的新兴产业。不仅如此，生物质能源革命还将引起农业革命。现代农业在粮食生产方面虽然取得了很大成就，但是，粮食的高产造成全球性的粮食市场激烈竞争，致使农民增产不增收，并导致农村地区就业机会的减少。而生物质能源的发展，将使整个世界经济发展所需能源的相当大的一部分转向农村去生产。这不仅能够解决人类所面临的能源危机和环境危机，还能使农村经济重新充满活力。农业和生物质能源生产的一体化，将为农村地区带来足够的企业，以缓解农村向城市的移民浪潮，农村地区的生活水平、生活环境将会进一步提高。大力发展生物质能源产业，可以解决农村能源短缺问题，并且为整个人类的发展提供新的能源供给，缓解能源供需矛盾，促进能源结构的现代化，为人类的发展注入新的活力。大力发展生物质能源产业，用清洁能源取代化石能源，还有助于改善人们的生活环境以及生态系统和自然环境，促进经济与环境的协调发展。

第二节　生物燃料柴油

一、发展生物燃料柴油的意义

所谓生物燃料柴油就是以动植物油脂为原料，经反应改性成为可供内燃机使用的一种燃料。生物燃料柴油是典型"绿色能源"，大力发展生物燃料柴油对经济可持续发展、推进能源替代、减轻环境压力、控制城市大气污染具有重要的战略意义。

生物燃料柴油的研究最早是从 20 世纪 70 代开始的。美国、英国、意大利等国相继成立了专门的生物燃料柴油研究机构，投入大量的人力物力。到了 20 世纪 90 年代，随着环境保护和石油资源枯竭两大难题越来越被关注，尤其在美国，生物燃料柴油已成为新能源研制和开发的热点，也引起西方先进国家的高度重视。政府通过政策优惠手段，使生物燃料柴油迅速成为新经济产业的亮点。由于生物燃料柴油属于清洁运输燃料，具有无毒、能生物降解、基本无硫和芳烃、可以任意比例与石油、柴油混兑等优越性，有利于减少二氧化碳引起的温室效应，所以在石油价格大副攀升导致能源危机的情况下，生物燃料柴油应运而生，并成为人们关注的焦点。欧美国家主要以生物燃料柴油和矿物柴油混合的形式供商业应用。

图 5-1　生物燃料柴油生产装置

目前，世界生物燃料柴油年产量已超过 350 万 t，预计 2010 年可达 3 000 万 t 以上。欧美以及亚洲一些国家和地区正大力发展利用油菜制造生物燃料柴油产业，大型生物燃料柴油生产装置(见图 5-1)已设计完成。中国是油菜生产大国，发展油菜制造生物燃料柴油意义更加重大。

二、生物燃料柴油的应用状况

目前在美国、欧洲、亚洲的一些国家和地区已开始建立商品化生物燃料柴油生产基地，并把生物燃料柴油作为代用燃料广泛使用。生物燃料柴油使用最多的是欧洲，份额已占到成品油市场的5%。目前在欧洲用于生产生物燃料柴油的原料主要为菜籽油，生物燃料柴油标准也主要是参照菜籽油的生物燃料柴油标准品质作出的。2000年德国的总生物燃料柴油生产量已达45万t，并有逐年上升的趋势。德国凯姆瑞亚·斯凯特公司自1991年起开发研制了用植物油如菜籽油生产生物燃料柴油的工艺和设备。目前利用该公司的工艺和设备已在德国和奥地利等欧洲国家建起了多个生物燃料柴油生产工厂，最大产量达300 t/d。

三、生物燃料柴油的特性

众所周知，柴油分子是由15个左右的碳链组成的，研究发现植物油分子则一般由14～18个碳链组成，与柴油分子中碳数相近。因此生物燃料柴油就是一种用油菜籽等可再生植物油加工制取的新型燃料。按化学成分分析，生物燃料柴油燃料是一种高脂肪酸甲烷，它是通过以不饱和油酸C18为主要成分的甘油脂分解而获得的。与常规柴油相比，生物燃料柴油具有无法比拟的性能。

1. 具有优良的环保特性

主要表现在由于生物燃料柴油中硫含量低，使得二氧化硫和硫化物的排放低，可减少约30%；生物燃料柴油中不含对环境会造成污染的芳香族烷烃，因而废气对人体损害低于柴油。检测表明，与普通柴油相比，使用生物燃料柴油可降低90%的空气毒性，降低94%的患癌率；由于生物燃料柴油含氧量高，使其燃烧时排烟少，一氧化碳的排放与柴油相比减少约10%；生物燃料柴油的生物降解性高。

2. 具有较好的润滑性能

生物燃料柴油具有较高的运动粘度，在不影响燃油雾化的情况下，更容易在汽缸内壁形成一层油膜，从而提高运动机件的润滑性，降低机件磨损。

3. 具有较好的安全性能

由于闪点高，生物燃料柴油不属于危险品。因此，在运输、储存、使用方面的优势是显而易见的。

4. 具有良好的燃料性能

十六烷值高，使其燃烧性好于柴油，燃烧残留物呈微酸性使催化剂和发动机机油的使用寿命加长。

5. 具有可再生性能

作为可再生能源，与石油储量不同的是它可以通过农业和生物科学家的努力，其供应量不会枯竭。

6. 无需改动相关设备

无需改动柴油机，可直接添加使用；无需另添设加油设备、储存设备；不需要人员的特殊技术训练。

生物燃料柴油的优良性能使得采用生物燃料柴油的发动机废气排放指标不仅满足目前的欧洲Ⅱ号排放标准，甚至满足随后即将在欧洲颁布实施的更加严格的欧洲Ⅲ号排放标准。而且由于生物燃料柴油燃烧时排放的二氧化碳远低于该植物生长过程中所吸收的二氧化碳，从而改善由于二氧化碳的排放而导致的全球变暖这一有害于人类的重大环境问题。因而生物燃料柴油是一种真正的绿色柴油。

四、生物燃料柴油的生产原料

木本植物、菜籽油、棉籽油等可解决生产生物燃料柴油的原料问题。中国有丰富的木本油料植物资源，包括麻疯树、绿玉树、黄连木、光皮树、油桐、乌桕等，它们具有野生性，耐寒、耐贫瘠。目前已被开发的主要种类如下。

1. 麻疯树(大戟科)

又名黑皂树，此树原产南美洲，后引种东南亚各国。黑皂树油可代替柴油使用。我国广东、广西、四川、云南、贵州、福建等亚热带省(区)有分布，尤其在金沙江干热河谷一带分布量大。

2. 油楠(豆科)

产在中国海南尖峰岭，树干砍伤或钻洞后，从伤口流出淡黄色或淡棕色的油状液体。当地群众很早就习惯用此油代替煤油点灯照明。

3. 柴油树

又称古巴树，每株成年树每年可抽提 20～30 L 燃料油，可直接用于柴油机。

4. 桉属(桃金娘科)

桉属植物有 600 多种，多集中在澳大利亚及其附近岛屿。我国引入栽培约 60 种，西南部至东南部都有栽培。一般每公顷桉树可生产 20～50 t 桉树油。桉树油的主要成分为十碳烯酸($C_{10}H_{18}O_2$)，为无色或淡黄色透明液体，可作为内燃机燃料。在二冲程汽油机上进行试验表明，在汽油中掺入 40%以下的桉树油，汽油机的功率及油耗等与使用纯油相比，无任何差异。

5. 橄榄(橄榄科)

该种产于广东、广西、台湾、福建、四川、云南等地。橄榄种子提取食用油后的残渣，再用溶剂提取获得橄榄脚油，含油酸 79.26%，经脂化反应处理后的单脂可以与柴油混在一起作发动机燃料。

另外，油菜作为最理想的生物燃料柴油原料，中国的杂交油菜品种已处于世界领先水平，油菜的种植面积及总产量居世界第一，且油菜籽资源丰富，用来开发生物燃料柴油原料充足。另一方面，在中国有很大一部分油菜是冬季作物，很少与粮食作物发生争地矛盾。据统计，中国南方水田区每年有冬闲田约 6 000 万亩，南方丘陵耕地、北方灌区、北方旱作耕地有冬、夏闲地 7 500 万亩，把这些闲田利用起来种植油菜籽，可增加农民的经济收入。同时，中国也是世界最大的棉花生产国，每年棉籽产量 1 300 多万 t。用这些植物油来生产生物燃料柴油，可谓一举多得。

五、生物燃料柴油的生产工艺

目前生物燃料柴油主要是用化学法生产，即用动物和植物油脂和甲醇或乙醇等低碳醇在酸或碱性催化剂和高温(230 ℃～250 ℃)下进行转酯化反应，生成相应的脂肪酸甲酯或乙酯，再经洗涤干燥即得生物燃料柴油。甲醇或乙醇在生产过程中可循环使用，生产设备与一般制油设备相同，生产过程中可产生 10%左右的副产品甘油。该法的缺点是工艺流程复杂，原料要求严格，三废排放污染环境等。

为解决这些问题，人们开始研究用生物酶法合成生物燃料柴油，即用动物油脂和低碳醇通过脂肪酶进行转酯化反应，制备相应的脂肪酸甲酯及乙酯。酶法合成生物燃料柴油具有条件温和、酶用量小、无污染排放的优点。但目前主要问题是，对甲醇及乙醇的转化率低，一般仅为 40%～60%，由于目前脂肪酶对长链脂肪醇的酯化或转酯化有效，而对短链脂肪醇，如甲醇或乙醇等转化率低。而且短链醇对酶有一定毒性，酶在工业环境中易失活。副产物甘油和水难于回收，不但对产物形成抑制，而且由于甘油对固定化酶有毒性，使固定化酶使用寿命短。因此，人类正在加快开发环境友好的生物燃料柴油生产技术，不断降低生产成本。目前中国正在开发的新工艺包括高压醇解成套新工艺、微生物发酵酯交换工艺（见图 5-2）、双溶剂多相催化酯交换工艺、超声波酯交换工艺、固体碱催化酯交换工艺等。

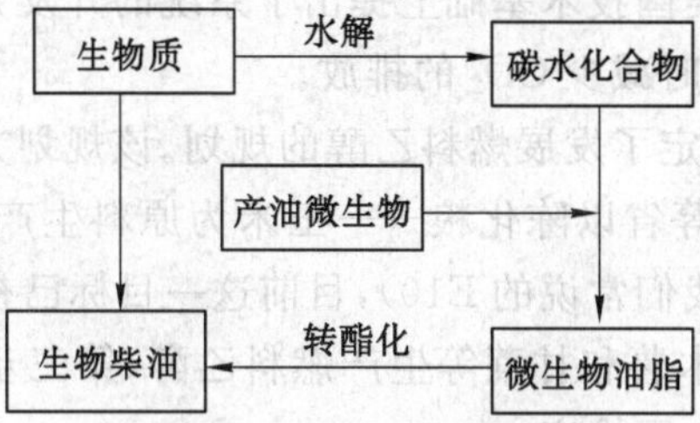

图 5-2　微生物发酵酯交换工艺

目前生物燃料柴油的另一个突出问题是成本高，生物燃料柴油制备成本的 75%是原料成本。因此采用廉价原料及提高转化从而降低成本是生物燃料柴油能否实用化的关键。美国已开始通过基因工程方法研究高油含量的植物；日本采用工业废油和废煎炸油；欧洲是在不适合种植粮食的土地上种植富油脂的农作物。

第三节　生物燃料乙醇

一、生产燃料乙醇的必要性

从目前人类正在开发的许多产能的技术和效益来看，燃料乙醇很可能是未来的石油替代物。乙醇作为燃料的好处有：① 产能效率高；② 在燃烧期间不生成有毒的一氧化碳，其污染程度低于其他常用燃料所造成的污染；③ 可通过微生物大量发酵生产，其成本相对低些。因而这项技术很容易被人们所采纳和推广。

生产燃料乙醇的原料有淀粉类、纤维素类和糖类等三大类物质。其中淀粉类物质有玉米、高粱、小麦、大麦、木薯、土豆、面粉饲料和压榨产品，纤维素类物质有木屑、废纸、森林残留物、农业残留物、固体废物等，糖类物质有蔗糖、葡萄糖、棉子糖、木糖、糖蜜等。而利用纤维素类物质来生产燃料乙醇的意义最为重大，这是因为粮食是人类赖以生存的重要战略资源，面对世界和我国人口的急剧膨胀和总体上的粮食短缺，用粮食生产燃料乙醇的发展规模将受到限制。近年来，直接生物转化纤维素生成乙醇的工艺因其成本低、设备简单而引起了人们的浓厚兴趣，被认为具有良好的发展前景。纤维素是地球上最丰富的有机资源之一，它是一种可以再生的资源，每年仅陆生植物就可以产生纤维素约 500 亿 t；纤维素资源还是最主要的生物质资源，它占地球生物总量的 60%～80%。我国的纤维素原料非常丰富，仅农作物秸秆一项，每年产量就达 7.5 亿多 t，其中玉米秸（35%）、小麦秸（20%）和稻草（20%）是我国的三大秸秆，林业副产品、城市垃圾和工业废物数量也很可观。纤维素类资源具有来源丰富、品种多、再生时间短等优点。因此，以纤维素降解发酵生产燃料乙醇是一个具有巨大潜力的新领域。

美国政府早在1999年就提出，到2010年全美能源中生物质能所占的比重要提高三倍达到25%以上。为此美国能源部便开始组织以纤维素为原料生产燃料乙醇的技术开发，希望通过基因重组酵母菌技术的研发，努力降低燃料乙醇的生产成本，为扩大应用创造条件。

日本是世界第三大石油进口国，该国政府希望利用本国资源生产燃料乙醇，但由于其国内粮食生产不足，故对以纤维素为主的生物质废物为原料生产燃料乙醇的技术十分重视。特别是该国的酒精协会，在借鉴美国技术基础上提出了系统的开发方案，希望快速发展燃料乙醇，减少对石油进口的依赖，同时减少 CO_2 的排放。

我国在"十五"规划中也制定了发展燃料乙醇的规划。该规划方案分为三大步骤：第一步先在安徽、吉林、河南、黑龙江等省以陈化粮——玉米为原料生产燃料乙醇，并尝试以10%的比例掺入到汽油中(这就是我们常说的E10)，目前这一目标已初步实现；第二步在南部省区利用当地优势资源如甘薯、木薯和甘蔗等生产燃料乙醇；第三步就是利用植物秸秆、稻壳等纤维素生产燃料乙醇，并在全国推广。

二、发酵生产燃料乙醇的工艺

许多原料都可以用来发酵生产燃料乙醇，根据所用发酵基质的不同，生产方法也各不相同。在这里重点介绍三种方法。

(一) 利用淀粉类原料生产燃料乙醇

利用玉米淀粉或薯类淀粉生产燃料乙醇，首先在淀粉中加入耐高温的 α-淀粉酶进行液化，液化温度在95 ℃～100 ℃，然后冷却至60 ℃左右加入糖化酶糖化，所得糖液的浓度约为24%，此时需对糖液进行稀释，如不进行稀释，高浓度的糖液就会对酒精酵母产生抑制作用，影响发酵的正常进行。稀释后的糖液浓度约在15%。按照发酵培养基的组成应向糖液中添加氮源及其他矿物质。由于酒精酵母的最适pH在4～4.5之间，所以应将发酵液用硫酸或盐酸调节pH至4～4.5，这样既能有效防止细菌等杂菌的污染，又能使酒精在最适条件下生产。最后接种酒精酵母，接种量约为发酵液体积的10%。

乙醇发酵罐的体积小的为50 m^3 左右，大的可达200 m^3。在生产过程中，应采取适当措施，使酒精酵母与待发酵基质充分混合。发酵初期酒精酵母呼吸氧气大量繁殖，两天后以酒精发酵为主。主发酵阶段糖液浓度应增加，并将pH值调至5.6～5.8。发酵过的醪液应立即蒸馏，所得酒精通过蒸馏与存在的杂醇油分开。以淀粉为原料的乙醇发酵，乙醇的产量约为发酵糖的90%。

如果用真空方法进行快速乙醇发酵，所产生的乙醇能够迅速被排掉，克服了高浓度底物对酵母的抑制作用，同时可将酒精酵母回流回去，形成连续的乙醇发酵过程。真空系统进行乙醇发酵工艺流程图如图5-3所示。

(二) 利用纤维素原料生产燃料乙醇

目前，国内外许多生产乙醇的高活性菌株均不能直接利用纤维素作为发酵过程中所需的糖类物质，必须对所含纤维素进行一系列预处理，转化成微生物可利用的糖类如蔗糖、葡萄糖等。纤维素水解为葡萄糖以后，再发酵生产乙醇的过程与淀粉发酵相同。水解纤维素可以采取化学或生物的预处理方法，生物法即酶水解被认为是最有希望的方法。纤维素酶水解工艺中几个关键的问题包括不同酶之间的协同作用、酶的产物抑制的消除、高产纤维素酶的菌种选育、高活力与热稳定性酶的生产及改进预处理技术，这些都是未来的重点研究内容。

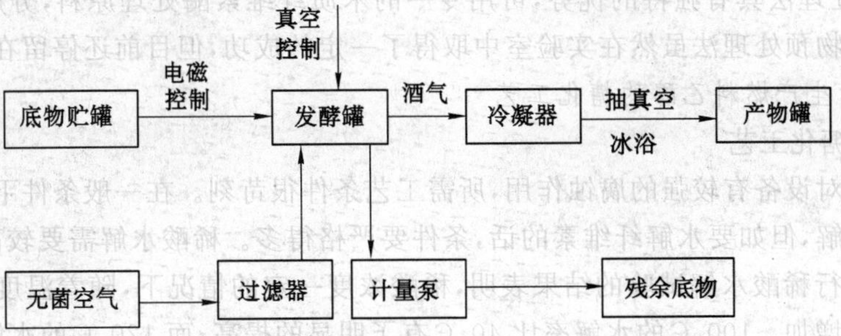

图 5-3　真空系统进行乙醇发酵工艺流程

近年来利用纤维素发酵生产燃料乙醇主要采用两步发酵法，该法首先经微生物产生的纤维素酶或半纤维素酶将纤维素水解成葡萄糖、木糖等可发酵性糖，然后再利用酵母菌发酵葡萄糖、木糖产生燃料乙醇。这两步发酵所需要的条件各不相同(如温度、pH 值)，整个过程经历的时间较长，需要两种微生物的共同作用，工艺较复杂。另一类生产燃料乙醇的方法是一步发酵法，所谓一步发酵法就是经过一步就可以将纤维性物质转化为乙醇，这种发酵方法又分为有两种微生物参与的同时糖化发酵和仅用一个菌株的直接发酵法两种。利用两株菌同时糖化发酵法与两步发酵法相比，可消除酶解时产物对酶解作用的抑制，缩短了发酵时间，但仍需两种微生物的分别作用。直接发酵法是仅利用一种微生物产生的纤维素酶和半纤维素酶酶解，产生的葡萄糖或蔗糖仍由同一菌株来完成发酵的过程，此法工艺简单，历时短，对纤维素原料的生物利用具有较大的现实意义。

1. 纤维素生产燃料乙醇的预处理工艺

由于纤维素的组成成分复杂且稳定，存在许多物理的和化学的屏障，使酶制剂难以与纤维素接触，不能迅速完成酶促反应。因此，植物纤维原料在酶水解前必须经过预处理，已研究的预处理方法包括：物理法、化学法、生物法以及以上几种方法的联合作用。

(1) 物理预处理法

物理预处理法包括机械粉碎、热解等方法，这些方法均可使纤维素粉化、软化，提高纤维素酶的水解转化率。纤维素原料通过切碎、粉碎、碾磨等物理方法可降低其结晶性，经切碎处理后的原料大小通常为 10～20 nm，而经粉碎、碾磨之后的原料颗粒大小一般为 0.2～2 nm。用其他磨(如胶体磨、双辊磨、锤击磨等)碾磨效果也较理想。热解预处理，当加热到 300 ℃以上时，纤维素迅速分解为气体和残留的固体。如果温度低一点的话，分解速度就会减慢，还会产生低挥发性的副产品。在热解过程中加入氧将会加快反应的进程，在反应过程中加入氯化锌和碳酸钠作催化剂，可以在较低温度下实现对纯纤维素的分解。

(2) 化学预处理法

化学预处理法主要介绍碱处理法。许多碱也可用于对木质纤维素原料的预处理。利用热碱液，使纤维素膨胀，处理效果较好。碱预处理的效果取决于原料中木质素的含量。碱液能使纤维素原料的孔隙率增加，从而增大纤维素的内表面积，导致其聚合度和结晶度减小，使木质素和糖之间的结合键分离。

(3) 生物预处理法

常用于降解木质纤维素的微生物有白腐菌、褐腐菌、软腐菌等真菌。由于成本低和设备简单，生物预处理法具有独特的优势，可用专一的木质纤维素酶处理原料，分解木质素和纤维素。利用生物预处理法虽然在实验室中取得了一定的成功，但目前还停留在实验阶段。

2. 纤维素生产燃料乙醇的糖化工艺

(1) 酸法糖化工艺

酸法糖化对设备有较强的腐蚀作用，所需工艺条件很苛刻。在一般条件下，半纤维素很容易被稀酸水解，但如要水解纤维素的话，条件要严格得多。稀酸水解需要较高的温度。采用玉米秸秆进行稀酸水解试验的结果表明，稀酸浓度一定的情况下，随着温度的升高，玉米秸秆的水解率增加。100 ℃的水解率比 40 ℃有了明显的提高，而 120 ℃的水解率比 100 ℃时的水解率又增加了数倍。这说明水解温度对水解率影响较为显著。

除了水解温度对水解率有较大影响之外，酸浓度对水解率的影响也比较显著。当稀硫酸浓度为 1.0%时，秸秆的水解率趋于最大值，而随着硫酸浓度的增加，水解率变化不大。

(2) 酶法糖化工艺

将纤维素水解生成葡萄糖需要多种水解酶的共同作用。有一种叫里氏木霉的真菌菌种分泌的纤维素酶是多种酶的混合物，其分解纤维素的能力较好。这种纤维素复合酶包括葡聚糖内切酶、纤维二糖水解酶和 β-葡萄糖苷酶，在三种酶的共同作用下，共同催化纤维素水解。葡聚糖内切酶先在纤维素分子内部打开缺口，形成大量非还原性末端，然后纤维二糖水解酶作用于非还原性末端形成纤维二糖，最后再由 β-葡萄糖苷酶将纤维二糖水解为葡萄糖。在水解过程中，水解的中间产物和终产物抑制纤维素水解酶的活性。酶法糖化工艺中突出的一个问题是酶的用量大，而纤维素酶的合成需要不溶性纤维素作为诱导物进行诱导，这样就会导致生产周期长而生产效率低。解决上述问题的方法是边糖化边发酵，该工艺叫做糖化同步发酵法(SSF)，这种方法可大幅度降低葡萄糖对纤维素水解的抑制作用。纤维素糖化和乙醇发酵在同一容器中同时进行。添加高效的 β-葡萄糖苷酶可减少纤维二糖和纤维三糖的积累，但成本会增加。

3. 纤维素生产燃料乙醇的发酵工艺

以纤维素作为原料发酵生产燃料乙醇的方法有直接发酵法、混合菌种发酵法、同步糖化发酵法、固定化细胞发酵法等几种方法。

(1) 直接发酵法

所谓直接发酵法就是利用微生物直接发酵纤维素生产燃料乙醇，该法无需经过酸解或酶解的预处理过程。该工艺设备较为简单，但生产过程产生的有机酸等副产物会抑制微生物利用纤维素产乙醇的活性。筛选一种耐酸的微生物菌种，可部分解决这些问题。也可以利用混合菌种进行发酵来解决上述问题。

(2) 混合菌种发酵法

现在研究较多的是能利用葡萄糖与木糖的菌株混合发酵，与单纯的葡萄糖发酵菌和单纯的戊糖发酵菌相比，混合发酵乙醇的产量分别提高 30%～35%和 10%～25%。混合菌种发酵法可以利用纤维素水解液中葡萄糖、木糖、阿拉伯糖等单糖和寡糖的混合物。

(3) 同步糖化发酵法

同步糖化发酵法是在酶水解糖化纤维素的同时加入产生乙醇的发酵菌，使糖化产生的葡萄糖和纤维二糖及时地转化为乙醇，从而消除了底物葡萄糖浓度的增加对纤维素酶的反馈抑制作用。同步糖化发酵法的特点是纤维素的酶解糖化和发酵过程在同一装置内连续进行，生产设备简单，缩短了生产时间，提高了生产效率。但同步糖化发酵法也存在一些抑制因素，如戊糖的抑制作用、糖化温度和发酵温度不协调等。消除戊糖抑制作用的方法是利用能转化戊糖为乙醇的菌株，如假丝酵母、管囊酵母等。解决糖化温度和发酵温度不协调的方法是利用蛋白质工程对表达糖化酶的基因进行改造或者利用基因工程对生产燃料乙醇的发酵菌株进行基因重组。

(4) 固定化细胞发酵法

固定化细胞发酵法研究最多的是酵母和运动发酵单胞菌的固定化。进行细胞固定化常用的载体有海藻酸钠、卡拉胶等。固定化酵母细胞发酵法的特点是使反应器内细胞浓度提高，细胞可连续使用，最终提高发酵液中的乙醇浓度。固定化细胞发酵的最新研究方向是将酶和细胞混合进行固定化发酵，如将酵母与纤维二糖酶一起固定化，这样也能将纤维二糖转化成乙醇，这种方法已引起众多学者的注意，有希望成为纤维素生产乙醇的重要手段。

(三) 利用半纤维素原料生产燃料乙醇

利用半纤维素生产乙醇，同样先要将半纤维素水解生成单糖，然后才能进行发酵。半纤维素广泛存在于植物中，在单子叶植物的叶中含量较高，达 80%～85%。不同来源的半纤维素其组成成分均不相同。例如针叶树的半纤维素已糖含量较高，而阔叶树及农作物的秸秆中的半纤维素中戊糖含量较高。将半纤维素水解成单糖最常用的方法是化学水解法，一般情况下采用稀酸进行水解，这是因为半纤维素易溶于稀酸。化学水解法的不足之处有两个：一是酸水解对环境造成一定的污染，二是在后道发酵工序中，需对 pH 值做出调整，以满足发酵用菌的最适 pH 要求，这样就会增加一些工序或设备(如离子交换设备)，这无疑提高了生产成本。总的说来，利用微生物由半纤维素生产燃料乙醇还处在实验阶段。但由于半纤维素是一种重要的工业废料，因此对它的再利用一直非常受人重视。如果能实现工业化规模生产，那将为人类开辟一种新的可再生资源。

第四节　生物燃料甲烷

一、生物燃料甲烷的应用现状

沼气是有机物在厌氧条件下经微生物的发酵作用而生成的一种可燃性混合气体，一般沼气中含甲烷 55%～77%，二氧化碳 25%～40%，还有少量的硫化氢、氢气、一氧化碳、氧气等。生物燃料甲烷主要通过沼气发酵系统产生，作为沼气的主要成分，甲烷是一种新型的生物能源，清洁、廉价、可以再生，发酵后的残余物——沼液、沼渣是上好的肥料、优良的饲料和良好的作物生长激素。对于沼气发酵系统，国外主要用于大型农牧场、食品加工厂及城市废弃物处理；国内则侧重于农村发展农用沼气池，开展沼气系统的综合利用。目前全国已有 720 多万农户拥有沼气池，占农户总数的 4.5%；一些大型养殖场、农场、食品加工厂、制药厂也都建有沼气池作为废弃物的处理途径。沼气系统是一种利用含有一定量淀粉、蛋白质、脂肪、半纤维素的生物废弃物(如粪便、秸秆、食品加工的下脚料等)在沼气池中进行厌氧发酵的工程体系。

二、生物燃料甲烷的生产工艺

厌氧微生物可通过厌氧发酵途径生产甲烷，整个发酵过程分为三个不同的反应步骤。

(一) 微生物的液化反应

利用芽孢杆菌属、假单胞菌属及变形杆菌属等微生物把发酵原料中的有机物质分解，其中纤维素、半纤维素、淀粉等分解为单糖或双糖，蛋白质分解为多肽和氨基酸，脂肪分解为甘油和脂肪酸等可溶性组分。

（二）微生物的发酵反应

相对分子量较小的可溶性组分再通过产酸菌的厌氧发酵作用转化成有机酸如醋酸、乳酸、丙酸等，pH 下降至 5～6，同时发生腐败。

（三）甲烷的转化反应

在严格无氧条件下，通过产甲烷菌把这些有机酸转化为甲烷及二氧化碳，此时 pH 值有了较大提高，升至 7.2～7.4。

显然，甲烷生产是一个复杂过程，有多种厌氧混合菌参与该反应过程。在自然界中，最有效的甲烷厌氧发酵场所就是牛的瘤胃，因为在牛的瘤胃中存在着大量的细菌、原生动物及真菌。在甲烷的小型化生产中，所用的发酵工艺设备较为简单，所需的原材料也比较容易得到，如农村沼气池（见图 5-4）。但是，若要大规模生产甲烷，就需要对发酵过程中的温度、pH 值、湿度、搅拌装置、原材料的输入及输出和平衡等参数进行严格控制和需要较精细的生物技术，才能获得最大甲烷生产量。

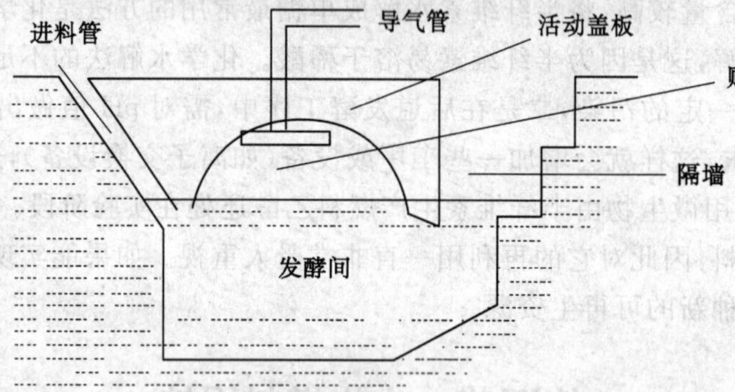

图 5-4　农村沼气生产示意图

三、生物燃料甲烷的操作条件

（一）发酵温度的选择

在甲烷生产过程中，由于涉及多种微生物的共同作用，所以发酵温度的选择至关重要，中温菌的最适温度约在 30 ℃～40 ℃，高温菌为 50 ℃～60 ℃。而农村的沼气发酵系统一般没有温度调节设备，通常的做法就是将沼气埋存地下或在保温坑道下，以便保温。大型沼气池内部可以安装蛇管，利用太阳能热水器获取热量，然后将热水导入蛇管中，进行保温。中温发酵适于一般农村之用，高温发酵适宜高温废水的工厂，高温发酵所能处理的原料和产生的沼气，比中温发酵多两倍左右。

（二）发酵 pH 值的控制

pH 值也是发酵过程控制中的一个重要参数，若控制不当的话，则会导致发酵池不产沼气。在发酵初期，pH 值应在偏酸性的范围内。发酵中期或后期，应控制 pH 值在偏碱性的范围内。在发酵后期，若出现 pH 值偏低的情况，则可加石灰水加以中和。

（三）搅拌装置的设置

如果在沼气发酵系统中不设置搅拌装置，上层发酵液久而久之因水分的过分蒸发而逐渐出现变硬现象，形成“结盖”，严重地影响了发酵正常进行，导致沼气产量大幅度减少。适当地对发酵液进行搅拌，不仅有利于保持发酵液的均一性，而且能使产气量大大提高。

（四）活性污泥浓度的选择

活性污泥浓度对沼气的产率也有很大影响。污泥浓度增加，则有机物的分解加快，生产效率提高。一般污泥浓度应控制在5%左右。如果有机物的处理量很大的话，也可适当提高活性污泥浓度。

随着能源和资源的不断紧缺，沼气作为一种新型的能源逐渐走进我们的生活，我们可以利用沼气烧水做饭，我们可以利用沼气代替柴油、汽油开动汽车，我们可以利用沼气进行发电，我们还可以利用沼气代替石油原料生产大宗化工产品如塑料、纤维、橡胶等。

第五节　生物燃料氢

一、概述

生物制氢课题最先由刘易斯(Lewis)于1966年提出，20世纪70年代的石油危机使各国政府和科学家意识到急需寻求替代能源，生物制氢第一次被认为具有实用的可能，自此，人们才从获取氢能的角度进行各种生物氢来源和产氢技术的研究。当今世界所面临的能源与环境的双重压力，使生物制氢研究再度兴起。各种现代生物技术在生物制氢领域的应用，大大推进了生物制氢技术的发展。生物制氢技术的飞跃式发展主要是由于氢能与传统的其他能源物质相比，具有能量密度高、热转化效率高、输送成本低等诸多突出优点。另外氢气还是一种极为理想的清洁燃料，它在燃烧过程中除释放出能量外，废物只有水，绝对不会造成环境污染。所以，氢作为一种极为理想的“绿色能源”，其发展前景是十分光明的，人们对生物制氢的开发和利用技术的研究也一直在进行着不懈的努力。在生物制氢研究领域，人们以碳水化合物为供氢体，利用纯的光合细菌或厌氧细菌对草、作物秸秆等进行发酵制备氢气，并先后对一些微生物载体或包埋剂以及细菌固定化的一系列反应器系统进行了研究。直到20世纪90年代后期，人们直接以厌氧活性污泥作为天然产氢微生物，以碳水化合物为供氢体，通过厌氧发酵成功制造生物氢气，因而使生物制取成本大大降低，并使生物制氢技术在走向实用化方面有了实质性的进展。另有学者以牛粪堆肥作为天然混合产氢菌来源，以蔗糖和淀粉为底物，通过厌氧发酵制备了生物氢气。

二、生物制氢工艺

传统的制氢工艺均需消耗大量的不可再生能源，不适应社会的发展需求。生物制氢技术作为一种符合可持续发展战略以及循环经济的课题，已在世界上引起了广泛的重视。如德国、日本、英国、美国都投入了大量的人力、物力、财力对该项技术进行研究开发。近几年，美国每年由于生物制氢技术研究的费用平均为几百万美元，而日本在这一方面研究领域的每年的投资则是美国的五倍左右，而且，在日本和美国等一些国家为此还成立了专门机构，并建立了生物制氢发展规划，以期通过对生物制氢技术的基础和应用的研究，在21世纪中叶使该技术实现商业化生产。在日本，由能源部主持的氢行动计划，确立的最终目标是建立一个世界范围的能源网络，以实现对可再生能源——氢的有效生产、运输和利用。生物质资源丰富，是重要的可再生能源，是生物制氢的良好原料。产氢微生物可分为两个主要类群：一是包括藻类和光合细菌在内的光合生物；二是包括兼性厌氧和专性厌氧的发酵产氢细菌。

目前，生物制氢所需的底物主要是葡萄糖、污水、纤维素等。中国在此方面研究取得了一些进展，如哈尔滨工业大学于 1994 年研究了以厌氧活性污泥为氢气原料的有机废水发酵法制氢技术和以碳水化合物为原料的发酵法生物制氢技术。结果表明，在一个容积为 50 m^3 的容器中，含糖或植物纤维的废水发酵后，每天能产生 280 m^3 左右的氢气，纯度达 99%以上，完全具备了工业化生产的条件。他们的研究成果为生产廉价的可再生生物能源——氢气提供了有效途径。

目前研究的生物制氢工艺可以分为三类：

1. 利用蓝细菌和绿藻产氢

蓝细菌和绿藻可利用体内巧妙的光合机构转化太阳能为氢能，故其产氢研究远较非光合生物深入。二者均可光裂解水产生氢气，但放氢机制却不相同。

2. 利用厌氧光合细菌产氢

与蓝细菌和绿藻相比，其厌氧光合细菌放氢过程中不产生氧气，并且厌氧光合细菌产氢的纯度和产氢的效率都比蓝细菌和绿藻高。自从盖斯特(Gest)首次证明厌氧光合细菌可利用有机物光合放氢以来，大量的生理生化研究主要用于揭示这种光合放氢机制。日本、美国、欧洲等国家对之进行了大量研究，但鉴于光合放氢过程的复杂性和精密性，研究内容仍主要集中在高活性产氢菌株的筛选或选育、优化和控制环境条件以提高产氢量方面，研究水平和规模还基本处于实验室水平。

3. 利用微生物发酵产氢

这类微生物具有降解有机化合物产氢的特性，使其在生物转化可再生能源物质(纤维素及其降解产物和淀粉等)生产氢能研究中显示出优越于光合微生物的优势。该类微生物作为氢来源的研究始于 20 世纪 60 年代。氢产生菌主要包括以含铁氧化还原蛋白(铁多辛)为电子传递载体的氢化酶菌和含有以细胞色素为电子传递载体的氢化酶菌两大类。该微生物以葡萄糖为底物，经丙酮酸变为蚁酸后生成氢气。1 mol 丙酮酸可产生 2 mol 氢气。氢产生菌产生氢气的最终阶段借助于氢化酶，由丙酮酸生产氢的生化过程见图 5-5。

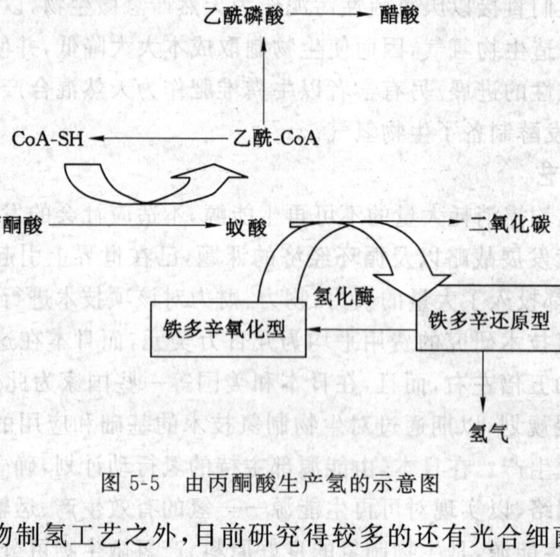

图 5-5　由丙酮酸生产氢的示意图

除了上述三种生物制氢工艺之外，目前研究得较多的还有光合细菌和发酵细菌的耦合法制氢和酶催化法制氢。

在生物制氢的所有工艺及生产过程中，氢气的纯化与储存也是一个很关键的问题。生物法制得的氢气含量通常为60%～90%（体积分数），气体中可能混有CO_2、O_2和水蒸气等，可以采用传统的化工方法来除去。

第六节 生物燃料电池

一、生物燃料电池的发展

生物燃料电池(biological fuel cells)并非刚刚出现的一项技术。早在1910年，英国植物学家波特(Potter)首次发现了大肠杆菌的培养液能够产生电流，于是，他用铂作电极，把它放进大肠杆菌和普通酵母菌培养液里，成功制造出了世界上第一个微生物燃料电池，由此宣布利用微生物可以产生电流，生物燃料电池研究由此开始。六十多年之后，美国制造了一种能在外太空使用的微生物燃料电池，它的燃料为宇航员的尿液和活细菌，不过它的放电率极低。在这一时期，生物燃料电池的研究得以全面展开，出现了多种类型的电池。但占主导地位的是间接微生物电池，即先利用微生物发酵产生氢气或其他能作为燃料的物质，然后再将这些物质通入燃料电池发电。随着时间的推移，直接生物燃料电池逐渐成为研究的中心。热点之一是开发可植入人体、作为心脏起搏器或人工心脏等人造器官电源的生物燃料电池。这种电池多是以葡萄糖为燃料、氧气为氧化剂的酶燃料电池。正当研究取得进展的时候，另一种可植入人体的锂碘电池的研究取得了突破，并很快应用于医学临床，因此生物燃料电池研究受到较大冲击。

进入20世纪80年代后，对于生物燃料电池的研究又活跃起来。氧化还原介体的广泛应用，使生物燃料电池的输出功率密度有了很大提高，显示了它作为小功率电源的可能性。90年代初，我国也开始了该领域的研究。

近几年，利用微生物发电的技术出现了更大的突破，宾夕法尼亚州立大学环境工程系教授洛根(Logan)是新型微生物燃料电池研制小组的负责人，他们研制出一种新型的微生物燃料电池，可以把未经处理的污水转变成洁净水和电源。

二、生物燃料电池的特点

生物燃料电池是燃料电池中特殊的一类。它利用生物催化剂将化学能转变为电能，所以除了在理论上具有很高的能量转化效率之外，还有其他燃料电池不具备的若干特点：

1. 原料来源广泛

可以利用一般燃料电池所不能利用的多种有机、无机物质作为燃料，甚至可利用光合作用或直接利用污水等。

2. 操作条件温和

一般是在常温、常压、接近中性的环境中工作的。这使得电池维护成本低、安全性强。微生物的培养通常不需要苛刻的条件，普通的培养基配比即可满足要求。

3. 生物相容性好

利用人体内的葡萄糖和氧为原料的生物燃料电池可以直接植入人体，作为心脏起搏器等人造器官的电源。

4. 资源利用率高，无污染

既然微生物可以利用如此多的有机原料和无机原料，那么就不必担心要像火炉燃烧那么乌烟瘴气，能量利用率也上了一个台阶。

三、生物燃料电池的工作原理

生物燃料电池的工作原理与传统的燃料电池存在许多相同之处，以葡萄糖作底物的燃料电池为例，其阴阳极反应如下式所示：

阳极反应 $C_6H_{12}O_6 + 6H_2O \xrightarrow{\text{催化剂}} 6CO_2 + 24e^- + 24H^+$

阴极反应 $6O_2 + 24e^- + 24H^+ \xrightarrow{\text{催化剂}} 12H_2O$

在众多的生物燃料电池中，以生成物反应型微生物电池最实用。此型的电流是利用微生物代谢产生的电极活性物质（氢等）通过电极氧化后获得，将此微生物配成燃料电池，即为微生物燃料电池。

微生物燃料电池原理见图 5-6，以酒精废水为底物生产燃料电池的工艺见图 5-7。该种微生物燃料电池以碱性水溶液作为电解质溶液，以氢极为阳性，氧极为阴性。氢极是用镍粉经过高温烧结后制成的板状多孔质电极，以铂黑等为催化剂，氧极也用同样的烧结物，以铂、银等为催化剂。将氢和氧分别通入这两个电极，气体与电解质溶液在多孔体内部互相接触。在两极的外部用导线连接就得到电流。

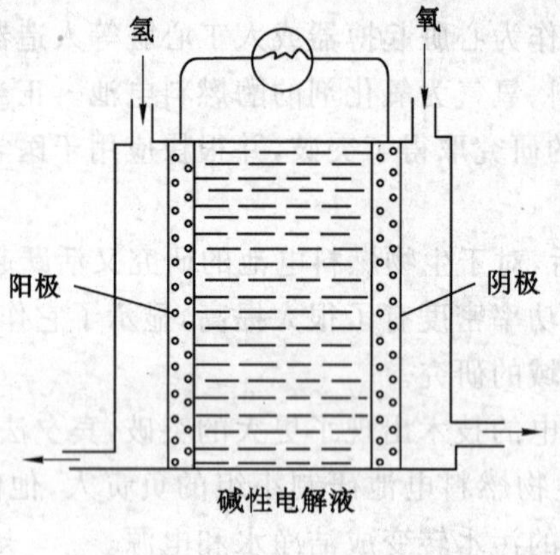

图 5-6 微生物燃料电池原理

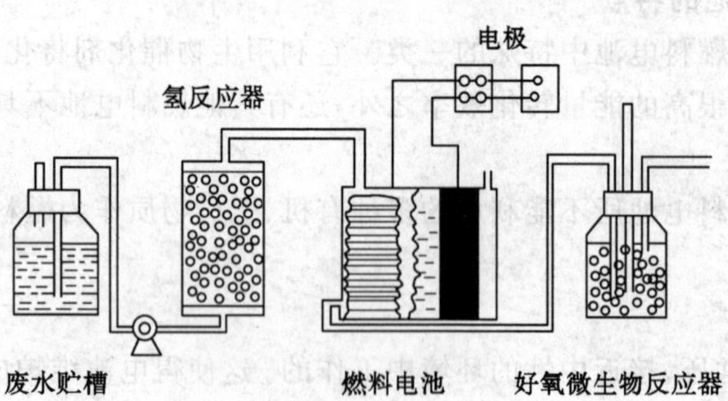

图 5-7 生产燃料电池的工艺

用于处理酒精工厂废水的生物燃料电池装置分为三部分：固定化氢生产菌（丁基梭菌）反应器、燃料电池主体部分以及好氧微生物反应器。其中设置好氧微生物反应器的目的是降低废水中生物化学需氧量(BOD),使得处理过的酒精废水满足一定的排放标准。

四、生物燃料电池的种类

按照使用催化剂形式的不同,生物燃料电池可以分为微生物燃料电池和酶燃料电池。前者利用微生物中多酶体系进行催化,而后者对单酶直接催化。尽管已经有在阴、阳两极同时使用生物催化剂的例子,但大多数生物燃料电池只在阳极使用生物催化剂,阴极部分与一般的燃料电池没有什么区别,因为生物燃料电池同样以空气中的氧气作为氧化剂。这样一来,在生物燃料电池领域的研究工作也多是针对电池阳极的。

(一) 微生物燃料电池

微生物燃料电池通常使用大肠杆菌和酵母菌作为催化剂,以葡萄糖或蔗糖为底物燃料,利用介体从细胞代谢过程中接受电子,并传递到阳极。

与酶燃料电池相比,微生物燃料电池对燃料的利用效率比较低,其原因是多酶催化、副反应较多。瑟斯顿(Thurston)等人用同位素标记的方法对燃料使用情况进行了研究。他们以^{14}C标记葡萄糖,研究了大肠杆菌催化的微生物电池过程。结果表明实验条件下有40%~50%的葡萄糖被完全氧化为CO_2,而30%的葡萄糖经副反应生成了乙酸盐。

最近出现了一些形式新颖的微生物燃料电池,其中具有代表性的是利用光合作用和含酸废水产生电能。

田中(Tanaka)等将能够发生光合作用的藻类用于生物燃料电池,展示了光燃料电池新种类的可行性。该电池使用的催化剂是蓝绿藻。通过对比实验前后细胞内糖原质量的变化,发现在无光照的情况下,细胞中糖原的含量有所减少;同时还发现在有光照时,电池的输出电流比黑暗时有明显的增加。

赫伯曼(Habermann)和鲍默(Pommer)利用一种可还原硫酸根离子的微生物,进行了以含酸废水为原料的燃料电池实验。该实验显示了生物燃料电池的双重功能,即一方面可以处理污水,另一个方面还可以利用污水中的有害废物作为原料发电。

(二) 酶燃料电池

酶燃料电池所利用的燃料主要是甲醇和葡萄糖,对应的催化剂是脱氢酶和氧化酶。甲醇氧化主要使用乙醇脱氢酶 ADH(alcohol dehydrogenase)或甲醇脱氢酶 MDH(methanol dehydrogenase)作催化剂,氧化的产物是甲酸。葡萄糖氧化主要使用葡萄糖氧化酶(GOD),氧化的产物是葡萄糖酸。

普洛特金(Plotkin)等人在以甲醇脱氢酶为催化剂的甲醇燃料电池的实验中,发现在 pH=9.5时,酶燃料电池的稳定性较好。以甲醇脱氢酶作为催化剂的缺陷是产物甲酸的积累导致电解液 pH 值不断减小,所以难以实现长期连续工作。

佩尔森(Persson)等人设计制作了葡萄糖燃料电池,使用的催化剂也是葡萄糖氧化酶(GOD);当采用固定化酶时,电池可储存数月之久,但介体的寿命却很短,每隔几小时就需要更换。

思考题与习题

1. 生物质能源和传统的化石能源相比,有哪些优点?
2. 为什么生物质能源能从根本上解决能源危机?

3. 什么是生物燃料柴油？生物燃料柴油与常规柴油相比有哪些特点？

4. 为什么说利用纤维素类物质生产生物燃料乙醇的意义重大？

5. 请你具体谈谈生产生物燃料乙醇的方法和工艺。

6. 在甲烷生产过程中，对外部操作条件如何进行控制才能确保甲烷产量最高？

7. 目前的生物制氢技术还有哪些问题没有解决？

8. 生物燃料电池与普通燃料电池相比有哪些特点？

9. 微生物在传统能源中的应用有哪些？

第六章 生命科学与环境技术

【学习目标】

1. 理解环境生物技术的定义、内涵。
2. 了解水污染物好氧和厌氧生物处理的原理、影响因素等。
3. 了解大气污染物、城市有机固体废物生物处理的主要方法。
4. 认识生物修复的概念、优势和主要技术。

随着经济的迅速发展，环境污染现状依然严峻，并有加剧的趋势。近年来，我国的环境污染治理力度不断加大，进入了一个新的高速发展时期，环境污染治理新技术的要求日益迫切。随着生命科学的发展，尤其是生物技术的出现，为环境技术的发展带来了新的机遇。环境生物技术就是在这一形势下形成的，它是生命科学在环境技术领域中的应用，是生物技术与环境科学紧密结合而形成的新兴交叉学科，是一种经济效益和环境效益俱佳的、解决复杂环境污染问题的有效手段，因此有必要对环境生物技术的基本内容、技术体系与应用领域进行学习与研究。

第一节 环境生物技术

环境污染物(environmental pollutants)主要是指人们在生产生活过程中，排入大气、水域和土壤内，并引起环境污染，对人和环境有不利影响的物质。目前已知的环境污染物约达数10万种，主要有农药、污水、肥料、烃类、表面活性剂、合成聚合物、重金属、酸性排水、燃料燃烧产物、放射性核素等。一般可归纳成以下四大类：① 无毒有机物，主要是较易分解的有机化合物，如纤维素、淀粉、果胶、半纤维等多糖类、脂肪类和蛋白质类等；② 有毒有机物，主要是苯酚、多环芳烃和各种人工合成的具积累性的稳定有机化合物，如多氯联苯和有机农药等；③ 无毒无机物，主要是酸、碱及一般无机盐和氮、磷等植物营养物；④ 有毒无机物，主要是各类重金属和氰化物、氟化物等。

环境污染物的排放对人和环境都产生极大的危害。有的污染物在短期内通过空气、水、食物链等多种介质侵入人体，或几种污染物联合大量侵入人体，造成急性危害；也有的污染物小剂量持续不断地侵入人体，经过相当长时间才显露出对人体的慢性危害或远期危害，甚至影响到子孙后代的健康。因此，人们一直在不断地探索采用有效、无害、可持续的技术来处理环境污染物，维护美好的环境。

一、生命科学用于环境保护的意义

由于生命活动具有速度快、消耗低、效率高、反应条件温和、无二次污染等特点，尤其是生态系统内的物质循环主要是依靠生物代谢过程来推动的，因此把生命科学的相关知识转化成生物技术，用于解决环境污染问题就成了当今环境技术的首选方法，具有如下几方面的优势。

1. 采用生物技术的终端产物安全无害

生物技术处理污染物时，最终产物大都是无毒、无害、稳定的物质，如二氧化碳、水、氮气和甲烷等。利用生物方法处理污染物通常能一步到位，避免了污染物的多次转移，因此它是一种消除污染安全而彻底的方法。

2. 有机废物资源化的首选技术

由于大部分有机污染物适于作为生物过程反应的底物，其中一些有机污染物经生物过程处理后可转化成沼气、酒精、生物蛋白质等有用物质，因此，生物处理方法也常是有机废物资源化的首选技术。

3. 投资省、费用少、消耗低

生物过程是以酶促反应为基础的，作为催化剂的酶是一种活性蛋白质，因此，生物反应过程通常是在常温、常压下进行的。

4. 有利于实现清洁生产的目标

用生物过程代替化学过程可以降低生产活动的污染水平，有利于实现工艺过程生态化或无废生产，真正实现清洁生产的目标。

5. 处理粗放

生物处理技术除易于大规模应用外，还可利用天然水体或土壤作为污染物的处理场所，从而大大节约处理过程的费用。另外，生物技术的产品或副产品基本上都是可以较快生物降解的。

6. 可生产环境友好材料

用生物制品代替一切可以取代的化学药物、化石能源、人工合成物等，有助于把人类活动产生的环境污染降至最低程度，使经济发展进入可持续发展的轨道。

二、环境生物技术定义

环境生物技术(environmental biotechnology，也有称为 environmental bioengineering)，是近 20 年来发展起来的一门由现代生物技术、工程学、生态学与环境技术相结合的新兴交叉学科。广义的环境生物技术涉及的面很广，凡自然环境中涉及环境控制的一切与生物技术有关的技术，都可归结为环境生物技术。

由于环境生物技术是一门新兴学科，因此，至今对环境生物技术的定义出现了多种说法。较为准确的提法，是南京大学的程树培教授在其 1994 年出版的国内第一本《环境生物技术》一书中提出的定义："直接或间接利用完整的生物体或生物体的某些组成部分或某些机能，建立降低或消除污染物产生的生产工艺，或者能够高效净化环境污染以及同时生产有用物质的人工技术系统，称之为环境生物技术"。

近 10 年来，环境生物技术发展极其迅速，目前已成为一种经济效益和环境效益俱佳、解决复杂环境污染问题的最有效手段。我国国家环保总局在"1995～2010 年科技发展思路框架"中明确指出，要重点研究微生物工程处理技术，大力开展污染场地补救、修复等环境生物技术研究，以解决我国面临的许多环境难题。实际上，目前在几乎所有的生物技术或环境工程领域的大型国际会议中，环境生物技术都是其中的主要专题之一。

三、环境生物技术研究内容

关于环境生物技术的研究内容，一般认为可分为三个层次。第一层次为现代环境生物技术，是指以基因工程为主导的近代防治污染生物技术，包括构建降解杀虫剂、除草剂、多环芳烃类化合物等污染物的高效基因工程菌，创造抗污染型转基因植物等。这一层次知识密集，为快速、有效的防治污染开辟了新途径，使解决日益出现的大量环境难题成为可能。第二层次是以废物的生物处理为主要内容，包括在新的理论和技术支撑下开发出的一系列废物强化处理工艺，如污水活性污泥处理技术、生物膜处理技术。这是目前广泛使用的治理污染的生物技术，仍在不断强化和改进，已为控制现时的环境质量起到了极其重要的作用。第三层次主要包括氧化塘、人工湿地和农业生态工程等，其特点是最大程度地发挥自然界的生物环境功能，投资运行费用少，易于操作管理。由于环境生物技术三个层次的划分依据主要是技术的难度和理论知识的深度，因而三个层次之间绝没有重要与不重要之分，其中属于第二层次的现代废水生物处理技术作为水污染防治和走水资源可持续利用道路中的重要工程技术手段之一，对保护水环境和缓解水资源短缺问题有重要的作用，是目前污染物生物处理技术的主要内容。而对于一项具体的污染物生物处理技术可能要包括高、中、低三个层次的内容，所以三个层次环境生物技术，只是人为的划分，有利于对其中知识结构的了解。

我国的环境生物技术处于刚刚起步阶段。目前，我国环境生物技术的主要内容包括以下几个方面：① 高效降解污染物的基因工程菌和抗污染型转基因植物的研究；② 无害化或无污染生物生产工艺技术研究；③ 生物反应器和固定化技术高效处理废水的工业应用研究；④ 废物资源化工程研究；⑤ 引入DNA扩增和其他生物技术的环境监测方法研究。

第二节　水污染物的生物处理技术

一、水污染物的生物处理概述

（一）水污染物的化学组成

水污染物主要是人们在生产、生活过程中排出的对江河、湖泊、海洋产生有害影响的物质，其形式多以废水状态存在。废水按其来源可分成生活污水、工业废水和降水，其中的化学组成主要分为有机物、无机物、气体等。

1. 有机物

废水中天然来源的有机物质常常是自然界中广泛分布的，它是处理系统中大量存在的微生物的极好营养物，如蛋白质、脂类、糖类、有机酸、醇类等，很易为微生物所分解，只有纤维素、木质素等天然有机物较难降解。随着工农业生产的发展，人工合成的、为微生物所陌生的有机化合物在不断地增加，有的对生物处理技术中微生物具有很强的毒性。

2. 无机物

废水中的无机物主要有砂、砾石、悬浮或溶解在水中的盐类、重金属等。废水中过量的铜、钴、锌、硅、钼、氟、银、铁、镁、钙、汞等对生物处理技术中的微生物有毒或有抑制作用。此外，氮、磷的含量对生物处理技术中微生物的营养极为重要。

3. 气体

废水中常含有N_2、O_2、CO_2、H_2S、NH_3、CH_4等气体。还原性物质在生物作用下可耗去水中的溶解氧，使废水腐败。含硫废水在厌氧条件下腐败会产生H_2S，容易造成人员伤亡，应引起我们足够的重视。

（二）废水的浓度指标和净化度指标

1. BOD(生物化学需氧量)

由于废水中有机物种类繁多,不可能通过测定废水中某一种成分的含量来了解废水的浓度。但废水中大多数有机污染物在相应的微生物及有氧存在的条件下氧化分解时皆需耗氧,且有机物的数量(浓度)同耗氧量大小成正比。故目前城市污水和大多数有机废水最广泛使用的污染指标和净化度指标是BOD。BOD是指1 L废水中的有机污染物在好氧微生物作用下进行氧化分解时所消耗的溶氧量。实际测定时常采用BOD_5,即水样在20 ℃条件下培养五天的生化需氧量。

2. COD(化学耗氧量)

COD是指用强氧化剂使被测废水中有机物进行化学氧化时所消耗的氧量。因它能在短时间内测得,指导生产较为方便。

常用的氧化剂有高锰酸钾($KMnO_4$)和重铬酸钾($K_2Cr_2O_7$)。重铬酸钾氧化能力很强,能使废水中绝大部分有机物氧化。因此,实际使用中常常将重铬酸钾的化学耗氧量CODcr的测定值近似地代表废水中的全部有机物含量。

3. TOC(总有机碳)

TOC系指废水中所有有机物的含碳量。在TOC测定仪中,当样品在950 ℃中燃烧时,样品中所有的有机碳和无机碳生成CO_2,此即为总碳(TC)。当样品在150 ℃中燃烧时,只有无机碳转化成CO_2,此即为总无机碳(TIC)。总碳与总无机碳之差即为TOC,即

$$TOC = TC - TIC$$

4. 固体物质

(1) TS(总固体)

TS指单位体积的水样在103 ℃～105 ℃蒸发干后残留物质的质量。

(2) SS(悬浮固体)和DS(溶解性固体)

废水经过滤器过滤后即可将TS分成两部分,被过滤器截留的固体称为悬浮固体SS;通过过滤器进入滤液中的固体称为溶解性固体DS。

(3) VS(挥发性固体)和FS(非挥发性固体)

将水样中的固体物置于马弗炉中,于650 ℃灼烧1 h时,固体中的有机物即被气化挥发,此即为挥发性固体VS;残剩的固体即为非挥发性固体FS,后者大体上是砂、石、无机盐等无机组分。

(4) 氮

废水中氮的几种形式主要包括:有机氮,如蛋白质、氨基酸、尿素、尿酸、偶氮染料等物质中所含的氮;氨氮(NH_3-N及NH_4^+-N);亚硝酸氮(NO_2-N);硝酸氮(NO_3-N)。

(5) 磷

磷在水中可有以下几种形式存在:正磷酸盐;偏磷酸盐;有机磷。

(6) 特征性的污染成分

某些工业废水往往含本身所特有的、并对环境危害特别大的污染成分。如农药厂的阿特拉津、乙草胺等,它们进入环境后往往难以被降解,并对生态系统造成极大的危害,是“环境优先污染物质”。

(三) 水污染物生物处理类型

水污染物的生物处理主要是指利用生物的生命活动过程,对废水中的污染物进行转移

和转化，从而使废水得到净化的处理方法，大多数情况是处理废水中的有机污染物。

根据作用微生物的不同，生物处理方法可分为好氧处理和厌氧处理两大类型。废水中的有机污染物，在好氧处理条件下可被微生物彻底分解成 CO_2 和 H_2O，在厌氧条件下最终形成的则是 CH_4、CO_2、H_2S、N_2、H_2 和 H_2O 以及有机酸和醇等。好氧生物处理是废水生物处理中应用最为广泛的一大类方法。在充足的溶解氧条件下，有机污染物作为好氧微生物的营养基质，被氧化分解，浓度降低。

二、好氧生物处理

根据生物处理中微生物的存在形式，好氧生物处理方法主要可分为活性污泥法和生物膜法两大类。

（一）活性污泥法

活性污泥法是于 1914 年在英国的曼彻斯特市首创。这种方法的实质就是在充分曝气供氧条件下，以污水中的有机污染物作为底物，对活性污泥进行连续或间歇培养，并将有机物无机化的过程。

1. 活性污泥法的基本原理

活性污泥系统对有机污染物的降解是通过几个阶段和一系列作用完成的。

（1）絮凝、吸附作用

在正常发育的活性污泥微生物体内，存在着由蛋白质、碳水化合物和核酸组成的生物聚合物，这些生物聚合物是带有电荷的电介质。因此，由这种微生物形成的生物絮凝体，都具有生理、物理、化学吸附作用和凝聚、沉淀作用，在其与废水中呈悬浮状和胶体状的有机污染物接触后，能够使后者失稳、凝聚，并被吸附在活性污泥表面。活性污泥的所谓“活性”即表现在这方面。

活性污泥具有很大的表面积，能够与混合液广泛接触，在较短的时间内（15～40 min），通过吸附作用，就能够去除废水中大量的呈悬浮状和胶体状的有机污染物，使废水的 BOD 值（或 COD 值）大幅度下降。

小分子有机物能够直接在透膜酶的催化作用下，透过细胞壁被摄入细菌体内，但大分子有机物则首先被吸附在细胞表面，在水解酶的作用下，水解成小分子再被摄入体内。一部分被吸附的有机物可能通过污泥排放被去除。

（2）活性污泥中微生物的代谢及其增殖规律

活性污泥中的微生物将有机物摄入体内后，以其作为营养加以代谢。在好氧条件下，代谢按两个途径进行（见图 6-1），一为合成代谢，即部分有机物被微生物所利用，合成新的细胞物质；一为分解代谢，即部分有机物被分解，形成 CO_2 和 H_2O 等稳定物质，并产生能量，用

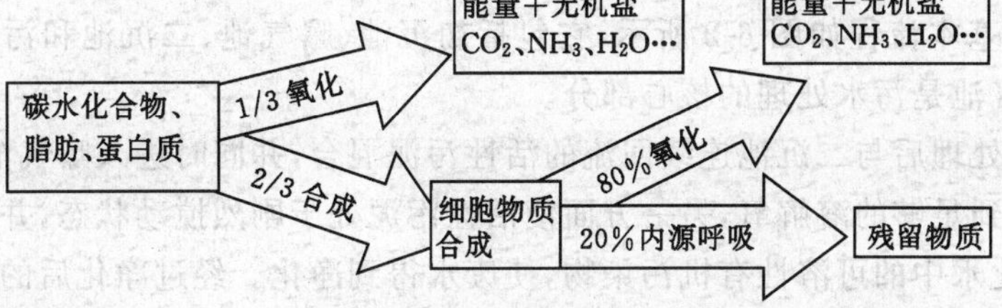

图 6-1　好氧处理中的物质去向

于合成代谢。同时，微生物细胞物质也进行自身的氧化分解，即内源代谢或内源呼吸。当废水中有机物充足时，合成反应占优势，内源代谢不明显；但当有机物浓度大为降低或已耗尽时，微生物的内源呼吸作用就成为向微生物提供能量、维持其生命活动的主要方式了。

在温度适宜、溶解氧充足而且不存在抑制物质的条件下，活性污泥微生物的增殖速率主要取决于微生物与有机基质的相对数量，即有机基质(F)与微生物(M)的比值(F/M)。它也是影响有机物去除速率、氧利用速率的重要因素。

(3) 活性污泥的凝聚、沉淀与浓缩

活性污泥系统净化废水的最后程序是泥水分离，这一过程是在二次沉淀池或沉淀区内进行的，良好的凝聚、沉降与浓缩性能是正常活性污泥所具有的特性。活性污泥在二次沉淀池的沉降，经历絮凝沉淀、成层沉淀与压缩等过程，最后在池的污泥区形成浓度较高的作为回流污泥的浓缩污泥层。

正常的活性污泥在静置状态下，于 30 min 内即可基本完成絮凝沉淀和成层沉淀过程。浓缩过程比较缓慢，要达到完全浓缩，需时较长。影响活性污泥凝聚与沉淀性能的因素较多，其中以原废水性质为主。此外，水温、pH 值、溶解氧浓度以及活性污泥的有机物负荷也是重要的影响因素。

2. 活性污泥性能及数量的评价指标

活性污泥的数量和各项性能的评价可用下列指标表示。

(1) 混合液悬浮固体浓度(MLSS)

这项指标表示活性污泥在曝气池内的浓度。包括活性污泥组成的各种物质，其单位用 mg/L 或 g/m^3 表示。

(2) 混合液挥发性悬浮固体浓度(MLVSS)

这项指标表示有机悬浮固体的浓度，其单位为 mg/L 或 g/m^3。

(3) 污泥沉降比(SV)

这项指标是指将曝气池流出来的混合液在量筒中静置 30 min，其沉淀污泥与原混合液的体积比，以%表示。正常的活性污泥经 30 min 静沉，可以接近它的标准密度。该指标能够相对地反映污泥浓度和污泥的凝聚、沉降性能用以控制污泥的排放量和早期膨胀。本指标测定方法简单易行。处理城市污水活性污泥的沉降比介于 20%～30%之间。

(4) 污泥容积指数(SVI)

这项指标是指曝气池出口处混合液经 30 min 静沉，1 g 干污泥所形成的污泥体积，单位为 mL/g。SVI 值能够更好地评价污泥的凝聚性能和沉降性能：其值过低，说明泥粒细小，密实，无机成分多；过高又说明污泥沉降性能不好，将要或已经发生膨胀现象。

3. 活性污泥法的基本流程

活性污泥法的基本流程如图 6-2 所示，它包括初沉池、曝气池、二沉池和污泥回流装置四个单元，其中曝气池是污水处理的核心部分。

污水经初沉池处理后与二沉池连续回流的活性污泥混合，并同时进入曝气池。人工曝气一方面使混合液得到足够的溶解氧，另一方面使活性污泥处于剧烈搅动状态，并与污水相混合，从而吸附并氧化水中的可溶性有机污染物，使废水得到净化。经过净化后的泥水混合液由曝气池流出进入二沉池，在这里活性污泥通过沉淀与处理后的水分离，处理水被排出系统，而经沉淀浓缩的污泥一部分作为接种污泥回流到曝气池中，其余部分则作为剩余从沉淀

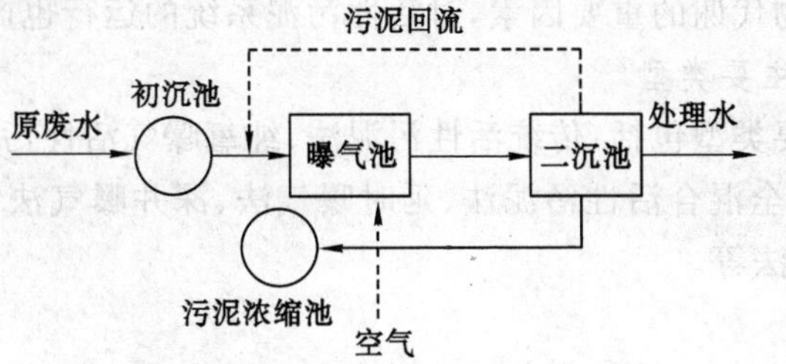

图 6-2　活性污泥法的基本流程

池底排出。可见，活性污泥法处理系统实质是自然界水体自净的人工强化模拟。

4. 活性污泥法的影响因素

(1) 营养物质

活性污泥微生物为了进行各项生命活动，必须不断地从环境中摄取各种营养物质。生活污水和城市废水含有足够的各种营养物质，但某些工业废水却不然，例如石油化工废水和制浆废水缺乏氮、磷等物质。用活性污泥法处理这一类废水，必须考虑投加适量的氮、磷等物质，以保持废水中的营养平衡。微生物对氮和磷的需要量可按 BOD：N：P＝100：5：1 来考虑。

(2) 水温

活性污泥微生物的最适温度范围是 15 ℃～30 ℃。一般水温低于 10 ℃，即可对活性污泥的功能产生不利影响。但是如果水温的降低是缓慢的，微生物逐步适应了这种变化，通过采取一定的技术措施，如降低负荷、提高活性污泥和溶解氧的浓度，以及延长曝气时间等，仍能取得较好的处理效果。

(3) 溶解氧(DO)

活性污泥法是好氧生物处理技术。在用活性污泥法处理废水过程中应保持一定浓度的溶解氧。根据经验，在曝气池出口处的混合液中的溶解氧浓度保持在 2 mg/L 左右，就能够使活性污泥保持良好的净化功能。

(4) pH 值

活性污泥微生物的最适 pH 值介于 6.5～8.5 之间。微生物的代谢活动能够改变环境的 pH 值，如微生物对含氮化合物的利用，由于脱氨作用而产酸，可使环境的 pH 值下降；由于脱羧作用而产生碱性胺，可使 pH 值上升。因此，活性污泥混合液具有一定的缓冲作用。

但是，如果废水的 pH 值突然急剧变化，对微生物将是一个严重冲击，甚至能够破坏整个系统的运行。在用活性污泥系统处理酸性、碱性或 pH 值变化幅度较大的工业废水时，应考虑事先进行中和处理或设均质池。

(5) 有毒和有抑制物质

对微生物有毒害作用或抑制作用的物质较多，大致可分为重金属、氰化物、H_2S、卤族元素及其化合物等无机物质；酚、醇、醛、染料等有机化合物。

(6) 有机负荷率

活性污泥系统的有机负荷率，又称为 BOD 污泥负荷。它所表示的是曝气池内单位质量的活性污泥在单位时间内承受的有机基质量，即 F/M 值[kgBOD/(kgMLSS · d)]。有机负荷率不仅是影响微生物代谢的重要因素，对活性污泥系统的运行也产生相当的影响。

5．活性污泥法的主要类型

活性污泥法的主要类型包括：传统活性污泥法、纯氧曝气活性污泥法、阶段曝气法、吸附—再生活性污泥法、完全混合活性污泥法、延时曝气法、深井曝气法、序批式活性污泥法、生物吸附氧化法、氧化沟法等。

（二）生物膜法

生物膜法是和活性污泥法并列的一类废水好氧生物处理技术，又称固定膜法。它是土壤自净过程的人工化和强化，主要用于去除废水中溶解的和胶体的有机污染物。采用这种方法的构筑物有生物滤池、生物转盘、生物接触氧化池和生物流化床等。

1．生物膜法的基本原理

在滤池内设置固定的滤料，当废水自上而下滤过时，由于废水不断与滤料相接触，因此微生物就在滤料表面繁殖，逐渐形成生物膜。生物膜是微生物高度密集的物质，在膜的表面和一定深度的内部生长繁殖着大量的各种类型的微生物和微型动物，并形成有机污染物—细菌—原生动物(后生动物)的食物链。生物膜从废水中吸取有机污染物作为营养源，在代谢过程中获得能量，并形成新的微生物肌体。生物膜构造剖面图见图 6-3。

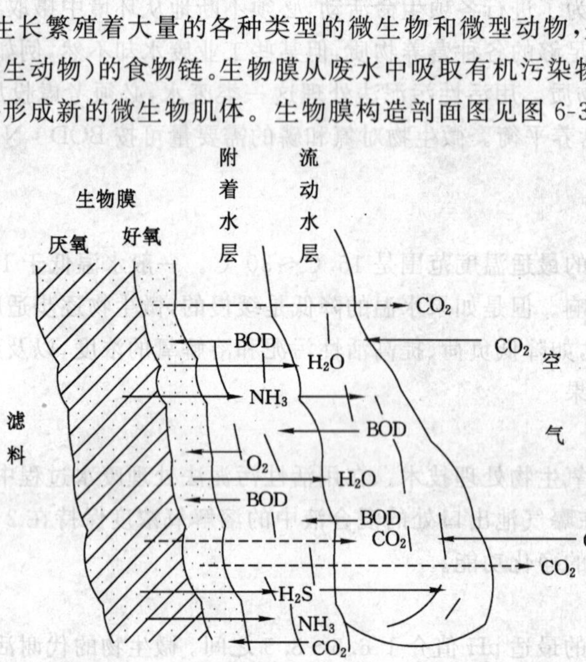

图 6-3　生物膜构造剖面

生物膜是由好氧和厌氧两层组成的，有机物的降解主要是在好氧层内进行的。物质的传递是在生物膜内、外及生物膜与水层之间进行的。流动水层中的溶解氧和有机物通过附着水层传递给生物膜，供微生物进行呼吸和代谢作用，这样就使污水在其流动过程中逐步得到净化。微生物的代谢产物如 H_2O 等则通过附着水层进入流动水层，并随其排走，而 CO_2 及厌氧层分解产物如 H_2S、NH_3 及 CH_4 等气态代谢产物则从水层逸出进入空气中。

当生物膜形成并达到一定厚度时，氧就无法透入生物膜内层，造成内层的厌氧状态，使生物膜的附着力减弱。此时，在水流的冲刷下，生物膜开始脱落。随后在滤料上又会生长新的生物膜，如此循环往复。废水流经生物膜后，得以净化。

2．生物膜法的主要类型

生物膜法的主要类型包括：普通生物滤池、生物转盘、生物接触氧化法等。

三、厌氧生物处理

厌氧生物处理过程又称厌氧消化，是在厌氧条件下由活性污泥中的多种微生物共同作用，使有机物分解并生成 CH_4 和 CO_2 的过程。这种过程广泛地存在于自然界，直至1881年人类才开始利用厌氧消化处理废水的历史，至今已一百多年。目前，厌氧消化工艺已开始大规模地被应用于废水处理。

（一）厌氧生物处理的基本原理

1979年布利安特(Bryant)等人提出了厌氧生物处理的三阶段理论，如图6-4所示。三阶段理论认为，厌氧消化过程是按以下步骤进行的：

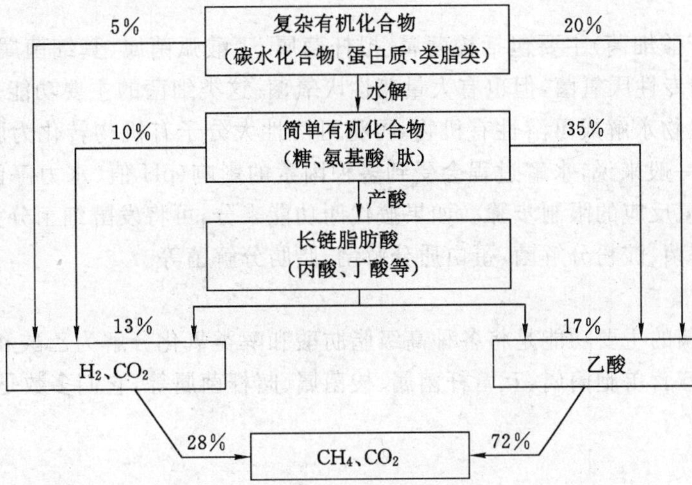

图 6-4　厌氧生物处理的三阶段理论

第一阶段，可称为水解、发酵阶段，复杂有机物在微生物作用下进行水解和发酵。例如，多糖先水解为单糖，再通过酵解途径进一步发酵成乙醇和脂肪酸，如丙酸、丁酸、乳酸等；蛋白质则先水解为氨基酸，再经脱氨基作用产生脂肪酸和氨。

第二阶段，称为产氢、产乙酸阶段，是由一类专门的细菌，称为产氢产乙酸菌，将丙酸、丁酸等脂肪酸和乙醇等转化为乙酸、H_2 和 CO_2。

第三阶段，称为产甲烷阶段，由产甲烷细菌利用乙酸和 H_2、CO_2，产生 CH_4。研究表明，厌氧生物处理过程中约有70%CH_4 产自乙酸的分解，其余少量则产自 H_2 和 CO_2 的合成。

至今，三阶段理论已被公认为对厌氧生物处理过程较全面和较准确的描述。

与好氧生物处理相比较，厌氧生物处理具有以下六个方面的主要特征。

(1) 能量需求大大降低，还可产生能量。这是因为厌氧生物处理不要求供给氧气，相反却能生产出含有50%～70%甲烷(CH_4)的沼气，含有较高的热值(约为21 000～25 000 kJ/m^3)，可以用做能源。

(2) 污泥产量极低。这是因为厌氧微生物的增殖速率比好氧微生物低得多。一般，厌氧消化中产酸细菌的产率(VSS/COD)为0.15～0.34，产甲烷细菌的产率为0.03左右，混合菌群的产率约0.17；而好氧微生物的产率约为0.25～0.6。

(3) 对温度、pH等环境因素更为敏感。厌氧细菌可分为高温菌和中温菌两大类，其适宜的温度范围分别为55 ℃左右和35 ℃左右。如温度降至10 ℃以下，厌氧微生物的活动能力将非常低下。

(4) 处理后废水有机物浓度高于好氧处理。

(5) 厌氧微生物可对好氧微生物所不能降解的一些有机物进行降解(或部分降解)。

(6) 处理过程的反应较复杂。如前所述，厌氧消化是由多种不同性质、不同功能的微生物协同工作的一个连续的微生物学过程，远比好氧生物处理中的微生物过程复杂。

(二) 厌氧消化微生物

厌氧消化微生物主要可以分为发酵细菌(产酸细菌)、产氢产乙酸菌和产甲烷菌三大类，其中产氢产乙酸菌和产甲烷菌在厌氧反应器内属于互生关系。

1. 发酵细菌

发酵细菌(产酸细菌)主要包括梭菌属、拟杆菌属、丁酸弧菌属、真细菌属和双歧杆菌属等，其中大多数为专性厌氧菌，但也有大量兼性厌氧菌。这类细菌的主要功能是：先通过胞外酶，将不溶性有机物水解成可溶性有机物，再将可溶性大分子有机物转化为脂肪酸、醇类等小分子有机物。一般来说，水解过程会受到多种因素的影响(pH值、水力停留时间、有机物种类等)，这是厌氧反应的限制步骤。如果按代谢功能来分，可将发酵细菌分为：纤维素分解菌、半纤维素分解菌、淀粉分解菌、蛋白质分解菌、脂肪分解菌等。

2. 产氢产乙酸菌

产氢产乙酸菌的主要功能是将各种高级脂肪酸和醇类氧化分解为乙酸和H_2，主要的产氢产乙酸菌分属互营单胞菌属、互营杆菌属、梭菌属、暗杆菌属等，它们多数是严格厌氧菌或兼性厌氧菌。

3. 产甲烷菌

产甲烷菌在分类学上属于古细菌，在自然界中的分布极为广泛，如污泥、反刍动物的瘤胃、昆虫肠道、湿的树木、厌氧反应器等。与真细菌不同，它们的细胞壁中没有肽聚糖，细胞中也不含有细胞色素C，而含有其他真细菌所没有的酶系统。产甲烷菌的主要功能是将产氢产乙酸菌的产物乙酸、H_2和CO_2转化为CH_4和CO_2，使厌氧消化过程得以顺利进行。产甲烷菌都是专性厌氧菌，氧和其他任何氧化剂都对其具有极强的毒害作用。产甲烷菌繁殖的世代时间可长达4～6天，因此，一般情况下产甲烷反应是厌氧消化的限速步骤。

(三) 厌氧生物处理的影响因素

影响厌氧生物处理的主要因素有：温度、pH值、氧化还原电位、营养物质、食料微生物比、有毒物质等。

1. 温度

厌氧细菌可分为嗜热菌(或高温菌)、嗜温菌(中温菌)和嗜冷菌，相应的生长适宜温度为42 ℃～75 ℃、20 ℃～42 ℃和5 ℃～20 ℃。以这三类微生物为优势菌群的厌氧处理工艺分别为高温消化、中温消化和低温消化。相比之下，高温消化的代谢速率高于中温消化，而中温消化的代谢速率又高于低温消化。

2. pH值

产甲烷菌对pH值变化的适应性很差，其最适pH值范围为6.8～7.2。在pH=6.5以下或pH=8.2以上的环境中，厌氧消化会受到严重的抑制，这主要是对产甲烷菌的抑制。水解细菌和产酸菌也不能承受低pH值的环境。

3. 氧化还原电位

绝对的厌氧环境是产甲烷菌进行正常活动的基本条件，可以用氧化还原电位表示厌氧反应器中含氧浓度。研究表明，不产甲烷菌可以在氧化还原电位为－100～＋100 mV的环境下进行正常的生理活动，而产甲烷菌的最适氧化还原电位为－400～－150 mV，培养产甲烷菌的初期，氧化还原电位不能高于－320 mV。

4. 营养物质

厌氧微生物对碳、氮等营养物质的要求略低于好氧微生物，但大多数厌氧菌不具有合成某些必要的维生素或氨基酸的功能。为了保证细菌的增殖和活动，还需要补充某些专门的营养，如钾、钠、钙等金属盐类是形成细胞或非细胞的金属络合物所必需的，而镍、铝、钴、钼等微量金属，则可提高若干酶系统的活性，使产气量增加。

5. 食料微生物比

与好氧生物处理相似，厌氧生物处理过程中的食料微生物比对其进程影响很大，在实用中常以有机负荷(COD/VSS)表示，单位为kg/(kg·d)。

在有机负荷、处理程度和产气量三者之间，存在着密切的联系和平衡关系。一般，较高的有机负荷可获得较大的产气量，但处理程度会降低。由于厌氧消化过程中产酸阶段的反应速率比产甲烷阶段的反应速率高得多，必须十分谨慎地选择有机负荷，使挥发酸的生成及消耗不致失调，形成挥发酸的积累。为保持系统的平衡，有机负荷的绝对值不宜太高。随着反应器中生物量(厌氧污泥)浓度的增加，有可能在保持相对较低污泥负荷的条件下得到较高的容积负荷，这样，能够在满足一定处理程度的同时，缩短消化时间，减少反应器容积。总的说来，厌氧生物处理可采用较好氧生物处理高得多的有机负荷，一般COD浓度可达5～10 kg/(m^3·d)，也有的甚至可高达50 kg/(m^3·d)。

6. 有毒物质

有毒物质会对厌氧微生物产生不同程度的抑制，使厌氧消化过程受到影响甚至遭到破坏。最常见的抑制性物质为硫化物、氨氮、重金属、氰化物以及某些人工合成的有机物。

(四) 厌氧生物处理的主要类型

厌氧生物处理的主要类型包括：普通厌氧消化池、厌氧接触法、厌氧生物滤池(AF)、升流式厌氧污泥床(upflow anaerobic sludge blanket，UASB)等。其中升流式厌氧污泥床反应器是荷兰学者莱廷格(Lettinga)等人在20世纪70年代初开发的。图6-5为UASB反应器结构和工作原理示意。

UASB反应器由反应区和沉降区两部分组成。反应区又可根据污泥的情况分为污泥悬浮层区和污泥床区。污泥床主要由沉降性能良好的厌氧污泥组成，SS浓度可达50～100 g/L或更高。污泥悬浮层主要靠反应过程中产生的气体的上升搅拌作用形成，污泥浓度较低，SS一般在5～40 g/L范围内。在反应器上部设有气、固、液三相分离器，分离器首先使生成的沼气气泡上升过程受偏折，然后穿过水层进入气室，由导管排出反应器。脱气后的混合液在沉降区进一步进行固、液分离，沉降下的污泥返回反应区，使反应区内积累大量的微生物。待处理的废水由底部配水系统进入，澄清后的处理水从沉淀区溢流排出。由于在UASB反应器中能够培养得到一种具有良好沉降性能和高比产甲烷活性的颗粒厌氧污泥(granular anaerobic sludge)，因而相对于其他同类装置，颗粒污泥UASB反应器具有一定的优势。

UASB反应器已成为第二代厌氧处理反应器中发展最为迅速、应用最为广泛的装置。目

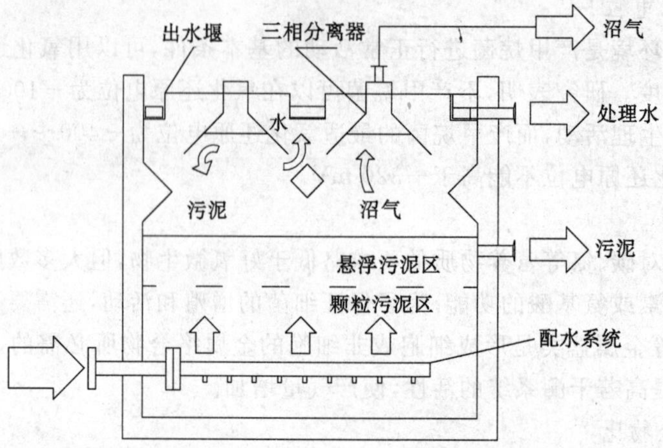

图 6-5　升流式厌氧污泥床结构和工作原理

前 UASB 反应器不仅用于处理高、中等浓度的有机废水，也开始用于处理如城市废水这样的低浓度有机废水。

第三节　大气污染物的生物处理技术

一、大气污染物生物处理概述

大气污染物是大气中达到有害程度的物质，以致破坏人和生态系统的正常生存和发展，对人体、生态和材料造成危害。造成大气污染的原因主要包括自然和人为两个方面。人类社会出现以前，森林火灾、海啸、土壤和岩石风化等自然过程都会对大气产生污染，但可以自行消失并维持生态系统的平衡。人类诞生后，尤其是工业革命以来，人类排放的污染物对环境空气产生了更为严重的危害。

由于工业生产排放的烟尘、无机硫化物等对大气造成了严重的危害，因此人们最初的关注焦点多集中在工业排放气体、汽车尾气的控制技术上，而忽略了其他大气污染物的危害，随着现代工业的迅速发展，大气中的有毒有害物质不断增多，这些废气中的有毒物质大部分具有挥发性、难闻性甚至破坏性，尤其会产生对生物体致突变、致畸、致癌的效应，使得人们对大气中的污染物的关注越来越多。因此，去除大气中的污染物对于保护生物和环境具有十分重要的意义。从大气污染控制技术发展来看，传统的治理对象大多是无机污染物，如粉尘、二氧化硫、硫化氢等，采用的方法主要还是物理和化学的方法。

虽然 20 世纪 80 年代初荷兰和德国科学家就将生物方法应用于有机废气净化领域且获得良好净化效果，但应用生物方法解决大气污染物去除问题，在最近几年研究得相对较多。其原因在于同常规的物理、化学处理技术相比，生物处理具有条件温和、效果好、无二次污染、安全性好、投资及运行费用低、易于管理等优点，尤其在处理低浓度、生物可降解性好的气态污染物时生物处理显得更加经济。

二、大气污染物生物处理基本原理

对于生物法处理大气污染物，特别是处理有机污染物的机理，目前尚处于研究和探索过程，按照荷兰学者奥坦古瑞夫(Ottengraf)气体吸收—生物膜理论(见图 6-6)，大气污染物的生物处理是利用微生物的生命活动转化成无毒的二氧化碳、水等简单化合物及菌体。与废水的生物处理的区别在于：在大气污染物的生物处理过程中，气态污染物首先要从气相转移到液相或固相表面的液膜中，然后才能被液相或固相表面的微生物吸附并降解。

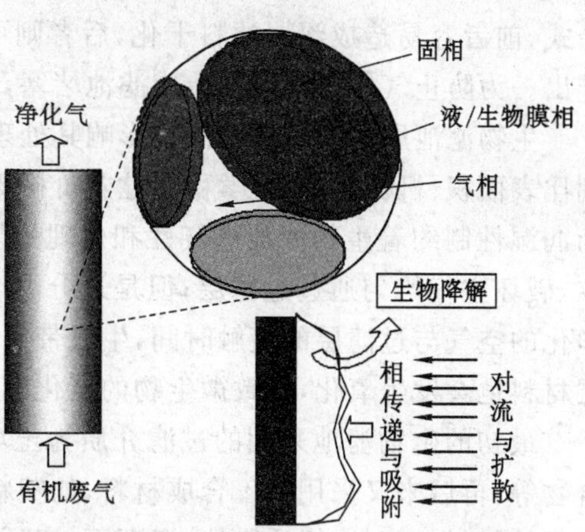

图 6-6　大气污染物生物处理原理示意图

参考气体吸收—生物膜理论，国内学者针对在实验研究中发现挥发性有机废气的问题，提出了修正理论的建议。对低浓度挥发性有机废气的处理，通常生物膜填料塔都是用水来润湿生物膜的，由于这些有机物几乎不溶于水或仅仅微溶于水，因此，如用气体吸收—生物膜理论来解释有机废气是依靠扩散，通过液膜，而后到达生物膜，并被其中的微生物捕获的净化过程机理，就显得不尽合理了。依据气体吸附理论和生化反应动力学原理提出"吸附—生物膜"（新型）双膜理论。依据该理论，生物膜法净化低浓度挥发性有机废气一般要经历以下几个步骤：① 废气中的挥发性有机物（以及空气中的 O_2）从气相本体扩散，通过气膜到达润湿的生物膜表面；② 扩散到达生物膜表面的有机物（以及空气中的 O_2）被直接吸附在润湿的生物膜表面；③ 吸附生物膜表面的有机污染物成分（以及空气中的 O_2）迅速被其中的微生物活菌体捕获；④ 进入微生物菌体的有机污染物在菌体内的代谢过程中作为能源和营养物质被分解，经生化反应最终转化为无害的化合物（如 CO_2，H_2O）；⑤ 生化反应的气态产物 CO_2 从生物膜表面脱附并反扩散进入气相主体，而 H_2O 则被保持在生物膜内。

三、大气污染物生物处理工艺

生物滤池、生物洗涤器和生物滴滤塔是三种主要的大气污染物生物处理反应器。工业上产生的有机废气污染物可分为两类物质：疏水性物质和亲水性物质。疏水性物质不溶于水，而亲水性物质在水中的溶解度也相差很大。根据资料表明，易溶于水的污染物适用生物洗涤器处理；难溶于水的污染物适于用生物滤池处理；溶解性界于两者之间的污染物则可用生物滴滤塔处理。而极难溶于水的污染物，由于其界面传质速率低而不适于用生物法处理。

1. 生物滤池

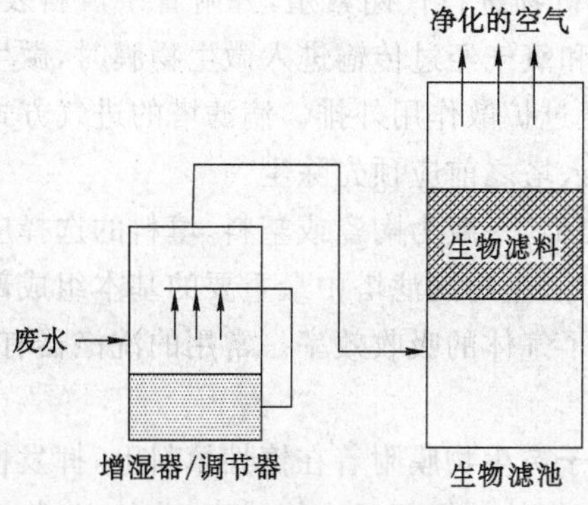

图 6-7　生物滤池流程

生物滤池是一种装有生物填料的滤池，其简易流程见图 6-7。含污染物的气体首先进入调节器进行润湿，然后进入生物滤池。当湿润的废气通过附有生物膜的填料层时，其中的有机成分被微生物吸收，一般有机物的最终分解产物为 CO_2；有机氮则先被转化为 NH_3，继而转化为硝酸，并氧化分解为无机物；硫化物先被转化为 H_2S，而后再被氧化为硫酸。生物所需的其他营养由载体本身提供。净化后的气体在滤池顶部排出。生物滤池的进气方式可采用升流式或下降式，前者容易造成深层滤料干化，后者则可避免，并可防止未经填料净化的可流性有机物排出。为防止气体中颗粒物造成滤池堵塞，废气进入滤池前必须除尘。

生物滤池所用填料的特性是影响其处理效果的关键因素之一。填料的选择不仅要考虑到比表面积、机械强度、化学稳定性及价格等方面，还要考虑持水性的问题。因为过滤层的均衡润湿性制约着生物滤池透气性和处理效果。若润湿不够，过滤层的物料会变干并生成裂纹，破坏空气均匀通过过滤层；但是过分湿润却会形成高气动阻力的无氧区，从而会减少被净化的空气与过滤层的接触时间，生成带有气味的挥发物。当用生物氧化某些有机物时过滤层材料也会发生氧化，导致微生物的氧化能力大大降低，甚至完全消失。

最初的生物滤池采用的过滤介质为土壤；后采用含微生物量较高的木屑与蘑菇堆肥混合物等；再后来又采用人工合成材料，如塑料填料、颗粒活性炭、碳素纤维等。目前，许多天然或烧结材料如陶粒、轻质陶块、海藻石、瓷环等，因其比表面积大，挂膜效果好而备受青睐。

2. 生物滴滤塔

生物滴滤塔是一种介于生物滤池和生物洗涤器之间的处理工艺，流程见图 6-8。

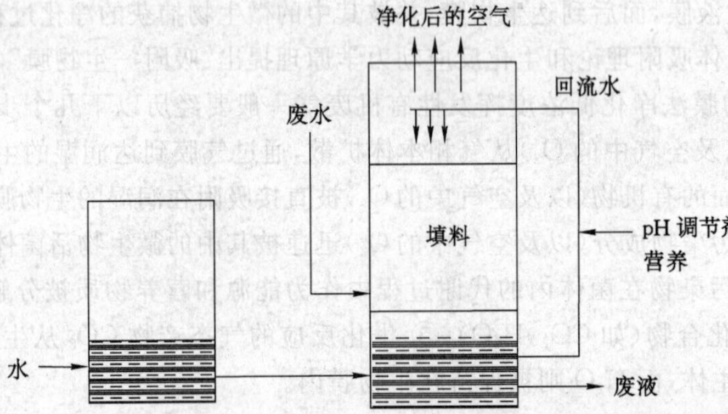

图 6-8 生物滴滤塔流程

可见，生物滴滤塔集废气的吸收与液相再生于一体。它与生物滤池的最大区别在于其填料上方喷淋循环水，而与喷淋塔相比，生物滴滤塔内增设了附着微生物的填料，为微生物的生长、有机物的降解提供了条件，因此，设备内除了传质过程外还存在很强的生物降解作用。启动初期，首先要在填料表面上形成生物膜。具体做法为：在循环液中接种了经被试有机物驯化的微生物菌种，微生物利用溶解于液相中的有机物进行代谢繁殖，并附着于填料表面，形成微生物膜。挂膜后，当气相主体的有机污染物和氧气经过传输进入微生物膜时，微生物进行好养呼吸，将有机污染物分解，其代谢产物则通过扩散作用外排。滴滤塔的进气方式可以分为水气逆流、并流两种。应当注意的是废气进入塔之前应预先除尘。

生物滴滤塔所用的填料与废水处理生物滤床相似，一般为陶瓷或塑料。填料的选择应符合以下几个要求：易于挂膜、不易堵塞、比表面积大等。生物滴滤塔中最重要的基本组成部分是吸收器，吸收器内气液分界面的表面积往往决定了气体的吸收效率。常用的洗涤器有：填充式、旋涡式、喷溅式及转子式。

生物滴滤塔设备少、压降低、填料不易堵塞。由于有生物膜附着在惰性填料上，挥发性有机物去除效率高，且易于控制，处理高污染负荷的废气的效果好于生物滤床。此外，生物滴滤塔的 pH 值可通过自动酸碱添加设施进行调节，因此它适宜处理卤化烃、含硫、氮等会产生酸性代谢产物的污染物。但是生物滤塔系统需要外加营养物，其填料比表面积小，运行成本较高，不适合处理水溶性差的化合物。

3. 生物洗涤器

生物洗涤器实际上是一个悬浮活性污泥处理系统，它是将微生物及其营养物质溶解于液体中，气体中的污染物通过与悬浮液接触后转移到液体中而被微生物降解。其典型的形式有鼓泡塔和穿孔板塔等。图 6-9 为生物洗涤器流程图。

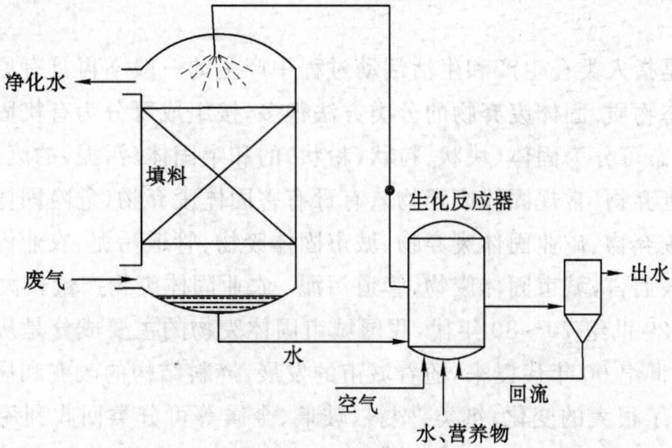

图 6-9 生物洗涤器流程

如图所示，生物洗涤器是由一个装有惰性填料的传质洗涤器和生物降解反应器组成，出水需设二沉池。含微生物的水从塔顶喷淋而下，含有机污染物的气体则从底部进入并与惰性填料上的微生物及内生化反应器回流过来的泥水混合物进行传质吸附、吸收。由于水相和生物相均循环流动，生物为悬浮状态，因此洗涤器中有一定生物量并且具有生物降解作用，使得部分有机物在此被降解。液相中的大部分有机物进入生化反应器，通过悬浮污泥的代谢作用被降解掉，处理后的气体从塔顶排出。生化反应器的出水进入二沉池进行泥水分离，上清液排出，污泥则回流到生化反应器中。

与生物滤池相比，生物洗涤器设备少，操作简单高，投资运行费用低，挥发性有机物去除效率高；但反应条件控制较难，占地面积大，基质浓度高时，因生物量增长快而易堵塞滤料，影响传质效果。

不同的生物净化系统各有其优缺点，适于处理不同成分、浓度及气量的大气污染物。表 6-1 比较了上述三种生物净化系统装置的特点及使用范围。

表 6-1　　三种生物净化系统装置的特点及使用范围

生物净化系统装置	设备	操作	外加营养	投资与运行费	填料及比表面积	液相与生物相	占地面积	VOC去除率	控制	适用范围
生物滤池	少	简单	否	低	小，易堵	只有水相动	大	高	较难	广，基质浓度高
生物滴滤塔	少	简单	否	较高	小，不易堵	均循环流动	小	高	—	不适宜处理水溶性差的化合物

续表 6-1

生物净化系统装置	设备	操作	外加营养	投资与运行费	填料及比表面积	液相与生物相	占地面积	VOC去除率	控制	适用范围
生物洗涤器	多	简单	需	较高	小,不易堵	均循环流动,生物呈悬浮态	小	高	较易	不适宜处理微溶化合物

第四节　固体废弃物的生物处理与处置技术

固体废弃物是指人类在生产和生活活动过程中产生的一般不再具有原使用价值而被丢弃的固态或半固态物质。固体废弃物的分类方法很多,按组成可分为有机固体废弃物和无机固体废弃物;按形态可分为固体(块状、粒状、粉状)的和半固体(污泥)的废弃物;按照危害性可分为一般固体废弃物(常规固体废弃物)、有毒有害固体废弃物(危险固体废弃物);按来源可分为工业固体废弃物、矿业固体废弃物、城市固体废物、管道污泥、农业固体废物和放射性固体废弃物。一般而言,城市固体废物、管道污泥、农业固体废物产量较大。

从成分上看,20 世纪 70～80 年代,我国城市固体废物的主要成分是灰土、煤渣、砖瓦等无机物。但自 20 世纪 90 年代以来,随着城市的发展、燃料结构的改变和居民生活水平的提高,垃圾成分发生了很大的变化,纸类、塑料、玻璃、金属等可分类回收利用物在垃圾中所占的比例越来越大,最近几年达到 40%以上;以食品类废物为主体的有机物含量增加较快,最近几年达到 50%左右,成为城市固体废物的主要成分。由于成分的变化,垃圾密度从原来的 0.7 t/m^3减小为约 0.3～0.4 t/m^3 左右,平均低位热值升高至 5 800 kJ/kg。预计在未来几年,垃圾中灰土类废物将进一步下降,食品类废物还将有一定程度上升,可回收利用类废品将逐渐成为垃圾中的主要成分,同时垃圾密度将进一步下降,热值还将逐步上升。

因此,城市固体废物、管道污泥、农业固体废物产量大,其中的有机物含量愈来愈高。如何处理这类高有机物质含量的固体废物就成了较为棘手的问题,综合各种处理方法,按照"资源化、无害化、减量化"的原则,采用生物处理是解决城市固体废物等的有效方法。生物处理主要包括堆肥化、厌氧发酵、卫生填埋等。

一、堆肥化

堆肥化是指在人工控制的条件下,依靠自然界广泛分布的细菌、放线菌、真菌等微生物,使可生物降解的有机固体废物向稳定的腐殖转化的生物化学过程。所谓稳定是相对的,是指堆肥产品对环境无害,并不是废物达到完全稳定。固体废物堆肥化是对有机固体废物实现资源化利用的无害化处理、处置的重要方法。根据处理过程中起作用的微生物对氧气的不同要求,可以把有机废弃物堆肥处理分为好氧堆肥和厌氧堆肥。

(一) 好氧堆肥

好氧堆肥是将要堆腐的有机物料与填充料按一定的比例混合,在合适的水分、通气条件下,使微生物繁殖并降解有机质,从而产生高温,杀死其中的病原菌及杂草种子,使有机物达到稳定化。好氧堆肥堆体温度高,一般在 50 ℃～65 ℃,故亦称为高温堆肥。由于高温堆肥可以最大限度地杀灭病原菌,同时,对有机质的降解速度快,目前,大多都采用高温好氧堆肥。

在好氧堆肥过程中,微生物将有机物转化成为 CO_2、生物量、热量和腐殖质。堆肥中使用的有机物原料填充剂和调节剂绝大部分来自植物，它们的主要成分是碳水化合物（即纤维素）、蛋白质、脂和木质素。微生物通过新陈代谢活动分解有机底物来维持自身的生命活动，同时达到分解复杂的有机化合物为可被生物利用的小分子物质的目的。微生物吸收利用有机物的能力取决于它们产生的可以分解底物的酶的活性，堆肥底物越复杂，所需要的酶系统就越多而且越综合。不同的微生物分泌的酶种类不同，一般地，好氧堆肥中有机底物的降解是细菌、放线菌和真菌等多种微生物共同作用的结果。

不同好氧堆肥技术的主要区别在于维持堆体物料均匀及通气条件所使用的技术手段。这些技术可以简单到把混匀的堆料堆成条垛式，然后定期翻堆倒垛以提供好氧条件，或者复杂到把堆料放入发酵仓中，用机械设备对物料进行连续的混匀，通过通气设备进行连续的通气。堆肥系统的分类大同小异，根据技术的复杂程度，一般分为三类：条垛式、通气静态垛式、发酵仓式系统。

（二）厌氧堆肥

厌氧堆肥是指在不通气的条件下，将有机废弃物进行厌氧发酵，制成有机肥料，使固体废弃物无害化的过程。厌氧堆肥与好氧堆肥相同，但不设通气系统，温度低，腐熟及无害化所需的时间长。但该法简便省力，一般要求堆肥后一个月左右翻动一次，以便于微生物活动使堆料成熟。

二、厌氧发酵

有机废物的厌氧发酵就是有机物质在特定的厌氧条件下，微生物将有机质进行分解，其中一部分碳源物质转化为甲烷和二氧化碳的过程。在这个转化过程中，被分解的有机碳化物中的能量大部分储存在甲烷中，仅一小部分有机碳化物氧化成二氧化碳，释放的能量作为微生物生命活动的需要。最近，又有新的研究表明，利用城市生活垃圾厌氧消化，可以将其中的有机物转化为氢气，这一研究进一步扩大了厌氧发酵的概念。厌氧发酵一般在厌氧发酵罐（池）中进行，固体废弃物的厌氧发酵的原理同厌氧堆肥一样，只是固体废弃物的厌氧发酵如同高浓度有机废水的厌氧处理一样是在水相中进行的。

厌氧发酵的一般进程是：发酵初期，分解菌及产酸菌生长旺盛，是占优势的菌群；当产氨细菌大量产生氨气后，其酸碱度（pH）与氧化还原电位（Eh）都有利于产甲烷菌的生长与繁殖。这说明产氨菌的活动对产酸菌有抑制作用，而对产甲烷菌有促进作用，从而使产酸到产甲烷这个发酵过程中微生物的消长与生化反应，均能达到平衡。

在我国农村，厌氧发酵不仅作为农业生态系统中的一个重要环节，处理各类废弃物来制成农家肥，而且获得生物质用来照明或作为燃料。城市污水处理厂的污泥厌氧消化使污泥体积减少，产生的甲烷用来发电，降低污水处理厂的运行费用。

三、卫生填埋

填埋法是在传统的堆放基础上从避免使环境受二次污染的角度出发而发展起来的一种固体废弃物的处理法。随着人们对于填埋场所带来的各种环境影响认识的深入，填埋技术不断得到发展，由最初的无控堆填逐步发展到具有防渗系统、集排水系统、导气系统和覆盖系统的卫生填埋。目前发达国家中应用最广泛的垃圾处理处置方式还是卫生填埋（见图6-10）。卫生填埋按垃圾层中氧气的存在状况可分为厌氧、好氧和准好氧三种填埋方式。

（一）厌氧填埋

厌氧填埋是目前世界范围内应用最为广泛的填埋方式，厌氧填埋的指导思想是将垃圾

图 6-10　某垃圾填埋场和垃圾填埋过程

填埋体独立于周围的环境，属于封闭容器式填埋，填埋方法分为上行式和下行式，垃圾填埋体必须经过漫长的厌氧发酵（一般填埋场设计年限为 30 年），才能实现最终稳定化、无害化的目的。厌氧填埋场的优点是结构简单，建设成本低，同时还可将填埋过程中产生的沼气作为能源加以利用，其缺点是垃圾中有机物降解缓慢，达到垃圾稳定化的时间较长，占地面积较大，二次污染问题严重。

厌氧填埋过程中微生物群的代谢随着时间发生变化，一般分成以下几个阶段。

1. 好氧分解阶段

随着垃圾填埋，垃圾孔隙中存在的大量空气也同样被埋入其中，因此开始阶段垃圾只是好氧分解，此阶段时间的长短取决于分解速度，可以由几天到几个月。好氧分解将填埋层中氧耗尽以后进入第二阶段。

2. 厌氧分解不产生甲烷阶段

微生物利用硝酸盐和硫酸盐为氧源，产生硫化物、氮气和二氧化碳。硫酸盐还原菌和反硝化菌的繁殖速度大于产甲烷菌。

3. 厌氧分解产甲烷阶段

此阶段甲烷产量逐渐增加，当境内温度达到 55 ℃左右时进入稳定产气阶段。

4. 稳定产气阶段

稳定地产生二氧化碳和甲烷。

在垃圾分解过程中会产生一定量的液体，加上渗出的地下水和入渗的地表水，统称为填埋场渗滤液。

为了防止渗滤液对地下水的污染，需在填埋场底部构建不透水的防水层、集水管、集水井等设施将不断产生的渗滤液收集排出。对新产生的渗滤液的处理方法一般采用厌氧、好氧生物处理方法；对已稳定的填埋场产生的渗滤液，由于可生化的有机物基本上已经被消耗得差不多了，一般采用物理化学方法处理比较妥当。

（二）好氧填埋

好氧填埋是利用鼓风机直接向填埋垃圾体中鼓风，对填埋初期垃圾中有机物的迅速降解有很好的效果，可以使垃圾达到稳定化的时间大大缩短，同时降低渗滤液的污染强度，因此该法越来越受到各国的重视，尤其是近年来，许多大中城市的填埋用地越来越紧张，厌氧填埋带来的二次污染问题日益突出，使越来越多的国家转而开始研究好氧填埋的方式，但是好氧填埋由于要向宽厚的垃圾填埋体中强制通风，所以工艺设备复杂，动力消耗大，运行管理费用高，而且鼓风同样也会带来空气污染的问题，目前还没有实际运行的工程实例。

（三）准好氧填埋

准好氧填埋设计的思想是不用动力供氧，而是利用渗滤液收集管道的不满流设计，使空气自然通入，在垃圾堆体发酵产生温差的推动下，使填埋层处于需氧状态，可以保证在填埋场内部存在一定的好氧区域，特别是在渗滤液集排水管和排气管周围存在好氧区域，抑制了沼气和硫化氢等气体的产生，垃圾也能尽早达到稳定化，同时也降低了渗滤液的污染强度，但是容易出现集水管道结垢而堵塞，达不到自然通风效果的问题。

目前在卫生填埋的基础上，又推出了一些新的填埋技术，如生物反应器填埋技术、循环式准好氧填埋技术等。

生物反应器填埋技术是在传统的卫生填埋技术的基础发展起来的，其核心是通过有目的的渗滤液回灌控制系统，强化填埋垃圾中微生物的生物过程，从而加速垃圾中可降解有机组分的转化和稳定。自20世纪70年代起，美国、英国、加拿大、澳大利亚、德国、意大利、瑞典和日本等国相继开始了生物反应埋场的研究。研究表明通过渗滤回灌可以缩短填埋垃圾的稳定化进程（使原需15～20年的稳定过程缩短至2～3年）。循环式准好氧填埋技术最早是由日本提出的，其核心是使垃圾层中进入空气，由此加速填埋垃圾中有机物好氧分解。在回灌的条件下，保证了填埋层中有充足的水分，既减少了渗滤液的排放量，又降低了渗滤液的污染强度。

第五节 生物修复技术

一、生物修复的基本概念

由于一些污染物的不合理处置和石油泄漏以及工业废物的排放，使得大面积的土壤和水体受到污染，很多污染物仅靠土壤或水体自身的自净能力很难在短时间内得以去除，这将给人体和生物的生存带来严重的威胁。20世纪80年代中期欧美一些国家开始研究用生物修复技术来治理污染的土壤和水体，结果发现处理效果明显优于物理、化学的方法。从此生物修复技术在污染治理中得到广泛的重视，并发挥着巨大的作用。

生物修复(biormediation)又称生物改良(bioreclamation)，目前被共同接受的基本定义为:生物修复是生物特别是微生物催化降解有机污染物，从而修复被污染环境或消除环境中的污染物的一个受控或自发进行的过程，这是狭义的定义。生物修复还有更广泛的定义，即除了微生物修复外，还包括植物修复和动物修复，也就是说，生物修复是指利用细菌、真菌、水生藻类、陆生植物等的代谢活性降解并减轻有机污染物的毒性，改变重金属的活性或在土壤中的结合态，通过改变污染物的化学或物理特性而影响它们在环境中的迁移、转化和降解速率的过程。

生物修复的创新之处在于它精心选择、合理设计操作的环境条件，促进或强化在天然条件下本来发生很慢或不能发生的降解或转化过程。生物修复起源于有机污染物的治理，近年来也向无机污染物的治理扩展。同传统或现代的物理、化学修复方法相比，生物修复有许多优点：① 生物修复可以现场进行，这样减少了运输费用和人类直接接触污染物的机会；② 生物修复经常以原位方式进行，这样可使对污染位点的干扰或破坏达到最小，可在难以处理的地方(如建筑物下、公路下)进行,在生物修复时场地可以照常用于生产;③ 生物修复使有机物分解为二氧化碳和水,可以永久性地消除污染物和长期的隐患,无二次污染,不会使污染转移;④ 生物修复可与其他处理技术结合使用,处理复合污染;⑤ 降解过程迅速,费用低,只是传统物理、化学修复的30%～50%。

生物修复与污染物的生物处理既有相似之处,也有较大的区别。相似之处在于:它们都是利用微生物等的降解作用,同时也都是利用微生物的同化作用扩大繁殖,并通过工程措施保持生物处理过程有很高的效率,在处理特殊废物时都需要驯化和筛选高效微生物。

生物修复和生物处理的不同之处在于:生物修复主要控制环境中的污染物,而生物处理则控制排放口污染物。生物处理是在精心设计的工程系统中进行,活性污泥法处理的废水大部分为生活污水,比较容易降解。活性污泥法使处理的废水处于均匀混合状态,操作运行相对容易一些。生物修复降解的化学品多是比较难降解的有毒化学品的复杂混合物,如燃油、杂酚油、工业溶剂的混合物。污染物的浓度从很低到特别高,浓度可以相差10^6倍,有时还会有无机废物如重金属的存在。进行生物降解的基质经常是多相的非均质的环境,污染物在土壤中可以与土壤颗粒结合,可以溶于土壤水中,也可以存在于土壤空气中,有时土壤中两点之间相差几厘米,污染物的含量就会有很大不同。

尽管生物修复技术多种多样,生物修复的地点千差万别,但它必须遵循三个原则,即使用适合的微生物、在适合的地点和适合的环境条件下进行。

适合的微生物是指具有生理和代谢能力并能降解污染物的细菌和真菌。在许多情况下,修复位点处就有降解微生物存在。如果在反应器内处理高浓度有毒污染物,则要加入外源微生物。适合的地点是指要有污染物和合适的微生物相接触的地点,例如在表层土壤中存在的解苯微生物是无法降解位于蓄水层中的苯系污染物,只有抽取污染水到地面,在地上生物反应器内处理,或将合适的微生物引入污染的蓄水层中处理。适合的环境条件是指要控制或改变环境条件,使微生物的代谢和生长活动处于最佳状态。环境条件包括温度、无机营养盐(主要是氮和磷)、电子受体(氧气、硝酸盐和硫酸盐)和pH值等。

二、生物修复的类型

生物修复的种类很多,可以根据不同的标准进行分类。例如根据被修复的污染环境,可以分为土壤生物修复、地下水生物修复、沉积物生物修复和海洋生物修复等;根据生物修复利用微生物的情况,可以分为使用污染环境土著微生物(indigenous microorganism)、使用外源微生物(exogenous microorganism)和进行微生物强化作用(bioaugnentation)。

经常采用的分类是根据人工干预的情况,这样可以把生物修复技术分为:原位生物修复(in-situ bioremediation)和异位生物修复(ex-situ bioremediation)两种。原位生物修复是指对受污染的介质(土壤、水体)不作搬运或输送,而在原位污染地进行的生物修复处理,修复过程主要依赖于被污染地自身微生物的自然降解能力和人为创造的合适降解条件;异位生物修复是指将被污染介质(土壤、水体)搬动和输送到它处进行生物修复处理。但这里的搬动和输送是低限度的,而且更强调人为调控和创造更加优化的降解环境。

1. 原位生物修复

(1) 生物通气法(bioventing)

这是一种强迫氧化生物降解法,用于修复地下水上部受挥发性有机物污染的透气层土壤。它是在污染的土壤上打至少两口井,安装鼓风机和抽真空机,将空气强排入土壤中,然后抽出，土壤中的挥发性有机物也随之去除。这种处理系统要求污染土壤具有多孔结构以利于微生物的快速生长。另外，污染物要求也是挥发性的，这才适于通过真空抽提加以去除。

(2) 生物注射法(biosparging)

这是一种类似生物通气法的系统处理方法，又叫空气注射法。即将空气加压后注射到污染地下水的下部，气流加速地下水和土壤中有机物的挥发和降解，它和生物通气法都是在广泛应用的土壤气提法的基础上发展起来的。

(3) 生物培养法(bioculture)

定期地向污染环境中投加 H_2O_2 和营养，以满足污染环境中已经存在的降解菌的需要，以使微生物把污染环境中的污染物彻底矿化成 CO_2 和 H_2O。

(4) 投菌法(bioaugmentation)

直接向污染的环境中接入外源的污染降解菌，同时提供这些细菌生长所需的营养。

(5) 农耕法(landing farming)

对污染土壤进行耕耙处理，在处理进程中施入肥料，进行灌溉，加入石灰，使其有充足的营养、水分和适宜的 pH 值，从而尽可能地为微生物降解提供一个良好的环境，保证污染物降解在土壤的各个层次上都能发生。这种方法的最大缺陷是污染物可能从土壤迁移，但由于该法简易经济，因此在土壤渗透性较差、土壤污染层较浅、污染物又较易降解时可以使用。

(6) 植物修复(phytoremedying)

在污染环境中栽种对污染物吸收力高、耐受性强的植物，应用植物的生物吸收和根区修复机理(植物—微生物的联合作用)，从污染环境中去除污染物或将污染物予以固定。我国野生植物资源丰富，不乏生长在天然污染环境中的野生超积累植物和耐重金属植物，因此开发与利用这些野生植物资源对植物修复的意义重大。

2. 异位生物修复

(1) 堆肥式处理(composting)

土壤中直接掺入能提高处理效果的支撑材料，如树枝、稻草、粪肥、泥灰等易腐物质，使用机械或压气系统充氧，同时加石灰以调节 pH 值。经过一段时间的发酵处理，大部分污染物将被降解，经处理、消除污染后的土壤可返回原地或用于农业生产。堆肥法包括风道式、好气静态式和机械式等三种，其中以机械式(在密封的容器中进行)最易控制，可以间歇或连续运行。

(2) 预制床处理(prepared bed)

在不泄漏的平台上，铺上石子和砂子，将受污染的土壤以 15～30 cm 的厚度平铺其上，并加入营养液和水，必要时加入表面活性剂，定期翻动充氧，以满足土壤中微生物生长的需要，处理过程中流出的滤液回灌于该土层上，以便彻底清除污染物。预制床处理是农耕法的延续，但它可以使污染物的迁移量减至最低。

(3) 生物反应器(bioreactor)

把污染的土壤转移到生物反应器中，加入 3～9 倍的水混合使其呈泥浆状，同时加入必要的营养物和表面活性剂，鼓入空气充氧，剧烈搅拌使微生物与底物充分接触，完成代谢过程，然后在快速过滤池中脱水。这种反应器可分为连续式和间歇式两种，但以间歇式居多。由于生物反应器内微生物降解的条件很容易控制与满足，因此其处理速度与效果优于其他处理方法。

思考题与习题

1. 什么是环境生物技术？在环境保护中采用环境生物技术有何优势？
2. 什么是水污染物？其化学组成包括哪些？
3. 请叙述活性污泥法的净化原理和基本工艺流程。
4. 简要说明几种活性污泥法处理的主要特点。
5. SBR处理过程是怎样的？
6. 请叙述生物膜法的生物净化原理。
7. 说明当前关于厌氧生物处理的生物学理论。
8. 你如何看待有机废气生物处理的气体吸收—生物膜理论？目前的主要工艺是哪些？
9. 目前利用生物技术解决城市固体废弃物的方法主要有哪些？各有什么特点？
10. 什么是生物修复？它与生物处理有什么区别？
11. 请简要说明生物修复技术的类型。

第七章　生命科学与矿业技术

【学习目标】

1. 认识微生物在石油开采、低品位金属矿冶金、煤炭液化中的应用。
2. 理解煤炭微生物脱硫的反应机理。

矿业的发展面临许多严峻的问题，主要包括：矿产资源消耗过快，开采技术条件良好的矿床日益减少，矿石的品位越来越低，矿产加工利用造成的污染不断加剧等。这些问题能否妥善解决，决定着矿业能否进一步生存和发展。生命科学在近几十年内得到了迅速的发展，并在许多领域得到了广泛的应用，发挥着巨大的作用，其成绩受到了全社会的肯定。将生命科学理论成果及其技术体系应用于矿业，解决矿业现在所面临的资源枯竭、破坏环境等问题，使矿业达到可持续发展的目标，则是一条行之有效的技术道路。

第一节　石油与微生物技术

随着人类物质和文化生活水平的提高，人类对能源的需求量不断增加，但矿物燃料的存量，也会随着过度开采而枯竭。根据1996年美国能源部的测算资料，世界已探明的矿物燃料可使用年限约为：煤221年，天然气80年，石油39年。而中国已探明的矿物燃料使用年限却分别为：煤85年，天然气62年，石油19年。能源问题已成为制约中国经济持续发展的重要因素，能源安全已是当前决策机构不得不面临的重大问题。石油作为主要的能源，势必要求石油工业有更大的发展。随着石油勘探开发的进行，勘探开发的难度也越来越大。为了适应勘探开发的需要，各种新技术、新方法不断出现；另一方面，矿物燃料燃烧效率低，并产生大量的CO_2、CO及碳氢化合物等有害气体，对生态环境的影响也到了非常严重的地步，再加上世界范围内环境保护法律法规的日益严格和民众环境意识的日益增强，石油工业的环境保护已逐步成为制约石油工业可持续发展的重要因素。

生物技术与石油工业存在着密不可分的关系，早在一百多年前就有人发现了微生物利用石油烃类的现象；而生物技术与环境保护（包括石油工业环境保护）的关系则更是紧密相连；随着生物技术的发展，微生物与石油、环境保护之间的相互关系日益受到重视，人们对这些关系的认识范围不断扩大，认识程度不断加深。

一、油气微生物勘探

气态烃类如甲烷、乙烷、丙烷和丁烷等可以从油气层中渗漏，到达地表土壤和浅层地下水中。这些烃类能被专一性较强的微生物利用，从而改变地表土壤和浅层地下水的微生物生态。氧化气态烃类的微生物在土壤和浅层水中分布规律的异常，是利用微生物进行油气勘探的理论基础。

油气微生物勘探法源于苏联。早在1937年，苏联地质微生物学家莫基勒夫斯基

(Mogilevski)发现由于细菌繁殖引起的近地表土壤中烃类气发生季节性变化，进而提出了石油与天然气的微生物勘探方法，并在实践中运用甲烷氧化菌作为地下气藏的指示菌。1937～1939年间，布特凯维奇(Butkevich)等人进行了大量的研究工作，研究结果证实了这种方法原理的正确性，同时拟定了具体的操作步骤。随后该方法在苏联得到了广泛应用，实际效果好。据统计，从1943年至1953年，油气微生物勘探法的成功率达到了65%。但是20世纪50年代以来，由于油气微生物勘探法的理论基础——轻烃垂直运移理论受到怀疑，苏联的油气微生物勘探受到冷落。

自20世纪40年代以来，美国微生物学家从地表土壤样品中分离出烃类氧化菌，并将其作为地下油气藏指示菌。在随后的一二十年中，美国、苏联、波兰和德国都在这方面做了大量工作，得到了令人满意的结果。

到20世纪50年代后期，美国地质微生物学家黑兹曼(Hitzman)博士开发出一种油气微生物勘测技术，该技术利用丁烷氧化菌的高抗丁醇特性来探测烃微渗现象。利用此项技术，对美国86个新区块进行了野外井勘探，在该法预测的18口生产井中，有13口井为工业油气流井，成功率为72%。

自1956年以来，德国的瓦格油尔(Wagner)博士独立地开发了一项新型的地表勘探技术—油气微生物勘探技术MPOG，20世纪90年代初，该技术的应用从欧洲陆续拓展到北海区域内。在6 000 km^2勘探区域内，先后发现和证实了17个油田，其油藏最深达3 500 m，成功率高达90%。

我国在1956～1971年期间，主要采用土壤细菌勘测法勘探了甘肃、四川、广西、山东、黑龙江、宁夏、陕西、青海、北京和天津等省市约20多个已知油区和未知油区，证实了该方法的可行性。油气微生物勘探法的结果与钻井资料的吻合性在65%左右。

进入20世纪90年代以来，德国、美国等国大大地提高了油气微生物勘探法的精度，并迅速扩展其应用范围。这一技术已引起我国石油工业界的高度重视。

二、利用微生物提高原油采收率

在石油开采过程中，钻油井并建立一个开放性的油田是开采石油的首选采油技术。石油通过油层的压力自发地沿着油井的管道向上流出和喷出或被抽出。但是这种以靠油层的自身的压力来采油，其采油量仅仅占油田石油总储存量的1/3左右，其余石油就需要借助其他采油技术得以开采。强化注水是二次采油广泛应用的有效增产措施，注水的主要目的是进一步提高油层的压力。多年来现场开采的增产的实例已证实了用注水法能使采油量由原来占油田储存油气量的30%提高到40%～50%左右。

利用微生物也是二次采油的重要技术之一，微生物提高原油采收率也是石油微生物学中研究最为活跃、发展最快的重要领域。1926年，美国人贝克曼(Beckman)提出了利用微生物增加原油产量的想法。关于微生物在石油开采中应用的第一重大研究工作是由佐贝尔(Zoubeir)在20世纪40年代进行的，这项工作主要研究厌氧的硫酸盐还原菌从砂体中释放原油的机理。佐贝尔的先导性工作对以后微生物用于石油开采的发展起了巨大的影响。

1945年，佐贝尔就发现，许多细菌的代谢产物(如CO_2气体、各种表面活性剂和多糖等)可以增加水的粘度，降低原油粘度，改善原油流动。他提出“微生物增油回采”法，即在石油次级回采过程中，将细菌与水一道泵进油层里，并供给有机碳源，这些细菌在合适的温度和充足营养的条件下生长，就能分泌出代谢产物，对回采石油发生作用。美国得克萨斯州有一口

40年井龄的油井，出油量已经降低到不具备开采价值了。人们试着往油井中加入糖蜜和微生物混合物，然后封闭，若干天后再检查时，发现由于细菌发酵，井内压力增加，出油量提高了4倍。生物采油成本低，且能回采更多的原油，越来越引起人们的关注。澳大利亚联邦科学和工业研究组织的地学勘探部与堪培拉大学合作，经过10年实验室研究，开发出一种细菌溶液，它能使油井产油量增加50%多，并使增产率保持了一年。

在20世纪70年代发生能源危机之前，由于油价较低，美国等西方国家利用微生物提高原油采收率的研究工作主要集中在室内，而波兰、罗马尼亚、捷克斯洛伐克和匈牙利等国家进行了大量的现场试验。可以说，微生物提高原油采收率最早的现场试验经验是从东欧国家获得的。随着能源危机的发生，美国能源部为了达到能源自给的目的，着手进行了一系列的研究项目，大大刺激了微生物提高原油采收率技术的发展。自1980年美国政府开始支持大学从事分离和筛选具有提高石油采收率特性的厌氧酸菌、微生物在提高石油收率方法中的应用、利用微生物降低原油粘度的方法、细菌通过孔隙介质的运移等课题的研究。近一二十年以来，国外研究微生物采油的研究机构日益增加，许多大石油公司以及独立的高技术实验室也在进行研究和开发，取得了许多可喜的成果。

微生物提高石油采收率是将筛选的微生物或它们的代谢产物注入到油藏中，通过微生物的代谢活动，产生降解重质烃类和石蜡的酶类，产生二氧化碳、甲烷等气体，产生表面活性物质、生物聚合物、有机酸、醇类等化学物质，从而改变地层和原油的性能，提高石油采收率。这一方法与其他的采油方法相比具有以下优点：① 具有自我复制机能，注入到油藏中的细菌通过生长繁殖，可以在一段很长的时期内起作用；② 可以使几种机理同时起作用，在矿场试验中往往将具有不同功能的细菌一起注入地下，使它们共同起作用；③ 所需设备和注入工艺简单，施工方便；④ 成本低廉。

以俄罗斯伊万诺夫(Ivanov)院士为首的俄罗斯微生物学家所采用的微生物提高石油采收率的方法则不同于美国等西方国家所采用的微生物提高石油采收率方法。美国等国采用的是注入菌种使其在油层中发酵产生有利于采油的化学物质的方法，而俄罗斯则利用地层内源微生物提高石油采收率(见图7-1)。

俄罗斯科学院微生物研究所和鞑靼石油公司通过一系列简易的工艺处理，强化注水井近井底带的微生物活动，达到提高石油采收率的目的。在油田实践中，利用向油层补气的方法并添加含氮磷营养盐，提高油层微生物的地球化学活动，增加了石油产量。利用内源微生物提高石油采收率已在鞑靼斯坦、阿塞拜疆和西西伯利亚的油田上应用。从1987年8月至1994年7月，共增产石油60 214 t，微生物增产的油量占总采油量的18.5%～43.2%。

伊万诺夫等人根据注水油田地层微生物群落的活化原理，对利用内源微生物提高采油率进行了现场试验。这项技术包括注入含有矿物盐的充气淡水。在注水井近井底地带，微生物群落包括需氧菌和厌氧菌的活性剧增。微生物活动过程分两个阶段进行：第一个阶段是活化原油中有机物质的需氧氧化过程，在此过程中形成驱油物质，如有机酸、表面活性剂、多糖类以及二氧化碳等；第二个阶段是厌氧阶段，在此阶段中生成甲烷和二氧化碳等气体。现场试验是在罗马什金油田不同注水区的三个先导试验开展的，总增油量41 080 t，占试验总采油量的32.9%。试验还发现，石油采收率的提高与甲烷生成速度有关。

尽管利用气压、水流、微生物产酸及释放气体和内热技术等方法均能提高石油采收率，但油层中仍有占原油田总油气量的30%～40%需要设法进一步开采。在三次采油工艺中，

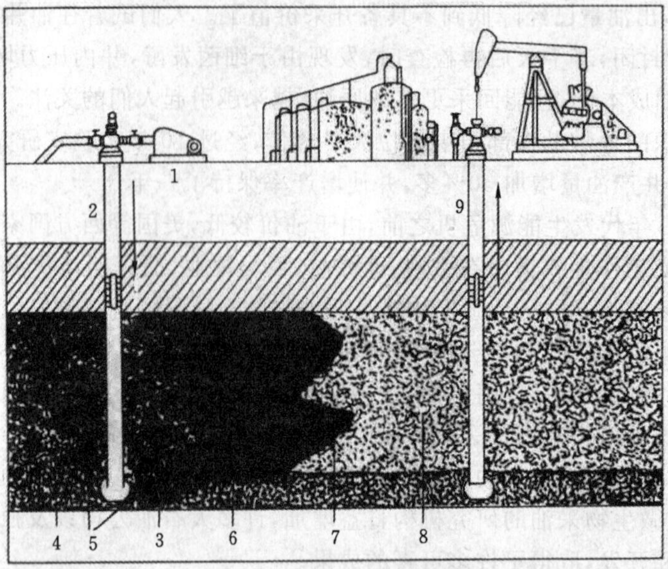

图 7-1　内源微生物采油示意图

1——注水泵；2——注水井；3——富含营养剂的水体；4——残余油带；5——地层微生物活动带；
6——微生物代谢产物(气体、生物聚合物、表面活性剂等)；
7——油层前锋；8——含油岩石；9——生产井

微生物主要是用分子生物学技术，来构建能产生大量的 CO_2 和甲烷等气体的基因工程菌株或选育具有产气量的高活性菌株，把这些菌体连同它们所需的培养基一起注入到油层中，目的是让这些工程菌能在油层中不仅产生气体增加井压，而且还能分泌高聚物、糖脂等表面活性剂，降低油层表面张力，使原油从岩石中、沙土中松开，粘度减低，从而提高采油量。1981年美国利用生物技术多产了 2 000 万桶原油，价值 6 亿美元。1989 年苏联科学家也提出了有效的开采石油的新方法，即在钻井过程中，给油层注入细菌，改善水的排油性能，大大提高了原油的流动性，从而提高了石油开采效率。

此外，利用微生物发酵产物作为稠化水驱油的目的是进一步降低石油与水之间的粘度差，减轻由注入的水不均匀推进所产生的死油块现象，让注入水在渗透率不一致的油层中均匀推进，增加水驱动的扫油面积，从而提高油田的采油率并延长油井的寿命。

近几年来，国内也十分重视利用微生物提高石油采油率的技术研究，全国各大油田几乎不同程度地进行了室内研究和现场应用试验，已取得了不少经验，积累了大量资料。目前，利用微生物提高石油采收率的技术研究正在不断深入，微生物提高石油采收率技术已逐渐成为一种有效的三次采油技术。

三、利用微生物及其代谢产物和制剂作为油田化学剂

随着生物科学和工程技术的发展，微生物学家能利用微生物生产多种生物聚合物和生物表面活性剂及其他化学物质。这些化学物质具有许多人工化合物不具备的特殊理化性能，可作为油田化学剂广泛地应用于油田生产的各个环节。如生物聚合物黄原胶具有许多特殊的理化性能，已大量地用做钻井液添加剂，用于制备完井液、修井液、压裂液，并作为驱油材料提高石油采收率。另外，某些微生物还可做为破乳剂用于原油破乳；某些微生物还能用于生产聚丙烯酰胺的单体丙烯酰胺，而聚丙烯酰胺大量用作驱油剂和油田污水净水剂；某些微生物产生的酶可用做压裂液破胶剂，可弥补氧化型破胶剂在低温破胶方面的不足；某些微生物能生产微生物絮凝剂，这种絮凝剂具有高效、低毒、易生物降解、无二次污染等优点，在油田废水处理中应用潜力很大。目前，上述生物代谢产物和制剂作为油田化学剂，有些已工业化生产并大量应用于油田生产过程之中，有些正在不断完善，可望获得实际应用。

作为油田化学剂的微生物代谢产物及其制品的应用前景十分光明。在这方面，目前需要解决的问题有：在科研方面要寻找优良菌种，开发新型制品；在生产制备方面要尽快使现有的优良生物制剂达到工业化生产水平，并尽可能降低生产成本；在现场应用方面要积极试用并将使用效果反馈给科研和生产部门，以便促进科研、生产和应用的良性循环。

四、原油的微生物脱硫

高含硫原油是大气污染物二氧化硫的主要来源之一，也是石油加工炼制设备腐蚀的重要原因之一。已经发现，有许多微生物（如细菌、放线菌、酵母菌）能选择性去除原油中的硫组分。原油的微生物脱硫研究比较活跃，甚至已采用遗传工程的手段并取得成果。但原油微生物脱硫的工业化进程缓慢，是今后研究的主要课题和发展方向。

此外，石油及石油产品中蜡质组分含量高必然引起凝固点高，而凝固点过高则会影响石油及其产品的正常使用。尽管采用化学方法可以脱蜡降低凝固点，但能力有限。尤其是当油品中蜡质含量较低时，利用微生物脱蜡效果更好。上海有机化学研究所等单位自20世纪60年代以来就致力于石油脱蜡并生产单细胞蛋白的研究，取得了一定的效果。

第二节 微生物冶金

微生物冶金又称为细菌冶金，是近代湿法冶金工业上的一种新工艺，它主要是利用微生物及其代谢产物作为浸矿剂，溶解矿石中的有效成分，最后从收集的浸取液中分离、浓缩和提纯有用金属的过程。

自从1958年美国用细菌法浸铜和1966年加拿大用细菌浸铀的研究与工业应用成功之后，先后有二十多个国家开展了用微生物提取矿石中有价金属和减少废水中有害金属的研究。已经报道的细菌冶金包括金、银、铜、铀、锰、钼、锌、钴、镍、钡、钪等10余种贵重的稀有金属，特别是金、铜、铀，虽然地球上矿藏蕴量丰富，但大多数矿床品位太低，随着现代工业的发展，高品位富矿也不断耗尽。面对数以万吨计的废矿渣、贫矿、尾矿、废矿，采用一般选矿法无能为力，因此惟有细菌冶金给我们带来了新的希望。目前，该领域的研究十分活跃，有的技术已经应用于生产，有的正在由实验室向工业应用过渡，显示出广阔的应用前景。

一、微生物冶金的原理

生物冶金方法处理的对象本质上是金属硫化物，即应用浸矿微生物产生的酸性溶液使硫化矿物氧化分解浸出金属，溶液中的有价金属离子则通过萃取—电积或其他湿法冶金方法制备高纯金属。难处理金矿生物预氧化提金则是由于微生物的存在，催化氧化复杂包裹金的硫化物，释放出金并加以回收利用。

微生物浸出金属的原理分为间接作用与直接作用。

1. 间接作用原理

间接作用的原理是指通过微生物作用产生硫酸和硫酸铁，然后通过硫酸或硫酸铁作为溶剂浸出矿石中的有用金属。硫酸和硫酸铁溶液是一般硫化物矿和其他矿物化学浸出法中普遍使用的有效溶剂,例如氧化硫硫杆菌和聚硫杆菌把矿石中的硫氧化成硫酸,氧化亚铁硫杆菌能把硫酸亚铁氧化成硫酸铁。间接作用又称为纯化学浸出法,其反应式如下:

$$2S + 3O_2 + 2H_2O \longrightarrow 2H_2SO_4$$

$$4FeSO_4 + 2H_2SO_4 + O_2 \longrightarrow 2Fe_2(SO_4)_3 + 2H_2O$$

通过上述反应,细菌得到了所需要的能量,而硫酸铁可将矿石中的铁或铜等转变为可溶性化合物从矿石中溶解出来,其化学过程是:

$$FeS_2(\text{黄铁矿}) + 7Fe_2(SO_4)_3 + 8H_2O \rightarrow 15FeSO_4 + 8H_2SO_4$$

$$Cu_2S(\text{辉铜矿}) + 2Fe_2(SO_4)_3 \rightarrow 4FeSO_4 + 2CuSO_4 + S$$

金属硫化矿经细菌溶浸后,收集含酸溶液,通过置换、萃取、电解或离子交换等方法将各种金属加以浓缩和沉淀。

2. 直接作用原理

微生物浸出的直接原理是指细菌对矿石具有直接浸提作用。一些不含铁的铜矿如辉铜矿等不需要加铁,氧化亚铁硫杆菌同样可以明显地将铜浸出。也就是说,细菌对矿石有直接氧化的能力,细菌与矿石之间通过物理化学接触把金属溶解出来。经研究发现,某些依靠有机物生活的细菌可以产生一种有机物,与矿石中金属成分嵌合从而使金属从矿石中溶解出来。电子显微镜照片也证实氧化硫硫杆菌在硫结晶的表面集结后,产生矿石侵蚀的痕迹。此外,微生物菌体在矿石表面能产生各种酶,也支持了细菌直接作用浸矿的学说。

二、用于冶金工业的微生物

目前常用的冶金微生物主要包括如下类型:

1. 硫杆菌属

该属包括至少14个种,其中最重要的是氧化亚铁硫杆菌和氧化硫硫杆菌。

硫杆菌属细菌广泛分布在矿床、硫泉及土壤中,这类细菌在普通琼脂培养基上生长缓慢,主要是由于琼脂在酸性条件下生成的水解物对菌体有抑制作用。因此,利用精制琼脂或者琼脂糖效果较好。

2. 钩端螺菌属

该属细菌中氧化亚铁钩端螺菌最为重要,可利用铁和黄铁矿为能源,但不能氧化硫。

3. 硫化杆菌属

该属细菌为严格好氧和极度嗜酸,生理生化特性相似,主要存在于硫化矿物矿床及火山地带,可氧化 Fe^{2+}、S 和硫化矿。

4. 硫球菌属

该属细菌极度嗜热,以布赖尔利叶硫球菌为代表,布赖尔利叶硫球菌,可氧化 Fe^{2+}、S 和硫化矿。

三、微生物冶金的工业化方法

目前微生物冶金的工业化方法有以下三种。

1. 堆浸法

此法是指把矿石堆积在矿坑外浸出的一种方法。为提高浸出后的浸出液的集水率,堆积场的地表要具有不透水性。把低品位块矿从底部开始以阶梯形式堆积起来,并摆平其上部。从上部喷射浸出液,随着浸出的进行,浸出液的品位逐渐下降,此时在上部重新设置堆积层继续进行浸出。美国等国家实施大规模浸出的矿山中，有的堆积阶梯总高度可达 300 m。

2. 槽浸法

槽浸的工作方式分为连续式与半连续式两种，一般用于大型冶炼厂，矿石需进行预加工，此法的成本比堆浸法高，但反应速度快、金属回收率高、控制比较容易。槽浸的浸出设备是搅拌反应器，反应器的搅拌可通过机械或空气搅拌方式达到。

3. 就地浸出法

此法还可称为原位置浸出或矿床内浸出法，是从低品位残留矿床或未开采的矿床中不用采矿作业回收金属的一种方法。为了提高浸出液的流动性和浸液与矿石的接触面积，根据需要有时把矿体进行破碎。当浸出有危险性存在时，采取设置遮断壁等措施来防止浸出液向浸出对象区域外逸出。

多数矿堆是利用地面的自然形状在矿场附近就地堆成的。通常废矿石堆积在陡峭的山坡之间，采矿的废石堆存在山坡上，或者用带式输送机将废石运至铺有不透水塑料的场地上堆存。堆场应当选择在地面不透水的地方。浸出矿堆的结构通常应使浸出液、细菌培养基和氧气易于达到矿物表面。某些情况下，可在矿堆内铺设管网以保证矿堆的通气。然而，如果矿堆的透气性可满足要求，加上金属硫化物经细菌氧化产生的热，穿过矿堆的自然向上气流一般能保证较好的供氧状况。矿堆的尺寸结构可控制其表面积与体积之比，以便能够保存细菌氧化硫化物所产生的热量，并使矿堆的作业不因外界温度低而受到显著的影响。应通过适当的试验和半工业试验，取得改进矿堆结构的数据。可用喷淋、浸渍或竖管将浸液引入矿堆，引入方式的选择取决于气候条件、矿物组成、矿堆高度和表面积以及生产规模。喷淋法可使浸液在矿堆表面均匀分布，然而却造成很大的蒸发损失，特别是在干燥的地区更是如此。

四、微生物冶金的前景

尽管微生物冶金工艺应用于提取金属在不长的时间内已取得了很大的经济效益，但在很多方面还需要改进。

冶金中使用细菌的优点包括：固定资产投资较低，生产成本低，污染少。主要缺点是过程的反应速度慢。在微生物湿法冶金方面的主要任务是研究开发能提高反应速度的菌种。工程的挑战在于如何用最短的时间、对大量的矿石同时进行固相、液相、气相反应，而且能控制其他的可变因素，特别是把温度控制在最佳水平上加速细菌的作用。即一个非常重要的任务就是通过遗传工程的技术培育出对高含量的重金属更有耐力、用于提取特定金属的浸出生物。这些生物还应有强大的新陈代谢(提取金属)能力。

遗传工程为开发专门用于采矿和金属工业的微生物提供了广阔的前景。目前，使遗传信息从一种微生物转移给另一种微生物的转基因技术已很成熟，但是，目前工业生产中还没有通过现代生物技术获得的良好性能的微生物冶金菌株。在不远的将来，通过自然适应与微生物的选择很有可能得到具有很强浸出力的微生物，该微生物对恶劣的环境有较强的适应性，同时需要的营养也较低。

微生物冶金中还需要进一步研究的主要领域是生物浸取和生物吸附的机理。虽然这些工艺的应用过程简单，但其内在的机理却很复杂。弄清这些机理将会使研究人员集中于特殊的领域，这些研究很有可能使生物工艺学成功地用于采矿工业。特别值得指出的领域是确定生物浸取过程中的限速步骤，这些步骤的确定会使工艺反应速度加快。

同时，多学科融合以及采矿工业对生物工艺学的长期经济支持也是至关重要的。也许生物工艺学用于采矿和金属工业所面临的最大挑战是工业本身并不熟悉生物工艺学。冶金学和生物工艺学所使用的技术和语言有很大的区别,为填补这项空白将需要多学科融合。

第三节 煤炭微生物脱硫

一、煤脱硫的重要性及微生物脱硫法的优势

煤炭是重要的工业能源,但煤炭工业中一直存在着一个十分需要解决的难题,即煤含硫(有机硫和无机硫)过高,用做燃料在燃烧过程中要释放出高浓度二氧化硫、氮氧化物、一氧化碳和颗粒物等有害气体和尘埃,对人体的健康、动植物的生长都有影响,并使金属腐蚀。为保护环境,一些国家除禁止使用大量高硫煤外,一直在从多方面进行脱硫研究,但至今未有良策。

我国大气污染已达到相当严重的程度,大面积酸雨的出现,正在对我国工农业建设和人类安全构成严重的威胁。其根本原因在于我国能源是以煤炭为主,我国现生产煤炭 7.8×10^{8} t,有 84%的煤炭直接用于燃烧,据 1985 年估计,由燃煤排放入大气中的二氧化硫约 1.31×10^{7} t,加上其他的工业生产排放的二氧化硫 1.5×10^{6} t,共 1.46×10^{7} t,环境污染极其严重。重庆、贵阳地区和湖南湘江水域的大面积酸雨的 pH 值有时达到 3.0,严重破坏了地区农业生态平衡,危害人体健康,破坏金属设施。单就工业交通设施腐蚀损坏一项,估计重庆比同类城市武汉每年要多耗资 1 500 多万元。

我国大气污染造成的经济损失,每年达 60 亿元以上,而且煤炭质量也影响着我国钢铁工业的发展。国家要求炼焦煤炭含硫量只能在 1%以下,如果煤炭中硫含量每升高 0.1% ,则焦比要升高 1.2%～2.0%,生铁的产量要降低 2% 。为此,我国有关部门规定,炼焦工业和发电厂用煤的含硫量必须在 1%以下,一般用煤含硫量必须在 1.5%以下。因此,煤炭脱硫已成为目前国际上亟待解决的重大课题。

煤中的无机硫主要以黄铁矿形式存在,含量为 0.5%～5% ,其次有白铁矿、砷黄铁矿、元素硫和少量硫酸盐(硫酸盐可以洗掉,影响不大);有机硫有硫醇、硫醚、二硫醚、硫醌和杂环硫,它们是煤分子构造中的一部分。这些硫的脱除目前有三种方法:① 化学法,此法要在 100 ℃～400 ℃高温和 4.5～36 MPa 的高压下进行,能耗高、费用大;② 物理法,即采用重选、磁选和浮选等方法对煤炭进行处理,但这种方法在外排含黄铁矿细粉时,就无能为力,反而造成细粒煤的流失;并且物理法根本无法去除煤中的有机硫;③ 生物法,这种方法既能专一的脱除结构复杂、嵌布粒度很细的无机硫——黄铁矿,又能脱除部分有机硫,而且投资和运转成本低,不污染环境,因而较化学法和物理法具有明显的优势和潜在的竞争力。

德策(Detz)等人(1979)用含黄铁矿硫 2%的原煤,设计了一个 8 000 t/d 处理量的煤脱硫工厂,煤浆浓度为 20%,温度 28 ℃,溶浸 18 d,氧化亚铁硫杆菌脱除煤炭中黄铁矿硫 93%,煤回收率 99%。对各项消耗,包括投资的折算等详细计算表明,细菌处理 1 t 煤炭的成本费为 9.48 美元,如果将粉碎(1.37 美元/t)和加工成煤球(2.05 美元/t)的费用计入,成本费为 12.9 美元/t,与其他方法比较,微生物法成本费最低,几种脱硫方法的成本比较见表 7-1。

二、微生物脱硫的原理

黄铁矿硫的微生物脱除,是由于微生物的氧化分解作用。目前一般认为微生物对黄铁矿

硫的脱除机理有两方面：一是直接氧化。即微生物直接氧化黄铁矿；二是间接作用，即细菌氧化硫酸亚铁生成的硫酸高铁与黄铁矿迅速反应，生成更多的硫酸亚铁和硫酸。其反应方程式为：

表 7-1　煤燃烧前后脱硫方法成本比较

方　法		成本/美元·t^{-1}	估算者
燃烧前脱硫	微生物法	12.9	德策等(1979 年)
	巴特尔(Battle)水热法	20	同上
	高铁沥滤法	20	同上
	肯奥科特(Kenocott)沥滤法	22	同上
	OTISCA－deep 清洁法	48～56	凯勒(Keller,1984 年)
燃烧后脱硫	烟道气脱硫	16	德策(Detz)等(1979 年)

$$2FeS_2 + 7O_2 + 2H_2O \xrightarrow{\text{微生物}} 2FeSO_4 + 2H_2SO_4 \quad ①$$

$$4FeSO_4 + O_2 + 2H_2SO_4 \xrightarrow{\text{微生物}} 2Fe_2(SO_4)_3 + 2H_2O \quad ②$$

$$FeS_2 + Fe_2(SO_4)_3 \longrightarrow 3FeSO_4 + 2S \quad ③$$

$$2S + 3O_2 + 2H_2O \xrightarrow{\text{微生物}} 2H_2SO_4 \quad ④$$

首先，附着在黄铁矿表面的细菌氧化黄铁矿生成亚铁(反应式①)，然后亚铁被氧化为高铁(反应式②)，高铁作为氧化剂再氧化黄铁矿生成亚铁和硫(反应式③)，后者可被细菌氧化生成硫酸。细菌脱除黄铁矿的过程中，上述两个作用是同时进行的，其中微生物将亚铁转变为高铁(反应式②)和将单质硫转变为硫酸(反应式④)的作用非常重要。

煤炭中的有机硫主要是芳香族和脂肪族组分，其中的二苯并噻吩是煤炭中含量高、较无机硫更难脱除的有机硫化物之一。微生物降解二苯并噻吩有两条途径：一条是环状破坏途径，即不直接作用于二苯并噻吩的硫原子，通过氧化分解碳架，把不溶于水的二苯并噻吩变成水溶性的物质；另一条是特定硫途径，也就是仅对二苯并噻吩的硫原子起作用，而不破坏碳架，这是把硫变成硫酸的途径。后一条途径由于没有破坏煤的碳架，不损失热量，因而具有很大的经济价值。美国煤气技术研究所(IGT)的微生物学专家筛选出一类新的微生物菌株，是一群混合菌，称之为 IGTST，该菌群对有机硫有特异的代谢作用，既能与有机硫亲和，又能裂解碳—硫键，而不降低煤的质量，脱除有机硫的效率可高达 91%。

三、煤脱硫的微生物种类及实践

能进行煤炭脱硫的微生物可按照所脱硫的形态进行分类，其中用于脱除无机黄铁矿硫的微生物有氧化亚铁硫杆菌、氧化硫硫杆菌等自养型细菌；用于脱除有机硫的微生物是靠从外界摄取有机碳生长的异养型细菌，主要有假单胞菌属、产碱菌属和大肠杆菌等。嗜酸、嗜热的兼性自养酸热硫化叶菌既能脱除无机硫，又能脱除有机硫。应用其他微生物进行煤炭脱硫也在探讨之中。例如草分枝杆菌是一种表面高度荷负电而又高度疏水的微生物，其表面具有多种活性基团，只絮凝煤而对其他矿物包括黄铁矿不起作用。美国对灰分 12.1%、含硫 2.5%的煤泥用该菌选择性絮凝，一次即可去除 85%以上的黄铁矿及约 60%的灰分。中国科学院微生物研究所利用从四川松藻煤矿分离到的氧化亚铁硫杆菌，对松藻煤样进行脱硫研究，取得8 d时间内总脱硫率达54%的结果。进而他们又采用任丘油田分离的两株异养型细菌，在15 d时间内可脱除煤中有机硫22.2%～32.0%。中国矿业大学采用自朱子埠煤矿分离的氧化亚铁硫杆菌，在12 d时间内将枣庄煤样总硫脱除53.0%。

浸出反应要控制的条件有pH、Fe^{3+}浓度、温度、电位及培养基组成等；除了与微生物浸出含金黄铁矿和多金属矿中的黄铁矿相似的条件下，煤中脱硫是一个包含气、液、固三相及生物组分的复杂工艺过程，要控制的参数还有煤浆的浓度、煤粒细度及通入气体中氧气和二氧化碳的浓度及利用率等。一般来说，煤中硫的微生物脱除，环境酸度应该在pH为2.0以下，以1.5～1.7为宜，这样可防止生成铁沉淀，因为铁沉淀会减少微生物与黄铁矿的接触面积；另外，煤浆电位须控制在500 mV以上，浸出时添加少量Fe^{3+}，可以提高脱硫速度；在通入的气体中，CO_2的含量以1%～3%比较合适。细菌培养基的组成须通过试验确定，西尔弗曼(Silverman)和兰沃思(Langwarthy)研制的基础培养基如表7-2所示。

表7-2　　自养脱硫菌培养基组成　　g/L

组成	硫化叶菌培养基	氧化亚铁硫杆菌培养基
$(NH_4)_2SO_4$	1.3	3.0
KCl	—	—
K_2HPO_4	0.28	0.5
$MgSO_4 \cdot 7H_2O$	0.25	0.5
$Ca(NO_3)_2$	—	0.1
$FeSO_4 \cdot 7H_2O$	—	45
$CaCl_2 \cdot H_2O$	0.07	—
$FeCl_3 \cdot 6H_2O$	0.02	—
$MnCl_2 \cdot 4H_2O$	0.004 5	—
$Na_2B_4O_7 \cdot 10H_2O$	0.000 22	—
$ZnSO_4 \cdot 7H_2O$	0.000 05	—
$CuCl_2 \cdot 2H_2O$	0.000 03	—
$NaMoO_4 \cdot 2H_2O$	0.000 03	—
$CoSO_4$	0.000 01	—

此外，物料表面积越大，微生物与之接触的机会越多，对反应越有利，但对于含黄铁矿不均匀的煤炭，在磨细过程中会产生部分不含黄铁矿的煤粒，这些煤粒占据部分细菌，使含黄铁矿煤粒中的细菌数相对减少，对脱硫反而不利。所以合理的磨煤细度与煤中黄铁矿含量及分布情况有关，此外，还与煤浆浓度和煤中黄铁矿含量及所用细菌及细菌浓度有关。如果煤中含黄铁矿较少，可通过一步浮选工序，选出部分含硫低的煤，减少细菌脱硫的负荷。酸处理的目的是中和煤中的碱性物质，以适宜于细菌生长，同时也可以提高煤粒受细菌作用的敏感性。

脱除煤中硫的其他微生物也有报道。伊斯比斯特(Isbister)采用假单胞杆菌，经诱变处理(包括物理、化学、生物等因素)获得一株代号为CB-1的菌株，具有释放二苯并噻吩中硫的能力，释放的硫被氧化成硫酸，用于煤脱硫，煤炭总硫量1.8%，煤浆含量高至28%，处理煤炭量 1 134 kg/d，脱除有机硫 17%，浸出渣含硫量下降了，成本费为 2.3 美元/t。

伊斯比斯特还采用遗传饰变法培育出一株代号为 CB-2 的改良菌株。并用 CB-1/CB-2 的混合菌株获得更高的脱硫效果。伊斯比斯特指出：如果我们达到生物法从煤中脱除 60% 的有机硫的目的，并将这种方法与物理脱除黄铁矿的方法相结合，那么任何煤炭就可以不用最昂贵的清洁器处理，即可以满足严格的排放标准。

煤炭微生物脱硫技术的实际应用还受诸多因素影响，如煤质结构不均匀；煤块与微生物的反应界面有限，脱硫细菌生长缓慢，难于富集；脱硫率低且不稳定。但与物理脱硫相比，微生物脱硫仍不失为一种投资少、耗能低、无污染的工艺，有着进一步研究和开发的前景。

四、煤炭生物液化

煤炭作为固体燃料，具有复杂的结构和不均匀等特性，各种脱硫和除尘工艺受到界面影响，不可能完全去除所含的硫和灰分。将煤液化或气化，使之降解到分子水平，可得到纯粹的燃料，应用范围可进一步扩大。通常的化学液化工艺由于采用高温高压，代价昂贵。煤和褐煤的微生物液化正在发展之中，由固体煤转化成液体产品，总能损失极小。在接近自然条件的温度和压力下进行，可节省大量资金。

在 20 世纪 80 年代初，就有研究首次报道了某些种类的真菌和细菌能够利用煤炭并使之液化。最初的研究是鉴定褐煤的生物降解可能性，其科学依据在于褐煤中保存了原始的生物结构和成分，这类物质在成煤史中仅经受了低温和低压的作用。此外，德国科学家曾进行了微生物降解无烟煤的研究，提示次生烟煤可能也适于微生物的降解。在研究生物溶煤作用中还发现，溶解作用的发生与煤的种类以及氧化程度有关，煤化作用较浅的低价煤、受到强风化作用的褐煤和经过强氧化剂化学处理而呈高度氧化状态的煤，均易受到微生物的作用而溶解。煤的化学预降解可为生物降解提供较小的分子结构，并可分离出对微生物有毒害或不利于生物降解的成分。

通过生物液化产生的煤的液体，是一种水溶性的混合物，这种混合物都是分子量较大的极性化合物。经超滤和凝胶色谱分析表明，这些化合物的分子量在 30 000～300 000 之间，其化学结构主要是带有大量羟基的芳香族化合物。这些化合物的挥发性较低，用质谱法或气相色谱法均难于定量分析。可用于煤生物降解的微生物种类很多，美国和德国已筛选出几十种有关的真菌和细菌，其中主要包括变色多孔菌、卧孔菌属、青霉菌、曲霉菌和假丝酵母等。

我国大连理工大学利用变色多孔菌和假丝酵母对东北和内蒙褐煤进行了降解试验，并借鉴美国的分析经验采用红外光谱和核磁共振对溶出物进行了分析，显示出分子内大量增加了含氧含氮官能团，并有羧酸盐及有机酸铵盐等存在，为溶煤机理及产物的进一步利用提供了一定依据。

煤炭液化技术具有巨大潜力，但还存在一些问题有待解决。首先这种溶出产物只是一种水溶性的固体，虽然具有相当高的能量，也只能作为一种燃料而不适于作运输工具的能源。其次，目前进行液化的微生物大多需要昂贵的含糖培养基，生长时间长达两星期。因此要达到商业性应用，必须寻找经济上较为廉价的培养基和快速生长的微生物。再者，要获得较高的产量就要求对煤进行化学预处理，而这种化学预处理的费用可能较高。为了探求这类问题的解决，研究在不断进行。美国阿肯色大学已分离出一种在便宜的矿物盐培养基上生长的细菌，经几小时反应就可把煤炭转化成液体。可以预料随着新菌种的不断发现，相应菌种的联合作用以及基因工程菌的构建，煤炭液化理想的技术处理以及经济问题必将得到解决，生物液化将显示它巨大的潜力。

思考题与习题

1. 利用微生物勘探石油的依据是什么？目前的进展怎样？
2. 利用微生物提高石油采收率有何优点？
3. 细菌冶金的生化反应机理与煤炭微生物脱除黄铁矿硫的机理有何异同？
4. 请简要叙述煤炭微生物脱硫的优势和缺点。

第八章 生命科学与信息技术

【学习目标】

1. 了解生物传感器的基本构成、类型和应用。

2. 认识生物芯片的种类和应用。

20世纪生命科学的进展在很大程度上得益于引入了物理学、化学与数学等学科的概念、方法与技术。将电子技术、信息科学、计算机、自动控制等工程技术科学中一直沿用的"信息论"的核心理念引入到生命科学研究后,对生命现象的描述与测量更科学化。因此在20世纪后期,在基因测序、基因诊断与基因治疗等基因工程领域中,生命科学与信息技术间的交叉思维已经形成了强有力的研究趋势,其目的在于运用信息技术收集、存储、管理、分析、传播和开发生物学资源。目前已在生物传感器、生物芯片等领域开展了许多富有成效的工作。

第一节 生物传感器

生物传感器是以生物学组件作为主要功能性元件、能够感受规定的被测量物并按照一定规律将其转换成可识别信号的器件或装置。它可看做是一类特殊的电子器件,能把各种被观测的非电量转换成易于加工、处理与观测的电学量。生物传感器利用生物活性物质的分子识别能力,选择性地识别和测定各种生物化学物质,它是生物学与传感器技术交叉的产物。因其对生化物质特异的选择性、极高的灵敏度和测量的快速性,近年来获得蓬勃发展,在国民经济各个部门如食品、制药、化工、临床检验、生物医学、环境监测等方面有广泛的应用前景。生物传感器的研究开发,已成为世界科技发展的热点,成为新世纪新兴的高技术产业的重要组成部分。

一、生物传感器的基本构成

生物传感器一般由生物识别元件、转换及机械元件和电气元件组成。核心由分子识别部分(生物敏感膜)和信号(或能量)转换部分(转换器件)两部分组成。生物敏感膜通常由固定化的生物体成分(酶、抗原、抗体、激素等)或生物体本身(细胞、细胞器、微生物、组织等)构成,其作用是经特定的生物化学反应产生与被测量相关的化学或物理的信号。转换器件则是把生物敏感膜输出的化学、物理信号转换成易于测量的电信号。

二、生物传感器的分类

目前生物传感器的基本分类方式有三种(见表8-1)。

(一) 根据输出信号的产生方式分类

被测物与分子识别元件相互作用产生传感器输出信号的方式有两类。一类是被测物与分子识别元件上的敏感物质具有生物亲和作用,两者能特异结合,同时引起敏感材料上生物分子的结构和/或固定介质发生物理变化。如电荷、厚度、温度、光学性质(颜色或荧光)等变化。这类传感器称为生物亲和型传感器。另一类是被测物与分子识别元件上的敏感物质作用并产生产物，信号换能器将底物的消耗或产物的增加转变为输出信号，这类传感器称为代谢型或催化型传感器。

表 8-1　　生物传感器的分类

分类方式	分类依据	传感器名称
输出信号的产生方式	1. 被测物与分子识别元件上敏感物质具有生物亲和作用 2. 被测物与分子识别元件上的敏感物质作用并产生产物，信号换能器将底物的消耗或产物的增加转变为输出信号	1. 生物亲和型传感器 2. 代谢型或催化型传感器
分子识别元件上的敏感物质	1. 酶与底物作用 2. 微生物代谢 3. 组织代谢 4. 细胞代谢 5. 抗原与抗体反应 6. 核酸杂交	1. 酶传感器 2. 微生物传感器 3. 组织传感器 4. 细胞器传感器 5. 免疫传感器 6. DNA 生物传感器
信号转换	1. 电化学电极 2. 离子敏场效应晶体管 3. 热敏电阻 4. 压电晶体 5. 光电器件 6. 声学装置	1. 电化学传感器 2. 离子敏场效应传感器 3. 热敏电阻传感器 4. 压电晶体传感器 5. 光电传感器 6. 声学传感器

（二）根据分子识别元件上的敏感物质分类

生物传感器中分子识别元件上所用的敏感物质有酶、微生物、动植物组织、细胞器、抗原和抗体等。根据所用敏感物质可将生物传感器分为酶传感器、微生物传感器、组织传感器、细胞器传感器、免疫传感器和 DNA 生物传感器等。

（三）根据信号转换分类

生物传感器的信号换能器有：电化学电极、离子敏场效应晶体管、热敏电阻、压电晶体、光电器件、声学装置等。据此又将传感器分为电化学传感器、离子敏场效应传感器、热敏电阻传感器、压电晶体传感器、光电传感器、声学传感器。

上述分类方法中的后两种分类方式分属于生物学和工程电子学范畴，是较常见的分类方式。每一类又包含许多具体的生物传感器，例如酶电极，因所用酶的不同又有几十种之多，如葡萄糖电极、尿素电极、尿酸电极、胆固醇电极、乳酸电极、丙酮酸电极等。即便是葡萄糖电极也并非只有一种，有用 pH 电极或碘离子电极作为换能器的电位型葡萄糖电极，也有用氧电极或过氧化氢电极作为换能器的电流型葡萄糖电极等。

三、典型的生物传感器

生物传感器具有特异性高、敏感性好、操作简便、可重复使用、成本低廉的特点，理论上可对任何生物物质实现连续、无试剂的微量检测且能多组分检测同时进行，因此得到广泛的应用。下面分别就典型的生物传感器及其主要应用进行讨论。

（一）酶传感器

常见的酶传感器是酶电极传感器(enzyme electrode)。酶电极是发展最早、也是较成熟的一类传感器，其应用范围最广泛。酶电极是由固定化酶膜与电化学电极组合而成能测定底物的电化学传感器。因酶的不同可测定葡萄糖、尿素、多种氨基酸、青霉素、乙醇、氨、甲酸、头孢霉素、致癌物质、生物耗氧量、苯丙氨酸、谷氨酸、赖氨酸、半乳糖等多种物质。

酶促反应中，产生或消耗某些与被测底物之间具有严格的化学计量比例关系的电活性物质，所产生或消耗的量可以由电化学电极测知，得到被测底物的含量。其中有些酶促反应，其产物量是底物含量的许多倍，则测得的电活性物质的量是被测底物经“化学放大”后的量。这种化学放大作用可实现微量底物的测量。

酶电极可分为电流型和电位型两种。电流型又分成有氧检出型和过氧化氢检出型；电位型的检出方式是离子。表 8-2 列出了主要的酶电极。

表 8-2　典型的酶电极

检测方式		被检物质	酶	检出物质
电流型	氧检出方式	葡萄糖	葡萄糖氧化酶(GOD)	O_2
		过氧化氢	过氧化氢酶	
		尿酸	尿酸氧化酶	
		胆固醇	胆固醇氧化酶	
		尿素	脲酶	
		磷脂质	磷酸化酶	
		磷酸根离子	磷酸酶，GOD	
		抗坏血酸	抗坏血酸氧化酶	
	过氧化氢检出方式	葡萄糖	GOD	H_2O_2
		L-氨基酸	*L*-氨基酸氧化酶	
		胆碱	胆碱氧化酶	
		乙酰胆碱	胆碱氧化酶＋胆碱酯酶	
		酚	酪氨酸酶	
电位型	离子检出方式	尿素	脲酶	NH_3
		L-氨基酸	*L*-氨基酸氧化酶	
		D-氨基酸	*D*-氨基酸氧化酶	
		天门冬酰胺	天门冬酰胺酶	
		L-谷氨酸	谷氨酸脱氢酶	NH_4^+
		精氨酸	精氨酸酶＋脲酶	
		酪氨酸	酪氨酸脱羧酶	CO_2
		赖氨酸	赖氨酸脱羧酶	
		组氨酸	组氨酸脱羧酶	
		中性脂	脂肪酶	pH
		一元胺	一元胺氧化酶	
		青霉素	青霉素酶	
		葡萄糖	GOD	

用于血糖测定的葡萄糖传感器是利用葡萄糖氧化酶(GOD)催化葡萄糖氧化反应，生成过氧化氢和葡萄糖酸内酯，即：

$$\beta\text{-}D\ \text{葡萄糖} + O_2 \xrightarrow{\text{GOD}} D\ \text{葡萄糖酸内酯} + H_2O_2$$

可用氧电极或过氧化氢电极来检测 O_2 的消耗量或 H_2O_2 的生成量，进而测得葡萄糖含量。测定 O_2 消耗的氧电极，通过测量耗氧时的氧化还原电流和基础的氧化还原电流之差来实现。因其起始电流大，故灵敏度较低，且易受外界氧气浓度干扰。过氧化氢电极检测 H_2O_2 生成量则克服了上述缺点，其输出电流与 H_2O_2 含量成正相关。因起始电流小，故灵敏度高。可比氧电极制作的 GOD 电极高两个数量级以上，且不受外界 O_2 干扰。

酶电极在临床诊断、发酵与食品成分分析和环境毒物测定等领域有广泛的用途。

(二) 微生物传感器

微生物传感器(microbial sensor)是把经过培养的细菌细胞(或固定化细胞)覆盖于相应的电化学元件表面而构成的生物传感器。其工作原理是利用细胞中的酶对待测底物的水解、氨解或氧化等反应的选择性催化作用,用电化学电极选择性地探测反应物的变化,定量测定待测底物的含量。

自 20 世纪 70 年代制成第一例微生物传感器至今,微生物传感器可测定物质已达六七十种。表 8-3 列出了典型微生物传感器及其特性。

表 8-3　　典型微生物传感器

测定对象	微生物名称	测定电极	检出范围/mg·L^{-1}	响应时间/min	稳定性/d
葡萄糖	荧光假单胞菌	氧电极	3～20	10	14
	酿酒酵母	氧电极	1.8～180	5～10	15
甲酸	丁酸梭菌	燃料电池	14～1 320	20	20
	草酸假单胞菌	二氧化碳电极	6～120	10～20	7
乙酸	芸苔丝酵母菌	氧电极	10～100	10	20
乙醇	木醋杆菌	氧电极	<18	2	10
	芸苔丝酵母菌	氧电极	3～20	15	30
硝酸盐	棕色固氮菌	氨气敏电极	0.01～0.8 mmol/L	7～8	14
亚硝酸盐	硝化杆菌	氧电极	0.01～0.6 mmol/L	10	21
甲烷	鞭毛甲基单胞菌	氧电极	0.01～36.6 mmol/L	1～2	20
谷氨酸	大肠杆菌	二氧化碳电极	60～80	7	20
	枯草芽孢杆菌	氧电极	0.01～0.15 mmol/L	0.1a	14
谷氨酰胺	黄色八叠球菌	氨气敏电极	0.1～10 mmol/L	5	>14
L-组氨酸	假单胞杆菌	氨气敏电极	0.1～3 mmol/L	6～12	21
BOD	皮状丝孢酵母,地衣芽孢杆菌	氧电极	0.5～40	5～10	>60
维生素 B	发酵乳酸菌	燃料电池	10^{-3}～10^{-2}	360	60
NO_2	硝化细菌	氧电极	0.5～255	3	24
氨	硝化细菌	氧电极	5～45	5	20

微生物传感器不仅可以测定单一成分物质,如葡萄糖等各类碳水化合物、氨基酸、有机酸、各类含氮化合物等,还可以测定多种化合物的总量和集合效应。发酵工业领域,微生物传感器多用于原材料、代谢产物的测定。生物工程领域,微生物传感器可用于酶活性的测定;还可用于测定微生物的呼吸活性。医学领域,可利用微生物传感器对致癌物质进行筛选,研究致癌物质对遗传因子的变异诱发性。环境监测领域是微生物传感器应用最为广泛的领域,其典型代表是 BOD 传感器。它可以测定水中可生物降解有机物的总量即生化需氧量。微生物传感器还可应用于测定多种污染物:NO_x 气体传感器用于监测大气中氮氧化物的污染;硫化物微生物传感器用于测定煤气管道中含硫化合物;酚微生物传感器能够快速并准确地测定焦化、炼油、化工等企业废水中的酚。

微生物传感器无需酶提纯的复杂工艺,克服了酶的不稳定性。因此,成本低,易推广,易于完成需要辅助因子的复杂的连续反应。但缺点是响应较慢,培养微生物费时,制备工艺繁琐。

(三) 细胞器传感器及细胞传感器

20 世纪 70 年代末至今，利用细胞内的细胞器如线粒体、微粒体、溶酶体、过氧化氢体、叶绿体等制成了多种细胞器传感器(organelle sensor)。

把具有呼吸机能的线粒体内膜的电子传递载体制成固定化的凝胶膜，附着在氧电极的透气膜上，构成检测还原性辅酶 I(NADH)的细胞器传感器。将猪肾组织分离所得的线粒体与氨气敏电极组合，可测定谷氨酰胺。将分离所得的线粒体与氧电极结合还可组成测 CN^-、叠氮基等呼吸抑制剂以及 2,4-二硝基酚、鱼藤酮、寡霉素、抗霉素等抗生素的生物传感器。

用肝微粒体组成测定亚硫酸离子的 SO_2 微粒体传感器。利用从大白鼠肝脏组织细胞中分离出的微粒体，用中空纤维包埋后，制成传感器可进行药物解毒研究。

把含有叶绿体的绿藻固定在聚碳酸酯膜上，再将其覆盖在氧电极上，即构成磷酸根传感器。原理是利用叶绿素分子在类囊体膜上激发光化学系 I、II，接受水分子中的电子而使其生成氧等物质，最后形成腺苷三磷酸。检测反应中生成的氧，即可测定磷酸根离子。传感器在 5 ℃暗处可保存两个月以上，对基质选择性优良，对糖、有机酸和其他无机离子完全无响应。

溶酶体具有分解蛋白质、核酸、脂质、多糖等生物高分子的能力，如能将它与电极巧妙地组合成传感器，将是很有意义的细胞器传感器。

四、生物传感器的应用及发展展望

(一) 生物传感器的应用

1. 食品检验中的应用

生物传感器在食品检验中的应用已相当广泛，包括食品工业生产在线监测、食品中成分分析、食品添加剂分析、有毒有害成分的分析、感官指标及一些特殊指标(如食品保质期)的分析等。

2. 生物医学方面的应用

生物传感器在生物医学方面的应用主要有：① 基础研究，如观察抗原、抗体之间结合与解离的平衡关系，可较为准确地测定抗体的亲和力及识别抗原表位，帮助人们了解单克隆抗体特性，有目的地筛选各种具有最佳应用潜力的单克隆抗体；② 临床研究，临床上主要是用酶、免疫、基因传感器等生物传感器来检测体液中的各种化学成分，为医生的诊断提出依据；③ 生物医药，利用生物工程技术生产药物时，将生物传感器用于生化反应的监视上，可以迅速地获取各种数据，有效地加强生物工程产品的质量管理；如生物传感器已在癌症药物的研制方面发挥重要作用，将癌症患者的癌细胞取出培养，利用生物传感器准确地测试癌细胞对各种治癌药物的反应，这种试验可快速筛选有效的治癌药物等。

3. 环境监测方面的应用

环境监测对于环境保护非常重要。传统的监测方法有很多缺点：分析速度慢、操作复杂且需要昂贵仪器，无法进行现场快速监测和连续在线分析等。利用环境中的微生物细胞如细菌、酵母、真菌作识别元件，可对多种环境参数作监测与分析。在此领域应用最多的是水质分析。如在河中放入特制的传感器及其附件可进行现场监测。其次是测定生化需氧量(BOD)，传统的测 BOD 的方法耗时长(约 5 d)，且操作复杂。目前已有人用一株耐高渗透压的酵母菌种作为敏感材料，研制的生物传感器可采用稳态呼吸速率法进行 BOD 快速测定，可在 15 min 内完成一个样品 BOD 的测定。再次是用于废气或环境大气(如 CO_2、NH_3、CH_4、SO_2、NO_x 等)的监测。SO_2、NO_x 是酸雨和光化学烟雾形成的主要原因，常规方法检测这些化合物的浓度很复杂，因此简单适用的生物传感器便应运而生。由于新的农药和抗生素用于农牧业的同时，其残留物也给人类健康带来危害。因此生物传感器用于农药和抗生素残留量的分析技术也得到了发展。

此外，生物传感器在军事上亦有重要应用。现代战争是核武器、化学武器、生物武器威胁下进行的战争。具有高度特异性、灵敏性和能快速地探测包括病毒、细菌和毒素在内的生物传感器将是最重要的一类化学战剂和生物战剂侦检器材。如美国陆军医学研究和发展部研制的酶免疫生物传感器具有初步鉴定多达几种不同生物战剂的能力。

（二）生物传感器的发展展望

随着生物传感器应用范围的扩大，对生物传感器也提出了更高的要求。为了获得高灵敏度、高稳定性、低成本的生物传感器，国内外研究者正着力于下面的研究与开发。

1. 开发新材料

功能材料是发展传感器技术的重要基础。由于材料科学的进步，人们可以控制材料的成分，从而可以设计制造出各种用于传感器的功能材料。

2. 开发微系统化与超微型分子生物传感器系统

微电子技术的飞速发展，带动了传感器的微型化、集成化。微型化的生物传感器在生物学、医学、基因探测、无损检测、在体监测、医学智能系统、智能人工脏器方面有广阔的应用前景。超微型生物传感器的尺寸已进入纳米水平，尖端直径为 1 nm 的纳极(nanode)已经问世，细胞核内的事件探测已经开始。微型智能机器人的研究开发将成为未来医学诊断与治疗的基础。

3. 多功能化与多参数系统的开发

对于复杂体系中多种组分的同时测定，生物传感器阵列提供了一种直接、简便的解决办法。人们正尝试发展多功能传感器，在尽可能小的面积上排列尽可能多的传感器。目前，国外市场上已有可同时测定血液中 6 种组分的便携式分析仪和可测定 16 种组分的固定式分析仪。场效应管免疫型生物传感器、光纤生物免疫传感器、基于倏逝场激发的荧光免疫型光纤生物传感器也是多功能生物传感器的实例。多参数测量生物传感器也正在成为生物传感器的一大发展趋势。多参数测量系统在生物医学、食品工业、化工、制药、环境工程、公安国防等领域的应用价值是难以估量的。

4. 多种新技术的综合应用

采用基因重组技术、溶胶—凝胶技术、酶的定向取向技术、光学成像技术、微电子技术与微制作技术、计算机信息处理技术、纳米技术等技术有助于制造出综合性能稳定、可靠性高、体积小、质量轻的敏感元件。

5. 仿生传感器的研究

仿生传感器就是模仿人感觉器官的传感器。从目前的发展现状来看，各种类型的仿生传感器均为热门研究领域。在触觉、听觉辨别等方面不断有新研究成果问世。如无触点皮肤敏感系统、无触点超声波传感器、红外辐射引导传感器和薄膜式电容传感器等，电子鼻、人工舌的出现等。但真正能代替人的感觉器官功能的传感器还有待研制。

6. 分子脑和心理传感器

研究监测脑活动的基础——神经递质与神经调质为主的分子事件，是深入进行神经科学的前沿——分子脑研究的重要技术手段。在体实时连续检测含量极微(10～12 g)的递质与调质，是生物传感器学科发展的重要方向之一。在分子传感器的基础上，研究大脑的活动，了解功能生物大分子的变化，借助于计算机与数字模式识别分析结合，研究心理活动，将会推动神经科学和心理学的研究，必将对社会科学研究产生巨大而深远的影响。

第二节 生物芯片

生物芯片是近年开发的一种高新技术，包括基因芯片和蛋白质芯片，是借助于计算机平行的思想，利用微点阵技术制成生物基因、蛋白质阵列，快速、简便、而又能大规模检测基因和蛋白质序列及对所获生物信息进行分析处理的工具。生物芯片将成千上万的生物信息密码探针集中到尺寸只有 1 cm^2 大小的薄片载体上，通过已知序列或结构的探针与靶 DNA 样品进行分子杂交，快速测定生物分子。生物芯片信息承载量大，它能把传统的多种分析集成于一体，一次检测多种基因疾病，也特别适用于癌症等复杂疾病的早期检测。

目前生物芯片有两大类：核酸类芯片与蛋白质类芯片。前者包括基因芯片、DNA 芯片、DNA 微阵列、寡核苷酸阵列，而后者则包括蛋白质芯片与蛋白质微阵列。目前市场上最主要的基因芯片产品是以点样等方法制备的用于基因表达检测的低密度基因芯片。但从今后大量的基因多态性检测的应用需求，以及基因芯片的标准化和批量化生产角度来看，利用高分辨率芯片合成技术制备高密度基因芯片是一个重要的发展趋势。该技术可用于 DNA 测序、基因表达及基因组图的研究、疾病的诊断和预测、新基因的发现、高通量药物筛选、给药个性化等。

生物芯片应该包括微阵列技术、三维电子生物芯片和生物计算机三个层次。

一、微阵列技术

按照制作方法的不同，微阵列技术可以分为合成和点样两大类。合成是利用独特的光蚀刻技术，在玻片上合成生物分子，直到达到自己满意的长度为止；点样则需要事先准备好待点样品，然后利用一定机械手段将样品以一定方式点在(或称印刷)玻片上。两种方式在点样密度、操作难易度、成本和重复性方面都有一定程度的差别。

(一) 光蚀刻技术

光蚀刻技术可以是机器自动化操作，省去了人工大量制备样品的繁琐步骤。另一个优点是芯片间差异很小，因为合成过程由机器操作。该方法最大的缺点是造价昂贵费时，如果需求量少的话，成本将会十分高昂。目前可以将 40 万个不同分子合成在大约 1.6 cm^2 的面积内，每个点上可包含千万个拷贝的同一寡核苷酸分子。寡核苷酸分子 3′端固定在芯片上，这对于随后的杂交十分有利。

(二) 机械点样

另外一项微阵列技术是机械点样。在点样密度和重复性方面，机械点样通常只有几千到 1 万个点的水平，无法与光蚀刻技术相比。但随着精密机械手的研制，机械点样最终也可达 10 万个点的容量(6.5 cm^2)。机械点样的主要优势是操作简单，仪器相对便宜，对中小实验室颇有吸引力。机械点样的点样头可分为实心和空心两种，实心针采用蘸取式点样，而空心针采用喷墨式原理，两者各有利弊。蘸取式一次取样只能点一个点，但清洗方便，交叉污染小；喷墨式取一次样品可点多个点，但容易发生堵塞。不过现在的点样仪多同时配备两种点样头，可根据使用者的喜好随意更换。

二、三维电子生物芯片

这类生物芯片是一种以硅基质为支撑并结合电子电路且具有三维结构的芯片，有芯片实验室和纳米芯片等。

(一) 芯片实验室

芯片实验室就是将实验室的一部分功能微缩在微小的芯片基质上，用它来完成需要很多仪器才能完成的任务。由于芯片可以做成十分微小的形状，所以便于携带，检测分析所需样品少，节约了大量试剂和人力。同时芯片可以进行大规模生产，成本可以降到很低，用于各种分析的芯片就可以做成一次性使用，避免了样品污染和交叉污染。比较经典的是用做细胞分离和热循环梯度芯片。

除了分离和热循环梯度两种芯片外，还有各种色谱—质谱联用芯片。现在的芯片实验室功能一般比较单一，将来可以将许多功能都集中在一个芯片上，使之成为真正的芯片实验室。

(二) 纳米芯片

这种芯片的基质组成是硅基质上涂有一层二氧化硅层。二氧化硅上整齐排列着微小铂电极，每个铂电极上都有一个水样胶渗透层。这个水样胶渗透层就是生物分子固定和反应的地方。该层在芯片出厂时就带上了链霉亲和素，因此可以与生物素化的核酸探针以极高的亲和度结合，从而完成生物分子的固定。

商品化的纳米芯片具有 4 mm^2 的测试面积，99 个测试点，每个测试点直径只有 80 nm。加样和杂交都是由电子电路来进行主动控制，不像微阵列技术中杂交完全是被动式的，所以纳米芯片被称做是主动式芯片。样品由 8 个加样孔加入，在微机软件控制下产生适当电流，使样品通过与加样孔连接的几十个微管道快速而准确地定位在生物芯片的指定位置。待测样品由另外两个加样孔加入，同样由电路控制进入反应区域。微机加一个正向电压，待测样品快速浓缩并沉积在铂电极上方胶块的探针上；然后再施加一个反向电压，非特异性吸附的核酸分子就会从探针上清除，从而完成杂交反应。整个过程只需要几分钟甚至几十秒钟，同时具有极高的特异性。

与经典的微阵列技术相比，该芯片由于整合了微电子技术而具有一些独特的优势，即探针固定、杂交十分快速、杂交严谨度高、特异性强。杂交是在低电导率缓冲液中进行的，没有来自双链 DNA 分子本身自身复性的竞争，因此杂交效率较高。但是该芯片也有自己的缺点，即必须购买专有仪器和芯片，因此自由度较小。与微阵列技术相比芯片密度较低，目前有些公司正准备将 100 个点增加至几千个。芯片本身成本较高，尽管可以重复使用 3～5 次，但仍然大大高于以玻片为基质的微阵列芯片。

三、生物计算机

生物芯片的最高境界应当是真正用生物大分子做成的微处理器。经典的硅芯片是用电子是否占位来用做电子开关，即由 1 或 0 构成了计算机的基础体系——二进制。如果由 A、G、C 和 T 四种核苷酸分子来用做分子开关，则大大增加了组合的复杂性，由此构成的芯片在操作稳定性和复杂性上都将大大优于硅芯片。但具体的设计模式和形成思路还有待于探讨。以色列的研究人员开发的生物计算机或许能给我们一些启示。

以色列科学家研制出一种由 DNA 分子和酶分子构成的微型“生物计算机”，含一万亿个分子的计算机仅一滴水那样大。这种计算机结构和运算原理与普通意义上的电子计算机完全不同，但它同样能够接受输入的信息，并在处理之后输出。与以往研制的一些DNA计算机不同的是，它能够自动运算，不需要人工干预。

以色列魏茨曼研究所的科学家将他们的研究成果出版在英国《自然》杂志上。他们使用两种酶为计算机"硬件"，DNA为"软件"，输入和输出的"数据"都是DNA链。把溶有这些成分的溶液恰当地混合，就可以在试管中自动发生反应，进行"运算"。

作为原始数据的DNA链，相当于早期电子计算机使用的数据纸带，上面的碱基对就相当于纸带上的孔，代表1和0形式的二进制数据。作为硬件的酶和作为软件的DNA与输入的数据DNA发生反应，对它进行切割和连接，最终生成新的DNA"输出数据"。用一般的电泳技术处理反应后的溶液，就可以读出这些数据。

通过设计不同的DNA软件分子，就能够对这种计算机进行编程，用以解决不同的问题。由于参与反应的分子很多，相当于大批计算机一同工作，运算能力相当惊人。

现在来判断这种DNA计算机是否有实用价值为时尚早。但乐观地来说，它将来有可能用于帮助基因组测序工作，或进入生物体内寻找异常现象，有目的地释放或合成药物。

四、生物芯片的应用

1. 基因测序及基因表达分析

人类基因组计划及相关的努力一是为了鉴别和测定人类基因的DNA序列，二是为了弄清基因信息的生物相关性。这一计划能否顺利完成，关键在于DNA测序方法能否显著地增加测序速度。目前，经典的测序方法的效率、费用、可靠性都不足以用来满足大规模的基因测序的要求。杂交测序(sequencing by hybridization，SBH)是一种创新性的DNA测序方法。

2. 克隆选择与分析

生物芯片可用于人体特定组织或器官的cDNA文库的研究。将文库中cDNA的克隆扩增后以点阵形式固定在杂交膜上，选用特定的探针系统与之杂交，以杂交信号的强弱为检测依据，再辅以计算机软件，就可快速、低廉、高效地对一个大容量cDNA文库中代表不同基因的cDNA克隆进行分类和分析。

3. 在医药方面的应用

生物芯片最大的应用领域可能是开发新药。应用生物芯片在基因水平上寻找药物靶标，也可用于寻找蛋白激酶抑制物。细菌或肿瘤的耐药性涉及基因改变，可以用DNA芯片鉴定。应用生物芯片还可以用来检查药物的毒性和副作用，进行毒理学研究。毒物和药物只有量的区别，而没有质的区别。用生物芯片研究某种化学物质的作用与其进入细胞后基因表达的变化，可以推测化学物质的毒性及其副作用的大小等。

另一方面，生物芯片可用于遗传病的诊断、肿瘤疾病的诊断、传染性疾病的诊断和疫苗与药物设计、检测不孕抗体(可快速简便筛查不孕患者体内一种或多种不孕抗体)。此外，多肿瘤标志物蛋白质芯片诊断系统可用于肠道肿瘤检测。

4. 在林业的应用

生物芯片在农林中有广阔的应用天地，通过平行检测基因表达谱进行功能分析，有助于研究者更好地了解植物生长和发育的根本机理。如果取得了植物各发育阶段的激素作用、除草剂作用、遗传背景和环境条件等一系列有关数据和信息，通过芯片分析将可了解植物学中涉及到的众多基因的作用。其中特别有经济价值的有：用芯片检测植物激素对植物基因表达的影响、环境因素(如干旱、肥力、虫害等)对植物基因表达的影响。

5. 在食品科学中的应用

生物芯片在食品科学中的主要应用有阐明食品营养机理、转基因食品检测、食品毒理学研究及食品卫生检验等。

6. 在环境方面的应用

生物芯片在环境方面主要用于鉴定水中的病毒、细菌或检测排水中的某些污染物等。

五、生物传感器与生物芯片之间的关系

生物芯片和生物传感器都是以实验技术为支撑的应用科学技术，二者之间有一定的联系，具体表现在以下几个方面。

（一）生物芯片实际上是一种复杂程度较高的生物传感器

从生物传感器的定义上看，生物芯片是一种大型的生物传感器。它的生物识别部分就是生物芯片本身，转换器是生物芯片把信号转成电信号的装置，信号接收和分析一般由微型计算机来承担。目前被广泛采用的生物芯片扫描仪，其信号转换和接收原理与光纤生物传感器完全一致，只不过是扫描信号通道较多，分析软件更强大而已。

（二）大型生物传感器有生物芯片的功能

以一个具体的例子说明：以生物分子相互作用分析（biomolecular interaction analysis，BIA）为原理的 BIAcore 分析系统是由 BIAcore international AB 公司生产的一种大型传感器系统，它分析的步骤是首先将探针或配体固定在传感器芯片（sensor chip）表面，探针的高度特异性使得一些混合样品如血清、组织培养液、细胞膜提取物等可以进行直接分析而不需要进行分离纯化。生物分子相互作用在发生时即被测量，用微射流系统可在数分钟内完成传统技术需数小时、甚至数天才能完成的组分分析工作。由于微射流系统的准确性及可信性，整个过程可以全自动化，操作方便，重复性无可比拟。

（三）生物芯片、生物传感器的关系

生物芯片有待于缩小体积，降低成本，做成传感器大小，便于普及；而生物传感器也应该在信息量上有所增加，功能待加强。

20 世纪是计算机的世纪，21 世纪是生物学的世纪。而生物芯片、生物传感器则在生物学中占据越来越重要的地位。二者均与计算机相关，预示着它们强大的生命力。基因组时代的到来彻底改变了生物学研究模式，全基因组序列是结构基因的基础，为研究功能基因的微阵列技术所需的信息铺平了道路。基因组芯片由于具有高通量平行检测的特点而将成为一个研究焦点，生物传感器可在一些局部研究如少量基因定位、疾病检测、突变研究等方面发挥作用。两者所产生的海量数据的分析和整理需要生物信息学。生物芯片、生物传感器和生物信息学的共同发展必将对生物技术的发展起到积极的推动作用。

思考题与习题

1. 生物传感器的分类方法有哪些？
2. 生物芯片的主要用途有哪些？
3. 谈谈生物传感器与生物芯片的区别与联系。
4. 简述在我国发展生物芯片的意义。

第九章 生命科学与食品技术

【学习目标】

1. 了解生物工程在食品生产领域中的应用。
2. 认识利用生物技术生产食品及食品原料的相关方法。

生命科学在食品行业中的应用主要体现在四个方面。首先是利用基因工程、细胞工程技术对食品资源的改造和改良;第二是利用发酵工程、酶工程技术将农副产品加工成食品,如酒类、有机酸、氨基酸以及发酵食品等;第三是利用综合的生物技术,将这些产品进行二次开发生产出新的产品,如功能性食品、食品添加剂等;第四是利用生物技术对传统食品加工工艺进行技术更新和改造,降低能耗、提高效益、改善食品品质等。此外,在食品检测、食品包装等方面,生物技术也得到广泛的应用。本章我们主要介绍发酵工程、基因工程、细胞工程、酶工程、蛋白质工程在食品领域中的种种应用。

第一节 发酵工程在食品领域中的应用

发酵技术很早就被人们利用于食品生产。作为食品的酒是古老而又为人们普遍接受的饮料型食品,是通过微生物对发酵底物水果和谷类发酵产生酒精的一类食品的总称。奶制品是人类饮食的主要食物,从世界范围看,发酵的奶制品占发酵食品的10%。谷类发酵食品是人类最重要的食品,作为主食每天供应人们的消费。从古罗马时代起,面包就是最主要的谷类发酵食品。蔬菜的发酵可以使蔬菜成为独具风味的泡菜,不仅丰富了人们对食品口味的需求,而且也增加了人体对各种营养的要求。用豆类发酵生产的酱油和用水果发酵生产的醋是我国古代劳动人民智慧的体现。此外,在生产食品添加剂,如各种食用有机酸、氨基酸(赖氨酸)、维生素、调味剂(味精)等方面,食品的现代发酵工程技术发挥着重要作用。因此食品发酵工程在食品工业中占有举足轻重的作用。本节重点介绍跟人类日常生活中密切相关的发酵产品——酒精、味精和单细胞蛋白的生产。

一、利用发酵工程生产酒精

酒精(乙醇)是重要的食用、医用和化工原料,可通过发酵法或化学合成法生产。大规模生产一般是采用发酵法。酒精发酵工艺主要包括以下几个步骤。

(一) 粉碎

粉碎的目的,是为了增加原料表面积,使酶分子能与淀粉有更多的接触机会,以发挥酶的催化作用,同时可以节省能源、缩短蒸煮时间。合适的粉碎比以物料能通过直径为1～1.5 mm筛孔为宜。

(二) 调浆配料

将粉料加3～4倍的水拌匀,水可以用洗尘塔流下的温水,也可以用蒸馏后的废醪水,但后者必须调整 pH 值至 6.0～6.5。

（三）加酶液化

在混合均匀的料浆中加淀粉酶对淀粉进行液化。根据蒸煮方式的不同，加酶品种也不同。常用的中温 α-淀粉酶为固体粉末，有工业级（2 000 U/g）、精制级（4 000 U/g）和食品级（6 000 U/g）几种规格；高温 α-淀粉酶为液体，有食品级 10 000 U/ml 和 20 000 U/mL 两种规格。经过液化的粉浆含有极限糊精、寡糖、二糖和单糖等。

（四）加糖化酶糖化

我国酒精生产过去通常使用液体曲进行糖化，目前已普遍采用了外加糖化酶的方法。外加糖化酶的目的是将液化浆中的极限糊精、寡糖等转化为单糖，以便为发酵工序中的酒精酵母充分利用。酶法糖化技术的应用，大大提高和稳定了酒精生产的出糖率、出酒率，减少了酒精杂质含量，并且简化了操作工艺，提高了经济效益。

（五）发酵

发酵中的酵母过去采用扩大培养的方法制得，即酒精酵母种子从实验室的试管斜面培养扩大到摇瓶培养，再经过生产车间种子的扩大培养，即从一级酒母罐、二级酒母罐最后接种到三级发酵罐当中。目前很多工厂利用活性干酵母代替了酒母的扩培过程。一般是从一级酒母罐复水活化开始，再进行扩大培养，待一级酒母成熟后，接到二级酒母糖化液中，待二级酒母成熟后，再放入发酵罐中进行发酵。发酵 60～72 h，酒度基本达到高峰，残糖降到 0.2%以下。

（六）蒸馏

按照产品的质量和规格的不同，采用的蒸馏工艺也不相同。若生产一级酒精，则必须采用三塔或多塔式流程，若生产二级或三级酒精，采用两塔式液相过塔蒸馏流程就可以了。中小型工厂多采用双塔蒸馏流程。发酵醪先经过粗馏塔，蒸汽中的酒精含量约 55%（体积分数）左右，蒸汽过塔进入精馏塔。从精馏塔塔顶提取酒精，在冷凝器中冷凝酒精进行回流，从最后一个冷凝器中抽取 2%左右的次级酒精，在塔的中段取杂醇油（取油约为酒精的 4%）。三塔蒸馏可以是粗塔—醛塔—精塔，也可以是粗塔—精塔—甲醇塔，这应根据原料和酒精要求而确定。图 9-1 是以淀粉质为原料生产酒精的工艺流程示意图。

二、利用发酵工程生产味精

发酵法生产味精，国内一般以淀粉水解糖为碳源，以液氨或尿素为氮源，采用生物亚素适量流加糖发酵工艺，使谷氨酸产生菌的细胞膜透性及代谢调节异常化，发酵积累谷氨酸，再经冷冻等电或等电—离交工艺提取粗谷氨酸，最后经中和、除铁、脱色、浓缩、结晶、离心、干燥、过筛、包装等精制工序制成味精。整个生产过程由制糖、种子扩培、无菌空气制备、发酵、提取及精制等工段组成。利用发酵法生产味精的工艺流程示意图如图 9-2 所示。

三、利用发酵工程生产单细胞蛋白

蛋白质历来是人类食品、牲畜饲料中最重要而又普遍短缺的成分，长期以来，人们一度在努力开发资源，单细胞蛋白（single cell protein，SCP）就是开发蛋白质资源的主要方向之一。所谓单细胞蛋白是指利用细菌、酵母菌、霉菌、小球藻等单细胞生物生产的蛋白质。早在 20 世纪 60 年代，英、美、日、意等国家就利用炼油厂副产品来培养这类微生物，从中提炼蛋白质，具体生产流程见图 9-3。但由于 70 年代中期石油危机和一些技术问题，导致单细胞蛋白的生产成本相对较高。英国的帝国化学工业公司（ICI）在 1968 年就从几千种分离物中分

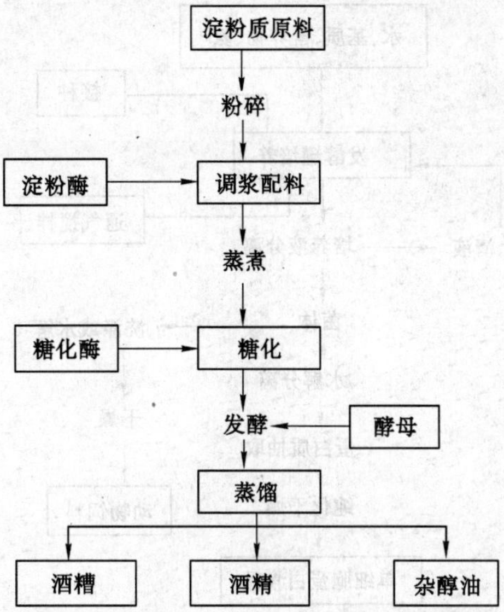

图 9-1　以淀粉质为原料生产酒精的工艺流程示意图

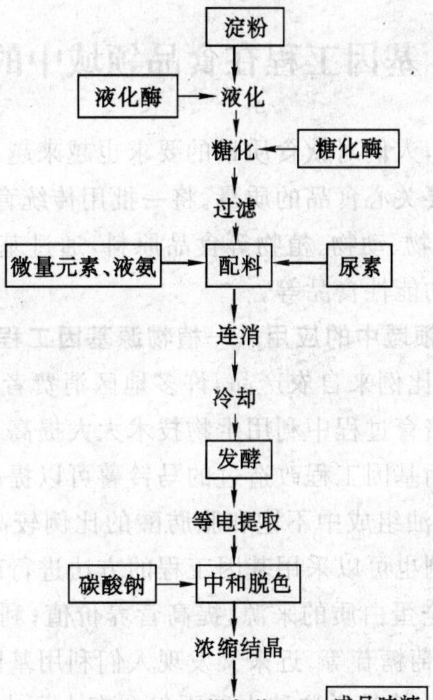

图 9-2　我国味精生产工艺流程示意图

离出可利用甲醇为碳源的甲醇菌，但利用率不高。后来，ICI 利用基因工程技术将一个关键酶的基因从大肠杆菌转移至甲醇菌中，这样就降低了能量消耗，更多地积累蛋白质，其含量可高达菌体质量的 72%。

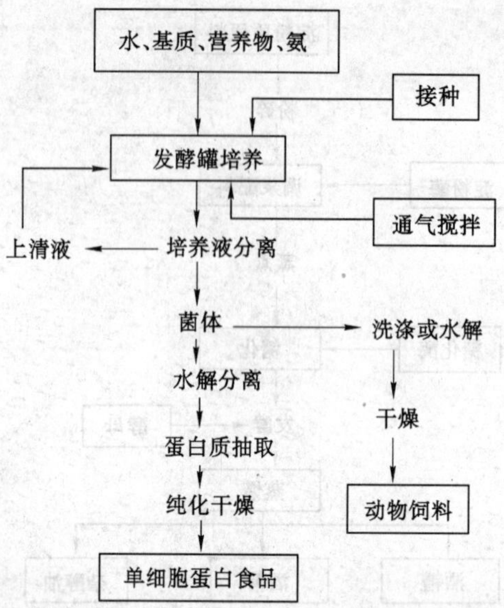

图 9-3　生产单细胞蛋白的一般流程

第二节　基因工程在食品领域中的应用

随着人们生活水平的提高，人们对饮食质量的要求也越来越高，这就要求科学家们在关心食品产量和种类的同时，更要关心食品的质量。将一批用传统育种方法无法培育出的性状通过基因工程的手段引入微生物、动物、植物等食品原料，通过基因工程改进食品的生产工艺和流程，生产食品添加剂和功能性食品等。

一、基因工程在植物食品领域中的应用——植物源基因工程食品

食品工业的原料相当大的比例来自农产品，许多地区消费者 60%的能量来源于植物源食品。近 10 多年来，在农作物培育过程中利用生物技术大大提高了农产品的质量和产量，使人们获得了巨大的财富。如利用基因工程改造过的马铃薯可以提高固形物含量；经基因工程改造后的大豆、芥花菜，其植物油组成中不饱和脂肪酸的比例较高，大大提高了食用油的品质；谷物蛋白质中的氨基酸比例也可以采用基因工程的方法进行改变，弥补赖氨酸等氨基酸含量较少的缺陷，使其具有完全蛋白质的来源，提高营养价值；利用基因工程还可以降低木薯中毒性物质的含量如氰化葡萄糖苷等。近来又发现人们利用基因工程生产出一种“黄金水稻”(见图 9-4)。所谓黄金水稻，就是说这种水稻不仅含有大豆中的铁蛋白基因表达出的铁蛋白(人们食用了该水稻能够一定程度地缓解缺铁性贫血)，而且还有来自野稻的金属硫蛋白基因等(该基因表达出的金属硫蛋白能够参与微量元素铜、锌等的贮存、运输和代谢，参与重金属镉、汞、铅的解毒以及拮抗电离辐射和清除羟基自由基)，在改善健康等诸多方面发挥着重要作用。另外黄金水稻来自水仙花中的 β-胡萝卜素基因中诱导维生素 A 前体物质的合成，这种水稻的成功开发能够解决世界许多发展中国家儿童因缺乏维生素 A 而导致的致盲现象。

转基因农作物的发展速度是非常快的。自 1983 年世界上第一例转基因植物获得成功

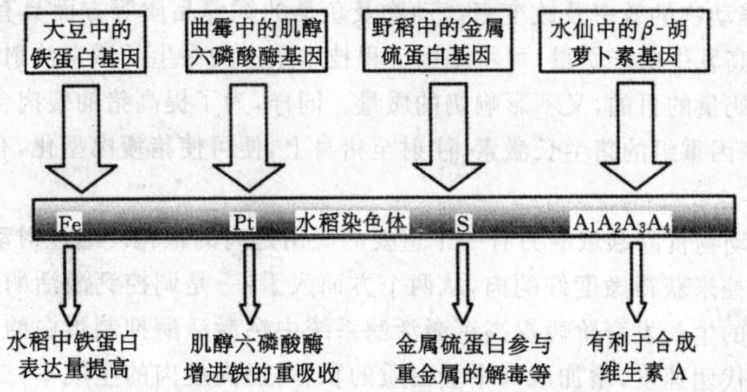

图 9-4　利用转基因技术生产的黄金水稻染色体示意图

后，1986 年就有 5 例转基因植物获准进入田间试验。到 1998 年仅美国就批准了 1 077 例。2000 年，全世界已有 45 个国家 25 000 例转基因植物进行了田间试验。美国是世界上转基因作物种植面积最大的国家，其次是加拿大、阿根廷和中国。目前涉及食品原料的转基因农产品有大豆、玉米、油菜、马铃薯、番茄、甜椒、番木瓜、西葫芦等。西方国家在 1990 年以前还没有在田间大规模种植转基因作物，到 1996 年已发展为 170 万 ha，2001 年全世界的种植面积已达 5 260 万 ha。已商品化生产的有在常温条件下可贮存 6 000 天的耐贮存番茄、对鳞翅目害虫抗性高达 80%的抗虫棉、作为观赏植物的牵牛花、抗黄瓜花叶病毒的甜椒和番茄。此外，我国还有水稻、小麦、玉米、大豆、番木瓜、烟草、杨树、马铃薯等 10 余种转基因植物已获准进入田间试验或中间试验，预计 5 年内可商品化。

转基因农作物首先要考虑的是改进它们对病虫害的抵抗性，用于开发控制特殊虫害、病菌和寄生虫(菌)的作物。转基因植物合成的某些物质可以使侵害它们的敌人受到毒害而对作物不会产生危害。此外生物杀虫剂也是农业生物技术产业中的一个重要行业。生物杀虫剂可以是活的微生物如细菌、霉菌等，或是生物的新陈代谢产物，或是细胞培养的提取物等。它们产生的物质对特殊的植物虫害有毒性，抑制它们的繁殖或致死。例如利用苏云金杆菌的 Bt 系列基因生产的生物农药。其次还要考虑利用转基因技术提高农作物的抗除草剂的特性以及抗病毒的性质。例如把除草剂草苷膦基因导入到农作物中，从而提高农作物的抗性。这类转基因植物源食品有玉米、油菜、大豆、水稻等。把病毒的外壳蛋白导入到农作物中生产的抗病毒植物源食品有番木瓜、西葫芦和马铃薯。

二、基因工程在动物食品领域中的应用——动物源基因工程食品

转基因动物源食品目前尚未商业化，但其发展迅猛异常，各国都在积极开展这方面的研究和试验。我国自 1984 年成功获得第一例转基因鱼，之后许多国家都相继开展转基因鱼的研究工作，取得了不错的成就。我国的武汉水生生物研究所转基因三倍体黄河鲤鱼已通过中试，进入食品安全性评价阶段。通过转基因技术还可使动物获得某些重要的优良性状，如生长快、抗病率强、肉质好等优点。美国某研究所正利用能调节骨骼发育的基因开发新的商品化家畜品种。科学家也试图利用生物技术改变乳的成分，如生产酪蛋白含量高的奶，生产含改良蛋白(酪蛋白和 α-乳清蛋白)的牛奶，导入乳糖酶基因使牛奶中的乳糖下降，从而消除许多人对牛奶乳糖的不耐受症，提高对牛乳乳糖的吸收。

目前应用基因工程技术生产某些畜用激素已投入批量生产。动物生长激素对加速动物的生长、改善饲养动物的效率及改变畜产动物及鱼类的饲养品质等方面具有广阔的应用前景。例如，为了提高乳牛的产奶量，可将基因工程技术生产的牛生长激素注射到母牛上，既可达到提高母牛产奶量的目的，又不影响奶的质量。同样，为了提高猪的瘦肉含量或降低猪脂肪含量，可采用基因重组的猪生长激素，注射至猪身上，便可使猪瘦肉型化，有利于改善肉食品质。

基因工程在动物食品领域的另有一个重要的应用是肉的嫩化。通过对动物体内的生长发育基因进行调控来获得嫩度好的肉，从两个方面入手：一是调控钙激活酶系统，这是利用基因工程在动物的生长发育阶段提高钙激活酶系统中钙激活酶抑制蛋白的含量，从而降低肌肉中蛋白质的代谢速度，增加肌肉中蛋白质的积存，提高瘦肉的生成率；二是调控脂肪在畜体内沉积顺序以达到改善肉质的目的。

三、基因工程在微生物食品领域中的应用——微生物源基因工程食品

（一）基因工程用于生产酶制剂

食品工业用转基因微生物及其酶制剂也是各国科学家竞相研究的重要领域。在转基因技术中，主要是通过对微生物特殊代谢产物的编码基因的鉴定和转移，达到强化食品的营养，并获得特殊的功能特性。如在人类已知的7 000多种酶类中，能在自然界中存在并已商业化生产的仅有50多种。更多的酶制剂可通过利用基因工程菌生产。目前已有多种酶制剂成功地利用基因工程菌进行了商业化生产。如从小牛胃提取的用于奶酪生产的凝乳酶现在已利用基因工程生产。

利用基因工程技术可进行酶和蛋白质的基因克隆和表达，比较成功的有牛凝乳蛋白酶、α-淀粉酶、乳糖酶、脂酶、β-葡聚糖酶以及一些蛋白酶，其中α-淀粉酶、蛋白酶、葡糖异构酶等已大量生产。此外，欧洲某生物公司用重组技术得到的工程菌生产只含单一成分的纤维素酶、木聚糖酶，并且已进入商业化生产，其应用效果大为提高，生产成本相应降低。由于多种细菌和霉菌生产的耐高温淀粉酶制剂已广泛用于食品加工，因此，转基因生物正在大大改变酶制剂的利用价值。

（二）基因工程用于生产食品添加剂

利用微生物生产食品添加剂主要有维生素、抗氧化剂、防腐剂、增鲜剂、甜味剂和微生物色素等。维生素C、维生素B_2已能用基因工程菌生产。利用细胞融合技术和基因工程技术，选育出了生产用高产菌株，如谷氨酸、苏氨酸、苯丙氨酸、色氨酸等优良菌种，不仅产量高，而且发酵周期大大缩短。

（三）基因工程用于改造微生物

采用基因工程改造的微生物最早成功应用的是面包酵母菌。人们把具有优良特性的麦芽糖透性酶基因和麦芽糖酶基因转移至该食品微生物当中，使该酵母表达的麦芽糖透性酶及麦芽糖酶大大提高，用这种微生物制造出来的面包膨发性能良好、松软可口，深受消费者的欢迎。在面包烘焙过程中，经过基因工程改造后的面包酵母菌种和普通面包酵母一样被杀死，使用安全。

基因工程还可以用来改造乳酸菌的遗传特性，利用乳酸菌发酵得到的产品很多，有乳酸、干酪、酸酸乳、酸乳酒等。但发酵用的乳酸菌多数为野生型菌株，有的可能携带耐药因子，还有的野生菌株本身就抗多种抗生素，因而在利用乳酸菌发酵过程中，微生物菌群之间可能会相互传递而发生扩散。从食品安全的角度出发，应选用不含可转移耐药因子的乳酸菌作为

出发菌株进行发酵生产。利用基因工程技术可以选育无耐药基因的菌株或者通过基因操作剔除原有菌株中含有的耐药因子，从而保证食用乳酸菌的安全性。另外，乳酸菌多属于厌氧菌，从遗传学的角度分析，厌氧菌多数没有超氧化物歧化酶基因和过氧化氢酶基因，如果利用基因工程将上述两个基因导入到乳酸菌中，将会大大提高乳酸菌对氧的抵抗能力，也会给实验或生产带来很多方便。如果将分解脂肪的酶系、合成维生素的酶系以及分解胆酸的酶系等相关基因导入到乳酸菌中，那么通过乳酸菌发酵得到的乳制品将会具有特殊的生物学功能。

(四) 基因工程用于改进食品生产工艺

在啤酒生产过程中要使用啤酒酵母，而啤酒酵母不含 α-淀粉酶，所以需要麦芽产生的 α-淀粉酶使谷物淀粉液化成糊精，从而导致生产工艺变得复杂，致使啤酒的生产成本和设备成本大幅上升，压缩了啤酒生产的经济效益。目前人们尝试着利用基因工程技术将 α—淀粉酶基因导入到啤酒酵母中，那么这种转基因微生物就能直接利用淀粉进行发酵，从而无需繁杂的麦芽制作工序以及液化、糖化工序，也无需添加 α-淀粉酶和糖化酶，更不用再消耗大量的蒸汽和冷却水进行加热或降温了。这无疑大大缩短生产工艺流程，简化了生产工序，推动啤酒行业的技术创新。

同样道理，利用基因工程技术还可以将霉菌的淀粉酶基因导入到酒精酵母中，使酒精酵母也能够直接利用淀粉生产酒精，这样就能省去酒精生产的高温蒸煮工序，可节约能源60%，并且生产周期也大大缩短。当然，还可以通过改变编码 α-淀粉酶和糖化酶的基因，使这两种酶具有相同的最适温度和最适 pH 值，那么液化和糖化过程就可以在一个设备中进行，同样能够减少生产步骤，降低生产成本。

第三节　酶工程在食品领域中的应用

本节重点介绍酶工程在食品领域的应用，其中包括利用酶工程生产食品或食品原料、利用酶工程改进食品生产工艺、利用酶工程进行食品保鲜等三个方面。

一、利用酶工程生产食品或食品原料

酶工程在食品领域中的应用很广，生产食品的种类也非常繁多。利用酶工程不仅能够生产蛋白质类食品，也可以利用酶工程来生产糖类或脂类食品。限于篇幅，在这里仅列举下面几个方面的应用做一阐述。

(一) 酶法生产干啤酒

干啤酒(dry beer)与普通啤酒相比，具有发酵度高、残糖低、热量低、口味纯正和干爽及饮后不留余味等特点。随着科技的进步和人们生活水平的提高，干啤已成为目前国际市场的新潮饮品。从技术角度来分析，酿造干啤酒的关键是提高发酵度，降低残糖。提高发酵度的主要途径有两条：一是提高麦汁可发酵糖的含量，二是选育出高发酵度的菌种。提高麦汁可发酵糖的含量也有两条途径：一是直接添加可发酵糖如蔗糖、糖浆或糖蜜等，二是添加酶制剂强化淀粉糖化。前者较简单，不需另增加设备，但成本高，效率低，操作也麻烦一些；后者使用方便，成本低，效率高。

啤酒的生产原料是麦芽和大米，麦芽的淀粉含量为 55%～65%(其中支链淀粉约占60%～70%)，大米的淀粉含量为 71%～73%(其中支链淀粉占 70%～80%)。二者的配比大

约为 3∶1，有时根据生产工艺的不同有所变动。欲将这些淀粉水解为可发酵糖，主要依靠麦芽中的 α-淀粉酶、β-淀粉酶的水解作用而生成以麦芽糖为主的可发酵性糖。而一般麦汁中，可发酵性糖只占总糖的 75%～80%，占总浸出物的 65%～73%，因此，单纯靠麦芽中的酶进行正常的糖化，是很难实现麦汁发酵度达 75%以上的。所以必须采用外加酶制剂的方法对淀粉进行强化水解，从而提高可发酵糖的含量。

目前在干啤酒生产中所使用的酶制剂主要有 α-淀粉酶、β-淀粉酶、糖化酶、异淀粉酶、普鲁兰酶等。多数厂家通过添加糖化酶提高可发酵度生产干啤酒，添加糖化酶既可以在糖化锅中添加，也可以在发酵罐中添加，如果追求稳妥可靠，确保啤酒质量，以在糖化锅中添加糖化酶来提高麦汁的可发酵糖为好。因为在发酵罐中添加时如果酶加量失控，往往容易造成啤酒风味的丧失。目前多数厂家采用在糖化锅添加糖化酶的方法来生产干啤酒。

（二）酶法生产干酪

干酪（cheese）俗称奶酪，是在牛乳中加入凝乳酶，使乳中蛋白质凝固，经过压榨、发酵等过程所制取的乳品。干酪营养丰富，最易被人体吸收，是理想的补钙食品，更是补充优质蛋白的理想食品。其主要成分是蛋白质和乳脂，还含有少量的无机盐及丰富的维生素。

生产干酪可以采用乳酸菌发酵的方法，也可采用凝乳蛋白酶的方法。酶法硬质奶酪的生产工艺流程如下：

原料乳→灭菌→加凝乳酶→凝固→切碎搅拌→排出乳清→压榨成型加盐→成熟

近年来，利用生物新技术生产干酪已逐步为多数企业所接受。所谓生物新技术生产干酪主要是围绕凝乳酶的生产和使用而进行的。目前普遍采用的是两种方法，一是固定化凝乳酶技术生产干酪。使用固定化凝乳酶能够连续处理原料乳，酶与凝乳易分离，酶可反复使用，降低了生产成本。二是利用基因工程技术生产干酪，目前全世界干酪生产年耗奶近亿吨，占牛奶总产量的 25%，为获取所需凝乳酶，要宰杀 4 000 多万头小牛，然后从小牛的第四胃中来提取凝乳酶，极大地限制了干酪业的发展。为缓解小牛凝乳酶供应不足的紧张状态，20 世纪 80 年代，日本、美国和英国纷纷开展了牛凝乳酶基因工程的研究。现在 85%的动物酶已由微生物凝乳酶所代替，凝乳酶已成为目前仅次于淀粉酶的大宗商品。但凝乳酶本质上实为酸性蛋白酶，只是凝乳作用强而蛋白分解作用弱些，多少还会使酪蛋白分解，形成苦味。现在已成功地通过基因工程将牛凝乳酶原基因植入大肠杆菌，用发酵法可生产真正的凝乳酶。

（三）酶法生产低乳糖奶

牛奶中含有乳糖，但乳糖只有被乳糖酶水解后才能被吸收。通常人体小肠中存在有乳糖酶，不过其含量随种族、年龄和生活习惯的不同而有所差别。对于某些婴幼儿、老年人以及体质较弱者，由于遗传及其他原因，缺乏乳糖酶，不能消化奶中的乳糖，致使饮奶后出现腹胀、腹泻等症状。这些婴幼儿和其他一些体内乳糖酶活性低的人，如果饮用了不经乳糖酶处理的牛奶，可能会出现乳糖不耐受症。

低乳糖奶的生产，可以采用乳糖分离法，也可采用乳糖酶进行分解的方法来处理。酶法的生产原理是加进乳糖酶，使奶中的乳糖水解成为易消化吸收的葡萄糖和半乳糖，从而制成低乳糖奶。生产低乳糖奶的工艺流程如下：

鲜奶→灭菌→冷却→加乳糖酶→热处理→低乳糖奶

较为先进的生产低乳糖奶的工艺上采用固定化乳糖酶方法来脱除奶中的乳糖。首先将乳糖酶进行固定化后装柱，再将灭菌后的奶以一定速度通过酶柱，使大多数乳糖被水解。

（四）酶法生产海藻糖

海藻糖具有奇妙的生物学功能，它能对外部环境变化做出一定的应激性。这种抵抗环境冷暖、干湿等变化的奇特作用首先是从昆虫中发现的。海藻糖的这种生物学功能与生命的保存和再生有着密切的关系，是极受众人注目的天然活性物质。海藻糖能帮助生物抵抗应激状态的机理正在深入研究之中。有人认为海藻糖的生物保护结构在于强有力地束缚水分子，与膜脂质共同拥有结合水，从而防止生物膜和膜蛋白的变性。

海藻糖的生产方法有多种，有利用酵母抽提法生产海藻糖，有利用氨基酸发酵法生产海藻糖，但最有前景的生产方法是酶法生产海藻糖。海藻糖的生产底物为淀粉，最近有人发现了能以麦芽糖为原料直接生产海藻糖的新酶。由此，海藻糖的生产和应用进入了一个新阶段。

酶法生产海藻糖的关键步骤是从自然界中分离筛选出能从淀粉的部分水解物生成海藻糖的微生物。这种微生物能产生两种酶，一种是低聚麦芽糖基海藻糖生成酶，该酶能作用于淀粉的部分水解物，在其末端生成具有海藻糖结构的非还原糖。另一种是低聚麦芽糖基海藻糖水解酶，该酶的功能是从非还原性糖末端特异地游离出海藻糖。通过这两种酶的协同作用，就能利用淀粉的水解物生产海藻糖。

二、利用酶工程改进食品生产工艺

（一）酶工程用于改进啤酒生产工艺

利用固定化酶和固定化细胞技术酿酒是近年来国外啤酒工业的新工艺。上海工业微生物所和上海华光啤酒厂把卡伯尔酵母固定化后用于啤酒酿造，啤酒的主发酵时间可以控制在 24 h 以内，后发酵时间从三周缩短到 7 d 左右，比传统工艺缩短一半以上，酿成的啤酒在口味、组成等方面均符合相关标准。尽管固定化酵母技术用于啤酒的连续发酵具有很多优点，但在实际应用中还有一些技术性问题没有解决。例如固定化酵母的生理特性随着使用时间的延长而发生变化，生物反应器操作工艺参数的正确控制及污染的有效防治等，这些技术仍需进一步完善。

既然固定化酵母技术存在着不尽如人意的地方，有人就尝试着把固定化酶与固定化细胞技术结合起来，进而研制出一种新型的生物催化剂——微生物细胞与酶结合型的固定化生物催化剂，用于啤酒酿造。固定化的方法主要有下述两种：一种是以海藻酸钠作为交联剂通过与酶共价结合起来，再把微生物细胞包埋进去；另一种是将干燥的微生物酵母细胞悬浮在酶液中，使两者充分混合，脱水后加戊二醛和鞣酸使两者结合起来。

（二）酶工程促进果汁的生产

在果汁生产过程中，最常用的一种酶是果胶酶。果胶酶是指分解果胶质的多种酶的总称。它分为解聚酶和果胶酯酶。果胶酶在食品工业中应用广泛，尤其适用于葡萄、苹果、草莓、山楂等多种水果的加工，也是饮料工业中有效的澄清剂。目前，许多国家已广泛将其应用于果汁的工业化生产，以利于达到最终产品的澄清度，提高生产效率和产品质量。

例如在苹果汁生产过程中，先用机械压榨，然后离心取得果汁，这时得到的果汁比较浑浊。要想获得清澈透明的琥珀色果汁，必须外加果胶裂解酶进行澄清，其操作步骤是将果胶酶混在少量水中加入盛有果汁的大罐内，轻轻加以搅拌，在果胶酶的作用下，不溶性果胶就会渐渐凝聚成絮状物析出。生产实践表明，如果添加 0.04％果胶酶，并于 45 ℃下处理 10 min，那么就可多产果汁 12％～24％。

除了果胶酶的用途广泛外，橘柑酶可用于分解柑橘类果肉和果汁中的柚皮苷，以脱除苦味；橙皮苷酶可使橙皮苷分解，能有效地防止柑橘类罐头制品出现白色浑浊。目前已成功地将柑橘皮渣酶解制取全果饮料，其中的粗纤维经纤维素酶的酶解后，转化为可溶性糖和低聚糖，构成全果饮料中的膳食纤维，具有一定的医疗保健功能。

三、利用酶工程进行食品保鲜

食品保鲜是指在食品加工、运输和保存过程中维持食品原来的优良品质和特性。常用的保鲜技术有冷冻、加热、干燥、密封、腌制、烟熏、添加防腐剂或保鲜剂等，一般都是物理或化学保鲜方法。随着人们生活水平的改善，人们对食品的要求也不断提高，一种崭新的食品保鲜技术正在兴起，那就是酶法保鲜技术。由于酶具有专一性强、催化效率高、作用条件温和等特点，酶法保鲜已广泛地应用于各种食品领域。酶法保鲜其原理是利用酶的催化作用，防止或消除外界因素对食品的不良影响，在较长时间内保持食品原有的品质和风味。目前应用较多的是葡萄糖氧化酶和溶菌酶的酶法保鲜。

(一) 葡萄糖氧化酶用于食品保鲜

葡萄糖氧化酶(glucose oxidase)是一种理想的除氧保鲜剂，它可有效防止氧化的发生，对于已经部分氧化变质的食品也可阻止其进一步氧化。该酶是一种氧化酶，它可催化葡萄糖与氧发生氧化反应，生成葡萄糖酸和双氧水，从而防止食品成分的氧化作用，起到食品保鲜作用。葡萄糖氧化酶可以在有氧条件下，将蛋类制品中的少量葡萄糖除去，而有效地防止蛋制品的褐变，提高产品的质量。此外，葡萄糖氧化酶也可直接加入到啤酒及罐装果汁、果酒和水果罐头中，不仅起到防止食品氧化变质的作用，还可有效防止罐装容器的氧化腐蚀。例如，将葡萄糖氧化酶按 4 U/L 酒的加量添加在啤酒清酒罐内，经测定啤酒中的溶解氧大幅度减少，口味明显变好，老化味有所减轻，澄清度得以提高，还可延长保质期1～2个月。含有葡萄糖氧化酶的吸氧保鲜袋也已在生产并得到广泛应用。

葡萄糖氧化酶在食品保鲜方面的另一个应用是食品的物流运输领域。特别对于那些富含油脂、营养价值丰富的食品如花生、奶粉、饼干等，长期的放置会导致酸败，降低其营养价值，甚至产生有毒物质。葡萄糖氧化酶可有效防止酸败的发生。

(二) 溶菌酶用于食品保鲜

食品腐败变质的主要原因是由于微生物的污染。因此，防止食品腐败的基本方法通常是采用加热杀菌和添加化学防腐剂抑菌。但这些方法显然会对食品质量或人体健康产生一定的影响。因此传统保鲜方法越来越受到人们的抵制，利用溶菌酶等酶法保鲜也应运而生。溶菌酶对人体无害，可有效防止细菌对食品的污染，用途相当广泛。利用溶菌酶进行食品防腐保鲜，一般使用的是蛋清溶菌酶。

在鲜奶或奶粉中加入一定量的溶菌酶，不但可以防止微生物的生长，保证干酪和牛奶的质量，而且还可达到强化目的，使牛乳中的溶菌酶含量更接近人乳，有利于婴幼儿健康。

酶法保鲜的优点在于它的操作简单实用，且不会引起食品色、香、味的改变。

第四节　细胞工程在食品领域中的应用

在食品生物工程领域中，利用各种微生物发酵生产蛋白质、酶制剂、氨基酸、维生素、多糖、低聚糖及食品添加剂等产品。为了使其高产优质，除了通过各种化学、物理方法诱变育种及基因工程育种外，采用细胞融合技术或原生质体融合技术也是一种有效的方法。同时，采用动物、植物细胞大量培养生产各种保健食品的有效成分及天然食用色素等都是细胞工程领域的重要组成部分，它在食品、医药及化工等领域得到广泛应用。

一、植物细胞工程在食品领域中的应用

植物细胞培养技术在食品领域中的应用主要有以下四个方面：

(1) 利用植物细胞大规模培养技术生产多种香料物质，例如通过对洋葱细胞的组织培养，可以从中获取烷基半胱氨酸磺胺化合物，该化合物属于一种香味剂。

(2) 利用植物细胞培养技术可以用来生产天然调料，例如通过对甜叶菊细胞进行培养，可以从中获取甜菊苷，该物质是一种天然甜味剂，其甜度大约是蔗糖的 300 倍；将辣椒细胞在固定反应器上进行培养，可以获得与天然辣椒果中含量完全相同的辣味剂；对长春花细胞进行培养，可以积累磷酸二酯酶，该酶能够催化 RNA 分解成呈味核苷酸，这类核苷酸是一种味道极好的鲜味剂。

(3) 利用植物细胞培养技术可以用来生产天然食品，例如通过对咖啡细胞的组织培养，可以从中收集可可碱和咖啡碱，从海藻的愈伤组织细胞中可生产食用琼脂。

(4) 利用植物细胞培养技术可以生产植物药，现在已有 60 多种药用植物可通过组织培养技术生产其内含的药物，有 30 多种药用植物细胞培养物积累的药物等于或超过其亲本植株的含量，其中包括人参皂苷、醌、迷迭香酸、小檗碱以及治疗心脏病的辅酶 Q_{10} 等。

二、动物细胞工程在食品领域中的应用

动物细胞工程在食品领域中的应用是指利用动物细胞工程大规模培养技术生产植物和微生物难于生产的具有特殊功能的蛋白质类物质。已实现商业化的产品有口蹄疫苗、狂犬病毒疫苗、脊髓灰质炎疫苗、牛白血病毒疫苗、干扰素、单克隆抗体等。由于动物细胞工程的复杂性及精密性，促进动物细胞大量培养的新工艺、新技术不断涌现，其中关键技术包括：无血清细胞培养基的开发、灌注悬浮培养、贴壁细胞培养、固定化细胞培养等培养技术的应用等。图 9-5 是 1 000 L 动物细胞培养流程的示意图。

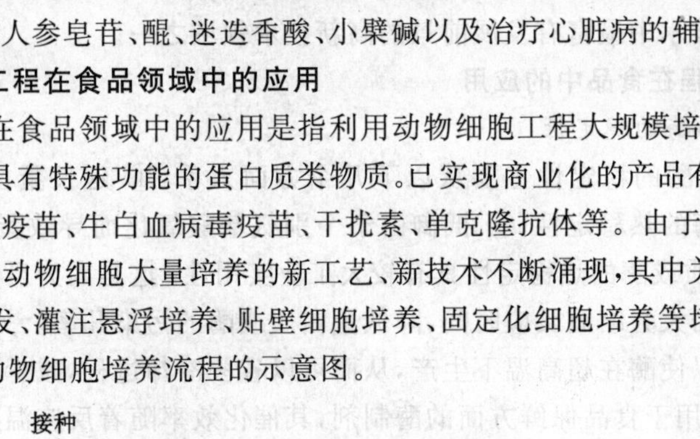

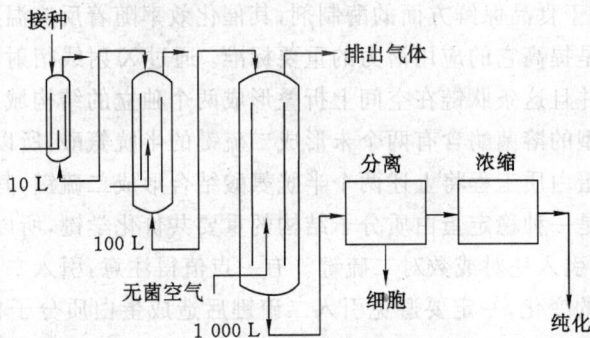

图 9-5　1 000 L 动物细胞培养流程图

三、固定化细胞工程在食品领域中的应用

目前利用固定化细胞进行食品产品的生产有果葡糖浆的生产和啤酒的后发酵生产，例如美国的 MILES 公司利用戊二醛交联的方法，将链霉菌细胞进行固定化，利用链霉菌细胞内的葡萄糖异构酶进行异构化反应，从而将葡萄糖一定程度地转化为果糖，这样就大大提高

了糖浆的甜度，可在饮料、饮食行业中代替蔗糖。在啤酒的生产过程中，后发酵是啤酒酿造耗时最长的工序，为了缩短后发酵及成熟期，可采取主发酵用传统发酵法而后发酵用固定化酵母细胞进行生产。这样做可带来如下好处：① 主发酵采用传统法，其目的是为了让酵母代谢产生的风味物质不致有大的变化，让酵母能够充分地与氧接触，进行生长和繁殖；② 发酵后的啤酒能够经分离机及时地除去菌渣，避免酵母发生自溶而损害啤酒质量；③ 能够有效降低啤酒生产过程中的双乙酰含量，如果啤酒中双乙酰含量超过 0.1 mg/L，啤酒就会有一种不愉快的馊味。

第五节 蛋白质工程在食品领域中的应用

一、蛋白质及蛋白质工程概述

蛋白质工程是 20 世纪 80 年代在基因工程基础上发展起来的第二代基因工程。蛋白质工程的含义是利用 X 射线衍射分析技术和电子计算机辅助设计技术，确定天然蛋白质的立体空间三维构象和活性部位，分析设计需要改变或替换的氨基酸残基，然后采用定位突变等方法，直接修饰或人工合成基因，有目的地按照设计来改变蛋白质分子中的任何一个氨基酸残基，以达到改造天然蛋白质或酶，提高其应用价值的目的。蛋白质工程是基因工程的深化和发展，也是生物技术中最富有发展前景的高新技术领域之一。

二、蛋白质工程在食品中的应用

（一）提高食品酶的稳定性

提高蛋白质或酶的稳定性主要从以下几个方面入手：① 延长蛋白质或酶的半衰期；② 提高蛋白质或酶的热稳定性；③ 抵御由于个别氨基酸氧化而导致蛋白质生物活性的丧失。其中提高蛋白质或酶的热稳定性具有较大工业实用性。这是因为反应温度提高，酶催化反应速率加快，从而大大缩短反应时间，降低蛋白质或酶的污染几率。另外提高蛋白质或酶的热稳定性，就可以使酶在超高温下生产，从而可以省去冷却过程，减少冷量的消耗。

溶菌酶是一种用于食品保鲜方面的酶制剂，其催化效率随着反应温度的升高而升高，因此，该酶的热稳定性是提高它的应用潜力的重要标准。通过 X 射线衍射分析不难发现，溶菌酶由一条肽链构成，并且这条肽链在空间上折叠形成两个独立的结构域，酶活性中心位于两个结构域之间。野生型的溶菌酶含有两个未形成二硫键的半胱氨酸，所以野生型的溶菌酶高温下容易失活。利用蛋白质工程将上述两个半胱氨酸结合形成二硫键，其热稳定性必然会大大增加，因为二硫键是一种稳定蛋白质分子结构的重要共价化学键，所以提高溶菌酶热稳定性的方法是在分子中引入一对或数对二硫键。有一点值得注意，引入二硫键时，并非越多越好，还要兼顾酶活性的变化，一定要避免引入二硫键后造成蛋白质分子构象发生变化，从而引起酶的失活。

（二）改变食品酶的最适 pH 值

改变食品酶的最适 pH 值，使酶适应食品加工环境，在食品生产和工艺控制方面是非常重要的。例如利用糖化酶和葡萄糖异构酶生产果葡糖浆的过程中，糖化酶反应的 pH 值为酸性条件（其最适 pH 值为 5.0），而葡萄糖异构酶反应的 pH 值为碱性条件（其最适 pH 值为 7.5），如果果葡糖浆的生产在碱性条件下进行，当反应温度达 80 ℃时就会发生焦化现象并产生有害物质，所以反应只能在较低温度下进行（如在 60 ℃的条件下反应）。这时可利用蛋白质工程中的定位突变技术或盒式突变技术将葡萄糖异构酶中的中性或酸性氨基酸(如谷氨酸、天冬氨酸)置换成碱性氨基酸(如精氨酸、赖氨酸),那么葡萄糖异构化反应就可以在酸性条件下进行,这样就能够适当提高反应温度(如在 80 ℃的条件下反应)而不会使果葡糖浆发生焦化现象。这样一来,不仅提高了反应速率,而且还避免了反复调节 pH 值所产生的盐离子,省去了离子交换工序,其经济效益是显而易见的。

(三) 提高食品酶的催化活性

如果想要提高酶的催化活性,就需要知道其活性中心的空间结构,从而推断出是哪些氨基酸的变化导致酶与底物特异性结合的改变。研究人员尝试着利用蛋白质工程技术将芽孢杆菌的酪氨酸 t-RNA 合成酶进行定位突变,改变了酶与底物结合的特异性,因此提高了催化效率。

通过研究发现天然状态下酪氨酸 t-RNA 合成酶第 51 位苏氨酸上的羟基能与底物中酪氨酰腺嘌呤核苷酸戊糖中的氧原子形成氢键,正是这个氢键的存在影响了酶分子与另一底物 ATP 的亲和力。要提高酶的催化活性,就得提高该酶与 ATP 的亲和力。既然苏氨酸中的羟基是影响酶与 ATP 亲和力的罪魁祸首,就必须借助蛋白质工程相关技术把表达苏氨酸的基因敲除掉,或者通过定位诱变技术用丙氨酸和脯氨酸来置换苏氨酸。实验表明,丙氨酸残基突变酶与 ATP 的亲和力提高了 2 倍多(K_m 值从 2.5 下降到 1.2),最大反应速率提高了近 2 倍(酶的转换数从 1 860 上升到 3 200)。如果用脯氨酸来置换苏氨酸得到的突变酶,不仅酶与 ATP 的亲和力大幅提高,最大反应速率也得以大大的提升。

(四) 改变食品酶的催化特异性

淀粉糖酶类属于水解酶类的一大类,对玉米、木薯、谷类等淀粉质原料水解转化为系列的淀粉糖具有非常重要的意义和相关的经济价值。这类酶包括 α-淀粉酶、β-淀粉酶、葡萄糖淀粉酶、异淀粉酶、新支链淀粉酶等。利用蛋白质工程中的定位突变技术可以改变新支链淀粉酶的催化特异性,还可以确定该酶的活性中心。借助 X 射线衍射分析研究人员发现,位于新支链淀粉酶活性中心的两个氨基酸分别为谷氨酸和天冬氨酸,如果将这两个氨基酸通过蛋白质工程置换成谷氨酰胺和天冬酰胺,得到的突变酶裂解 α-1,4 糖苷键和 α-1,6 糖苷键的比例就会发生变化。如果得到的突变酶裂解 α-1,4 糖苷键活性得以增强,那么生成戊糖的概率就增加,反之,生成戊糖的概率就减少。

思考题与习题

1. 现代生物技术在食品领域的应用主要有哪些?
2. 什么是单细胞蛋白?生产单细胞蛋白的底物有哪些?
3. 你对生物技术食品的安全性,特别是遗传重组食品的安全性是怎样理解的?
4. 酶工程在食品领域的应用有哪些?
5. 细胞工程相比人工栽培植株来生产目的产物,其优点有哪些?
6. 为什么一切重要的生命活动都离不开蛋白质?

第十章　生命科学与材料技术

【学习目标】

1. 了解生物材料的定义、分类。

2. 认识天然生物材料、生物医用材料、仿生和组织工程材料的组成和应用。

生命科学与材料科学的交叉形成一门新的学科——生物材料学，其主要目的是研究与生物相关的各类材料的组成结构、性能及制备，从基本原理上探索生物材料与生物体之间的相互作用。生物材料种类繁多、用途广泛、分类方法多种多样，如从材料的来源上分，可分成天然生物材料和人工生物材料；从材料的生物性能上分，可分成生物惰性材料、生物活性材料；从材料的用途上分，可分成医用生物材料及仿生和组织工程材料等，其中医用生物材料包括天然材料和人工材料两类，天然材料又可以细分成结构蛋白、结构多糖等。本章主要按材料的用途对生物材料作简单介绍。

第一节　天然生物材料

天然生物材料是生物材料的一类定义，即在生物过程中所形成的材料。下面主要介绍天然生物材料的成分、结构特征、类型。

一、天然生物材料的成分

天然生物材料在组成上与生物体没有什么不同，其基本元素组成同样以C、H、O、N最为丰富，同时含一些较丰富元素Ca、P、Cl、K等。其中生物体内的C和P含量较之于无生命物质如海水和地壳要多得多，说明这两种物质对生命过程很重要。生物大分子都是以碳为骨架构成的，细胞干重的过半数都是碳，至于P，细胞中含有丰富的磷脂，骨矿是由磷酸盐构成的。有意思的是，植物中的生物矿物以氧化硅为主，这可能与植物根部不断地从地表中汲取物质有关，而地壳中的Si含量是相当高的。生物体内还含有微量元素：Fe、Cu、Zn、Mn、Co、Mo、Se、V、Ni、I和Mg。它们对于生物体内特定种类酶的功能起关键作用。

二、天然生物材料的结构特征

以上基本元素通过一定的相互作用形成如水、核苷酸、氨基酸、单糖等的基本化合物，这些基本化合物通过不同的分级与自组装形成各种天然生物材料，它们具有复杂的复合结构。这些结构与构象赋予天然生物材料较之于非生物材料特别的优异性能及生物活性。如天然生物陶瓷在强度、断裂韧性、减震性能等方面都较之于常规陶瓷材料优越得多。生物大分子之间及内部的相互作用可分为强相互作用和弱相互作用两类。强相互作用主要包括离子键和共价键；弱相互作用主要指分子间力如范德华力（偶极力、色散力和诱导力）、氢键及疏水作用等。生物材料的复杂结构取决于以上作用力，但其中的弱相互作用力是维持生物大分子稳定结构与构象的关键。

三、天然生物材料的分类

前已述及，生物材料的分类方法各种各样，天然生物材料也不例外。如可按材料的属性分，也可按材料的组成分，还可以按其生物学功能及形貌分类等。根据天然生物材料组成的不同可分成五大类：结构蛋白、结构多糖、生物软组织、生物复合纤维和生物矿化材料（见表 10-1）。

表 10-1　天然生物材料

	结构蛋白	结构多糖	生物软组织	生物复合纤维	生物矿化材料
结构特点	大分子通常结合成纤维状且具有多层次的分级结构	具有种类多的不同周期性结构	相对刚硬的纤维或粒子填充在柔软基质中	硬化基体和纤维牢固结合	无机矿物和生物高分子组成高级结构
力学性能	赋予特定的柔性和刚度	赋予特定的柔性和刚度	柔性材料	硬材料	硬材料
代表物	胶原蛋白、丝心蛋白、角蛋白	纤维、固溶胶、透明质酸	皮肤、血管、肠壁、鳍	昆虫表皮、兽角、木材	骨、牙、贝壳、珊瑚

（一）结构蛋白

结构蛋白按其成分和形貌又可分成胶原蛋白、丝心蛋白、角蛋白、弹性蛋白、肌球与肌动蛋白、粘连蛋白等。以下主要介绍胶原蛋白、丝心蛋白与角蛋白的一些性质及特性。

1. 胶原蛋白

胶原蛋白是皮肤、骨、腱、软骨、血管和牙齿的主要纤维成分，细胞骨架的重要成分也是胶原蛋白。可以说，所有多细胞生物都含有胶原蛋白，胶原蛋白不同程度地存在于一切器官中。对哺乳动物而言，胶原蛋白的量约为其总蛋白量的 30%。除了在成熟的组织中起结构作用外，胶原蛋白对发育中的组织有定向作用。胶原蛋白的独特性质是能形成高强度的不溶性纤维。

2. 丝心蛋白

丝心蛋白是蚕丝的主要成分，约占 70%～75%。包裹丝心蛋白的丝胶蛋白约为 20%～25%。随形成条件的不同，丝心蛋白存在两种不同的结构：丝心蛋白 Ⅰ 和 Ⅱ。Ⅰ 型结构为水溶性的，包括无规则线团和 Ⅰ 螺旋，Ⅱ 型结构为水不溶性的，呈反平行 β 折叠（见图 10-1）。

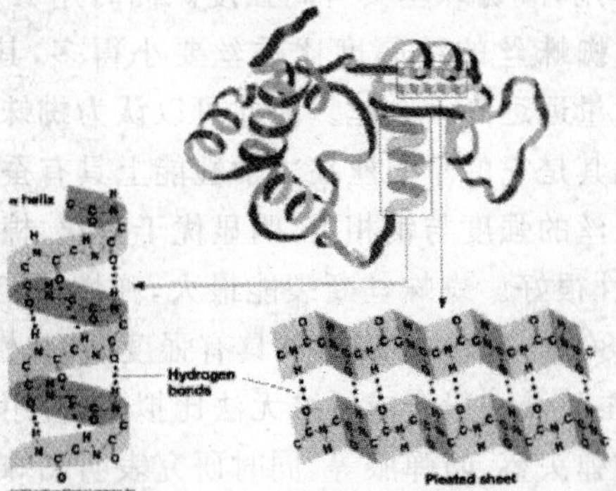

图 10-1　丝心蛋白的构象

通过改变温度、溶剂极性、溶液 pH 值和应力作用可使 Ⅰ 型转变为 Ⅱ 型。经蚕的吐丝作用而形成的蚕丝中，结晶区的丝蛋白主要以 Ⅱ 型存在。此时，肽链的链段排列整齐，相邻肽链之间的氢键和分子间力使它们结合得相当紧密，抵抗外力拉伸的能力强，所以蚕丝的断裂强度大。而在其非晶区，肽链排列疏松，且有弯曲和缠结，在外力拉伸下可以变直、伸长，从而使蚕丝具有较好的断裂伸长度；而在除去外力后，又可以部分回复原状，故蚕丝又具有较好的弹性回复率。吸湿以后，蚕丝的强力、伸展度都会发生变化。因为水分子进入纤维内部，使肽链之间的结合力减弱，蚕丝断裂强度降低；然而吸湿后肽链间的滑移能力增加，故断裂伸长度增大。

蚕丝蛋白质的构象使之有优异的力学性能，沿纤维轴向既有较高的强度，又有较大的延伸率。家蚕丝的拉伸强度实验值可达 10 GPa，这可与高强度合成纤维媲美。同时其延伸率可达 35%。β 片层横向是氢键结合，它可以在纤维受拉伸时起稳定 β 层片的作用。层片之间是范德华力作用，因此层间可以有滑移，赋予蚕丝纤维以柔性。在蚕丝蛋白构象研究中发现，如果侧链中含有较大的 R 基团如酪氨酸，丝心蛋白会呈现出较大的非晶区。当蚕丝纤维受拉伸时，非晶区可以经受较大的变形，因而，延伸率也较大。蚕丝纤维的另一独特性质是当负载率增大时，随着强度和弹性模量增大，延伸率也增大。而大多数化学纤维相反，当负载率增大时，延伸率下降。

蜘蛛丝是另一种形式的由蛋白质组成的丝蛋白，也有人称之为丝心蛋白。与蚕不同，蜘蛛可以产生不同功能的丝，且每一种丝来源于不同的丝腺体。研究较多的是大囊状腺产生的牵引丝。它是蜘蛛网的主要结构丝也是蜘蛛的生命丝，其独特的强力和延伸性使其成为非常有韧性的纤维。在显微镜下，其截面呈圆形与蚕丝的三角形不同。蜘蛛丝光滑、闪亮，耐紫外线性能强，而且较耐高、低温，属于强度最大、弹性最好的材料之一，素有“生物钢”之称。若把蜘蛛丝的抗冲击力吸收系数定为 100%，钢仅为 2%，骨为 5%，植物纤维为 10%。蜘蛛丝的应变断裂强度高、韧性好，弹性拉伸变形长度可达到原长度的 33%；蜘蛛丝的脆化温度很低，约为 −50 ℃～−60 ℃。

与蚕丝的结构相似，蜘蛛丝也是由结晶区和非结晶区交替排列构成的。结晶区主要为聚丙氨酸链段，构象为 β 折叠结构，分子链沿着纤维轴线的方向呈反平行排列，形成曲折的 β 片层结构进而相互重叠在一起构成结晶区。片层间为非结晶区，主要由大侧基氨基酸组成。由于结晶区的分子链间以氢键结合，因而分子间作用力很大，使得丝纤维在外力作用时有较多的分子链能承受外力作用，故蜘蛛丝具有高强度。同时用 X 射线衍射分析研究了蜘蛛丝的聚集态结构，结果表明蜘蛛丝的结晶度比蚕丝要小得多，其结晶度约为蚕丝的 55%～60%。而非结晶区部分含量远远高于蚕丝。因此可以认为蜘蛛丝具有良好的弹性主要是非结晶区的贡献。蜘蛛丝尤其是它的牵引丝在力学性能上具有蚕丝和一般的合成纤维所无法比拟的突出优势。其牵引丝的强度与钢相近，明显优于蚕丝、棉和尼龙。伸长与蚕丝及尼龙相似，高于钢、棉，因而韧性很好。蜘蛛丝断裂能最大，弹性好，当伸长至断裂伸长率的 70% 时，弹性恢复率仍可高达 80%～90%。蜘蛛丝具有强度高、弹性好、初始模量大及断裂功大等特性，在力学性能上是蚕丝及一般合成纤维无法比拟的，应用前景非常广泛。其优异的力学性能使其可用于制造防弹头盔、防弹服等。同时研究表明蜘蛛丝和生物体之间具有良好的相容性，蜘蛛牵引丝具有促进伤口痊愈和凝血的功能。将牵引丝植入老鼠体内，丝纤维对老鼠的纤维状巨细胞无毒性反应。牵引丝植入猪的皮下后的研究表明，植入区周围没有异样的反应。因此,蜘蛛丝在军事、生物医学领域具有广泛的用途。如果将其他材料与蜘蛛丝纤维复合可以制成功能性复合材料,进一步扩大其用途。如将各种纳米级微粒加入聚合物溶液中,可以制得各种具有不同功能的人造蜘蛛丝纤维。目前,研究人员已经分离得到了蛛丝蛋白基因,并试图用基因工程的方法生产这种天然生物钢。此外,研究人员还期望用蛋白质工程的方法修饰蛛丝蛋白基因以获得更高性能的材料,用于制造航空、航天装备。

3. 角蛋白

角蛋白是一大类蛋白质,常见于脊椎动物的皮肤、毛、发、角、蹄等中,角蛋白含有大量的硫,或交联的酪氨酸残基。研究最透彻的是人发和羊毛中的角蛋白,其最小组元是一螺旋,其多肽链大体上与角蛋白的轴向平行。角蛋白是 α 螺旋的典型实例。在角蛋白中,三股右手 α 螺旋向左缠绕成一根原纤维,直径为 2 nm,是为 $\alpha\alpha$ 的超二级结构。原纤维再排列成"9+2"的结构,称微纤维,直径为 8 nm。微纤维包埋在硫含量很高的无定形基质中。成百根这样的微纤维又结合成一不规则的纤维束,称巨原纤维,其直径为 200 nm。巨原纤维沿轴向排列,周围是一层鳞状细胞,中间为皮层细胞。因此,毛发是高度有序结构。

角蛋白的伸缩性能好,在湿热的条件下,一根毛发可拉长到原有长度的 2 倍而不断裂。当螺旋被拉伸超过其屈服点时,各圈间的氢键被破坏,转变为 β 构象。螺旋是由被包埋在基质中的半胱氨酸残基间的二硫键交联起来的。这种交联键是纤维在外力撤销后得到复原的恢复力。硫含量越高,纤维刚度越大。依此,角蛋白又可分为硬角蛋白和软角蛋白两种。由于角蛋白的生物相容性好,主要用做医用材料如人工腱等。

(二) 结构多糖

结构多糖中具代表性的是生物纤维,主要是纤维素与几丁质(壳聚糖),此外还有固溶胶、透明质酸、肝素以及糖与蛋白混合形成的物质如糖蛋白及蛋白聚糖等。

1. 纤维素

作为动物、植物或细菌细胞的外壁支撑和保护物质以及生物圈中维持自然界能量和营养物质平衡和稳定的贮存物质,纤维素是自然界中分布最广、含量最多的一种多糖。植物体内约有 50% 的碳是以纤维素的形式存在的。

纤维素是一种丝状、刚性的、水不溶性材料,是植物细胞壁尤其是茎干部位的主要组成材料。木材的大部分是由纤维素构成的,棉花是几乎纯的纤维素。纤维素分子是一种线性、无分支的同型多糖,大约由 10 000~15 000 个葡萄糖单元构成。葡萄糖残基由 β-1,4 糖苷键连接构成其 β 构象(见图 10-2)。

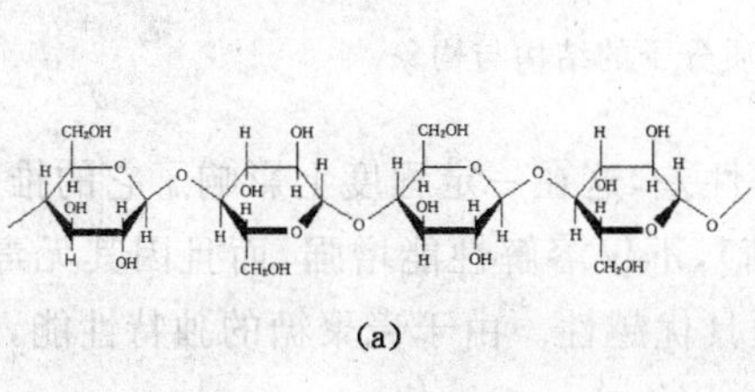

(a)

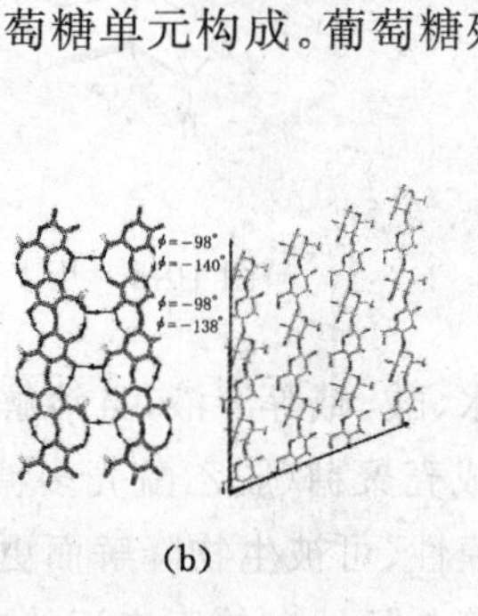

(b)

图 10-2　纤维素的结构

(a) β-1,4 糖苷键;(b) 纤维素分子的空间构象

纤维素的拉伸强度较好,因此许多产品如纸张、人造丝、绝缘材料、充填及建筑材料均用

到纤维素。目前对纤维素的研究主要是基于纤维素的功能材料的开发，如以纤维素为基材的高吸附性材料、可降解材料、纤维素液晶等。除此之外，还有如可用做抗凝剂、人工肾、膜等各种医用功能材料；表面活性剂、离子交换等表面活性材料；固定化酶、固定化细胞、固定化抗原、分离抗体的基质等生物功能材料等。目前，根据纤维素的结构与功能的关系，利用分子设计手段，采用生物合成技术和精细化学合成技术，合成出具有特定分子结构、链结构和超分子结构的新型纤维素功能材料；采用微波、超声等现代技术手段，进一步研究纤维素材料的物理和化学改性的新方法和新技术，提高纤维素类材料的功能性，拓宽其应用领域，是纤维素功能材料研究的方向。

2. 几丁质

同纤维素相类似，几丁质是由 *N*-乙酰-*D*-葡萄糖胺残基的 β-1,4 糖苷键连接形成的同多糖（见图 10-3）。与纤维素不同的是纤维素是葡萄糖残基而几丁质是葡萄糖胺残基。几丁质形成的纤维与纤维素相似，也不能为哺乳动物所消化。几丁质是真菌细胞壁的常见组成成分。一些绿藻中也含有几丁质。它更是数以百万计的节肢动物——昆虫、虾、蟹的外壳的主要成分，也称甲壳质。虾、蟹壳中富有的甲壳质是一种白色、无定形的半透明物质。目前几丁质的来源主要是从虾、蟹等动物的甲壳中提取的。几丁质及其衍生物具有抗菌、抑菌、降血糖、防癌、抑癌等良好性能，已日益引起众多学者的关注和兴趣。近年来，几丁质大量用于制造各种产品如人造皮肤等。用壳二糖聚合成的几丁质能制成可透气、吸水的薄膜。如将此“人造皮肤”贴在烧伤或烫伤的创口上，创口中的溶菌酶可缓慢地分解此膜，从而加快伤口的愈合。美国、日本的某些药厂已可生产几丁质绷带和橡皮胶带。

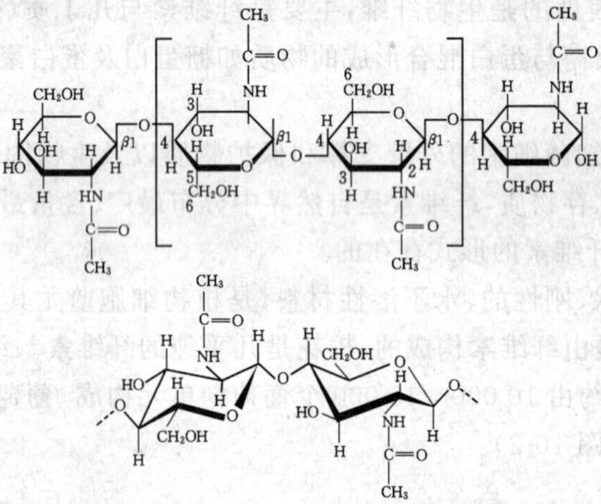

图 10-3　几丁质分子的结构与构象

几丁质不溶于水、酸、碱等溶液，且溶解性差，这在一定程度上影响了它的推广应用。将几丁质脱乙酰后形成壳聚糖（脱乙酰壳多糖），不仅溶解性能增强，而且因其无毒、具有良好的生物相容性及成膜性、可被生物降解而更具优越性。由于壳聚糖的独特性能，近年来在污水处理、医药、食品等各领域有趋于广泛的应用。

壳聚糖最早用于水处理，主要用做重金属离子螯合剂和活性污泥絮凝剂，其絮凝作用很强，而且无毒不产生二次污染，可生物降解。壳聚糖可制作超滤膜、反渗透膜、渗透蒸发和渗透汽化膜、渗析膜、气体分离膜、固定化酶膜、离子交换膜及医学用膜，在分离沸点相近的混合液上有很大的用途。壳聚糖有很好的成膜性，制成的膜亲水性强，特别适合分离水系物料。

壳聚糖在低温下只有氨基参与交联反应，高于 40 ℃时，羟基才发生反应；环氧氯丙烷的交联作用显著提高了壳聚糖膜的抗张强度，并有效地降低了溶菌酶对其降解的速率；该交联膜有望用做可控降解的生物医用材料。可利用壳聚糖及其衍生物制备颗粒剂、片剂、膜剂、凝胶和微球等形式以控制释放。壳聚糖及其衍生物具有良好的生物相容性和生物可降解性，广谱抗菌、抗感染和很强的凝血作用，可促进伤口愈合、调节血脂和降低胆固醇、增强免疫和抗肿瘤等。壳聚糖基材料毒性极低，植入体不会引起纤维性包囊膜，不会导致慢性炎症。壳聚糖的无抗原性对诱导细胞增殖和最终促进植入体与宿主组织一体化具有重要意义。壳聚糖具有止血作用，精制的壳聚糖细粉可以明显促进伤口愈合。用壳聚糖和明胶以及冰硼散共混铸膜，制备的壳聚糖药膜可定向给药治疗口腔溃疡。

壳聚糖有好的成膜性、透气性、生物活性，且无毒、无味、抑菌防腐、操作方便、可喷涂、刷涂、浸泡、不需特殊技术和设施，广泛应用于食品保鲜。

壳聚糖有望成为新型的天然高分子液晶材料。近年来研究发现一些 *N*-酰化壳聚糖（乙酰化、丙酰化、丁酰化等）、苯甲酰化、氰乙基化壳聚糖有较好的溶液致晶性，其中乙酰化羟丙基壳聚糖还有热致晶性。

（三）生物矿化材料

生物材料在成分上区别于人工合成材料的最大特点是其中的生物大分子，它们和矿物相在纳米以上的各级尺度形成混合或复合结构。

在绝大多数非脊椎动物中都发现了钙化组织，其中最简单、最具代表性的是珍珠和贝壳。作为一种典型的天然生物矿化材料，其构成含有令人类佩服的特殊组装方式，因而具有强韧性的最佳配合。

1. 贝壳

贝壳是一种生物矿化材料。自然界中主要存在有五种类型的贝壳材料（见表 10-2），不同的贝壳材料具有不同的成分和结构。

表 10-2 贝壳材料的类型

类型	形状	晶体	蛋白质基体（质量百分比）	强度/MPa（括号中为最大值）			刚度/GPa（右面括号中为实验次数，下面括号中为最大值）	维氏硬度 /kg·mm^{-2}（括号中为实验次数）
				拉伸	压缩	弯曲		
棱柱	多边形柱状	方解石，文石	薄层（5 μm）环绕每个棱柱（1%～4%）	60 (60)	250 (300)	140	30(2) (40)	162(1)
珍珠层	平面层状	文石	层间薄片（1%～4%）	130(湿) 167(干)	380 (420)	220 (280)	60(湿) 70(干)	168(8)
交叉叠片	胶合板型层片	文石	超薄（0.01%～4%）	40 (60)	250 (340)	100 (170)	60(14) (80)	250(9)
簇叶	长薄晶体叠加成形	方解石	超薄（0.1%～0.3%）	30 (40)	150 (200)	100 (180)	40(6) (60)	110(2)
均匀分布	精细毛石	文石	超薄	30	250	80	60(1)	—

一般来说，材料的类型及其排列方式与生物的系统一致。同一个生物家族的钙化组织结构具有相同的排列，有时甚至包括一个超级家族。薄壳趋于由棱柱结构构成，同时还带有珍珠层或簇叶结构；超薄壳往往由交叉叠片结构组成。贝壳中较为常见的是珍珠层结构、棱柱结构以及交叉叠片结构，这几类结构可在一种贝壳中单独或同时出现。

在双壳纲中，贝壳由角质层、棱柱层和珍珠层组成。角质层位于最外层，很薄，主要成分是壳质蛋白；棱柱层在角质层内侧，由垂直于壳面的极细的棱柱状方解石组成，各小棱柱彼此平行；珍珠层在最内侧，由一些小平板状结构单元平行累积而成，小平板的板面是不规则的多边形，平行于贝壳的壳面成层排列，小平板之间为指导矿化的有机物。珍珠层为高度有序层状结构，由文石晶片层和有机基质交替排列组成三维结构。

机械性能测试发现贝壳在自然过程中形成的这种结构使它具有很高的韧性，它的断裂功比氧化铝陶瓷高两个数量级。

2. 珍珠

珍珠具有类似于贝壳珍珠层的叠片结构。这种结构与贝壳珍珠层的差别仅在于贝壳的珍珠层中隔是沿贝壳的壳面铺排构成层面，而珍珠中珍珠层包围核心铺排成层。

珍珠及珍珠层由文石晶体与有机基质构成。无机相约占 95%，有机基质由三种生物大分子组成，分别为不可溶的几丁质、富含甘氨酸和丙氨酸的不可溶蛋白质及一种富含天冬氨酸等酸性氨基酸的可溶蛋白质。三者均为 β 折叠结构，不同的是不可溶蛋白质为反平行 β 折叠。在生物矿化过程中，酸性蛋白质对无机矿物的形成起重要作用，其中的酸性侧链与钙离子有强烈的亲和作用，是成为矿物晶体核心的必备条件。

对贝壳与珍珠结构和性能的研究可指导仿生材料的研制。目前已有人研制出 Al_2O_3—芳纶纤维增强环氧树脂叠层仿珍珠层复合材料，其断裂功已接近于天然珍珠层。

第二节　生物医用材料

生物医用材料是用于生物系统疾病的诊断、治疗、修复或替换生物体组织或器官，增进或恢复其功能的材料。自从 16 世纪用金治疗上颌骨开裂，18 世纪末用象牙做人工关节成功以来，越来越多的生物医用材料被发现和使用。

生物医用材料有人工合成材料和天然材料之分，有单一材料、复合材料以及活体细胞或天然组织与无生命的材料结合而成的杂化材料。生物医用材料本身不是药物，其治疗途径以与生物肌体直接结合和相互作用为基本特征。

生物医用材料是材料科学领域中正在发展的多种学科相互交叉渗透的领域，其研究内容涉及材料科学、生命科学、化学、生物学、解剖学、病理学、临床医学、药物学等学科。生物医用材料除应满足一定的理化性质要求外，还必须满足生物学性能要求，即生物相容性要求。这是其区别于其他功能材料的最重要的特征。生物相容性有两方面的含义：一方面是指生物医用材料在生理环境中对活体系统的作用或活体系统对材料的反应，即宿主反应；另一方面是材料反应，即活体系统对材料的作用或材料对活体系统的反应。宿主反应包括材料引起的邻近组织发生的局部反应和远离材料的组织、器官及整个肌体发生的全身反应，包括是否有毒性、副反应、生物材料的浸出物或降解物对人体是否造成炎症，是否导致组织坏死等；材料反应主要来自生物环境对材料的腐蚀和降解作用，可能使材料性能退化甚至破坏，也可能因组织长入材料孔隙而使材料增强。一种成功的生物医用材料，既要求其引起的生物学反应必须保持在肌体可接受的水平，还要求其在生物环境作用下不发生褪变或失效，也就是能和生物良好相容。两者的作用往往是相辅相成的：生理性体液对材料常造成有害影响，使之降解或释放出粒子等不溶性物质，所降解的产物和释放的不溶性物质又可能引起毒理反应，危害肌体。目前对于生物相容性的认识基本上是经验性的。来自材料方面的影响有：材料类型与形态、表面及组成、物化性质及力学性质等；来自生物系统方面的影响有：动物种类、植入部位、受体状况、存留时间和使用环境等。

此外，生物医用材料还应具有相应的强度、韧性、弹性、耐磨、耐疲劳、耐腐蚀及润滑等性能要求。

一、生物医用材料的分类

生物医用材料的分类方法有多种。

（一）按材料的组成与性质分类

1. 医用金属与合金

主要有医用不锈钢、医用钴基合金、医用钛和钛合金等三类。

2. 医用高分子

主要包括医用聚乙烯、聚氨酯、聚硅氧烷、聚丙烯酸酯、聚碳酸酯以及可生物降解高分子（又包括天然高分子和合成高分子等，如聚乳酸、聚羟基丁酸酯、胶原蛋白、纤维素衍生物、壳聚糖等）。

3. 生物陶瓷

主要包括氧化铝、氧化锆等高强度、高耐磨性陶瓷及生物活性玻璃陶瓷、碳素材料等。

4. 生物衍生材料

经特殊处理的生物组织所形成的一类材料。

5. 生物医用复合材料

由两种或两种以上生物材料组合而成的生物医用材料。

在上述五种材料中，又以医用金属与合金及医用高分子使用率最高，占总用量的40%以上。

（二）按材料在生理环境中的生物化学反应水平分类

1. 生物惰性材料

严格讲来，没有完全惰性的材料。但如果材料可在生理环境中保持长期稳定，或长期暴露于生理环境中仅发生轻微、甚至不发生化学变化的材料即可认为是生物惰性材料。如合成的非降解高分子、医用金属和合金材料、氧化铝和医用碳素、近于惰性的生物陶瓷等均属于此类。

2. 生物活性材料

顾名思义，生物活性材料就是可诱发或调节特殊生物活性的材料。一般而言，这类材料会与周围组织发生不同程度的生物化学反应，是目前生物材料的主要研究方向之一。羟基磷灰石就是其中一例，它的优点是当植入体内后不仅能引导成骨，而且能与新骨形成骨性结合。在肌肉、韧带或皮下种植时，能与组织密切结合，无炎症或刺激反应。

3. 生物降解材料

生物降解材料是指那些补植入人体以后，能不断发生降解，且降解产物能够被生物体所吸收或排出体外的一类材料。这类材料可用于良性骨细胞修复、药物载体和组织工程支架材料等。生物可降解高分子、生物可降解陶瓷均属此类。

除上述分类方法外，生物医用材料还可以按用途（心血管植入材料、介入器械、牙科材料等）或与组织间的结合方式（形态结合、生物活性结合等）分类。下面主要按生物材料的组成及性质对生物医用材料进行讨论。

二、主要生物医用材料

1. 医用金属与合金

金属材料在医学中的应用可以说历史悠久。约公元前 400～300 年，腓尼基人就已经用金属丝结扎法修复牙缺失。中国在隋末唐初发明了补牙用的银膏。早期用于临床治疗的金属材料主要是金、银、铂等贵重金属，它们具有良好的化学稳定性及加工性能。20 世纪前也曾经将铜、铅、镁、铁和钢等用于临床试验，但它们的耐腐蚀性和生物相容性差或力学性能较差以至于未获推广应用。20 世纪 20 年代后，医用金属材料真正得到广泛发展和临床应用。不锈钢在临床上的应用成为现代生物医学材料发展的重要里程碑。首先是冶金技术不断发展，18Cr8Ni 类奥氏体不锈钢开始用于外科，具有优异耐磨性、耐腐蚀性及良好生物相容性的钴铬类合金相继应用于齿科和骨科。30 年代开发出性能更为优异的含 2% 钼型不锈钢、超低碳型不锈钢等。50 年代，生物相容性更为优良的钛开始应用于临床。强度比纯钛更高、耐腐蚀性和密度与纯钛相近的合金在临床上也得到了广泛应用。70 年代后，随着形状记忆合金的发明，以镍钛系为代表的形状记忆合金在医学上也逐渐得到应用，并成为生物医学金属材料的一个重要部分。目前应用于临床的金属材料还包括纯金属钽、铌、锆以及医用磁性材料等。

医用金属材料主要用于骨、牙等硬组织的修复和替换，心血管和软组织的修复以及制造人工器官的结构元件，是临床应用最广泛的承力植入材料。其中含 Cr、Mo 的钴基合金耐蚀性能特别优越，比不锈钢高 40 倍，但缺点是加工性能差，应用受到一定限制。钛和含铝、钒的钛合金耐蚀性好，且与人体组织的反应小，因而得到广泛使用。

2. 医用高分子

生物医用高分子材料是以高分子化合物为主要成分，与各种添加剂配合，经过适当的加工而制成的人工合成材料或天然高分子材料。这类材料密度小、耐磨、自润滑、耐腐蚀、易于合金化、弹性好，被广泛用于医用填充材料、矫形材料、牙科材料、植入材料、绷带、体外装置、微囊、聚合物药物释放体系，以及作为矫形器械用来替代金属或陶瓷制品等。其优点在于容易加工成型、品种多样、价格合理、具有良好的力学和物理性能等。20 世纪 60 年代开始用于人体医用材料，效果很好。

生物医用高分子材料按性质可分为非降解型和可生物降解型两类。前者在生理环境中长期稳定，不降解、不交联、不磨损，物理机械性能良好，如聚乙烯、聚丙烯、聚硅氧烷等，主要用于人体软、硬组织的修复，人工器官、接触镜、粘接剂等制品的制造。后者在生理环境下发生降解，降解产物能通过正常的新陈代谢被肌体吸收利用或排出体外，这类材料包括胶原、甲壳素、纤维素、线性脂肪族聚酯等，主要用于药物释放送达载体及非永久性植入装置等。

3. 生物陶瓷

生物陶瓷通常是指一类具有特殊生理行为的陶瓷材料，可以用来修复或替换人体组织和器官或增进其功能。此类材料的最大优点是具有良好的生物相容性，可以与人体组织牢固地结合。根据其在生理环境中发生的生物化学反应，生物陶瓷分为三种类型：近于生物惰性的陶瓷、生物活性陶瓷、可吸收性生物陶瓷。

生物惰性陶瓷长期置于生理环境中不发生或仅发生有限的化学变化，即使因化学和机械作用引起降解，其降解产物也容易通过正常的自然机制得到控制。植入体内后的组织反应是形成一层薄的、小于几微米的围绕着植入材料的包囊性纤维膜。同组织的结合依靠组织长入植入体不平整的表面而形成机械嵌联。广泛使用的生物惰性陶瓷是氧化铝(Al_2O_3)陶瓷、生物碳及氧化锆、氧化钛陶瓷等。

生物活性陶瓷在生理环境中表面发生生化反应，能与活体骨组织、活体软组织形成化学键结合。对于硬组织替换材料，这种键合主要是由羟基磷灰石在界面处的沉积实现的。界面结合强度随时间增长而增强，与骨折愈合的情形相似。典型的生物活性陶瓷又可分成两类：一类是生物活性玻璃陶瓷，另一类是磷酸钙基生物陶瓷。生物活性玻璃陶瓷是一种微晶玻璃，由玻璃相的硅灰石和结晶相的磷灰石组成。其特点是可以通过调节其各组分组成、制成力学强度不同及成型加工性能各异的多种形态制品。羟基磷灰石生物活性陶瓷是一种磷酸钙基生物陶瓷，主要用于人体硬组织的修复与替换，也可用于人工血管、气管等软组织及药物控释和送达载体，同时还是一种优良的化学吸附剂。

可吸收性生物陶瓷，在生理环境中可被逐渐降解和吸收，并随之为新生组织所替代，达到修复替换损伤组织的目的，如石膏、磷酸三钙陶瓷。

4. 生物医用复合材料

由两种或两种以上的上述材料复合而成的材料称生物医用复合材料，如涂层材料、羟基磷灰石增强聚乙烯、碳纤维增强聚乳酸复合材料等。这类材料主要用于修复、替换、改善人体组织和器官以及制造人工器官。天然生物材料通常都是复合材料，所以生物医用复合材料的研究在某种程度上意味着仿生材料的研究。

5. 生物衍生材料

生物衍生材料是由经过特殊处理的天然生物组织形成的材料，又称生物再生材料。特殊处理包括轻微处理和强烈处理。所谓轻微处理是指维持组织原有构型、仅消除其免疫排斥反应而进行的固定、灭菌、消除抗原性等处理，例如用戊二醛处理定型的猪心瓣膜、牛心包、人颈动脉、脐动脉、冻干的骨片等；强烈处理是指拆散原有构型，重建新的物理状态的处理，例如用再生胶原、壳聚糖、弹性蛋白、透明质酸等重建的粉体、纤维、膜、海绵体、凝胶等。

生物衍生材料经过了特殊处理，是无生命的材料。但由于它的组成和结构与天然组织类似，所以它在维持人体动态过程的修复替换中具有重要作用。生物衍生材料主要用于制作人工心脏膜、血管修复体、皮肤掩膜和血浆增强剂等。

第三节 仿生和组织工程材料

经历了亿万年的演变和进化的自然界生物系统，造就了种种优良的结构形式和功能，给人类研究仿生材料以启迪。甲壳虫可以将糖及蛋白质转化成为质轻而强度很高的坚硬外壳、蜘蛛吐出的水溶蛋白质在常温下形成的不可溶丝比防弹背心材料坚韧、鲍鱼以及人们通常认为用途不大、极简单的物质如海水中的白垩(碳化钙)结晶形成的贝壳，其强度两倍于高级陶瓷等。近年来，试图仿制天然生物材料，制备出具有生物功能，甚至生物活性的材料成为生物材料学极为活跃的领域。它涉及细胞调控的生物矿化，基因调控的纤维蛋白，以及仿珍珠层材料、人工酶、仿生物膜、智能材料等。从应用上看，可大致分为应用于工程学的仿生材料和应用于医学的组织工程材料。

一、仿生智能材料

智能材料的概念起源于20世纪80年代中期，它要求材料体系集感知、驱动和信息处理于一体，形成类似于生物材料的、具有智能属性的材料。这类材料具备自感知、自诊断、自适应、自修复等功能。

智能材料的前身是功能材料。功能材料分两类，一类对外界（和内部）的刺激强度（如应力、应变、热、光、电、磁、化学和辐射等）进行感知，称感知材料，用它可以做成各种传感器；另一类对外界环境条件（或内部状态）发生变化而做出响应或驱动的材料，可做成各种驱动（或执行）器。智能材料是两者的结合，利用它们做成传感器和驱动器，并借助现代信息技术对感知的信息进行处理，再把指令反馈给驱动器，使其做出灵敏、恰当的反应，当外部刺激消除后又能迅速回复到原始状态。这种集传感器、驱动器和控制系统于一体的智能材料，体现了生物的特有属性。

智能材料具备感知、处理和驱动三个要素。它将高技术的传感器、执行元件与传统材料结合起来，赋予材料新的性能，使无生命的材料具有各种生物属性。因此，需要多种材料的复合才能构成一个智能材料体系。

皮肤是一种典型的多功能复合薄膜材料，它是由具有很好柔韧性、能自修补并可防水的多层类脂体薄膜构成的。皮肤的主要功能有传感、防异物侵入、促进分泌、防脱水、调节体温及保护免受过度辐射等，也就是说它具有对环境的自适应、自诊断及自修复功能。研制具有类似生物材料的结构及功能的材料系统，使之具有感知和驱动双重功能，在感知外界环境或内部状态的变化后，通过材料自身或外界的反馈机制，及时做出恰当的响应，将材料的一种或多种性能改变，是仿生智能材料研究的内容。

现已有不少具有智能的材料，如变色玻璃、形状记忆合金、增韧氧化锆陶瓷、正温度系数热敏陶瓷等。例如形状记忆合金具有自诊断、损伤自愈合能力，在发生可逆的相转变时，刚性、电阻、内摩擦、声波发生数等均发生变化，且在加温时能收缩，外力场下会发生相态变化，利用这些特性可开发智能执行元件。

美国伊利诺伊大学在研制一种自行愈合的混凝土时，设想把大量的空心纤维放入混凝土中，当混凝土开裂时，事先装有“裂纹修补剂”物质的空心纤维也会裂开，并释放出粘结修补剂把裂纹牢牢地“焊”在一起，防止混凝土断裂；另一种纤维则可包在加固混凝土的钢筋周围，它对造成钢筋腐蚀的酸度变化非常敏感，一旦酸度发生变化，纤维的某些涂层就会溶解，释放出化学物质来阻止进一步的腐蚀反应。美国桥梁专家正在研究当桥梁出现问题时一种能够自动加固的材料。随着电脑技术的发展，可以制造出极微小的信号传感器以及微电子芯片和计算机。把它们埋入桥梁材料中，而桥梁材料可以用形状记忆材料和在电压作用下能够从液体转变成固体而自动加固的材料构成，埋在材料中的计算机得到某部分材料出现问题所发出的信号后，即可发出指令，使事先埋入桥梁中的微小液滴转变成固体以自行加固。

意大利比萨大学根据人类皮肤有表皮和真皮组织的特点，为机器人仿制一种由外层和内层组成的人造皮肤，这种皮肤的弹性厚度和天然皮肤相近。在这种人造皮肤的内外层之间，夹设一层与水混合在一起的能导电的胶状体，当充当表皮的外层受到压力时，胶状体就会变形，此时内外层之间的电压就会发生变化，信号传到机器人的电脑，机器人就会做出反应。为使人造皮肤能知"痛"，他们还研制了一种特殊的表皮。这种表皮由两层橡胶薄膜组成，两层橡胶薄膜之间到处放置只有针尖大小的用压电陶瓷制成的传感器，这些传感器在受到压力时产生电压，且受压越大，电压就越大。据说这种传感器很灵敏。

日本对构成生物体的许多材料的特点极为感兴趣，并进行研究，希望有朝一日能用于工业上。如对贝壳材料的研究，因为贝壳一旦受到损伤，其破损部分会发生钙化，巧妙地进行自行修复；对鲸鱼、海豚尾鳍和飞鸟鸟翼的研究，希望有朝一日能发明像尾鳍和鸟翼那样轻而柔软、既能折叠又很结实的材料；对海参的研究，因为当人在捕捉海参时，海参身体会变硬，且越受袭击，其皮就变得越硬，于是设想，如果人的皮肤也有这种特性，即使到了老年也可以不产生皱纹，反过来则如果能利用海参外皮组织的相反特性，即在受到强烈的碰撞时，能变成软的外皮，受碰的物件就能免受破损等。

仿生智能材料在航空、舰艇、建筑、机器人、医药等领域均具有巨大的应用前景。目前仿生智能材料已成为材料科学中的重要研究课题，各国科学家正为此不懈地努力，相信在不久的将来可出现各种各样实用的、功能强大的仿生智能材料。

二、组织工程材料

组织工程是随着生命科学、材料科学及相关物理、化学学科的发展而兴起的一门新学科。组织工程主要致力于组织和器官的形成和再生。其核心就是建立细胞与生物材料的三维空间复合体，形成具有生命力的活体组织，用以对病损组织进行形态结构和功能的重建并达到永久性替代。其基本原理和方法是将体外培养扩增的正常组织细胞吸附于一种具有优良细胞相容性并可以被肌体降解吸收的生物材料上面形成复合物，然后将细胞—生物材料复合物植入人体组织、器官的病损部位，在作为细胞生长支架的生物材料逐渐被肌体降解吸收的同时细胞不断增殖、分化，形成新的并且其形态、功能与相应的组织、器官一致的组织，达到修复创伤和重建功能的目的。其所需要的生物材料即为组织工程材料。

组织工程材料主要作用：① 组织再生的支架或三维结构；② 调节细胞生理功能；③ 免疫保护。现有的组织工程材料研究主要包括三个方面：一是研究用于直接移植或制造体外器官的干细胞培养；二是在体外生成用于治疗目的的细胞种系、细胞衬里和器官；三是研制用于自体或异体细胞、器官包裹的生物相容性材料。

组织工程提供了器官及组织再建的一种真实的可能性。例如用组织工程方法研制出了可产生皮肤的合成材料，表层由硅酮组成，可防止液体流失，底层由软骨素磷酸和胶原蛋白组成，可诱导血管和结缔组织生长。将该材料植于患处，三周后可在该材料上长出一层很薄的表皮。利用组织工程设计研制出的具有和组织相同弹性系数的生物弹性材料可作为防止粘连的屏障，代替和包容组织中的细胞连接物。

然而，组织工程材料研究的最终目的是用其替代或修复人体组织器官并实现其生理功能。人体是一个极其复杂的生理环境。当材料植入人体后，材料本身会发生各种变化，同时对人体组织也会产生多种影响。如何避免或降低材料对人体产生的各种不良影响，如何从仿生的角度创造出具有高生理功能的人工组织器官，是目前组织工程材料的研究与设计中不容忽视的问题。组织工程在我国目前尚属起步阶段，从学科长远发展看，许多基础理论问题有待进行深入研究和探索。如材料种植与细胞作用的界面研究，这个问题的解决需建立包括生命科学、仿生学在内的多学科研究体系。又如材料用生理活性物质进行表面修饰，是功能化、智能化普遍采用的一种方法，但固定后，一般活性都降低。如何避免或减少这种影响，仍是一个悬而未决的问题。其实活细胞内许多活性物质，都是一种固定化形式，为何不会导致活性的降低或丧失？那么它与目前化学的固定化方法有何不同？这有待于科学工作者进一步去探讨。

目前用于组织工程的生物材料主要有五大类：

(1) 口腔材料

这类材料要求在口腔环境内有一定的稳定性、耐腐蚀性、可塑性、易操作、强度和耐疲劳性、粘合性和周围组织整合性、过敏性低、使用寿命长。可能的话，应能够改善弹性和骨—软骨组织的整合性。

(2) 人工血管

这类材料应具有耐磨和耐撕裂、耐疲劳、润滑性、抗血栓、不诱发慢性炎症、生物稳定性、一定的孔隙率、力学相容性、可消毒性等，能改善细胞亲和性、生物响应性。

(3) 软组织与人工器官

这类材料要求力学性质和周围组织相同、对毒性沥滤物无慢性反应、与组织整合、不产生纤维化反应、多孔、耐蠕变、能用来构建类似人体器官的三维结构物或称全人工心脏。

(4) 骨组织

这类材料要求耐力学约束和疲劳、细胞特异表面修饰、生物和组织相容性良好、与骨和肌肉整合性好、易加工等。

(5) 包囊载体

包囊膜材的渗透和扩散性能好，膜厚度和力学性能在生理条件下保持不变。

组织工程相关生物材料的进一步发展应是智能化、仿生化。

思考题与习题

1. 生物材料的分类方法有哪些？
2. 天然生物材料与人工合成材料的主要区别是什么？
3. 生物医用材料分几类？
4. 谈谈组织工程材料未来的发展趋势。

参考文献

[1] 胡玉佳.现代生物学.北京:高等教育出版社,1998
[2] 刘曼西.生命科学导论.北京:中国电力出版社,1999
[3] 张惟杰.生命科学导论.北京:高等教育出版社,1999
[4] 北京大学生命科学学院编写组.生命科学导论.北京:高等教育出版社,2000
[5] 黄诗笺.现代生命科学概论.北京:高等教育出版社,2001
[6] 万海清等.生命科学概论.北京:化学工业出版社,2001
[7] 吴庆余.基础生命科学.北京:高等教育出版社,2002
[8] 周德庆.微生物学教程.第2版.北京:高等教育出版社,2002
[9] 顾德兴.普通生物学.北京:高等教育出版社,2000
[10] 王镜岩等.生物化学.第3版.北京:高等教育出版社,2002
[11] 张楚富等.生物化学原理.北京:高等教育出版社,2003
[12] 罗纪盛等.生物化学简明教程.第3版.北京:高等教育出版社,1999
[13] 刘广发等.现代生命科学概论.北京:科学出版社, 2001
[14] 瞿礼嘉等.现代生物技术导论.北京:高等教育出版社,1998
[15] (英)雷特迪吉.生物技术导论.北京:科学出版社,2002
[16] 翟中和等.生命科学和生物技术. 济南:山东教育出版社,2000
[17] 闫桂琴等.生命科学技术概论.北京:科学出版社,2003
[18] 罗云波等.食品生物技术.北京:中国农业大学出版社,2002
[19] 陈阅增等.普通生物学.北京:高等教育出版社,2001
[20] 宋思杨等.生物技术概论.北京:科学出版社,1999
[21] 靳德明等.现代生物学基础.北京:高等教育出版社,2000
[22] 曹凑贵等.生态学概论. 北京:高等教育出版社,2000
[23] 尚玉昌等.生态学概论.北京:高等教育出版社,2003
[24] 祝卓等.人口地理学.北京:中国人民大学出版社,1991
[25] 刘仲敏等. 现代应用生物技术. 北京:化学工业出版社,2004
[26] 袁勤生等. 酶与酶工程.上海:华东理工大学出版社,2005
[27] 焦瑞身.微生物工程.北京:化学工业出版社,2003
[28] 裘娟萍等.生命科学概论.北京:科学出版社,2004
[29] 岑沛霖.生物工程导论.北京:化学工业出版社,2003
[30] 郭勇.酶工程.北京:科学出版社,2004
[31] 马建岗.基因工程学原理.西安:西安交通大学出版社,2001
[32] 程树培.环境生物技术.南京:南京大学出版社,1994
[33] 陈坚.环境生物技术.北京:中国轻工业出版社,1999

[34] 陈坚等.环境生物工程.北京:化学工业出版社,2004
[35] 马放等.环境生物技术.北京:化学工业出版社,2003
[36] 周少奇.环境生物技术.北京:科学出版社,2003
[37] 易绍金等.石油与环境微生物技术.北京:中国地质大学出版社,2002
[38] 王昌汉等.矿业微生物与铀铜金等细菌浸出.长沙:中南大学出版社,2003
[39] 杨家新等.微生物生态学. 北京:化学工业出版社,2004
[40] 郭圣荣等.生物高分子(第1卷)——木质素、腐殖质和煤.北京:化学工业出版社,2004
[41] 司二辉.生物传感器.北京:化学工业出版社,2002
[42] 马立人等.生物芯片.第2版.北京:化学工业出版社,2002
[43] 彭志英.食品生物技术.北京:中国轻工业出版社,2001
[44] 罗云波.食品生物技术导论.北京:中国农业大学出版社,2002
[45] 刘冬.食品生物技术.北京:中国轻工业出版社,2003
[46] 王岁楼.食品生物技术.北京:海洋出版社,1998
[47] 师昌绪等.材料科学与工程手册(第12篇)生物医用材料篇.北京:化学工业出版社,2004
[48] 崔福斋等.仿生材料.北京:化学工业出版社,2004
[49] 任杰.可降解与吸收材料.北京:化学工业出版社,2003
[50] 阮建明等.生物材料学.北京:科学出版社,2004
[51] 崔福斋等.生物材料学.第2版.北京:清华大学出版社,2004
[52] 时东陆等.生物材料与组织工程.北京:清华大学出版社,2004
[53] 成国祥等.智能材料.北京:化学工业出版社,2002
[54] 姚康德等.组织工程相关生物材料.北京:化学工业出版社,2003